ドイツ空軍のジェット計画機
～昼間戦闘機と駆逐機

マンフレート・グリール 著
南部龍太郎 訳
国江隆夫 監修

大日本絵画

目次
CONTENTS

原書出版社序文　トーマス・ヒチコック ………………………… 2

はじめに ………………………………………………………………… 10

緒言　ハンス・H・アムトマン ………………………………………… 13

第1章　昼間戦闘機 ……………………………………………………… 16

カラー図版 ……………………………………………………………… 97〜104

第2章　駆逐機 …………………………………………………………… 176

航空機仕様 ……………………………………………………………… 190

関連地名地図 …………………………………………………………… 194

索引 ……………………………………………………………………… 196

奥付 ……………………………………………………………………… 200

【訳者覚え書き〜訳語等の表記について】

■すでに日本で定着している慣用表記（たとえばウィーン）を無視し、かえって珍奇（ヴィーン）になるような例を除いて、なるべくドイツ語の発音に忠実な表記をこころがけた。
例：Mauser　　　→　マウザー
　　Mosel　　　　→　モーゼル

■Hitlerについては「ヒットラー」と「ヒトラー」の表記が併存しているが、本書ではドイツ連邦共和国外務省の日本語版広報資料の表記にしたがい、「ヒトラー」を用いた。

■原文が英語のため、ドイツ語圏の地名ながら英語表記されているものがある。これは本来のドイツ式表記にかえた。
例：Bavaria　　　→　バイエルン
　　Vienna　　　 →　ウィーン
　　Brunswick　　→　ブラウンシュヴァイク

■銃と砲の区分は、国によってその境界に変化がある。本書はドイツ軍の呼称にしたがい、一律にMG（Maschinengewehr）を「機銃」、MK（Maschinenkanone）を「機関砲」と訳し、口径などによる分類区分は適用していない。

■ロケット、ミサイル、誘導爆弾の区別は、監修者である国江氏の助言にしたがい、以下のようにした。
　　ミサイル　　　　→　動力がある飛翔弾の総称
　　誘導ミサイル　　→　誘導装置がついたミサイル
　　ロケット弾　　　→　誘導装置がないミサイル
　　誘導爆弾　　　　→　動力がなく誘導装置がついた爆弾

■ドイツ語の呼称は、原則として単数形で表記した。
例：Geräte　　　　→　Gerät

■組織、機関、部隊の呼称の訳語は、ドイツ語原文での字句の差、および組織の階層構造を表現するよう務めた。
例：Versuchanstalt　　→　試験所
　　Forschungsanstalt　→　研究所
　　Erprobungsstelle　 →　実験場
　　Chef　　　　　　　→　長、長官、総長
　　Inspekteur　　　　→　監、総監
　　Jagd　　　　　　　→　戦闘
　　Jäger　　　　　　 →　戦闘機（あるいは歩兵）
　　Jagdflugzeug　　　→　戦闘機
　　Flieger　　　　　 →　飛行士、飛行機
　　Flug　　　　　　　→　飛行
　　Flugzeug　　　　　→　飛行機
　　Luftfahrt/Luft　　→　航空
　　Luftzeug　　　　　→　航空装備
　　Luftrüstung　　　 →　航空兵装

■ドイツ語の部隊呼称は修飾語を後置するのが通例なので、これを訳す際には修飾語を前置する日本語の語法にしたがって順序をいれかえた。
例：KG 51　　　　→　第51爆撃航空団
　　KG (J) 54　　→　第54（戦闘）爆撃航空団

原書出版社序文
トーマス・ヒチコック　Thomas H. Hitchcock

　1982年、モノグラム航空出版は400ページの大著『Jet Planes of the Third Reich（第三帝国のジェット機）』(原注1)を刊行した。これは大戦中のドイツにおけるジェット推進飛行の誕生の実録であり、ヨーロッパ戦域の終戦、すなわち1945年5月8日以前に完成し、飛行し、実戦配備されていた機種を対象にしていた。このなかで、世界で初めてジェットエンジンだけを推力とする航空機を製作して飛行させた(原注2)のはドイツであったが、他国もまた、この航空機推進の新技術の開発に取りくみ、特に英米2カ国が熱心であったことも論証している。

　本書『ドイツ空軍のジェット計画機』は、航空史の転換期について上記の書の延長線上にあり、主たる対象は、大戦中に設計されながら原型機の段階にまで至らなかったドイツのジェット機及びロケット機である。さらには稀少な例として、終戦までに試作が進んでいた計画機、および戦後の数年間でさらに開発が進んだ特例についても考察している。

　本書は既知の全計画についての概説であり、特定の設計案、設計者、または製造会社を対象にした詳細な分析ではない。航空史研究の分野で有名な著者、マンフレート・グリールは、個別の製造会社の業績について、重要な事実関係だけにあえて限定して研究成果を記述している。本書の構成は、多様な設計案の主要作戦用途にしたがっている。1944年以降、空軍（Luftwaffe "ルフトヴァッフェ"）は単座戦闘機を最重要視していたので、この範疇の機種が最優先の扱いを受けたのは理解に難くない。当然、ドイツ技術陣は単座戦闘機をジェットおよびロケット推進に適合させるべく、考えられるあらゆる方法を模索した。したがって、第1章は多くの機体設計点数を収録し、本書の90％を占める。

　ドイツが航空技術研究の分野で勝利したことは、ほぼ衆目の一致するところだろう。しかしまた、技術戦の優位だけでは決戦に勝利しえなかったことは、ほとんどの戦史研究家が指摘している。ドイツにとって不利な要素が、あまりにも多すぎたのだ。すなわち、連合軍の爆撃の重圧、貧弱な防空体制、分散疎開できなかった工業施設、物資の欠乏、熟練専門工の損耗、そして不十分な操縦士教育課程である。またナチ政治体制は、内包する弱点のために、人材、物資、原材料で断然優位に立つ連合国に対抗しえなかった。このような障壁に直面しながらドイツが達成した開発は驚嘆に値するが、その業績の真価は第三帝国滅亡後［訳注1］にあらわれる。

　ドイツの失敗の本質についての洞察は、失墜した指導者である国家元帥ヘルマン・ヴィルヘルム・ゲーリングの述懐に一端を見いだせる。ゲーリングは米軍に身柄を拘束された直後に、「あと4、5カ月あれば、きっとこの戦争にジェット機で勝利できたはずだ。我軍の地下施設はすべて準備が整っていた。カーラの工場(原注3)は月産1100機ないし1200機のジェット機生産能力があった。5〜6000機のジェット機を投入すれば、結果は一変していたことだろう」と述べている。ゲーリングが占領軍に吹聴していたのか、それとも本当にそう信じていたのか、定かではない。とはいえ、たとえ1943年か'44年の段階でこのような展開を想定していたとしても、ドイツの敗戦は、先に延びこそすれ不可避であったことは間違いない。

　本書を読み進むにつれて、ドイツ計画機の件数の膨大さ、多種多様さ、そして独創性に驚くことだろう。まさに驚嘆すべき記録だ。着想と創造力は尽きることなく、いかに奇抜であっても、あらゆる着想と可能性を検討し、拡張し、発展させている。1940年代初期のユンカース社による一連のEFo研究〈監修注1〉のように、空想の延長にすぎないものもあった一方で、正反対のもあった。現代の航空機設計の観点からでも「先進技術」といえるような計画さえ存在したのだ。

　ただし、すべての計画機の能力は、搭載予定の推進装置に左右されることに留意しておく必要がある。初期のジェットおよびロケットエンジンは、かろうじて動いたものの、不安定で、燃料を大量に消費し、おおむね要求性能を満たさず信頼性が不十分だった。大量生産にいたった2種のジェットエンジン、BMW 003とユンカースJumo 004は、卓越した操縦技倆と頻繁な分解整備を要した。ヴァルターHWK 509液体燃料ロケットには固有の特異性があり、運用に携わる者は危険を顧みず欠点に目をつむっていた。とはいえ、ドイツ技術陣は、終戦時には第1世代や第3世代のジェットエンジンやロケットエンジンの

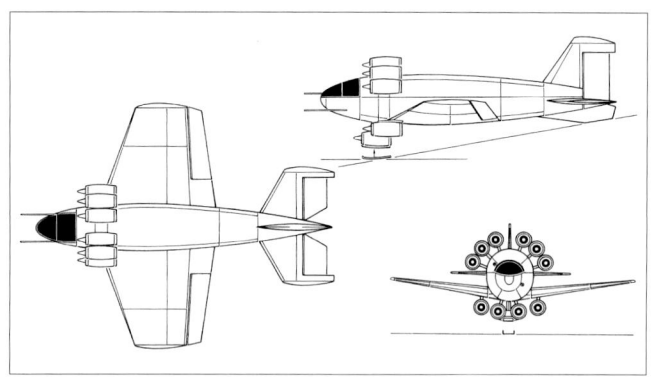

1940年代初期に研究されたユンカースJu EFo 09は、砲弾形の胴体の周囲にアルグス・パルスジェット10基を配し、20mm機銃2挺で武装する設計だった。操縦士は伏臥姿勢で搭乗する。操縦室の直後にあるエンジン群が発生する轟音を、はたして操縦士は耐えることができただろうか。

開発に取りくんでいた。新型エンジン製造の鍵になるのは、高温に耐える新合金の開発だった。金属特性の向上に必要な特定の原材料の備蓄が不足していたが、ドイツ技術陣は見事に障害を乗り切った。1945年3月まで試験中だった一部の新型エンジンは、初期型から大幅に改善されていて、完成していれば新計画機の性能は大幅に向上していただろう。占領軍英国航空隊司令の空軍元帥シャルトウ・ダグラス卿は、報道陣に「ドイツ空軍はメッサーシュミットMe262やアラドAr234をしのぐジェットおよびロケット推進の新型機を少なくとも6機種も開発中だった。もし大戦があと6カ月長引けば、戦局は相当悪化していたかもしれない。聞くところによると、一部の技術は卓越していたという」と語っている。

ここで、航空機に関して「反動推進」という語を定義しておきたい。5ページの図は、ジェット推進とロケット推進という2種の主要区分を図示している。ジェットエンジンは以下の4つに分類できる:

●ラムジェット、または空気熱力学導管（Athodyd = Aero-thermodynamic Duct）
ラムジェット推進の大きな欠点は、静止状態で始動できないことだ。燃焼と推進を促すのに必要な量の空気を空気取入口に押し込めるよう、十分な速度で前方に移動していなければならない。ラムジェットには可動部分がなく、推力を制御する方法もない。こうした特性のため、ラムジェットだけで推進する航空機は、別の航空機から発進させるか、または離陸用補助推進装置で空中に発射する必要がある。

●パルスジェット、またはインパルス・ダクト・エンジン
ラムジェットと同様に、静止状態から始動できない。しかしラムジェットとは異なり、一方向だけに可動するベーン（翼板）またはバルブ一式を吸気口に内蔵している。燃料は、ラムジェット同様に燃焼室に噴射して点火する。その結果、爆発によって高温の排気が後部パイプから噴出する。閉鎖状態のバルブのため排気は前方に逆流しない。排気が燃焼室から完全に抜け切ると、減圧によって前方のバルブが再び開放され、新鮮な空気を燃焼室へ吸入してサイクルの反復が可能になる。爆発の連続で、独特の高周波の共鳴音を生じる。パスルジェットは、ラムジェットと同様に推力を制御する方法がない。

●ダクテッド・ファン・ジェット
この方式は、長いダクトに内蔵した旋風機のような短いプロペラブレードの圧縮機を在来型の内燃機関で駆動する。その後方に燃料噴射装置を環状に配し、燃焼で圧縮空気を加熱して後部から排出する。タービンは使用せず、内燃機関がその機能を果たす。推力の制御は尾部に装着した砲弾形の翼型を前後することで行なう。この推進形式は、厳密な応用をする限り、性能向上の余地がほとんどない。

●ガス・タービン
航空機用として、卓越した反動推進エンジンである。大別すると軸流式と遠心式の2種があり、軸流式の方が優れている。遠心圧縮式にはインペラー（扇車）が1枚しかない。この構造では、空気をインペラーの中央に送り、遠心力で外側にむかって飛ばして加速する。圧縮した空気は、インペラー外縁からディフューザーによって集め、速度を落としながら圧力を高めて、燃焼室に送り込む。軸流式では、空気を数段のコンプレッサー（圧縮機）に直接通して圧縮してから燃焼室に送り込む。軸流式、遠心式ともに燃焼室の後方にタービン羽根車を配し、中央軸を介して圧縮機を駆動する。軸流式は遠心式よりも構造が複雑だが、ずっと高い圧縮比が可能な一方で、断面積が狭いため正面形も小さくできるという利点がある。現用のガス・タービンは、ほとんどが軸流式である。

固体燃料を使用して飛行に成功した航空機もあるが、有人機用のロケットの大半は液体燃料を使用している。固体燃料ロケットは、主としてRATO（Rocket-Assisted Take-Off　ロケット補助離陸）および誘導ミサイルの主推進装置として使用されている。

1940年の前半には、ドイツ航空省（RLM訳注2）は反動推進エンジンの新たな識別法を確立していた。この方式は、「109」という接頭辞（短縮型の「9」が用いられることもあった）で反動推進をあらわし、ハイフンに続く3桁の数字で型式を識別した。ジェットエンジンには001から499番、ロケットエンジンには500から599番までの型式番号が割り振られた。たとえばJumo 012の正式呼称は109-012であった。この方式の主な利点は、製造会社が簡単に特定できないことだった。なお、BMW

003が登場してから、3桁の数字の下一桁で製造会社を示すようになっている。

1 = ハインケル Heinkel（001、011、021）
2 = ユンカース Junkers（012、022）
3 = BMW Bayerische Motorenwerke（003）
4 = アルグス Argus（014、044）
5 = ポルシェ Porsche（005）
6 = ハインケル Heinkel（006、016）
7 = ダイムラー・ベンツ Daimler-Benz（007）
8 = BMW Bayerische Motorenwerke（018、028）
9 = ヴァルター Walter（509）
0 = 未使用

ドイツの反動推進エンジンの製造会社は、エンジンの種類を区別するために1桁ないし3桁の略号を用いた。以下のとおりである。

TL = Turbo-Luftstrahltriebwerk　ガスタービン
PTL = Propeller-Turboluftstrahltriebwerk　ターボプロップ
ZTL = Zweistrom-Strahltriebwerk　複流式ジェット
ML = Motor-Luftstrahltriebwerk　ダクテッドファン
L = Luftstrahltriebwerk　ラムジェット
IL = Intermittent-Luftstrahltriebwerk　パルスジェット
R = Raketenmotoren　ロケット
RL = Raketen-Luftstrahltriebwerk　ロケット/ラムジェット複合

RLM番号	製造会社	エンジン略号
109-001	ハインケル（HeS 8）	TL
109-002	BMW（P 3304）	TL
109-003	BMW（P 3302）	TL
109-004	ユンカース	TL
109-005	ポルシェ	TL
109-006	ハインケル（HeS 30）	TL
109-007	ダイムラー・ベンツ	ZTL
109-011	ハインケル（HeS 11）	TL
109-012	ユンカース	TL
109-014	アルグス	IL
109-016	ハインケル/ダイムラー・ベンツ	PTL
109-018	BMW	TL
109-021	ハインケル/ダイムラー・ベンツ	PTL
109-022	ユンカース	PTL
109-028	BMW	PTL
109-044	アルグス	IL

ドイツ空軍が新型機を配備するとき、通常は、開始から完了まで決まった過程をたどる。6ページ上段の『航空機研究開発に関する指揮統制系統』という題の図は、新型機の部隊配備について、航空省と関連機関の指揮系統を示している。

新型機の仕様は航空省が決定した。ゲーリング筋、航空省内局、または他の政府有力者の意向を受けて仕様が決まることもあったようだ。航空省はベルリンに大きな庁舎を構え、構成員の大半は国家元帥ゲーリング直属の軍人だったが、ゲーリン

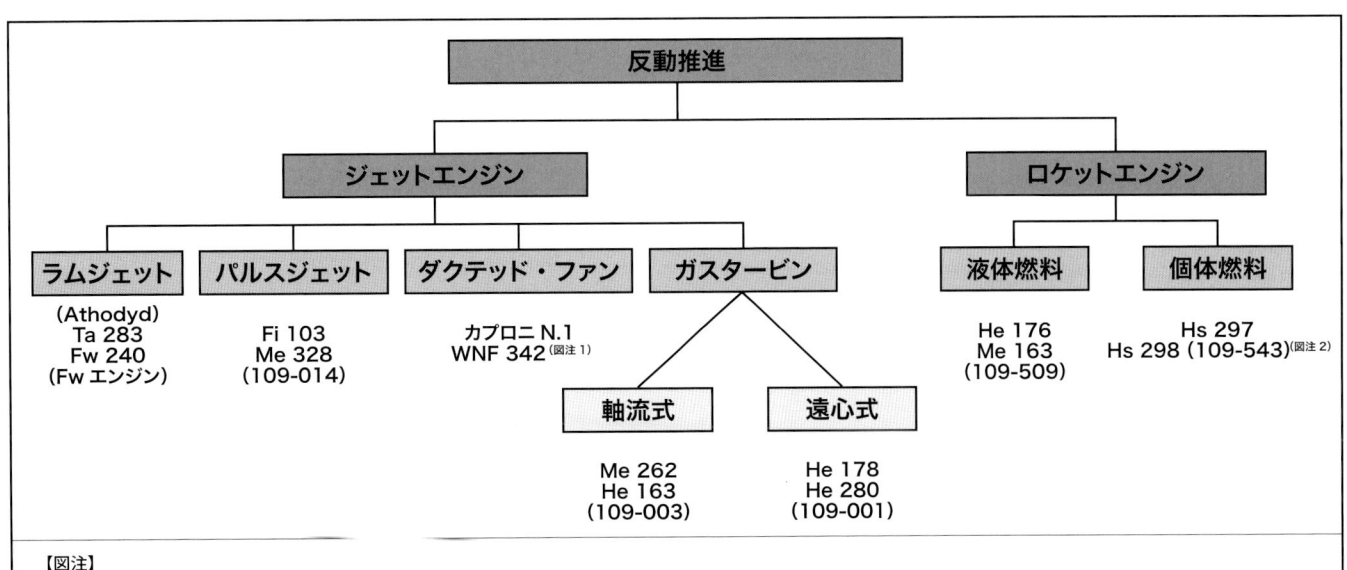

【図注】
1）イタリアのカプローニ＝カンピーニN.1ジェット機は1940年8月27日に初飛行した。イソッタ＝フラスキーニ・ピストンエンジン1基で可変ピッチダクテッドファンを駆動する。ドイツのWNF 342ヘリコプタは厳密な意味ではダクテッドファン機ではないが、ピストンエンジン1基で圧縮機を駆動して圧縮空気と燃料を各回転翼の先端に設けた小型燃焼室に送り、そこで混合気に点火する方式をとっていた。燃焼による推力で回転翼を駆動し、飛行に必要な揚力を得た。
2）この推進装置はシュミッディング社製の2段式個体ディグリコール・ロケットである。

航空機研究開発に関する指揮統制系統

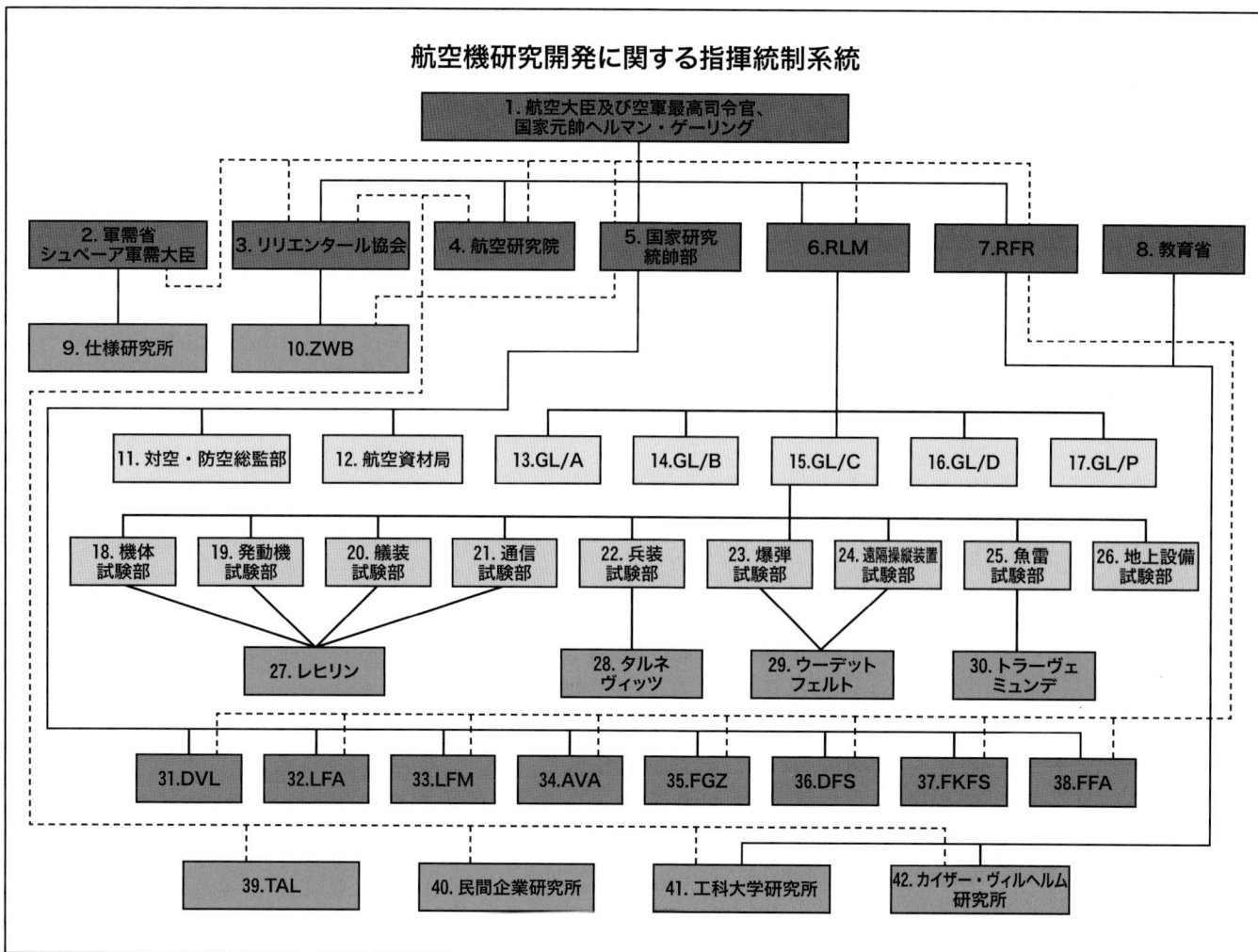

1. 航空大臣及び空軍最高司令官、国家元帥ヘルマン・ゲーリング（Reichsminister der Luftfahrt und Oberbefehlshaber der Luftwaffe Reichsmarschall Hermann Göring）
2. 軍需省（Ministerium Speer）アルベルト・シュペーア軍需大臣
3. リリエンタール協会（Lilienthal Gesellschaft）
4. 航空研究院（Akademie der Luftfahrtforschung）
5. 国家研究統帥部（Reichsforschungsführung）
6. 航空省（RLM - Reichsluftfahrtministerium）
7. 国家研究審議会（RFR - Reichsforschungsrat）
8. 教育省（Ministerium für Erziehung）
9. 仕様研究所（Spezifizierunganstalt）
10. 中央科学調査報告機関（ZWB - Zentralstelle für Wissenschaftliche Berichterstattung）
11. 対空・防空総監部（Inspektion Flak und Luftschutz）
12. 航空資材局（Luftzeugamt）
13. 航空装備総監部A局－航空統制局
    （GL/A - Generalluftzeugmeisters/A - Amt Luftkommando）
14. 航空装備総監部B局－民間航空局
    （GL/B - Generalluftzeugmeisters/B - Amt Allgemeines Luftfahrt）
15. 航空装備総監部C局－技術局（GL/C - Generalluftzeugmeisters/C - Amt Technisches）
16. 航空装備総監部D局－監理局（GL/D - Generalluftzeugmeisters/D - Amt Verwaltungs）
17. 航空装備総監部P局－空軍人事局
    （GL/P - Generalluftzeugmeisters/P - Amt Luftwaffen - Personal）
18. 機体試験部（Zelle）
19. 発動機試験部（Motor）
20. 艤装試験部（Geräte）
21. 無線試験部（Funk）
22. 兵装試験部（Waffen）
23. 爆弾試験部（Bomben）
24. 遠隔操縦装置試験部（Fernsteuer Geräte）
25. 魚雷試験部（Torpedo）
26. 地上設備試験部（Bodenorg）
27. レヒリン実験場（Erprobungsstelle Rechlin）〜ベルリン北方の航空機試験施設
28. タルネヴィッツ実験場（Erprobungsstelle Tarnewitz）
    〜バルト海沿岸の航空兵装試験施設
29. ウーデットフェルト実験場（Erprobungsstelle Udetfeld）
    〜グライヴィッツ近くの爆弾試験施設
30. トラーヴェミュンデ海洋実験場（Erprobungsstelle See, Travemünde）
    〜リューベック近くの洋上作戦用航空機試験施設
31. ドイツ航空試験所（DVL - Deutsche Versuchsanstalt für Luftfahrt）
32. 航空研究所（LFA - Luftfahrt Forschungsanstalt）
33. ミュンヘン航空研究所（LFM - Luftfahrt Forschungsanstalt München）
34. 空力試験所（AVA - Aerodynamusche Versuchsanstalt）
35. グラーフ・ツェッペリン研究所（FGZ - Forschundsanstalt Graf Zeppelin）
36. ドイツ滑空研究所（DFS - Deutsche Forschungsanstalt für Segelflug）
37. シュトゥットガルト航空発動機・自動車研究所
    （FKFS - Flugmotoren, Kraftfahrzeug Forschungsanstalt Stuttgart）
38. 飛行無線研究所（FFA - Flugfunk Forschungsanstalt）
39. 空軍技術大学（TAL - Technische Akademie der Luftwaffe）
40. 民間企業研究所（Firmenanstalt）
41. 工科大学研究所（Hochschuleanstalt）
42. カイザー・ヴィルヘルム研究所（Kaiser Wilhelm Institut）

※番号は図に対応する。実線は直接の指揮系統を示す。点線は限定された指揮系統、影響力、または協力関係を示す。

グが多くの部門長になっているのは名目上にすぎず、ゲーリングの権限として機能している多くの職務は、実際には航空省の幹部が遂行していた。空軍総司令部（Oberkommando der Luftwaffe = OKL）は、航空省の一機関であった [訳注3]。航空機の正式な要求仕様が固まると、航空省は有望な設計案を提出できると見込んだ製造会社数社に要目を伝える。提出された設計案を審査したのち、通常は最終候補を２社に絞りこむ。さらに審査を重ねて最終決定をくだし、製造を発注する。受注社と技術局（図の15番）が通知を受けた。この技術局、すなわちGL/C [訳注4、5] もベルリンを本拠にし、航空省の開発と調達を統括していた。また、技術局傘下の試験部門（18から26番）から派遣した連絡将校を通じて、研究部門との共同作業も行った。技術局の司掌範囲は航空機だけでなく、兵装や通信機器にも及んだ。通常は実際の設計作業を民間会社に委託し、局はその監督を行った。また設計のもとになる基礎研究に携わる国家研究統帥部（図の５番 Reichs Forschungsführung）の支援を受け、試作機の試験結果を判定する際に専門家の助言を得ていた。この機関はFo Füという略号でよばれ、プラントル、ゲオーギー、ゼーヴァルト、ボイムカーの４名の総監が長を務めていた。Fo Füは研究活動を統括するほか、技術局が派遣した連絡将校の任務も監督していた。

1936年６月以降、技術局長はのちに大将になるエルンスト・ウーデットが務め、技術局長の上席である航空装備総監も兼任するようになった。1941年11月のウーデットの自殺後、エアハルト・ミルヒ元帥が航空装備総監を継承した。1944年６月20日、ミルヒは更迭され、歯に衣着せぬ物言いのウルリヒ・ディージング准将が事実上の後任についた。ディージングは1945年４月17日に状況不明の交通事故で死亡している。その後、後任が決まらないまま終戦をむかえた。

受注した製造会社が試作機を完成し、初飛行が成功すると、しかるべき実験場（番号27-30）において、各分野の専門家がさらに詳細な評価試験をした。通常、この全過程のあとに、新型機が実戦配備に適合しているという領収検査を行った。しかしヨーロッパの戦局が悪化するにつれ、手続きを短縮するか、まったく省略してしまった。

ドイツ空軍で一番有名な実験施設といえば、ほとんどの新型ジェット機やロケット機の評価を行なっていたレヒリンであろう。この基地はベルリンの北方約100km、メクレンブルク州ノイシュトレーリッツの近くにあり、連合軍が重大な関心をよせていた。1944年以降、連合軍は上空からの高高度偵察によってレヒリンを常時監視下におく。航空偵察の写真解析により、連合軍は実戦で遭遇するまえに一部の新型機の存在を知ることができた。

本書で使用している航空機の命名法が理解できるよう、ドイ

ベルリン中心部にある航空省をライプツィガーシュトラッセとヴィルヘルムシュトラッセの交差点から見たところ。エルンスト・ザーゲビールが1936年に建造したもので、市街地の一区画を占有し、第三帝国建築界の頂点に立つアルベルト・シュペーア軍需相が推進したネオクラシック様式の影響を受けた建築設計であった。建物は戦火に耐え、戦後は旧東ベルリンの領域内になった。航空省の幹部は、ここを本拠に新型航空機の開発を統括した。

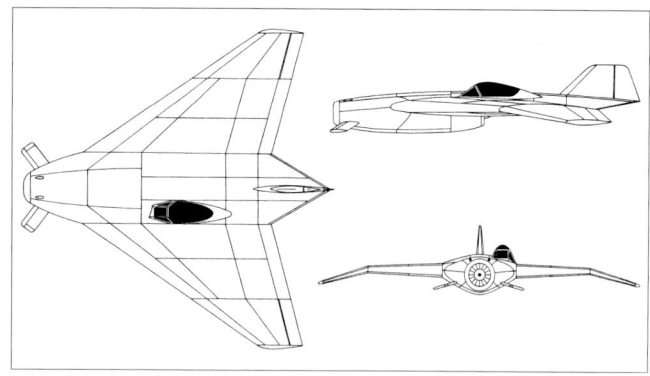

ブローム・ウント・フォス社に由来するといわれている奇抜な設計の暫定外形図。最初に図が描かれたのは1960年代中期のことで、その正統性はいまだに確認されていない。

ツの航空機の型式名で本書に関連する部分について簡単に説明しておきたい。新型機計画は、政府の要請を受けて、あるいは製造会社の自主計画として、設計研究が始まり進行していく。製造会社は、社内の命名法を任意に決定できた。ほとんどは単純なもので、たとえばブローム・ウント・フォスは、Projekt（"プロイェクト" 計画の意）という語による呼称を用い、その番号はBV P 1から始まって長年にわたり徐々に増え、BV P 215に達している。計画変更があった際には、BV P 188.01-01やBV P 188.04-01のように、P番号を修正した。呼称にプロイェクトの「P」を用いたのは、ドルニエ、フォッケウルフ、ハインケル、ヘンシェル、メッサーシュミットも同様である。アラドは Entwurf（"エントヴルフ" 設計）の「E」を採用し、Ar E 580のように使用した。ユンカースは Entwicklungs Flugzeug（"エントヴィックルングス・フルークツォイク" 開発機）の頭文字「EF」で表わし、Ju EF 126のように使用した。ほとんどの方式で共通していたのは、番号が小さな数字（かならずしも1とは限らない）から始まり、次第に大きな数字へと増えていった点だ。計画が進んで飛行可能な原型機の試作が決まった段階で、ほぼ例外なく、ただちに社内呼称にかえて GL/C Nummer（"ゲーエルツェー・ヌンマー" 技術局番号）を使用するようになる。この番号は技術局（GL/C）が交付するもので、事前に製造会社に割り当てておくか、あるいは、試作契約を承認する段階で決定する。民間の競技用飛行機を除けば、GL/C番号をもらえなかったのは、1936年のJu EF 61と、1945年のMe P 1101 V1の2例しかなく、ともに航空省の正式承認や許可を得ないまま原型機を試作したためであった。

技術局が交付する航空省型式名［訳注6］は、Me 262やTa 183のように、2または3文字の製造会社略称のあとに2桁または3桁の数字が続く構成になっていた。GL/C番号は10から始まり、最後には600番代に及んだが、一度も割り当てや使用されなかった番号も多く、特に300番代以上でその傾向が顕著である。大手の製造会社は、一定範囲内で任意に番号を使える

よう、技術局から番号の事前割り当てを受けていた。しかし戦争の進行とともに、航空省は思い切った番号の再配分と新規番号の交付を行った。本書において初めて、著者マンフレート・グリールは、航空省が原型機の試作を許可したフォッケウルフ計画機につき、多数のGL/C番号を記述している。

新設計の原型1号機には、Ju 287 V1やBa 349 M1などのように、常に「V1」か「M1」の符号が番号末尾についていて、これは Versuch（"フェアズーフ" 試験）または Muster（"ムスター" 原型）を示していた（原注4）。新設計の量産が承認されると、Me 262 A-1、A-2、B-1、B-2……のように、アルファベットと数字の組み合わせによる型式符号を、設計の発展にしたがって順次付けていった。

序文をしめくくるにあたり、左図に示す特異な設計案について述べておく必要があろう。本案は、ブローム・ウント・フォス社によるものと一般に認知されていて、戦後の文献においては「Ae 607」なる型式名で呼ばれている。この左右非対称のカナード・デルタ翼機の素性がブローム・ウント・フォス社の計画であった可能性はあるが、「Ae 607」は型式名ではない。同社の書類にみられる「Ae」符号は、単に社内の説明資料を示すにすぎない［訳注7］。現存するブローム・ウント・フォス社の記録には本設計案に言及したものが見当たらず、また1946年1月付の連合軍報告書の決定版、A.I.2（G）報告書番号2383の表からも欠落している。ブローム・ウント・フォス最後の計画として知られているP 215以降に存在した計画に、この「Ae 607」が割り当てられたのではないか……という仮説をたてたドイツ人戦史家がいるが、現在に至るまで真偽は確認されていない。

さて最後に、戦時中のドイツ航空技術の恩恵を戦後ただちに享受した国があったか、自問自答しておきたい。その答は、せいぜいアメリカ合衆国、ほかにはソビエト連邦とアルゼンチンぐらいだろう。ソ連がベルリンを制圧したときに押収した戦利品には、クルト・タンク博士のTa 183の設計青写真の副本一式が含まれていた。ソ連技術陣は設計にひそむ発展性にいたく感心し、またスターリンの命令で拍車がかかったこともあり、Ta 183の飛行可能な原型機（34ページ参照）を試作したと伝えられる。この研究の成果が1947年のソ連戦闘機I-310に直接結び付いたことは、疑念の余地がない。I-310は大成功で、MiG-15としてソビエト空軍に配備された。同機は、ロールス・ロイスのニーン2のソ連版、RD-45というジェットエンジンを搭載している。2年半後、同じくニーン2で駆動する、ドイツの血を受け継いだジェット戦闘機が初飛行に成功する。アルゼンチンのフアン・ペロン大統領が招いたクルト・タンク博士の設計によるI.Aé-33 プルキ II（Pulqui 先住民の言葉で「矢」の意）で、同機は大戦中のFw 252とTa 183の特徴を多く具現化したものであった。しかしMiG-15がただちに成功を収め、大量生産さ

ミグMiG-15bis（製造番号2015337、元『赤の2057』）は、1953年9月21日、北朝鮮から亡命したノ・キムスクが操縦して金浦空軍基地に飛来した。この写真は、米空軍のトマス・コリンズ大尉が操縦中のところを沖縄の嘉手納基地で撮影したもの。

I.Aé-33プルキIIの原型6号機。現在はブエノスアイレスのアルゼンチン国立航空博物館で展示されている。プルキ及びミグ15はともに、フォッケウルフが大戦中に設計した計画機の直系の子孫である。

れたのに対し、プルキIIは空力と政治の問題に悩まされ、わずか6機の生産に終わった。

ほかにも戦後の航空機で大戦中のドイツ計画機の影響を受けているものは、米国のベルX-5やソ連のYak-15、I-270、Su-9など、多数あった。一部は本編に記載している。

	MiG-15bis	プルキII
翼幅	10.085m	10.62m
全長	10.102m	11.60m
全高	3.35m	3.35m
翼面積	20.6㎡	25.1㎡
空虚重量	3681kg	3592kg
離陸重量	5044kg	5538kg
最大速度	1107km/h	1057km/h
上昇限度	15500m	14200m
武装	37mm N-37機関砲1門 23mm NS-23機関砲4門	エリコン20mm機関砲4門

【原注】
1) Smith & Creek "Jet Planes of the Third Reich", Monogram Aviation Publications, Boylston, MA, 1982年。
2) ハインケルHe 178 V1は、1939年8月27日に初飛行に成功した。
3) ドイツ中部、チューリンゲン所在のReimahg、すなわちReichsmarschall Hermann Göring Werke（国家元帥ヘルマン・ゲーリング工場）のこと。
4) オーストリア所在の製造施設は全般に「M」の符号を使う傾向があり、バッヒェム、ドルニエ、ハインケルが使用している。

【監修注】
1) ユンカース社の研究機（Entwicklungs Flugzeug）プランのうち、001などの00ナンバーのつく初期の研究のこと。ジェットエンジン搭載を前提としたものが中心で、図として確認できるものはEFo-08（008）から。

【訳注】
1) 1871年から1945年の敗戦まで、ドイツの国号はドイツ国（Das Deutsches Reich）であった。1938年のオーストリア併合以降は大ドイツ国（Das Grossdeutsches Reich）という表記が公式文書でも用いられたが、国号はドイツ国のままだった。Reich "ライヒ" はラテン語のRegnumに由来する、統一国家としての「くに」という意味で、特に地方の領邦（Länder）がまとまった諸邦連合と同義で用いられることが多い。戦後は、ライヒにかわってBund《ブント》（連邦）という語を用いている。ちなみに帝国はKaiserreichまたはKaisertum、王国はKönigreichである。法制上、ヒトラーは皇帝（Kaiser）ではなく、ヒトラーが支配する国家社会主義の「ライヒ」は帝国ではなかった。ただし1943年3月、宣伝省は「ライヒ」を大英帝国の「帝国」と同じ意味で用いるよう報道機関に通達を出している。本書の原題にあるThe Third Reich（ドイツ語ではDas Drittes Reich）は、もともと歴史家アルトゥール・メラー・ファン・ブルックの著書名で、のちに国家社会主義を体現しドイツを象徴する政治スローガンとなったが、宣伝省は1939年に使用を禁止している。それ以前の「ワイマール共和国」と同様、正式な国名ではなかった。これを厳密に訳すと「第二帝国」とはならないが、すでに定着してしまった表現なので、本書でも慣用に従っている。
2) 国家航空省（Reichsluftministerium = RLM）は、ヒトラー政権誕生の直後、1933年4月に創設され、ヘルマン・ゲーリング（Hermann Göring）が航空大臣（Reichsminister der Luftfahrt）を務めた。空軍最高司令官（Oberbefehlshaber der Luftwaffe）もまた、1935年3月の空軍創設以来ゲーリングが務めていた。ゲーリングは大ドイツ国国家元帥（Der Reichsmarschall des Grossdeutschen Reiches）という地位にあり、名目上はヒトラーに次ぐ権力者であった。敗色濃い1945年4月下旬、赤軍がベルリンに迫るなか、ゲーリングはドイツ南端のバイエルン州ベルヒテスガーデン近くの山荘に脱出する。数日後、ベルリンの総統地下壕に残るヒトラーが脱出を断念しつつあるという一報が、側近からゲーリングのもとに届く。ゲーリングを後継者に指名した1941年6月29日付のヒトラーの遺言に従い、ゲーリングは国家指導者の職務継承の準備を進めた。この動きがベルリンに伝わった頃には、すでにヒトラーは鬱状態から回復していた。ゲーリングはヒトラーの逆鱗に触れて大逆罪に問われ、1945年4月23日にすべての職を解任された。4月25日、ロベルト・リッター・フォン・グライム元帥が空軍最高司令官を拝命する。在任期間は、5月8日の降伏までのわずか2週間であった。
3) 空軍総司令部（Oberkommando der Luftwaffe = OKL）という呼称を用いるようになったのは1944年夏の組織変更以後のことである。すなわち、作戦を統括する参謀本部（Generalstab）と、人事局及び国家社会主義指導部などの内局とをあわせてOKLと総称するようになった。
4) GLはGeneralluftzeugmeister（航空装備総監）の略で、開戦時はエルンスト・ウーデット大将が務め、1941年11月まで在任した。11月16日のウーデットの自殺後、上官の航空次官（Staatssekretär der Luftfahrt）兼空軍総監（Generalinspekteur der Luftwaffe）エアハルト・ミルヒ元帥が航空装備総監を兼務する。1944年6月20日、航空装備総監は廃止され、その職責の大半を技術航空兵器長官（Chef der Technischen Luftrüstung, Chef der TLR）ウルリヒ・ディージング大佐が継承した。このとき航空次官も同時に廃止されたが、ミルヒは空軍総監にとどまった。
5) GL/CはGeneralluftzeugmeister/C-Amt（航空装備総監部C局）の略で、GLすなわち航空装備総監の指揮下にあり、開発を担当した。一般に、いわゆる技術局（Technisches Amt）である。このなかのAmtsgruppe Flieger-Entwicklung/Abteilung E-2（開発2部）が航空機の開発を、E-3（開発3部）がエンジンの開発を、それぞれ担当した。
6) GL/Cの開発2部においては、GL/C番号の前に「8」という接頭番号をつけて航空機の型式を管理していた。たとえば、Me 262は8-262と表記した。
7) 小室克介氏は『ドイツ秘密計画機解剖』連載第10回（『航空ファン』2004年10月号）において、ブローム・ウント・フォス社の風洞模型の図面を実例に示し、この「Ae」が空力模型（Aerodynamische Modell）を示す略号にすぎないことを解明している。

はじめに
マンフレート・グリール　Manfred Griehl

　1939年9月、第二次大戦がヨーロッパで勃発してから1940年末まで、ヨーロッパの連合国は単独で精強なドイツ空軍に対峙した。連合国は、航空兵力が戦争の帰趨を決するということを痛感した。ドイツ空軍は防御任務も負っていたが、電撃戦及び初期の対ソ戦役においては、攻勢に主眼をおいた強力な軍事力であった。しかしイギリス空軍（RAF）とアメリカ陸軍航空軍（USAAF）は、大規模空襲に投入する機数を増加させつつ対独攻勢を次第次第に強め、やがて功を奏するに至る。連合軍は損失を減少させる一方で、攻勢の効力を高めた。航法技術の進歩、目標諸元の向上、護衛戦闘機の航続距離延伸があいまって、ドイツ本土に対する連合軍の空襲の威力がめざましく向上したのだ。

　人口密集地帯に対する連合軍の集中爆撃は、ドイツ国民の戦意を挫くという所期の目的を果たせなかった。一方、航空機工場、合成燃料施設、交通・通信網など、産業の急所に対する爆撃は、絶大な効果をもたらした。

　大戦が5年目、6年目に突入すると、連合軍の空襲はヨーロッパでドイツ支配下の全域に及び、その結果、ドイツの戦闘機生産数が減少した。作戦に必須な航空燃料の生産量低下がはなはだしく、決然たる本土防空作戦の継続実施に支障をきたすほどであった。

　ドイツの状況が日増しに悪化する一方、連合国の航空機生産は、原材料不足や、本土から遠くはなれたヨーロッパの戦局に影響を受けることがなかった。こうして連合軍の作戦能力は着実に向上し、終戦時には未曾有の水準にまで達していた。

　ドイツ戦闘機部隊が対峙した敵は強固な戦意があり、完璧に練成された操縦士が強力な新鋭長距離戦闘機を操縦していた。とりわけ、信頼性が高く、より強力なピストンエンジンによって、英米機は相当の優位に立った。連合軍は、たいていの劣悪な気象条件でも支障なく機能する高周波無線通信とレーダー装置の分野において、ドイツ軍よりはるかに進歩していた。

　連合軍は、ドイツ本土を包囲するように航空勢力を集中配備し、戦闘機の掩護をつけた重爆部隊の作戦行動半径内にドイツ各地を収めることで、さらに優位に立った。1944年6月、連合軍機は初めてヨーロッパ本土の前進飛行場に降りたち、ドイツ国境に迫った。連合国は、およそ無尽蔵の補給と航空機増産が支える強大な空軍で圧倒した。当時、全航空作戦の約65%が産業基盤に対するもので、25%が戦意喪失を狙ったいわゆる「恐怖空襲（テロ）」、そして10%が撹乱および絨毯（じゅうたん）爆撃だった。産業基盤に対する攻撃のうち80%超が、軍用機製造工場、燃料製造・貯蔵施設、通信・交通網を目標にしていた。

　連合軍の主目的のひとつに、ドイツの防空戦闘機部隊を衰弱させ欺瞞することがあった。1944年初期の戦術では米陸軍航空軍が1日に1個の目標しか攻撃できなかったのに対して、同年秋には最大500機の重爆編隊が投入された。連合軍の航空部隊は分散した戦術単位で作戦を実施した。数個の爆撃機編隊が、常に航路を変えながら、時折さらに小規模な編隊に散開しつつ、頻繁（ひんぱん）にドイツ本土の深縦に侵入した。

　さらにドイツ防空網を混乱させるため、連合軍は陽動作戦や電子妨害を行った。金属箔の細片を投下してドイツ空軍の夜間戦闘機、対空砲、対空警戒監視、そして地上管制のレーダーを妨害した。

　連合国の航空機産業の巨大な生産量は戦闘による損耗をはるかに上回り、作戦用航空機の機数は着実に増加した。1945年、独空軍総司令部（OKL）は、英米が膨大な数の新型機を生産するだろうと予測した。OKLが推定した連合国の生産量は、爆撃機が30000機、戦闘機が29000機以上、さらにデ・ハヴィランド・モスキート（爆撃機及び戦闘機として使用）が4900機で、ソ連単独で月産3000機（うち約1200機が戦闘機）を上回る生産能力があると見ていた。

　OKLはまた、米軍が新型の重爆撃機の配備を加速するだろうと予想していた。このなかには、最大速度、上昇限度、爆弾搭載量、防御用武装を在来型から向上させた複数機種の4発爆撃機が含まれていた。ドイツ軍首脳部は、いまにも新型のボーイングB-29スーパーフォートレスとコンソリデーテッドB-32ドミネーターが領空に飛来すると恐れていたが、実際にはどちらも欧州戦域に配備されなかった。

　もうひとつの懸念は、連合軍戦闘機がさらに強力なエンジン

を搭載し、最大速度が850km/hまで向上するのが確実だろうというものだった。ドイツの情報組織は、ベルP-59やグロスター・ミーティアなど、連合軍のジェット機の情報も入手していたが、1945年前半に敵ジェット戦闘機がドイツ本土上空に出現することはなく、むしろ英米空軍の爆撃機基地の防衛任務に使用されるだろうと見ていた。

ドイツが入手した情報の分析結果はすべて、1945年の戦局悪化を示していた。評価の高い新型戦闘機、すなわちピストンエンジン搭載のBf 109 K-4や、Fw 190 D-9、Ta 152 CおよびH型を投入しても、ドイツは連合国の戦争遂行能力に対処できなかった。Do 335 AおよびB型、Ta 154B、Ju 388 J-1など、高性能の新型ピストンエンジン機は、1945年4月以降にならないと大量配備を望めなかった。実戦投入されたドイツ空軍の新世代機はMe 163ロケット戦闘機とMe 262 A-1aジェット戦闘機だけだった。両型式ともに大量生産されたが、ロケット推進用の特殊燃料の欠乏のため、戦闘機本部（Jägerstab "イェーガーシュターブ" 訳注8）とOKLはMe 163の生産を打ち切る。Me 262 A-1aとA-2a型は、1945年4月までに1000機超が生産された。新型の照準器、特にEZ 42〈監修注2〉は、長射程で高精度の照準ができると期待されていた。実際、自動偏差修正装置（偏差射撃ができるようにするジャイロ装置）を備えたEZ 42に対する期待は、とりわけ大きかった。さらには、最新型の盲目飛行装置を1945年に導入する計画もあった。

強力なMG 151/20機銃やMK 103、MK 108、MK 214機関砲が広範囲に使用された一方、無反動砲は Sondergerät（"ゾンダーゲレート" 特殊装置）SG 115とSG 116などきわめて少数が試験運用されただけだった。パンツァーブリッツやパンツァーシュレックなどのロケット推進対戦車兵器は、1945年の初めに東部戦線で、少数を限定使用しただけだった。

その他の無線または有線誘導の空対空兵器、すなわちX 4、Hs 298、Hs 117 Hなどは、ほぼ全種がきわめて有効だと実証された。しかし信管、誘導装置、その他の部品で技術上の問題が多かった。実戦で威力を発揮した空対空ミサイルは、Me 262 A-1a/R1の翼下に懸吊したR 4 M空対空ロケット弾だけであった。また1943年に空対地兵器の製造が始まったが、空軍が有効と評価して実戦に投入したのはHs 293空対艦誘導ミサイル、PC 1400（フリッツXまたはF X）空対艦誘導爆弾、そしてFi 103（V 1）飛行爆弾だけだった。

ドイツ本土防衛（Reichsverteidigung）は、主として8.8cm、10.5cm、12.8cm口径の重対空砲に依存し、ドイツ全土で約1万門が重点施設の守りに着いた。しかし対空砲（Flugabwehr Kanone = Flak）が有効なのは高度約8000mまでの敵機に限られた。ただし、3種全ての重対空砲の集中砲火により、条件がそろえば高度約10000m、そして稀には約12000mにまで有効射程を延伸できた。1回の空襲に投入する連合軍機の機数が多く、また新鋭爆撃機の上昇限度の平均値が増加を続けるなか、対空砲火の上空を航過できることが多かった。ドイツ対空砲網は、たまに敵機を撃墜することがあっても、高度9000m以上から爆撃する敵機から産業施設や軍事施設を守るには全般に能力不足であることを露呈した。改良型の8.8cm砲Flak 41の生産量が足りず、そしてなにより射程約14800mの12.8cm重対空砲Flak 40の生産が軌道に乗らなかったため、高度10000m以上に砲火を集中するのは不可能だった。連合軍爆撃機部隊を有効に阻止するには、これら高性能砲の門数があまりにも少なすぎたのだ。

遠隔制御装置の実用化は困難をきわめ、地対空ミサイルの開発には技術上の問題が山積していた。このため、ドイツ西部にまたがる4本の防衛線に沿って地対空ミサイルを配備することは不可能だった。これが実現していれば、人口10万人以上の都市を防衛するために、各種あわせて約3000ヵ所の地対空ミサイル陣地を必要としていただろう。特定の目標を防衛するかわりに、ドイツ本土全体の外周に対空防御帯を布陣したとしても、やはりほぼ同数の対空陣地が必要となっていたはずだ。全土にわたる連合軍の空襲で、ドイツの国家基盤は壊滅する。基幹産業は反復攻撃にさらされ、交通・通信の動脈は分断された。航空機会社のほとんどは、地下工場への疎開の詮なく、生産能力が打撃を受けるか滅失してしまった。終戦に至る数週間には、工場が送り出す新造機がBf 109 K-4、Fw 190 D-9、Me 262 A-1aなど少数の主要機種だけになっていた。

こうした戦局のもと、ドイツ最高司令部の唯一の希望は、新鋭ジェット機と遠隔制御ミサイルの早急な開発であった。新兵器は、巨大な洞穴内や耐爆構造の製造施設で生産する計画だった。1944年以降、カウファリング、ニーダーザクスヴェルフェン、ミュールドルフにおいて、このような要塞工場が建設中であった。その目的は、強化コンクリートで防護した施設内で、数千機のMe262と所要数のターボジェットエンジンを生産することだった。なかには全長366m、全幅67mにわたる巨大な工場壕もあったが、終戦までに完成しなかった。

難局にもかかわらず、より強力なジェット機の開発にあたっていたドイツ設計陣は、バイエルンのオーバーアマーガウやバート・アイルゼンなどの僻地に疎開した小規模な施設で、連合軍の爆撃にわずらわされることなく作業を続けた。各社の開発部門は軍用機設計の新手法を提案し、その研究成果は今日の秘密兵器の設計に影響を及ぼしている。終戦直前の数日間でドイツの研究成果の相当数が消失したのは当然の帰結だろう。その多数はソ連軍が押収し、ふたたび外部の目に触れることはなかった。西側、東側ともにドイツの軍事研究開発の成果を活用し、戦後の航空機開発に重大な影響を与えた新たな構想と示唆を多く得ている。

著者略歴

マンフレート・グリールは、1965年以来、ドイツの航空に関する研究を活発に行っていて、第三帝国時代の航空史を専門に150件あまりの記事、航空機モノグラフ、専門書を執筆している。著者は1952年にマインツで生まれ、ドイツ連邦空軍で予備役の下士官を務めた。ヨハネス・グーテンベルク大学で法律を学び、現在はマインツ産業労働裁判所の一員である。1978年の第1作の出版以来、著者はドイツの航空の多様な分野に造詣が深いことを世に示し、文書、当時の写真、その他の資料の広範な蒐集とあいまって、海外からも高い評価を得ている。

謝辞

本書の執筆にあたり、公文書館やよき友人らの所蔵品である文書、図面、写真を参考にすることができた。特に、フライブルク＝イム＝ブライスガウの連邦公文書館には、きわめて重要な文書の閲覧の便宜をはかっていただき、ふかく感謝している。またドイツ・エアバス社からも、旧フォッケウルフ所蔵の正式文書多数を閲覧する機会をいただいた。

多数の研究家が、それぞれの専門分野で蒐集した未発表資料を提供してくださった。すなわち、Hans P. Dabrowski、Joachim Dressel、Willy A. Fiedler、Hans Grimm、Fritz Hahn、Dieter Herwig、Bruno Lange、Gerhard Lang、Horst Lommel、Frank Marshall、Hans-Justus Meier、Joachim Menke、Sönke Neitzel博士、Werner Nottemeyer博士、Wolfgang Pervesler、Peter Petrick、John Provan、Willy Radinger、Stephen Ransom、故Ruff教授博士、Hans Sander、Hanfried Schliephake、Leo Schmidt、Franz Selinger、Günter Sengfelder、J. Richard Smith、Oliver Thiele、Fritz Trenkle、そしてGünter Wegmannの諸氏である。

[訳注9]

オーストリアのシュピッツァーベルクにある滑空飛行博物館は、オーストリアにあった初期のジェットエンジン試験場の写真の使用を快諾してくださった。さらに、Eddie Creek、Willy Radinger、Heinz Riediger、Hanfried Schliephake、Franz Selinger、そしてJames P. Silvaのお力添えをいただいた。

第4防衛管区図書館と連邦国防軍中央図書館は、これまで知られることのなかった文書の発見に協力してくださった。ハインケル、ヘンシェル、ヴァルターの後身である各社は、新発見の文書を提供してくださった。Günter Sengfelder氏は、寛大にも長時間をさいて、ドイツのジェット計画機の精密図面と博物館級のスケールモデルを提供してくださった。

また、ルフトハンザ ドイツ航空、ミュンヘンのジーメンス社、MTU社、メッサーシュミット＝ベルコウ＝ブローム社（今日のダイムラー・ベンツ・エアロスペース）の友人たちと航空ファンの諸氏にも、深くお礼もうしあげたい。ほかにも、ライト・パターソン空軍基地（米空軍博物館）文書センターのジェームズ・H・キチンズ博士、ワシントンDCのスミソニアン国立航空宇宙博物館の司書のみなさん、そしてドイツ博物館のHeinzerling技師、Heinrichs博士、Limmer氏など、多数のかたがたが貴重なデータの蒐集にご協力くださった。特にドイツ博物館のみなさんのおかげで、これまで知られなかった資料を発見できた。ケルン商工会議所の蔵書からも、アラド社の初期のジェット開発の評価試験に関するデータが見つかった。

熟練した製図師であるClaus BachmannとJusto Mirandaの両氏には特別の謝辞を述べたい。おふたりの徹底した姿勢のおかげで、1946年以前は紙上でしか存在しなかった計画を明示することができた。最後に、研究を力づけ、そして支えてくれたモニカ・ミューラーさんに個人としてのお礼を申しあげる。

マンフレート・グリール
ドイツ、マインツにて

【監修注】
2)「EZ 42」は、射撃および爆撃用のジャイロサイトで、2つのジャイロを使用している。そのため、大きさは英米の代表的な射撃用ジャイロサイト「Mk II GGS」や「K-14」よりも大きい。また、より爆撃の精度を上げるため、「TSA」（低高度及び急降下爆撃用自動装置）とよばれる爆撃用コンピュータを併用することがテストされた。

【訳注】
8) Jägerstab（"イェーガーシュタープ" 戦闘機本部）は、航空省・軍需省間を調整し、連合軍の爆撃で支障がでている戦闘機生産の回復を図る目的で1944年3月に創設された。生産計画と産業指導を担当し、カール・オットー・ザウアーが本部長に就任した。
9) 歴史上の人物や著名人でない個人は、氏名の読みがはっきりせず、カタカナにするのが無理なことがある。読者の無用な混乱をさけ、検索や参照を容易にするため、あえて原文の表記のままとした。

緒言
ハンス・H・アムトマン　　Hans H. Amtmann

わが生涯で忘れ得ない時代の回想につながる、すばらしき本書の緒言を書く機会をいただけて、まことに名誉なことです。出版社から依頼を受けた当初、実は何を書いてよいかわからず、適切な言葉がみつからぬだろうと危惧しましたが、本書を一読して、戦時下の必然が空前の進歩を促した、ひとつの時代の回顧だとわかりました。ドイツ人は勤勉で創造力に富み、本書にあるように、賢明な解を得るまで執拗に問題を追求します。

解には基礎研究による裏付けが必要で、主要な航空機製造会社はすべて、大戦を通じて実証作業を続けました。わたくしがかつて勤務していた、どちらかといえば新興ともいえるブローム・ウント・フォス社においてさえ、十分な人員と設備をもち、亜音速の風洞を備えた研究部門がありました。残念ながら、超音速の最新型風洞施設を建設する計画は終戦によって頓挫し、わたくしのドイツ航空機産業における職歴もまた途絶しました。つぎに掲げる詩は、戦時中のドイツ国民の希望と落胆をよくあらわしています。

戦争中ずっと
ひとびとは聞かされた
秘密兵器があらわれて
国を救ってくれると

戦争中ずっと
ひとびとは空しく待ち望んだ
奇跡を
ついに起こらなかった奇跡を

大戦期間を通じて、「決戦用の新型超兵器がいまにも投入される」という噂を信じていた兵は多く、将校や民間人にまでも噂がひろまっていました。破局の直前まで、奇跡の兵器を待望する者が多数いました。庶民は「総統には、まだ奥の手があるぞ」と言いあったものです。

ドイツにおいて、わたくしは歴史の大波をくぐりぬけてきました。皇帝ヴィルヘルム２世治世下の平和な時代に生まれ、子供のころに第一次大戦が勃発したのをおぼろげに憶えています。父は徴兵されて先行きが見えない戦争に身を投じ、ベルサイユ条約による停戦でドイツは領土の一部と植民地を失いました。戦後、わたくしは技術者をめざして勉強し、やがてヒトラー体制の台頭を経験しました。国家社会主義ドイツ労働党（NSDAP）、いわゆるナチ党が急速に勢力を拡大し、また全政党の集会が熱気を帯びたのは、第一次世界大戦とベルサイユ条約が直接に招いた結果でした。戦勝国がやみくもに強行したドイツの敗戦処理に対する不満が噴出したのです。

当時のナチ党の幻想に満ちた組織は、かつてないほど熱烈な支持を民衆から集め、特に若年層を魅了しました。この支配体制が始まった数年間、皆が雇用を与えられ、すべての産業、なかんづく衰退していた航空機産業がその恩恵を受け、ナチ党翼賛が生活様式となりました。ヒトラーが首相に就任【訳注10】したとき、わたくしは、バルト海に面したヴァルネミュンデにハインケル社が新設した基礎設計部に勤めていました。その頃、ドイツ屈指の造船会社、ブローム・ウント・フォス社が、リヒァルト・フォークト博士【訳注11】を主任設計技師に迎えて航空機事業部を創設しました。実家のあるハンブルクに工場があったので、わたくしは心ひかれ、1934年１月に同社に転職しました。新規事業なのでフォークト博士は技術陣を集めねばならず、経験豊富な航空技術者の人材不足のため、求人に苦労されました。わたくしは、ユンカースとハインケルで経験を積んで

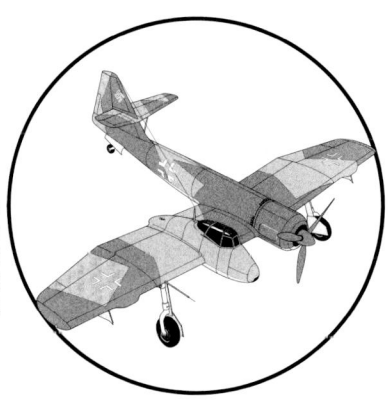

BV 237の想像図。この特異な計画機は、大戦中にブローム・ウント・フォス社が生み出した斬新な設計案多数を象徴する非対称機である。製作されなかったが、主翼中央部下面にターボジェット１基を装着する計画があった。（Keith Woodcock画）

いたおかげで、入社の数カ月後には基礎設計部門の主任になり、第二次大戦の終結時までその職位にとどまりました。フォークト博士の創造力ゆたかな気風のもと、この小さな会社は成長し、創意に富んだ独特の航空機設計で有名になりました。当時の計画の一部は、本書に収録してあります。

政治面では、第三帝国の勃興期は危機の時代でした。ベルサイユ条約でドイツが失った領土をヒトラーは軍事作戦【訳注12】で奪回し、フランスと英国が黙認するなか、ドイツの民衆はこれを熱狂とともに賞賛しました。1938年3月のドイツによるオーストリア併合を英国は予見していたはずですが、介入しませんでした。同年、ついでチェコ危機【訳注13】が勃発し、のちに英国の調停によってミュンヘン協定【訳注14】が成立しました。ヒトラーとの首脳会談の成果として、チェンバレン英首相は平和協定を持ち帰りましたが、ほとんどだれもが、この協定の実効性を疑っていました。英国との協定に続き、ドイツはソビエトと不可侵条約【訳注15】を締結しました。これが従前の反共政策を完全に覆すものであったため、国民は驚愕しました。しかし、当然の懐疑はあったものの、ドイツが東方の辺境を確保できたので、この条約を大衆はおおむね歓迎しました。これら一連の行為に対して英仏が強硬措置をとらなかったことに自信を得て、ヒトラーはダンチヒとポーランド回廊【訳注16】の奪還を口実にポーランドに侵攻【訳注17】しました。ところが、英国はポーランドと不可侵条約を締結していたので、ドイツの侵略によって対独宣戦布告を余儀なくされました。これは予想外の反応で、ヒトラーは対策を用意していませんでした。フランスも英国に追随し、ここにヨーロッパにおける第二次世界大戦が始まったのです。

双方は短い待機期間【訳注18】に戦争準備を進め、やがてドイツ領土が最初の空襲を受けました。これらは主として民間目標に対する恐怖爆撃でしたが、ドイツ国民は長期戦を予想せず、ヒトラー政権に対する戦前の確固たる支持は、戦争努力へと引き継がれました。

開戦時に新生ドイツ空軍が保有していたのは、安定運用していたものの老朽化した軍用機で、早急に新鋭機で更新する必要がありました。航空機産業は航空省に膨大な数の設計を提案し、この審査には基礎研究による裏づけが必要でした。わたくしが出席した全国会議の様子を思い起こすに、主要な会社がすべて、空力と構造の分野を中心に新構想や高度な研究成果を発表し、議論していました。このような会議は、戦時中を通じて随時開催されました。

国民はみな、戦局の推移を注視していました。航空支援のもと、ドイツ軍が快進撃で多大な戦果をあげた時期、いわゆる電撃戦は、注目を集めました。わたくしが勤めていたブローム・ウント・フォス社においても、従業員の熱狂ぶりはヒトラー政権の初期と同様でした。特に同社が建造したドイツ海軍のUボートが緒戦でめざましい戦果をあげたときの興奮はひとしおでした。

軍事上の勝利と西部戦線の快進撃にもかかわらず、政府上層部は常に内部抗争にあけくれ、戦争随行の妨げとなりました。しかし、航空機製造各社の技術部門が生みだす新設計は、このような内部抗争にほとんど影響を受けませんでした。

1941年6月の対ソ侵攻に全国民は衝撃を受け、きたるべき国難の予兆を見ました。緒戦で勝利を得ても、二正面で戦線を保持していくことに不安を感じたのです。1941年の冬には大規模な進撃がとまり、その後はすべての戦線において、手痛い反攻を受け続けました。潜水艦の損失は増え続け、スターリングラード攻防戦の敗北、北アフリカからの敗退、ノルマンディーへの連合軍上陸、そしてドイツの工業地帯と大都市に対する昼夜の大空襲の増加など、これらの打撃から立ち直るのは、およそ不可能に思えました。ヒトラー暗殺未遂事件が衆知の事実となり、不安定な政情は軍部に深刻な結末【訳注19】をもたらしましたが、産業界における設計作業や軍需品の生産量には何の影響も与えませんでした。しかし職場や家庭における士気は相当に悪化しました。実際、さらに苛烈な時期が到来する凶兆だったのです。

終戦のまぎわ、ヒトラーはベルリンの地下壕からドイツ全土の焦土作戦を命じました。もし実行されていれば、ドイツ復興の芽は摘まれ、国民は災厄を被っていました。この総統令は冷

6発飛行艇BV 222 V8（製造番号0008、X4＋HH）が、第222海洋空輸中隊（LTSta See 222）で使用中の写真。戦前、BV 222ヴィーキングは、大西洋横断空路の民間用飛行艇として生まれた。洋上偵察任務用に改修ののち空軍で使用された。生産数は20機に満たなかったが、長距離偵察機として活躍した。写真の機は英空軍のボーファイターが1942年12月10日に撃墜している。

ブローム・ウント・フォスのリヒァルト・フォークト博士が生んだ非対称機BV 141は、少数が偵察機として使用された。変わった形態ではあったが、卓越した飛行特性で搭乗員に人気があった。写真の機は、BV 141 V11（製造番号100003、NC＋RB）で、B型の3号機（B-03）である。

酷無比なものでしたが、自らの生命を賭して阻止した、勇気と良識ある政府高官ら［訳注20］がいなければ、ナチ党狂信者が実行していたことでしょう。

　かつての昂揚した戦意は薄れ、新兵器やジェットおよびロケット推進の高速機に対する切望にかわりました。戦禍が拡大するなか、先進兵器のための新たな着想は最後の瞬間まで衰えることなく生まれ続けましたが、もはやすべては手遅れで、敗北は不可避でした。

　1945年5月8日、ヨーロッパにおける戦争は終結し、同時に、本書が収録しているドイツの先進秘密計画機の生産も終了しました。

ハンス・H・アムトマン

ハンス・H・アムトマン
1906年生まれ。戦後、ペーパークリップ計画［訳注21］の一員として渡米した。初回の短期契約が満了して1回変更の後に米国籍を取得、やがて米国の航空機会社コンソリデーテッド・ヴァルティー社（のちのコンベア社）で定職を得た。米航空機業界に立派な経歴を残して1971年に退職。自伝（原注5）のほか多数の航空記事を執筆。優れた芸術家、設計者にして文筆家である氏は、カリフォルニア州のランチョ・サンタフェに居住している。

【原注】
5) H. H. Amtmann, "The Vanishing Paperclips, America's Aerospace Secret, A Personal Account", Monogram Aviation Publications, 1988.

【訳注】
10) 1933年1月、ドイツ・ワイマール共和国のヒンデンブルク大統領はアドルフ・ヒトラーを連立政権の宰相（Reichskanzler "ライヒスカンツラー"）に任命した。同年3月の総選挙でNSDAPは総議席の半数に近い288議席を得て勢力を拡大し、議会で授権法（Ermächtigungsgesetz）を成立させて独裁体制を確立する。1934年8月、ヒンデンブルク大統領の死去にともないヒトラーは宰相と大統領の職権を兼ねた総統（Führer "フューラー" 指導者／指揮者の意）に就任、国民投票による信任を得て名実ともに最高権力者となった。
11) フォークト博士は1920年代に川崎造船所飛行機部（のちの川崎航空機）に招かれて来日し、技術指導にあたっていた。陸軍の八八式偵察機及び派生型の八八式軽爆撃機などの設計を指導している。1933年9月、ブローム・ウント・フォス社の勧誘に応じて帰国した。
12) 1935年、ドイツは再軍備を宣言する。翌年3月、ドイツはロカルノ条約を破って独仏間の非武装地帯ラインラントに陸軍を進駐させた。
13) 1938年5月、ヒトラーは「軍事作戦で近日中にチェコスロバキアを撃滅するという余の決意はゆるがない」と明言し、軍首脳に侵攻計画（Fall Grün『緑作戦』）の策定を命じた。9月12日、ニュルンベルクのナチ党大会の演説で再び隣国への敵意をあらわにしたヒトラーは、作戦開始日を9月30日に定めた。
14) ドイツのチェコスロバキア侵攻が同盟国のフランスとソ連の参戦で大戦に拡大するのを怖れた英国のチェンバレン首相は、1938年9月15日、ベルヒテスガーデンの山荘を訪れてヒトラーと面談し、宥和の姿勢を打ちだした。ヒトラーは『緑作戦』の延期に応じたものの、その後も強硬姿勢をくずさず、結局9月29日にミュンヘンで開催された英独仏伊首脳会談において、ドイツに有利な決着を得ることに成功する。翌30日、4カ国は合意をミュンヘン協定として調印し、これによりドイツはズデーテンラントを併合した。元来、ズデーテンラントとはドイツ系住民が大多数をしめるチェコスロバキアの北東ボヘミアと北モラビアの山岳地帯を意味していたが、広義では住民がドイツ系主体であるチェコスロバキア領でドイツまたはオーストリアと地続きの一帯をいい、第一次大戦以前はオーストリア＝ハンガリー帝国の版図内にあった。
15) 1939年8月23日、ドイツとソ連は不可侵条約を締結する。
16) 第一次大戦後にドイツがポーランドに割譲した失地で、旧プロイセン王国領を東西に分断し、バルト海沿岸とポーランド内陸部とをつないでいる。バルト海沿岸の要港ダンチヒ（現グダンスク）は、ベルサイユ条約のもと、国際連盟が主権をもつ自由都市となった。ダンチヒ及び「回廊」を隔てた東側にはドイツの飛地、東プロイセンが残っていた。
17) ドイツは1939年9月1日、宣戦布告せずに対ポーランド侵攻作戦（Fall Weiss『白作戦』）を発動し、電撃戦により1カ月足らずで独ソ不可侵条約の秘密議定書による分割線（いわゆる『カーゾン線』）に達して、東プロイセンからブーク川以西をほぼ制圧した。分割線以東は反対方向から赤軍が殺到し、挟撃にあってポーランドは壊滅する。9月28日、ドイツとソ連は『友好、協力、ならびに分割に関する条約』を締結し、分割線以西はドイツ領、以東は白ロシア領となった。
18) 1939年9月3日の対独宣戦布告後、英仏はただちに軍事作戦を発動せず、ドイツのポーランド蹂躙を看過した。冬季の悪天候も障害となって、大規模な軍事衝突は翌年4月にドイツがノルウェーに侵攻するまでなく、この期間を米国紙は疑似戦争（Phony War）と呼んだ。英国ではボーア戦争にかけてボア（Bore 退屈）戦争、ドイツでは電撃戦（Blitzkrieg ブリッツクリーク）の洒落でSitzkrieg（"ジッツクリーク" 着座戦）とも呼ばれ、チャーチル英首相は薄明戦争（Twilight War）と表現した。
19) ヒトラー体制の転覆をめざす計画は、『緑作戦』に反対を唱え1938年8月に陸軍参謀総長を辞して退役したルートヴィヒ・ベック上級大将を首魁に、後任のフランツ・ハルダー上級大将、国防省参謀局（Abwehr "アブヴェア"）長官ヴィルヘルム・カナリス提督らが大戦前から密議していたが、実行者に恵まれず計画はいずれも中止または未遂に終わっている。一方、グナイゼナウの曾孫にあたる伯爵クラウス・グラーフ・シェンク・フォン・シュタウフェンベルク大佐は、北アフリカ戦線で傷痍軍人となって本国送還後、救国のクーデター『ヴァルキューレ計画』を画策していた。ヒトラーを暗殺して国防軍が政治を掌握し、親衛隊とゲシュタポ（Gestapo = Geheime Staatspolizei 秘密国家警察）を無力化して和平をめざすという計画であった。ベック将軍と面談したシュタウフェンベルク大佐は、みずから暗殺を実行する決意を固める。1944年7月20日、補充軍参謀の地位を利用して総統大本営の定例会議に臨席したシュタウフェンベルク大佐は、ヒトラーの席付近にプラスチック爆薬を仕掛けた書類鞄を置いて退室し、爆発を確認してベルリンに向かう。この爆発で数名が死亡したが、強運にもヒトラーは軽傷を負っただけで難を逃れた。ヒトラー暗殺失敗でクーデターは挫折し、ベック将軍は自決する。シュタウフェンベルク大佐は翌21日にベルリンで銃殺された。他にもオルブリヒト大将、クヴィルンハイム大佐、ヘフテン中尉など多数の将校がこのクーデター計画に関与していて、事件後の摘発で60名以上の軍人が自決または処刑によりより死亡した。計画に加担こそしなかったものの黙認を疑われたロンメル元帥も、ヒトラーに強要されて自決した。
20) 1945年3月、ヒトラーは、ドイツ軍が撤退を余儀なくされた際には、産業施設と生活基盤を敵に渡さないよう、すべて破壊・焼却せよという焦土作戦（Verbrannte Erde）を命じる。アルベルト・シュペーア軍需相らはこれに反対して逆命し、ドイツ本土を中心に、可能なかきり作戦実施を阻止した。
21) ペーパークリップ計画（Project Paperclip）は、米政府が実施したドイツ人科学技術者移住計画の秘匿名である。1945年5月から1952年12月までの期間に、フォン・ブラウン、リピッシュなど600名を超える科学技術者がドイツから米国に渡り、その大多数が政府または民間の研究機関の定職と永住権を得ている。この計画で米国が得た高度の先進理論及び新技術は、戦後の米航空宇宙産業の発展の原動力となった。

第1章　昼間戦闘機

序

　第二次大戦中、ドイツ航空機産業の事実上全社が、高速戦闘機を生み出すことに主眼を置いていた。ただし、実際に与えられた時間内では、終戦までに全計画の一部を完成することさえ困難であった。高い生産性を誇るフォッケウルフ社が先進のフリッツァー（Flitzer　突進機）およびTa 183計画機の開発と生産を進めていたころ、創意に富むブローム・ウント・フォス社とハインケル社もまた、単座戦闘機の設計を研究していた。世界に名声高きメッサーシュミット社は、1944年の後半、技術航空兵器長官に最新の高速機設計案を提出し、競合案を提出していたフォッケウルフ社の強敵となった。こうして単座可変後退翼戦闘機メッサーシュミットP 1101と、先鋭な後退翼機P 1110がドイツ最後の戦闘機設計競作に加わった。若干の設計変更で最大速度1000ないし1200km/hが達成できると期待された。両機について、無尾翼機も競作に参加した。さらには、Me 262の高速機開発研究としてMe 262高速飛行機という計画も提案されたが、結局は1945年の初めに却下された。

　ハインケル、ホルテン、ユンカース、メッサーシュミットの各社は、さまざまな双発昼間／夜間戦闘機、高速邀撃機、そして数種の無尾翼機も設計した。1945年のドイツ航空産業の逼迫した状況のため、これらの設計は生産に移行しなかった。BMW 003ターボジェットは、技術上の欠点が数点あったために生産量が限られた。デッサウのユンカース発動機製作所（Junkers Motorenwerke = Jumo "ユモ"）は、改良型のJumo 004 CおよびD型ターボジェットの設計を1945年5月までに完了できなかった。Jumo 012など、これ以外の大推力のエンジンは、実験段階にとどまった。

　このような状況にあっても、絶体絶命のドイツ首脳部は、十代の操縦士が搭乗する超小型機を大量に導入することで勝利できると、まだ希望をもっていた。国家社会主義飛行団（National-sozialistisches Flieger Korps = NSFK）の支援のもと、ヒトラー少年団（Hitler Jugend = HJ "ヒトラーユーゲント"）は、良心の呵責なき親衛隊指揮官によって無謀な犠牲を強いられるところであったが、幸いにもアドルフ・ガランド中将の努力によって、この無益な企図は初期の段階で中止された。

ジェット推進を追加したレシプロ戦闘機

　ジェットエンジンだけで推進する戦闘機の製造に加えて、当時の標準装備であったレシプロ戦闘機の主力2型式をターボジェット機に改造する設計研究が進められた。1942年後半、アウクスブルクのメッサーシュミット技術陣は、開発中のMe 155（原注6）のピストンエンジンにかえて、TL Triebwerken（"テーエル・トリープヴェルケン"　ターボジェット発動機の意　TLはTurbinen-Luftstrahl"ツルビネン・ルフトシュタール"の略）、すなわちジェットエンジン2基を搭載する改造の実現性を探っていた。1943年前半には、ピストンエンジン搭載のMe 309とターボジェット駆動のMe 262を同時並行生産する可能性を検討するよう命じられ、Me 155の研究を真剣に行った。同時に、航空省は開発中の機種数を減らすよう命じた。メッサーシュミット技術陣は、Me 155の翼下にJumo T1ターボジェット2基を懸吊するという基本設計に問題がないことを確認していたが、この計画は応急策にすぎないと見ていた。試算された性能諸元は決定版のMe 262に匹敵するかに見えた。設計案の武装は、携帯弾数各100発のMK 103機関砲2門と同170発のMG 151/20機銃1挺からなっていた。さらにMK 108機関砲2門を両翼付根に装備できると想定されていた。胴体、主翼、武装以外の装備品はMe 155の標準構成品と事実上同一で、前脚はMe 309から流用した。しかし、胴体後部、尾部全体、武装

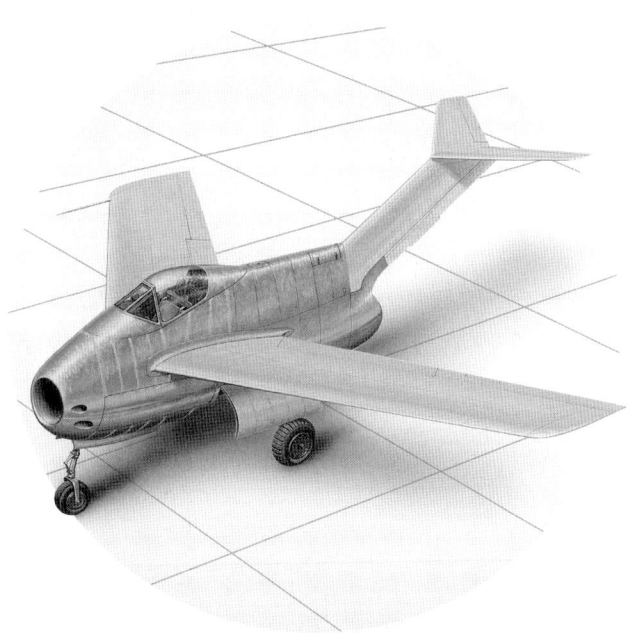

Ta 183の原型1号機の想像図（John Amendola画）。主翼や水平尾翼など、極限まで木材を多用した複合構造の設計だった。

昼間戦闘機操縦士の作戦飛行徽章。

を組み立てて一体にまとめあげるのが困難なことがわかった。また、より強度のある主翼と新たな燃料タンクが必要なこともわかった。

一見しただけでは、ジェットエンジン2基を装備したMe 155は、Me 262と大差がない。操縦席からの視界と主翼構造はあえて旧式のままにされ、不十分であった。Me 155 TLに使用可能な既存の標準構成品の点数が限られ、また広範な飛行試験が不可避であったため、1943年に航空省は計画への興味を失った。

フォッケウルフ社もまた、傑作レシプロ戦闘機Fw 190 Aをジェット推進機に改造する可能性を探っていた。同社は1942年後半、Fw 190 TL（Fw 190ジェットエンジン装備型）を提案する。2段式遠心圧縮機、アニュラー型燃焼室、単段式タービンのターボジェットを搭載する計画だった。燃料は噴流方向に噴射し、ジェット噴射口も環状で、排気は胴体表面上に排出する設計であった。おそらく操縦士を排気熱から遮断する方法が難題になっただろう。

BMW 801 Dピストンエンジンを搭載し、最大速度695km/hのFw 109 A-3に対し、Fw 190 TLは高度6000mで850km/hに達すると試算された。武装は、胴体内に前方固定のMG 17機銃2挺と、主翼付根にMG 151/20機銃2挺を搭載している。滞空時間は1時間あまり、上昇率は推力100％でFw 190 A-3よりも格段に優れていると試算された。航続距離が不十分で適切なジェットエンジンがなかったため、本計画は1943年に中止された。

ジェット推進昼間戦闘機

■単発ジェット戦闘機

メッサーシュミットP 65（後にP 1065と改称。Me 262の原型）計画機の単座型数種の基礎設計研究は、メッサーシュミットP 1073 Bordjäger（"ボートイェーガー" 機上搭載戦闘機。大型機で運搬する小型親子式邀撃機）の研究と同時に進行した。多数の設計案を検討の結果、適切な長距離輸送機を設計するのが不可能だと判明し、P 1073計画は打ち切られている。

【原注】

6）Me 155は、当初Bf 109の海軍用発展型として計画されており、完全に新設計の主翼と内側（機体中心線方向）に引き込む主脚が特徴であった。

単発単座機開発の緊急度は低いと見なされ、その結果、双発ジェットのMe 262開発に活動が集中した。量産段階に達したジェットエンジンの生産量が足らず、所要数の新鋭機の量産計画に決して追いつかないことが明白になり、Jumo 004 Cターボジェット1基だけで駆動するメッサーシュミットP 1092 1-TL Flugzeug（単発ジェット機）の開発が始まった。カール・エーバハルト、ハンス・ホーヌング、ヴォルデマー・フォークトの各氏にる基礎設計は、1943年8月上旬に仕上げられた。Jumo 004 Cを1基搭載するジェット戦闘機の設計案が姿をあらわし、これが後のP 1101にむけての第一歩となる。試算によると、高度6000mで最大速度910kmを達成、高度9000mで2時間滞空し航続距離1000kmの性能であった。翼幅12.70mと14.45mのNormaljäger（"ノルマルイェーガー" 通常戦闘機）2種とHöhenjäger（"ヘーエンイェーガー" 高高度戦闘機）の合計3種の設計が1943年に完成した。ヘーエンイェーガーは、重量削減のため装甲板による防御がなく、攻撃力も減らされて固定武装はMK 103機関砲1門とMG 151/20機銃2挺であった。上昇限度は搭載装備によって11000mまたは13000mと試算された。1943年7月上旬、ホーヌング技師は、アレクサンダー・リピッシュが設計した無尾翼機Li P 20、双発ジェット機P 1065（Me 262）、そしてP 1092の比較に着手する。P 1092はMe 262の55％の材料と90％の工程数しか要しないことがわかったが、航空省は爆弾2発の搭載能力と燃料搭載量の多さを主たる理由にMe 262の方が優れていると判断した。

1943年7月中にさらに2種の設計が完成した。うち一方はMe 262と同一の主翼をもち、操縦席を前方に移動させた形態だった。まもなくホーヌング技師はMe 262開発班に移る。そのころ、プラーガー技師、メンデ技師、そして主務者のザイツ技師は新戦闘機P 1079（のちのMe 328 A）を設計していた。アウクスブルクで基礎研究を終え、開発作業はダルムシュタットに移転して、ドイツ滑空研究所（Deutsche Forschungsanstalt für Segelflug = DFS）及びヤーコプス＝シュヴェイヤー社との密接な協力のもとに進められた。1943年10月、航空省はMe P1079戦闘機の開発打ち切りを決定し、低空攻撃爆撃機（Tiefangriffsbomber "ティーフアングリフスボンバー"）を要求した。すでにP 1079は試作段階にあったが、設計陣はP 1095を採用した。

当初、P 1095単座戦闘機案は、Me 262 A-1の尾部、計画中

Me 155 TLの想像図（Tom Tullis画）。もともとMe 155は多くの点で標準型Bf 109を基本にしたプロペラ機として提案されたが、主翼は全面新設計のもので、ほかにも改良点があった。この計画機をジェット機に変身させることは実現可能だったはずだが、それだけの価値があっただろうか。

止になったP 1079の胴体を設計変更したもの、及び木製の主翼で構成していた。続く設計案では、短い翼幅の金属翼とMe 328の胴体後部を使用していた。胴体下部にJumo 004を1基搭載し、この機体構成はフォッケウルフが1942年から43年にかけて設計した同種の案とほとんど違わなかった。

当初、フォッケウルフは2種のジェット戦闘機を設計した。Vorschlag 1, Fw Jäger mit Turbinentriebwerk BMW P 3302（提案1、BMW P 3302ターボエンジン搭載 Fw 戦闘機）と、Vorschlag 2, Jäger mit Turbinentriebwerk Jumo 004（提案2、Jumo 004ターボエンジン搭載戦闘機）である。ともに1942年後半に開発され、他社にさきがけて前進翼を採用している。フォッケウルフ最初のジェット戦闘機の設計だったようだ。

平均離陸重量約3300kgの変型3種が設計された。前進翼でJumo 004（以前のT1）またはBMW P 3302ターボジェットエンジンを搭載する案、そして3番目は後退翼を廃しBMW 003 A1ターボジェットを搭載する設計であった。エンジン1基を胴体上部、中央部より前方に搭載し、主翼は30度の前進翼、尾翼は上半角45度のV型後退翼であった。本来の意味での垂直尾翼と方向舵はない。燃料は胴体内のタンク2基に搭載し、3輪式降着装置を装備する予定であった。武装は前方発射式のMG 151機銃2挺（携行弾数各300発）とMK 108機関砲2門（同200発）で構成された。

1943年3月から1944年8月にかけて、クルト・タンク教授が率いるフォッケウルフ技術陣は、Entwurf 1（"エントヴルフ 1" 設計1）から7という社内呼称で、まったく新しい単発ジェット単座昼間戦闘機系列の設計案を開発した。最初の設計1は在来型の機体配置で機首下部にJumo 004を懸吊し、普通の尾輪式の降着装置をもちいていた。社内ではP I（計画I）とも呼び、航空省が採用する見込みが十分あると期待していたが、排気を斜め下方に噴射するため火災発生のおそれがあると懸念され、結局、採用に至らなかった。

Fw-TL-Jagdflugzeug Entwurf 2（Fwターボジェット戦闘機・設計2）、別名P IIの設計は、1943年5月初頭に始まり6月に完成した。設計1の欠点を克服するため、降着装置を3輪式に変更して最低地上高を改善していた。しかし緊急着陸時に懸吊式ターボジェットが危険を増大するという問題があった。設計2はJumo 004 Bを搭載予定で、離陸重量は約3350kgと推定された。Jumo 004 Cターボジェットの搭載も提案された。前方発射で固定式のMK 108機関砲2門を操縦席の両脇に、さらにMG 151/20機銃2挺を主翼付根に装備した。通信機はFuG 16 ZYとFuG 25aで構成する予定だった。

1943年11月、胴体下部ではなく上部にエンジンを搭載することで技術上の問題解決が図られた。エンジンを操縦席背後に置き、空気取入口は機首の両脇まで伸ばした。ジェット排気による干渉を避けるため、双尾翼を採用した。この研究案Entwurf 3（設計3）は、P IIIまたはFw-Jagdflugzeug mit

TL-Triebwerk（ターボジェットエンジン搭載Fw戦闘機）とも呼ばれ、以前の案よりも多くの利点があった。胴体本体にターボジェットを内蔵する必要上、空気取入口は主翼前縁よりも前方の操縦室の両脇に1個ずつ配していた。

その後、1943年12月にEntwurf 4（設計4）またはP IVという双胴邀撃戦闘機が設計された。このFw-TL-Jäger P IV mit HeS 011 R Antrieb（HeS 011 R駆動Fwターボジェット戦闘機 P IV）はフリッツァー（Flitzer）開発に向けての第一歩となる。設計案は当初 Jagdflugzeug mit Turbinen-Antrieb（タービン駆動戦闘機）と呼ばれていた。上昇率向上のため補助ロケット2基の装着が提案されていた。

1944年1月、フォッケウルフ技術陣は設計説明書279号の一部としてEntwurf 5（設計5）を提出した。この5番目の設計案には新型戦闘機2種の計画があった。第1案、P V（計画V）はHeS 011 Aで駆動し、14000mの高高度での運用を想定した装備をする予定であった。航空省は本設計案を承認し、型式名Fw 252 **(原注7)** として、さらに開発を進めるための予算措置を講じた。これと同時に、すでに廃案になった旧Entwurf 3にかわり、本設計案が新たに正式なEntwurf 3（設計3）となった。第2案は、ターボジェット1基とロケットモーター1基で駆動する、太く短い胴体に後退翼の戦闘機であった。HeS 011 Aターボジェットの補助として、主エンジンの上、わずかに後方に2液式ロケットモーターを搭載している。本設計案はP VI（計画VI）とも呼ばれ、航空省はこの邀撃戦闘機を認め、開発継続

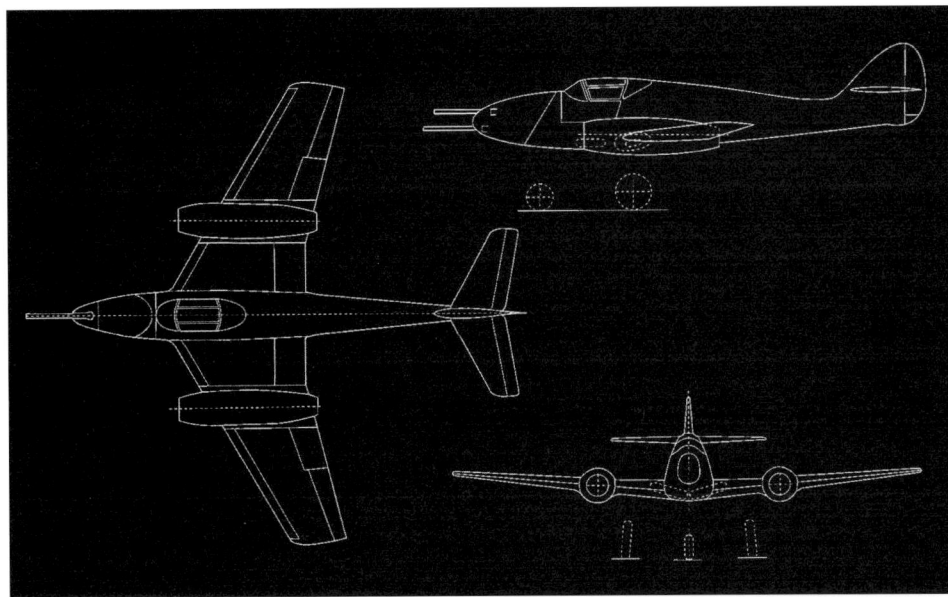

Me P 1070
1940年6月13日
　1940年のメッサーシュミットP 1070は、同社のP 1065とほぼ同様の設計だったが、主翼に後退角がつき、機関砲2門で武装した。翼幅8.20m、全長8.00m、全高2.90m、翼面積13㎡という諸元で、全備重量は2800kgと試算された。

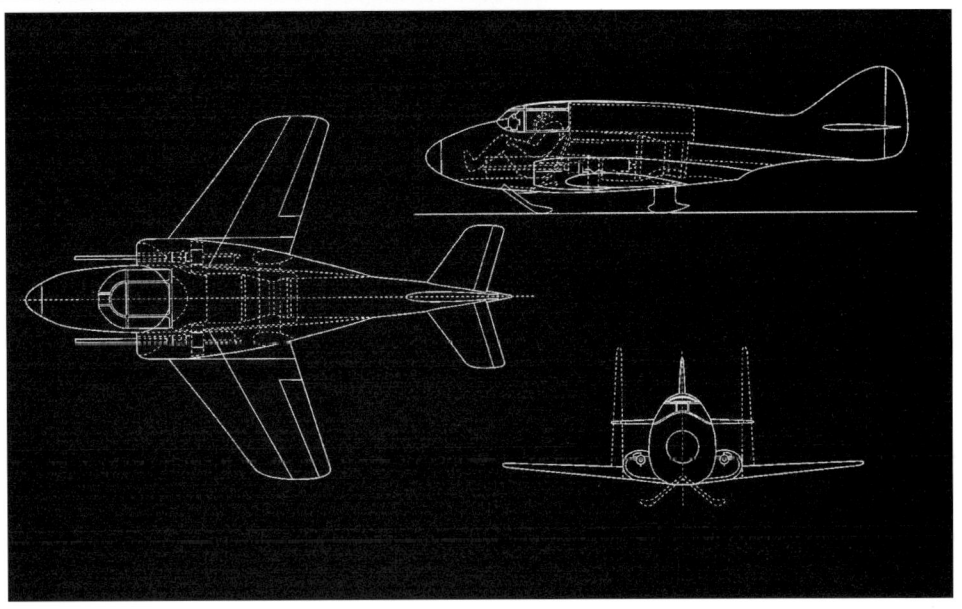

Me P 1073/B
1940年8月13日
　小型寄生戦闘機メッサーシュミットP 1073 Bの、1940年8月13日時点の設計見取り図。8発の大型長距離偵察機Me P 1073 Aの胴体内格納倉に搭載する設計だった。ピストンエンジンの母機の掩護任務を想定していた。戦後、米国が開発したXF-85ゴブリン（129ページ参照）とは異なり、空中で母機に帰投する手段はなかった。スキーは海上に着水するためのもの。BMW P 3304（BMW 002）ジェットエンジン1基を胴体内に搭載し、武装はMK 103またはMK 108機関砲2門を予定していた。翼幅4.4m、全長5.9m、全高1.8mの超小型機である。

の予算を付けた。その後、本案は（1943年のP II構想の研究が中止されたことにともない）新たに正式なEntwurf 2（設計2）となった。フォッケウルフは当初この新型戦闘機にGL/C番号232を割り当てたが、すでにこの番号がアラドのAr 232輸送機に交付済みで、同機が（若干数ではあったが）空軍で実戦配備についていたので、航空省は未使用のGL/C番号183を再交付し、あわせてクルト・タンク博士の姓の先頭2文字「Ta」を略称として使用することを許した。

こうして、この計画機はTa 183が型式名になったのだが、いたずら者のカラスになぞらえて『フッケバイン』という愛称で呼ばれるようになる [訳注22]。

Ta 183はハンス・ムルトップ技師の監督下に生まれ、4種の変型に設計が発展していた。Ta 183 Ra-1（原注8）は、2液式補助ロケットを備えたターボジェットHeS 011 Rを搭載した。Ta 183 Ra-2も同様に補助ロケット付きJumo 004 Bを搭載し、翼幅が広がっている。Ta 183 Ra-3は補助ロケットのないHeS 011を搭載する。Ta 183 Ra-4はHeS 011Aで駆動し、邀撃戦闘機の決定版となるはずだった。

1944年を通じて、ムルトップ技師らはTa 183の作業を進めたが、構造が複雑なHeS 011の生産障害が続いて開発が遅れた。Jumo 004がすでにTa 183向けに採用されていたにもかかわらず、この新型エンジンは当時量産に移行しつつあったMe 262用に多数が割り当てられた。それでも、略式通達第30号にしたがって、1945年1月10日に少数のJumo 004がフォッケウルフのTa 183計画用に振りむけられた。生産計画は頻繁な修正を余儀なくされたが、最終計画では、最初の飛行可能原型機3機（Ta 183 V1～V3）はTa 183 Ra-2からRa-4の変型案にそって試作し、うち原型1号機V1がJumo 004 Bを、そして他の2機が待望のHeS 011 A-0を搭載することになった。もしもHeS 011が間に合わない際には、HeS 011 A-1の生産が始まる1945年の夏まで、応急措置として原型3機全てがJumo 004 Bを使用することになっていた。

中翼式の主翼は、1/4弦長で40度の後退角があった。胴体は全長8.90m、後部下側にターボジェットを搭載できるよう、やや幅広で、エンジンから機首の空気取入口に向かってダクトがまっすぐ伸びていた。操縦席はダクトの上方、前寄りにあった。鋭い後退角の垂直尾翼はテールブームの機能も果たし、その最先端に後退角が付いた水平尾翼を備えていた。

当初、武装は機首の空気取入口の横にMK 108機関砲2門を搭載し、追加装備としてMK 108またはMK 103機関砲をさらに2門搭載する設計であった。1945年の初め、MK 108機関砲を最大5門、またはMK 108とMK 213機関砲を2門ずつにまで武装強化することが決まった。のちに、クラマーX 4空対空誘導ミサイル4発またはR 4 M空対空ロケット弾2発を搭載することが提案された。量産型のTa 183は、EZ 42アドラー（Adler ワシの意）ジャイロサイト（ジャイロ安定式射撃照準器）を搭載する予定であった。

700×175mmの主輪は前方に引き込んで胴体内に収め、465×165mmの前輪は後方に引き込みながら脚柱を回転し、空気取入口の下方にほぼ平らに寝かせた状態で収めた。

設計は技術航空兵器長官の支持を得たが、諸問題のために量産に移行できなかった。高品位素材の欠乏のため、機体構造の一部に鋼鉄と木材を使用する必要が生じた。たとえば、主翼は鋼製の箱型主桁と木製の構造材からなり、主桁より前方の前縁

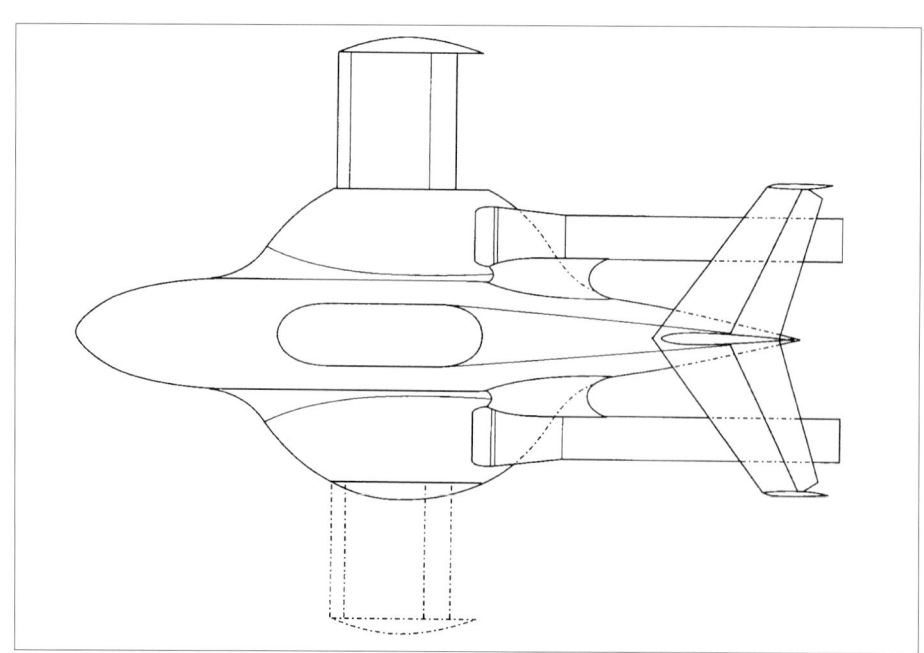

Me P 1079/17
Me 328計画

Me P 1079/17も小型の単座寄生戦闘機で、パルスジェット2基で推進する設計だった。1940年に設計され、斬新な伸縮式の主翼を引き込むことで、大型の母機の胴体内に格納できるようになっている。母機から発進して主翼を展伸し、パルスジェットを始動する。この計画機はのちに、まったく異なる任務想定ではあったが、Me 328に発展している。

全体は合板1枚を外皮にしたものだった。

1945年2月23日、バート・アイルゼンにおける量産の日程が決定した。1945年9月までに先行生産型1号機の飛行評価試験を開始する目論見であった。Ta 183の量産1号機は10月頃、2号機は11月初旬に完成を予定していた。フォッケウルフは11月末までに合計8機を、さら20機を12月中に生産する計画だった。Ta 183の生産は1946年5月に月産300機に達すると見込まれていた。終戦時、Ta 183は量産に向けて準備中であった。

1944年の時点で開発中であった他の計画機については、Fw 252（Entwurf 3　設計3）もまた、新型のHeS 011 Aエンジンにともなう問題が解消されず、開発作業が遅滞していた。Fw 252の実体は、Ta 183を大型にして操縦席を後方に移動させた高高度戦闘機である。主翼はTa 183と同様だが、後退角は40度ではなく35度だった。しかし尾部は在来型に近く、後退角の付いた水平尾翼を垂直安定板と方向舵の下方に配置したものだった。性能はTa 183をわずかに上回り、高度7000mで最大速度985km/hを見込んでいたが、Ta 183よりも複雑な構造のため開発が打ち切られた。

Fw Flitzer（"フリッツァー"　突進機）もまた、元のEntwurf 6（設計6）、別名P VI（計画VI）の設計の一環として開発に力が注がれた。航空省はフリッツァーを高く評価して正式なGL/C番号の交付を認め、計画機はFw 226（**原注9**）となった。フリッツァーは5種の変型と Volksflitzer（"フォルクスフリッツァー"　国民突進機）が設計された。主翼は翼幅14.00m、

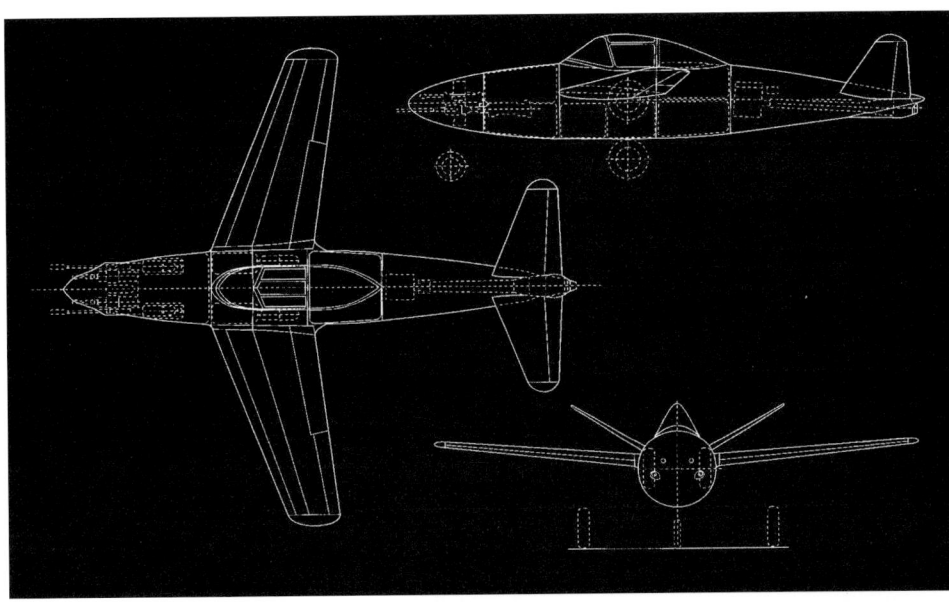

Me P 1092/2.0
1943年5月25日
　Me P 1092/2.0は重武装のロケット推進邀撃機で、1943年5月に設計された。砲弾形の胴体とV型尾翼が特徴で、MK 103及びMK 108機関砲2門で武装していた。翼幅8.70m、全長9.00m、全高2.50mで、ロケットモーター前方の胴体内空間のほとんどを燃料タンク6基が占めていた。

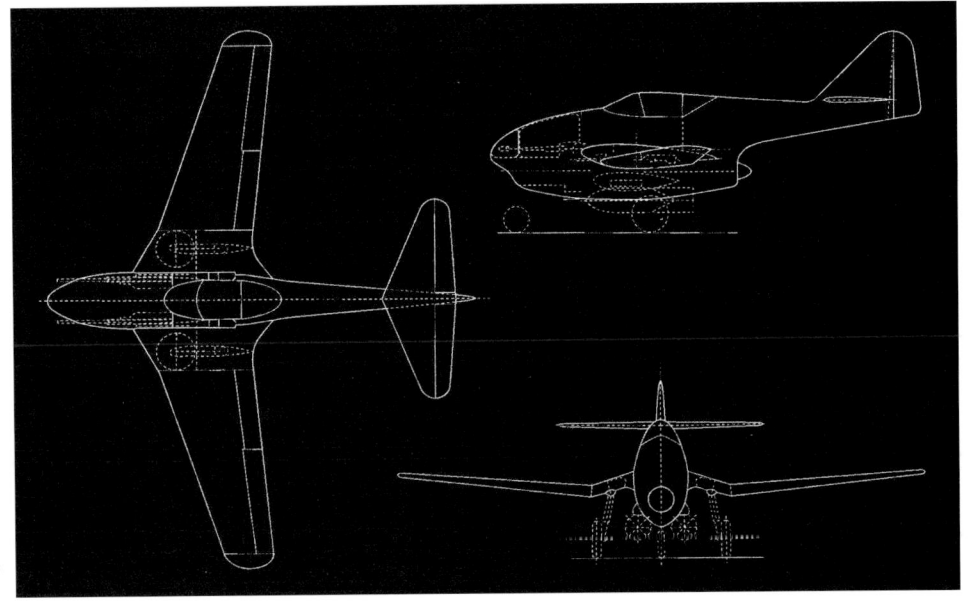

Me P 1092/4.0
1943年6月30日
　Me P 1092/4.0は、リピッシュP 20をもとに1943年6月に設計され、それまでのP 1092とは全く異なる設計だった。太く短い胴体にMe 262の尾翼をつなぎあわせ、MK 103機関砲2門で武装していた。胴体下面に設けた特殊な懸吊装置で最大2発の爆弾を搭載できるようになっていた。操縦室下方に配したターボジェット1基で推進する。

15.50m、17.00mの３種があった。BMW 003を使用するフォルクスフリッツァー以外は、すべてHeS 011ジェットエンジンを想定した設計だった。設計作業は1944年10月までにほぼ完了している。武装はMK 108機関砲２門で合計160発の砲弾を携行した。上昇限度は14000m、最大水平飛行速度は900km/hと試算された。

1945年４月末、連合軍地上部隊がバート・アイルゼンに到達し、フォッケウルフの設計部門は閉鎖を余儀なくされた。その数日前、フォッケウルフの先進設計の開発に関する文書のほとんどが焼却処分されている。しかし1945年初頭に最後の戦闘機競作に応募した際に、ドイツ航空試験所（DVL）、技術航空兵器長官、及び空軍総司令部に書類の副本を送付していた。

これらの書類は、のちにソ連進駐軍がベルリン＝アードラスホーフのDVLで発見している。さらには、ベルリンの巨大な航空省本庁舎からもファイルが見つかっている。

1945年秋、クルト・タンク博士は失業中で、将来も定まらなかった。好奇心から、博士はソ連の軍事情報局（GPU）のルキアノフ大佐及び宣伝局のテュルパノフ大佐と面談する。熱心な勧誘を受けていたのだ。しかし教授はロシア人や共産主義を全く信用せず、いかなる契約の締結も辞退した。

ほかにも、Jagdflugzeug mit HeS 011-Strahlantrieb（HeS 011ターボエンジン搭載戦闘機）という呼称の先進機ハインケルHe P 1078 Aが計画され、結局、大きく異なる３種の変型が設計された。He P 1078 Aは単発の単座戦闘機で、1945年５月

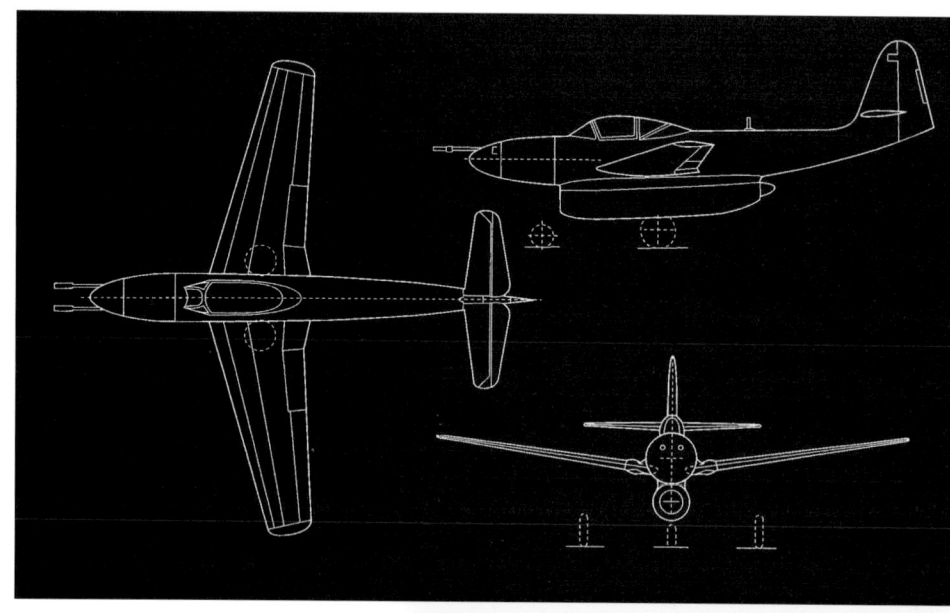

Me P 1095/1
1943年10月19日
Me P 1095/1は1943年10月の設計で、主翼、動翼、操縦室をMe 262から、尾翼と降着装置をMe 209から流用していた。胴体下部に装着したJumo 004ターボジェット１基で推進し、MK 103機関砲２門で武装する計画だった。長い砲身が機首から前方に突出している。

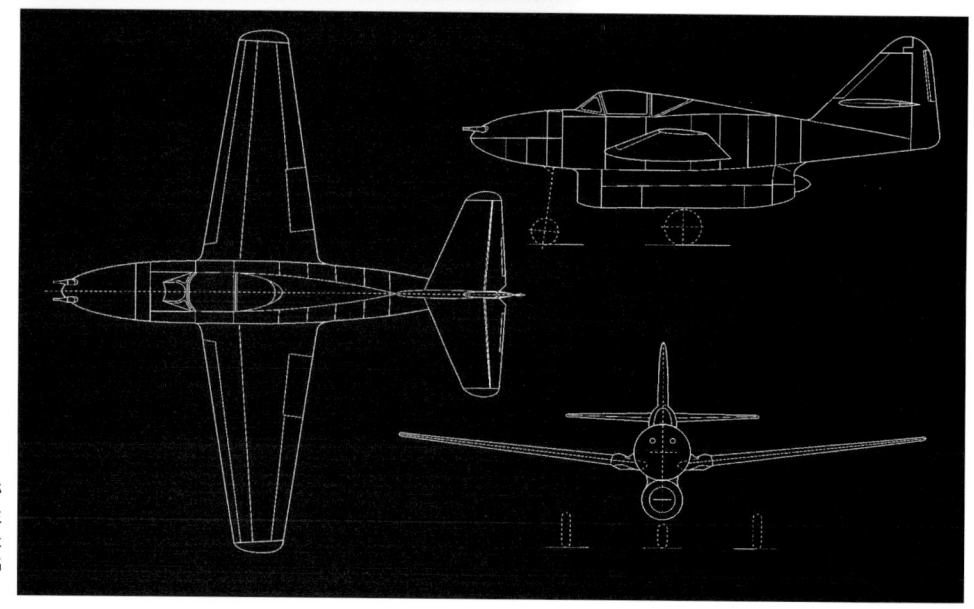

Me P 1095/2
1943年11月
Me P 1095/2は、/1型と同様だったが、尾翼がMe 209からMe 262のものに変わっている。また主翼も設計変更され、Me 155用の設計案に類似したものになった。武装は、MK 108機関砲１門とMG 151機銃１挺を機首に搭載した。

時点で3変型が開発中であった。第1案は40度の後退角がついた上翼式ガル翼の主翼で、垂直尾翼と水平尾翼も後退角が付いていた。胴体下部にHeS 011ターボジェット1基を搭載し、わずかに曲がった2.55mのダクトを介して機首の空気取入口と接続した。操縦席は機首の最前部、空気取入口の上方に位置した。

武装は、MK 108機関砲2門を操縦席両側に1門ずつ配し、有効射程内に目標を捉えると自動発射する機構を装着できるようになっていた。主脚は前方に折りたたんで胴体内に収め、右側に偏って配置した前脚は、後方に折りたたんで空気取入口の右側に格納した。胴体から主翼付根の内部にわたって大型の自動防漏燃料タンクがあり、さらに別の小型タンクを胴体後部の上方に置いた。P 1078 BおよびC型で速度と上昇限度の性能向上が期待できたため、技術航空兵器長官の指示をまたずに計画の第1段階は打ち切られた。

さらにもう1件、ブローム・ウント・フォスBV P 210 einmotoriger Turbinenjäger（単発ジェット戦闘機）も後退翼の計画機であった。胴体構造の背骨となる鋼管にターボジェットを懸架し、"背骨"は後方に伸びて上向きに曲がって水平尾翼をささえ、円滑に整形した外皮で覆われていた。BMWターボジェットは前部胴体の後端にあり、空気は機首内を貫くダクトで取り入れ、排気は水平尾翼の前方下側から噴射した。水平尾翼と昇降蛇はともに普通の形状で、前縁には後退角がつき、後縁は横に一直線であった。

固定武装は3cmのMK 108機関砲2門で、操縦席下方の空気取入口両脇に一対を配した。3輪式降着装置の主脚輪は、引きこまれて胴体下方の主翼下部に収まり、主脚扉は機体下面の一部を構成した。設計陣の試算では、P 210は高度8000mで860km/hに達し、最大推力による海面高度からの上昇率は毎分1000m、高度7000mでは毎分375mで、Me 262 A-1aの毎分780mよりも劣っていた。この性能は技術航空兵器長官の要求を満たさず、計画はただちに取りやめになった。

ブローム・ウント・フォスには、もうひとつ、BV P 198と

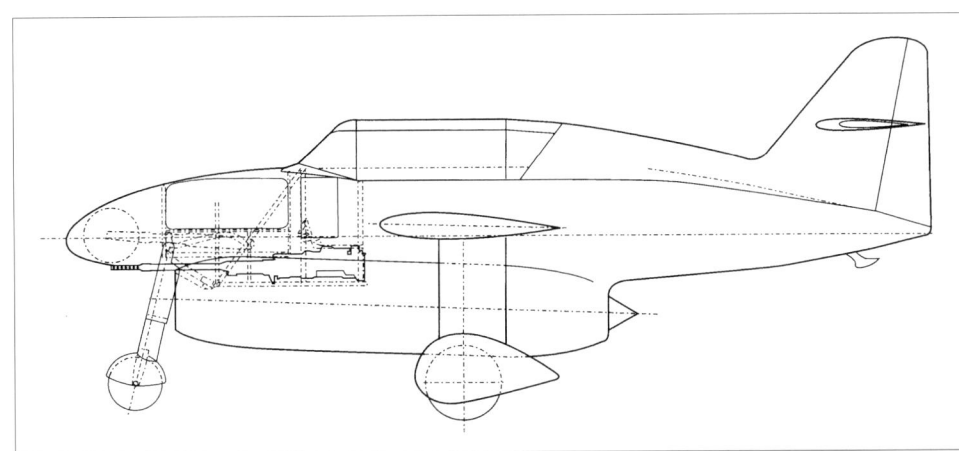

Me 328 C
Jumo 004 B×1基
　この計画機はP 1095から派生し、未完に終わった。前脚は引き込み式だったが、主脚は固定式で流線型のフェアリングで覆っていた。

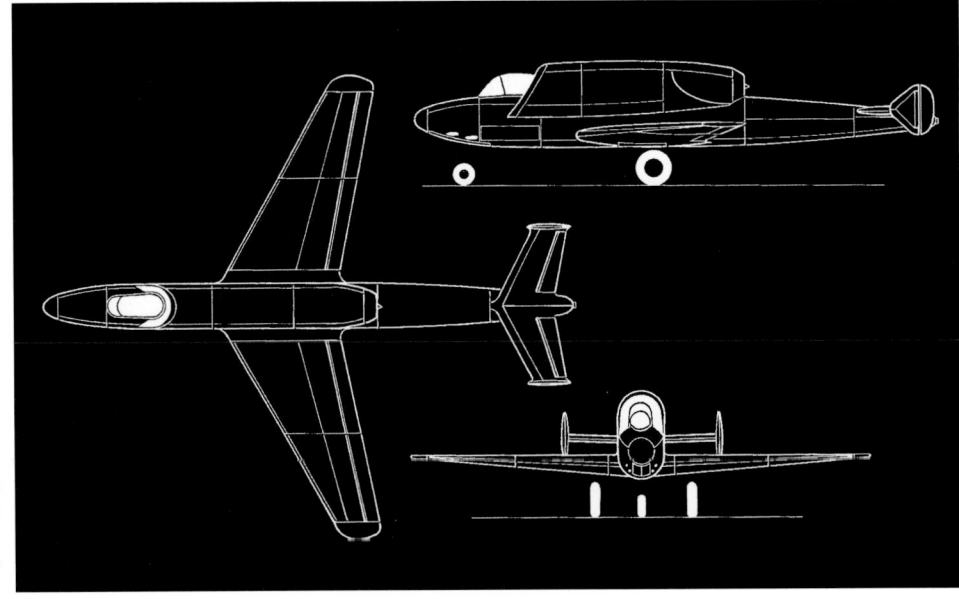

Ar TEW 15/43-12
1943年8月11日
　アラドAr TEW 15/43-12は、1943年8月11日の設計で、Jumo T1ターボジェット（のちにJumo 004に改称）1基で推進する単座戦闘機である。H型の双尾翼は小さすぎ、これでは十分に機能しなかっただろう。

いう変わった計画機があった。この高翼戦闘機は、当初（BV P 198.01.1として）BMW 003ターボジェットを使用する設計であったが、BMW 003から十分な推力を得られないことを危惧したリヒァルト・フォークト工学博士は、若干の設計変更で、より強力なBMW 018 A-1を搭載できるようにした。

ブローム・ウント・フォスの計画機中で最強の戦闘機になる可能性を秘めていたのがBV P 198.01.2 Hohenjäger mit BMW 018（BMW 018搭載高高度戦闘機）であった。部品数点と、エンジンの一部が1945年に試作されただけである。BMW 018の燃料消費は、燃費の悪いBMW 003より20％少ないと推定されていた。最大推力によって高度13500mで850km/hが達成できると期待された。戦闘上昇限度18000mに11分以内に到達し、その高度で2時間滞空できるという計画だった。装甲板で防護した操縦室は機首最前部にあり、操縦士1名が着席した。武装はMK 412重機関砲1門と、MG 151/20機銃2挺であった。

2番目の変型BV P 198.02は、後退翼になり、尾部に変更が加えられて性能向上が期待された。高度18000mで最大速度885km/hに達するはずで、同条件でBV P 198.01は780km/hしか出せなかった。

一方、メッサーシュミット技術陣は1944年前半にMe 262の先進発展型2種（Me P 1099とMe P 1100）を完成させ、以後、同年の夏期にかけ関心をMe P 1101に転じた。P 1101という呼称で包括された計画のもと、10件以上の全く異なる構想研究が生まれたのは驚嘆に値する。少なくとも半数は斬新な主翼形状の多発機の設計案であった。これらMe P 1101は43ページに総括してあり、なかでも特異な例として以下をあげておく。

1）35度または40度の後退翼の下面にターボジェット2基を装着した戦闘機。

2）後退角がついた外翼の主翼下にジェットエンジン2基を懸架し、前傾した前方整流板がある戦闘機。
3）Jumo 222ピストンエンジンと推進式プロペラを装備した戦闘機（1944年5月25日のプロイェクトMe P 1101/97）。
4）フォッケ教授設計の回転翼装置による垂直離陸戦闘機で、戦後のMe P 408回転翼ジェット計画機と大差ないもの。
5）1944年7月に設計された可変翼戦闘機。

しかし、これらの計画機はすべて紙上の設計案におわった。1944年、ドイツ軍首脳は、漸減する資源のため新鋭戦闘機の大量生産が不可能だという現実に直面する。同年末には、入手可能なのは二級品の材料だけになっていた。さらには、戦闘機本部が上昇限度を高め性能を向上させた単座ジェット戦闘機の量産を要求した。1944年7月10日、ハインケル教授は、敵がジェット戦闘機を実戦投入した時点でMe 262は優位を失うだろうという見解を表明する。したがって、安価かつ高速の単座ジェット戦闘機を量産し、最低でも3cm重機関砲2門か他の有効な兵器で武装すべきだという主張だった。メッサーシュミットもまた、短い滑走路と日増しに悪化する通信網でも運用できる軽量戦闘機の必要を説いた。

航空省技術局は、容易に複座に改造できる単座戦闘機を求め、要目を表にまとめた。また技術航空兵器長官は、戦闘上昇限度までの所要時間を短縮するために補助ロケットエンジンの装着を示唆した。

上バイエルン研究所（Oberbayerische Forschungsanstalt "オーバーバイエリッシェ・フォアシュングスアンシュタルト" メッサーシュミット計画室がバイエルン州オーバーアマーガウ近くの田園地帯に疎開した後に付けられた秘匿名）は、強力な単座ジェット戦闘機、Me P 1101/XVIII TL-Jäger mit

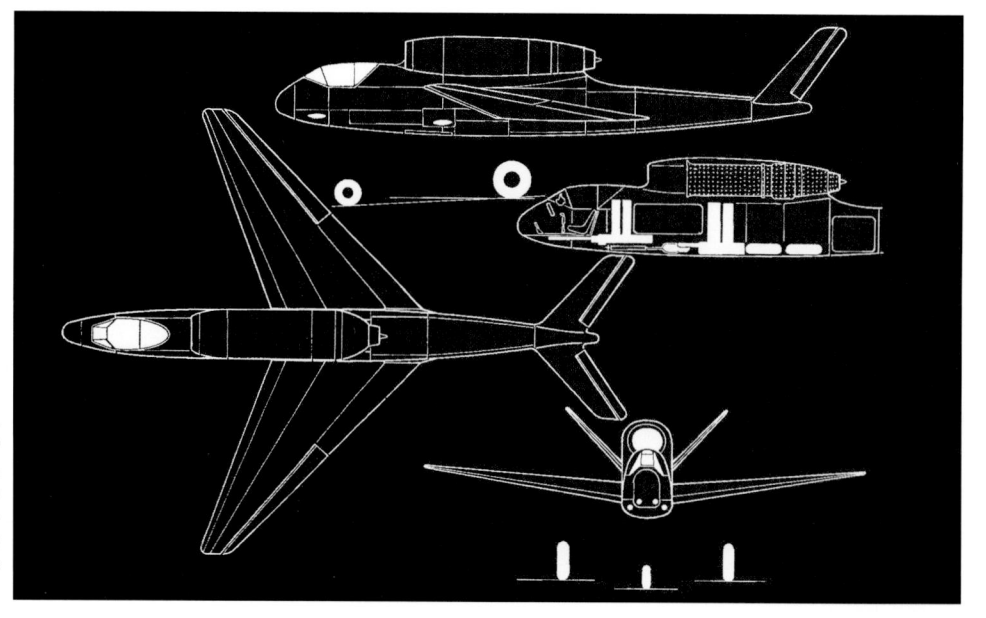

Fw Vorschlag 1
1942年12月

フォッケウルフ社はFw Vorschlag 1（"フォアシュラーク1" 提案1）という呼称の斬新な設計を1942年12月7日に創出した。たぶん前進翼機として最初期のものだろう。通常、前進翼は低速時の操縦性を向上するために採用するが、フォッケウルフ技術陣は、当時からこの特性を認識していたのだろうか。後退角のついたV型尾翼も1942年当時としては最先端の設計だ。

HeS 011の設計を進めていた。一連の新設計の最初の案は、1944年7月末に完成する。この戦闘機の特徴は、V型尾翼と、胴体前部を占める全面ガラス張りの操縦室、その両脇に配した一対の円形空気取入口であった。全長6.85m、翼幅7.15mで、HeS 011ターボジェット1基で推進し、高度6000mで最大速度1050km/hを見込んでいた。武装はMK 108機関砲2門だけで、胴体下面に500kgの兵装を懸架できた。

1944年8月22日、ハンス・ホーヌングの有能な部下、ティーメ技師は、胴体中央にHeS 011ターボジェット1基を搭載した小型ジェット戦闘機Me P 1101/XVIII-112を開発した。メッサーシュミットの典型であるV型尾翼が特徴で、この尾翼はBf 109 G-0型（製造番号14003、VJ＋WC）で事前に試験が行われた。

わずか8日後の8月30日、細い胴体の向上型の設計がオーバーアマーガウで生まれた。Me P 1101/XVIII-113 Turbinenluftstrahl-Kampfjäger（ターボジェット戦闘爆撃機）という呼称で、のちにMe P 1101発展型が生まれるもとになった。胴体前部の武装収容部にMK 112機関砲1門、MK 103機関砲2門、またはMK 108機関砲2門を搭載した。設計案は標準の量産型Me 262 A-1aの外翼を使用し、1944年9月初旬に技術局に提出された。エンジンは、HeS 011またはJumo 004 Cターボジェットの搭載を予定していた。

1944年12月14日、Me P 1101決定版の技術説明書がまとめられた。Me 262の外翼を使用し、Jumo 004 B-2ターボジェット1基を搭載する設計であった。エンジンは、のちに先行生産型HeS 011に変更されることとなる。P 1101最終型実現にむけての実験の第1段階は翼幅2.00mの模型で、ベルリン＝アードラスホーフのDVLの風洞で試験された。さらに、ゲッティンゲンの空力試験所（Aerodynamische Versuchs-Anstalt＝AVA）とブラウンシュヴァイク＝フェルケンローデの航空研究所（Luftfahrt-Forschungsanstalt＝LFA）の試験で成果を得た。

量産型Me 262 A-1aに改造型吸気ダクトを装着した実験機による試験が1944年11月初頭に行われ、設計案の吸気ダクト長に応じた推力損失の推定値が求められた。その後、後退翼の形状を変えて試験が行われた。結局、鋼製桁、木製小骨と外皮、後退角40度で2点構成の主翼が採用された。主翼は前縁スロットと可変キャンバー式フラップを備えている。胴体最前部に与圧室、その後方に燃料タンクと降着装置格納部を配し、テールコーン内に装備品収容室を設けた設計であった。

P 1101の武装は、携行弾数各100発のMK 108機関砲2門または4門を操縦席両側に配した。のちに戦闘能力向上のためにミサイル搭載能力の付加が提案されている。ハンス・ホーヌングの班が1944年11月11日から1945年2月22日までの期間に性能の試算を行った。実験用の原型1号機は、Jumo 004 B-1ターボジェットを搭載する予定であった。のちに、より強力なHeS 011 A-1を用いることになっていた。エンジン換装により最大速度は986km/hまで上昇すると見込まれた。メッサーシュミットが提案した量産型は固定武装としてMK 108を4門搭載することになっていた。

組立部門は、メッサーシュミットに1932年3月入社のヴァルター・カイデルが主務者に就くことになった。カイデルは原型試作、詳細設計、およびその後の試験に関する組立部門内の質問をとりまとめ、担当部門に照会する職務も負っており、クライデル・ケルナ、パウル・バーマイヤら多数の補佐を受けた。終戦まぎわの数週間、カイデルの組立部門は、Me 262にR4M空対空ロケット弾搭載能力を付加する改造、5cm砲搭載

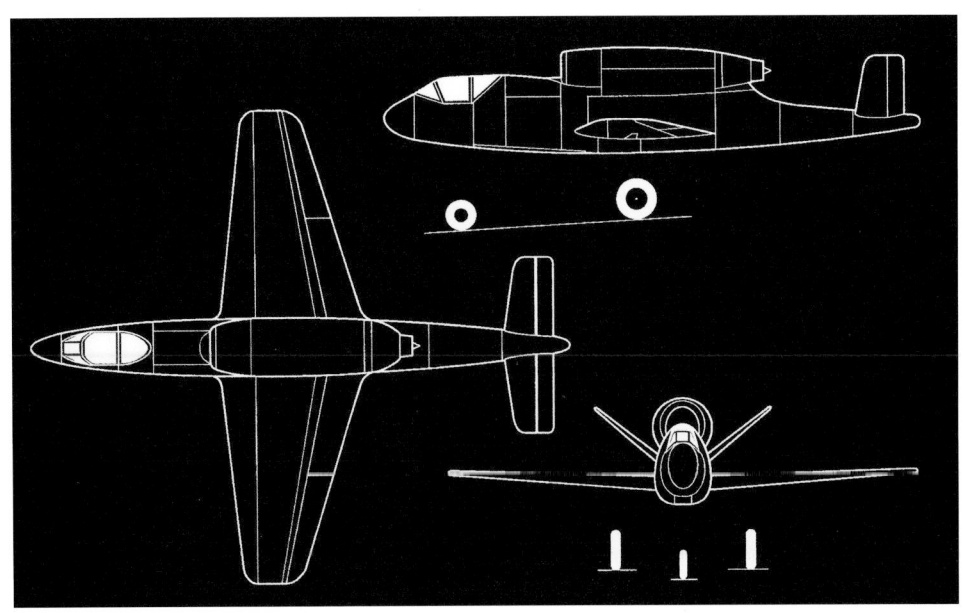

Fw Vorschlag 2
1942年12月22日
　Fw Vorschlag 2（提案2）は1942年12月22日付、在来型の直線翼を用いた、正統派の設計だった。胴体背部に搭載したユンカースJumo 004ターボジェット1基で推進する。このような設計から、さらに先進型の設計に発展していった。

Focke-Wulf Entwurf 1
1943年3月

　フォッケウルフP I（計画 I）、別名 Entwurf 1（"エントヴルフ1"設計1）は1943年3月の設計で、真剣に生産が検討された単座戦闘機計画の第1案だった。曲線を多用した尾翼、角張った風防、在来型の尾輪式降着装置など、随所にフォッケウルフ社の設計の特徴が見てとれる。航空省は排気を下方に噴射することによる防火上の問題を懸念し、計画進行を差し止めた。ちなみにソ連は下方排気を問題視せず、ヤコブレフは同機の基本設計を採用、改良を加えてYak-15を1946年に設計する。ソ連で初めて完成したジェット機となった。

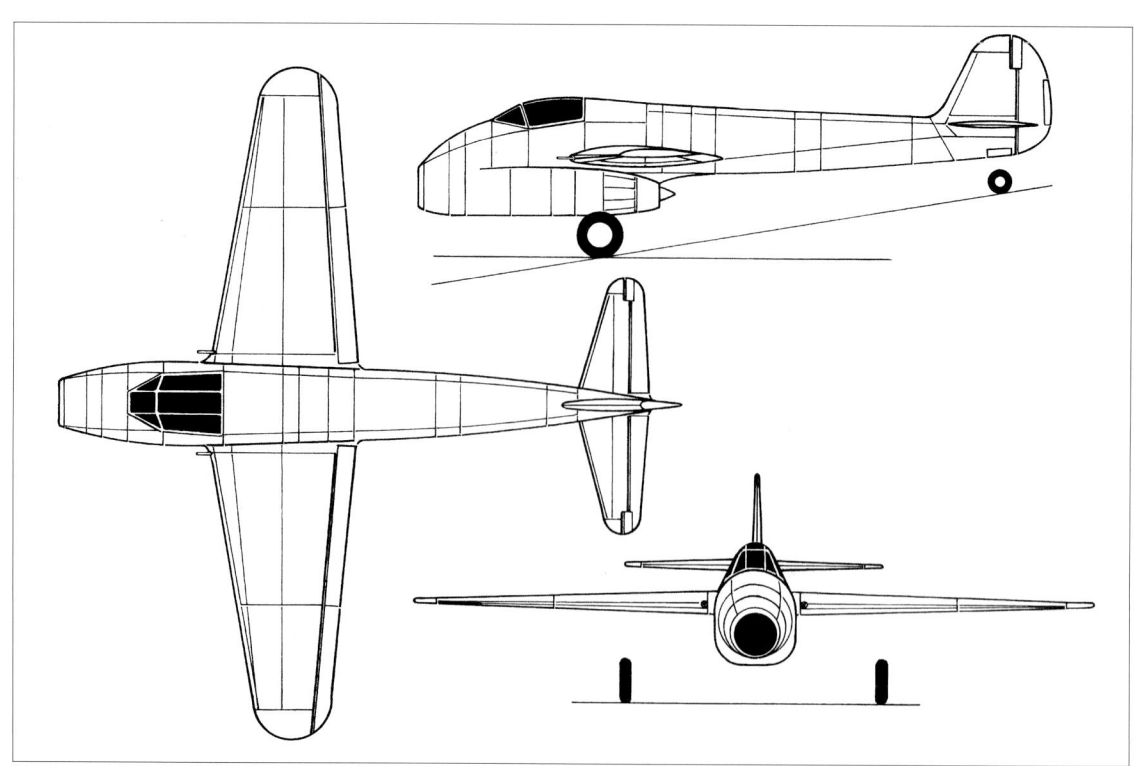

Yak-17は、Yak-15の延長線上で設計を洗練した発展型で、Jumo 004のソ連版RD-10ジェットエンジン1基で推進し、3輪式降着装置を備えていた。操縦室の位置のほかは、基本設計がフォッケウルフP IIに酷似している。

のMe 262 A-1a/U5の試験、さらにはP 1101、P 1106、P 1110計画機に搭載可能な武装の全般調査も担当していた。ドイツ第三帝国が最期を迎えた数日間は混迷の極みにあった。1945年4月下旬、あらゆる困難をおして、試作1号機Me P 1101 V1が完成に近づいていた。そこに連合軍が到来する。試作1号機V1は実験用に可変後退角の主翼を装着していた。30度、40度、または45度の後退角に地上で設定できた。米軍はこのほか、オーバーアマーガウ工場615号棟において、Me 262 C-3用部品、MK 103機関砲3門、MK 108若干数、およびMK 214の模型を発見した。

1945年初頭、Me P 1101戦闘機（原注10）の量産に向けての準備が進められた。4種類の戦闘機が計画されている。電子装備を簡略化したP 1101 Schönwetter-Jäger I（好天戦闘機I）は天候が良好なときの運用に限定され、Jumo 004 Bで駆動し、MK 108機関砲2門で武装した。胴体下に300リットルの増槽を懸架可能にする予定であった。同機は、与圧操縦席とHeS 011 A-1ターボジェットエンジンを備えるSchönwetter-Jäger II（好天戦闘機II）で後日更新することになっていた。無線装備はFuG 218、FuG 206、FuG 500を搭載する。EZ 42ジャイロサイトを装備する予定で、K 15自動操縦装置の搭載も提案されている。補助兵装も含め、以下の最新空対空兵器の搭載適合性が要求された。

●MK 108機関砲（携行弾数100発）の標準武装に加え、
●AG 140（AG = Abschußgerät 発射装置）2基を翼下に装備し、WGR 21（WGR = Werfergranate 噴進榴弾）2発を懸架。
●SG 116（SG = Sondergerät 特殊装置）12発（垂直ロケット発射装置）。
●RB 108（RB = Rohrbatterie 集束砲）8門。
●クラマーX 4空対空誘導ミサイル（Ru 344）4発。
●ヘンシェルHs 298空対空誘導ミサイル2発。

1945年初頭にMe P 1101 Schlechtwetter-Jäger（悪天候戦闘機）の提案がなされた。これは視界不良でも目標を攻撃可能な重武装全天候戦闘機であった。単座で、X 4またはHs 298空対空誘導ミサイル、もしくはオベロン装置〈監修注3〉を装備することになっていた。やがて、HeS 011 R複合推進原動機（HeS 011ターボジェット1基と補助ロケットエンジン1基とを組み合わせたもの）を搭載する高速邀撃機型P 1101が設計された。この計画機は悪天候戦闘機型と同様の武装を予定していたが、高高度を飛行する敵戦闘機及び爆撃機を空対空ミサイルで攻撃するという設計であった。これらP 1101の各型は、いずれも実現しなかった。

1945年6月初旬、ベル・エアクラフト社の主任設計技師ロバート・J・ウッズは、P 1101の可変後退翼に固有の空力上の可能性に興味をもち、米国の監視のもとドイツで原型機を完成させるよう画策した。エンジンの所在がつかめず、見つかったのはHeS 011の実物大模型が1個と、未完成のJumo 004 Bが1基だけだった。そこで、機体を現状のまま分解し、予備の主翼一式とともに米国のライト・フィールド［訳注23］まで移送することになった。Me P 1101 V1原型1号機は未完成のままライト・フィールドにて徹底調査された。のちに米空軍はMe P 1101 V1を余剰資産と認定し、やがてウッズ技師の進言を受け、1948年8月にベル社に払下げた。同社は、P 1101の設計をもとに可変後退翼の本格戦闘機を開発するという構想を暖めていた。メッサーシュミット製の原型機を改造して、各種の米国製エンジンを搭載することまで検討していたが、結局ウッズらは、改造案があまりにも労力がかかりすぎると判断した。よってベル技術陣は、P 1101を基本にした完全な新造機が必要になるという結論に達した。こうしてメッサーシュミット製原型機はベル社で不要になってしまい、記録によると廃棄処分された

とのことである。ドイツからきた原型機にともなう技術上の障害がなくなり、ベル社は後退角を自由に調整できる新戦闘機計画の開発をただちに進めた。同社は空軍関係者の幅広い支持を得られる航空機を設計する抱負であったが、計画が進展するにつれ、期待は薄れていった。落胆のなか、1949年初旬、ベル社は可変後退翼の飛行試験機を1機製作することを具申する。この提案は同年7月26日に承認され、X-5原型機2機の契約が締結された。

さて、後日譚から1944年の秋に視点を戻そう。P 1101計画が大幅に進展したところで、予想外の問題が発生する。兵装収容部の空間不足と前脚引き込み機構が問題であることがわかったのだ。さらには、試算された性能領域も期待を下回ってしまった。またメッサーシュミット技術陣は姿勢制御にも問題が生じると予期していた。これらの難関をこえて、メッサーシュミットはMe 262 A-1aとMe P 1106 TL-Jäger mit HeS 011 und hochgelegtem Höhenleitwerk（HeS 011装備T型尾翼ジェット戦闘機）の開発を継続した。後者はMe 262の主翼構造を改造し、T型尾翼をもった単座戦闘機である。1944年12月には、Me P 1106の円形空気取入口付きジェットエンジンは胴体前部に移されていた。

1944年12月14日、やはりHeS 011で駆動するMe P 1106 TL Jäger mit vergrößerter Reichweite（航続距離延伸ジェット戦闘機）が提案された。翼幅7.40mで、2100リットルの燃料タンクを収容できる広い胴体の機体を作る案であった。1945年1月、Me P 1106 TL-Jäger mit Heinkel-TL（ハインケル・エンジン装備ジェット戦闘機）の名称で改良型の設計が提出された。同機は高度6000mで最大速度1090km/hを出し、14000mの上昇限度を達成すると期待された。金属製胴体と木製翼を組み合わせた設計であった。このMe P 1106の主系列は、ともにT型またはV型尾翼をもち、P 1101からの性能向上を狙っていた。改良型は当初の設計と同様だが、操縦席は後部燃料タンクのさらに後方、胴体最後部にあり、機首の空間はMK 108機関砲2門と前脚格納部が占めた。MK 108は最大5門まで増強可能で、最大500kgの爆弾を搭載できた。与圧室はエンジンより上位の

Fw P II、別名Entwurf 2の風洞模型で、1943年5月ないし6月に製作されたもの。P IIIは在来型の設計だが、胴体下に懸吊したジェットエンジンの位置が航空省内で不評だった。胴体着陸の際には、機体とエンジンが重大な損傷を受けると予想された。この欠点のため、計画は破棄された。

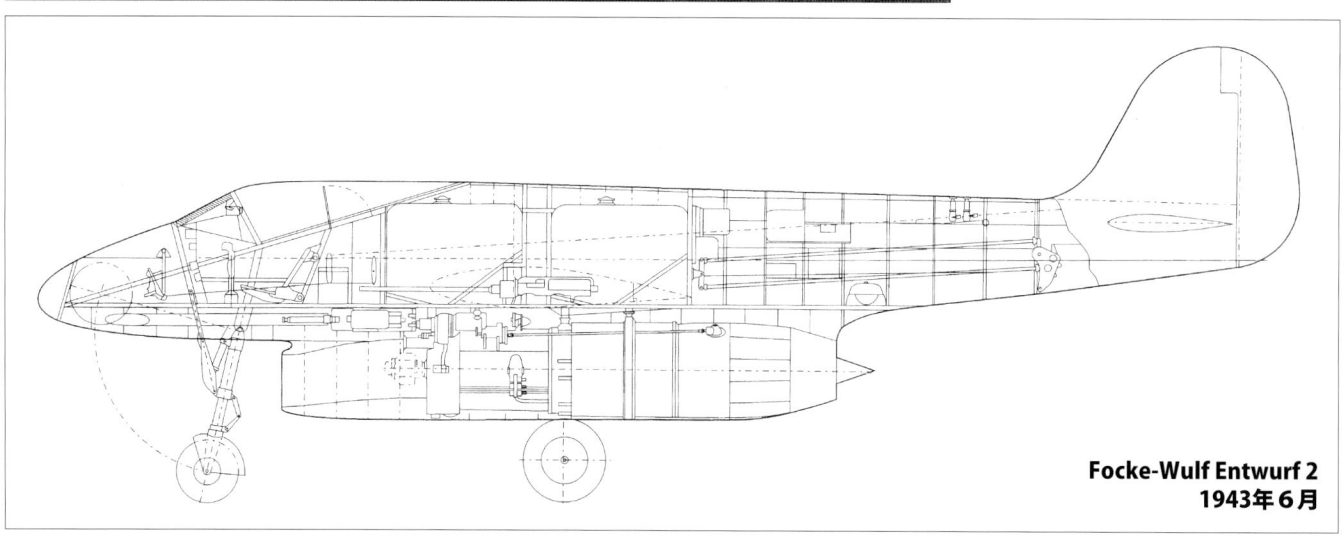

Focke-Wulf Entwurf 2
1943年6月

後方にあり、操縦士はジェット噴射口のほぼ真上に着座する設計だった。両系列ともに操縦席からの視界は辛うじて容認できる程度であった。そのうえMe P 1106の空気抵抗はMe P 1101より14％高いと試算された。ちなみにP 1106は1945年初頭に開発が始まっていた。P 1101からの性能向上が認められず、P 1106計画は1945年2月末に破棄された。

このほか、Me P 1106に重装甲を特装した変型が1945年1月前半に設計された。特殊なPanzerflugzeug（"パンツァーフルークツォイク" 装甲飛行機）の構想は従来からあった。すでに1944年のうちに、ピストンエンジンのFw 190の特殊装甲型と、Me 262重装甲型2種（Me 262 A-3）が開発されていた。

1945年1月12日、オーバーアマーガウのメッサーシュミット計画室はMe P 1110 einsitziger TL-Jäger（単座ジェット戦闘機）を生み出した。ハンス・ホーヌングら開発班は正面投影面積の縮小をめざしていたため、空気取入口をどう配置するかという問題が不可避であった。最初の設計図は、3門のMK 108で武装したV型尾翼戦闘機の案であった。数種の代替案を検討したのち、最終案が固まる。ドイツ航空試験所（DVL）の研究員が胴体側面の空気取入口で効率向上を図れると結論したため、P 1110は操縦席後方に特異な環状の空気取入口を配していた。1945年2月2日に完了した第2次設計変更で呼称はMe P 1110 TL-Jäger mit Tragflügel A（A型主翼ジェット戦闘機）

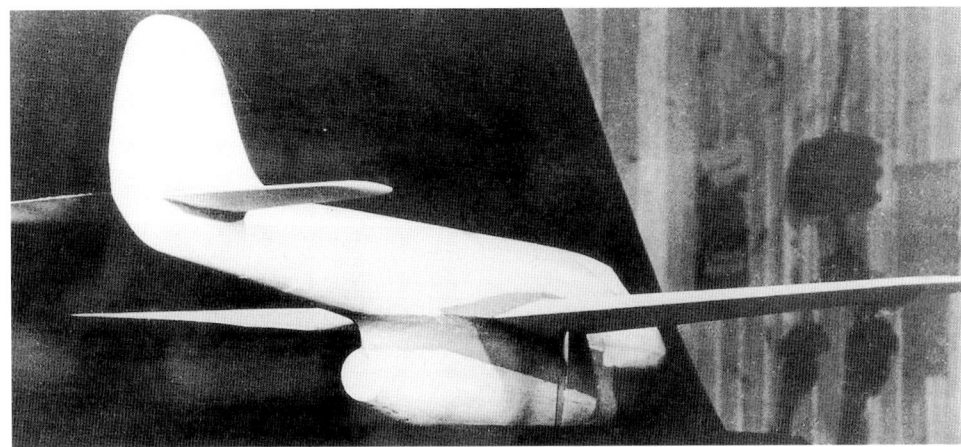

Fw P IIは実証ずみの基礎技術に基づくフォッケウルフの設計の典型だった。設計上、真に革新技術を用いているのはターボジェットだけだった。航空省は設計承認を躊躇したが、実現していれば高性能を発揮したかもしれない。

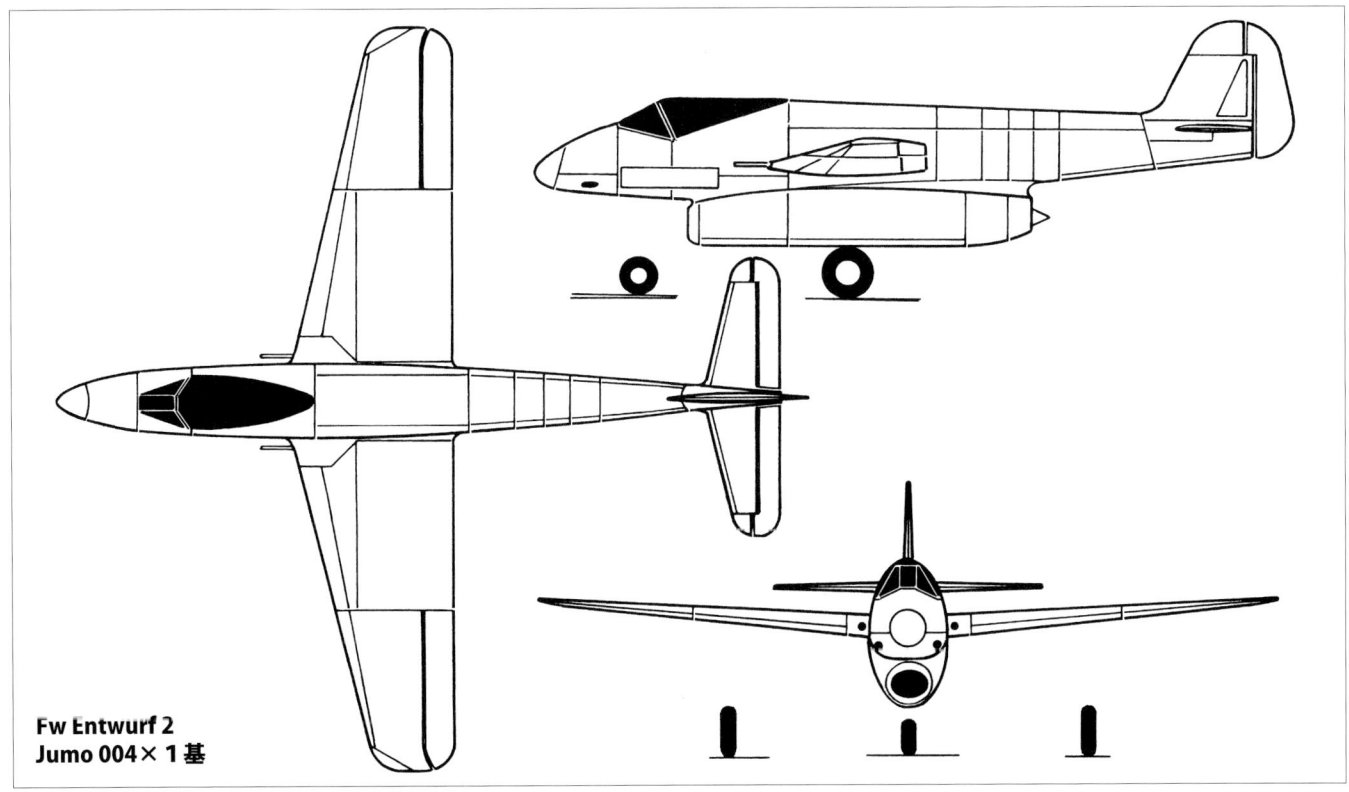

Fw Entwurf 2
Jumo 004×1基

Fw Entwurf 3
1943年11月

　Fw P III、別名Entwurf 3は1943年11月の設計で、この単座戦闘機計画もまた実現しなかった。在来型のあかぬけない設計で、垂直尾翼と方向舵は2枚だった。操縦室の直後にターボジェットを背負い、機首両側に空気取入口を設けた。

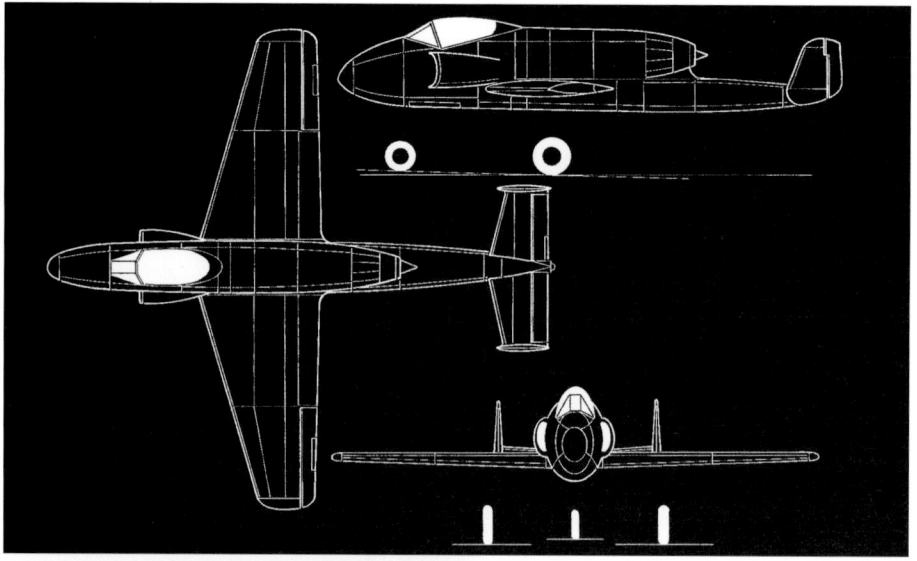

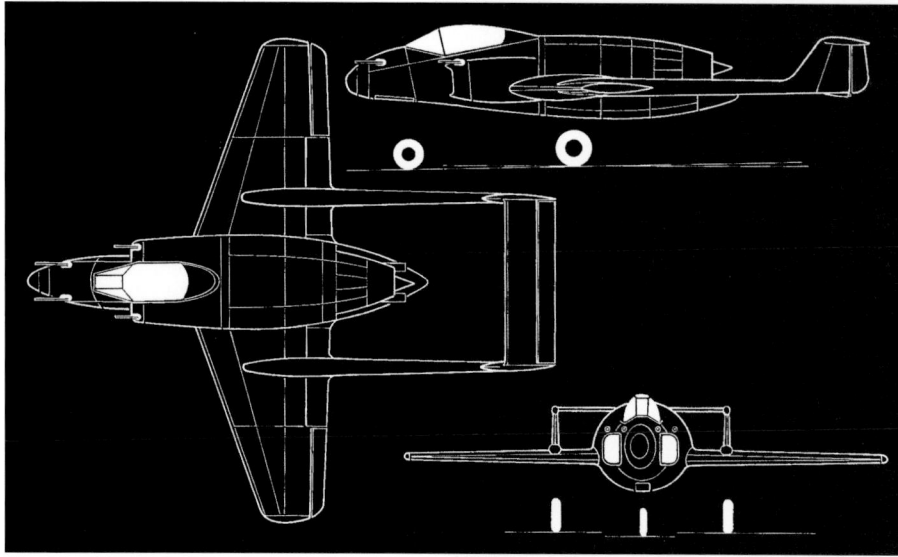

Fw Entwurf 4
1943年12月

　Fw P IV、別名Entwurf 4は1943年12月の設計で、ターボジェット1基と、その下方に装着した補助ロケット2基で推進する。この設計案も却下されたが、基本構想は1944年のフォッケウルフ・フリッツァーに発展する。

Fw Entwurf 5
1944年1月

　Fw P V、別名Entwurf 5は1944年1月の設計で、初代Entwurf 2（18ページ参照）が却下されたのち、新たなEntwurf 2に改称された。クルト・タンク門下の新進気鋭の航空機設計士、ハンス・ムルトップの作品である。この設計が直接Ta 183『フッケバイン』に発展した。

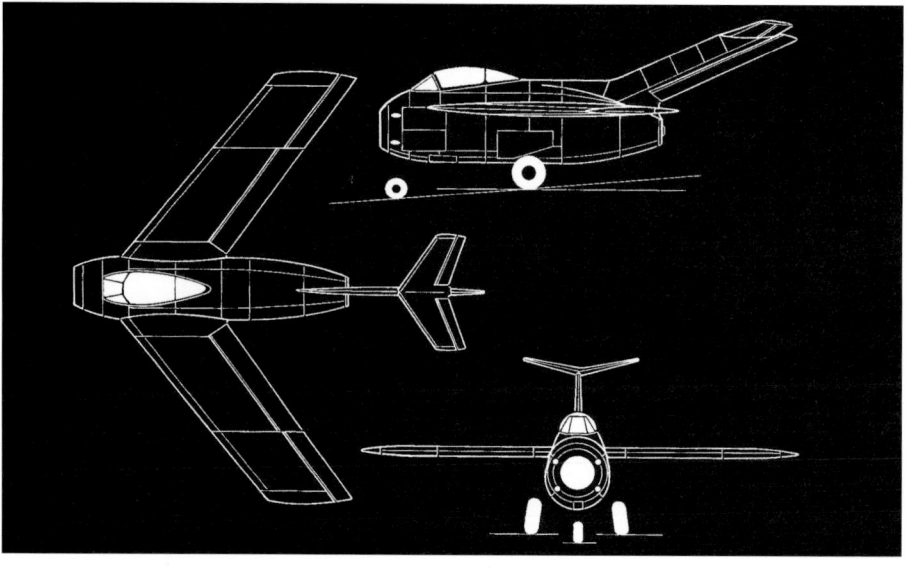

となり、その主翼付根は今日のF/A-18ホーネットを彷彿とさせる形状であった。10日後、さらに進化した概念設計、機首に水平の小翼（カナード翼）をもつMe 1110 Ente（"エンテ" カモの意）が提案されたが、時間不足のため完成に至らなかった。

Me P 1110の計画案２種（Ｖ型とＴ型尾翼）、およびMe P 1111、P 1112の研究においては、ジェットエンジンの最適位置決定、空間の有効利用、および兵装配置と飛行性能の最適化に焦点をあてていた。正面投影面積を最小にするため、多大な努力が重ねられた。降着装置格納部はＰ 1101の設計を応用していた。8m³/sの能力がある空気取入口は、拡大され、胴体両側の翼上面近くに左右対称に配された。空気吸入点における境界層速度は約290m/sに達する設計だった。吸気ダクト内で空気流速は140m/sまで低下し、これに対応して動圧が上昇する。強制排気により、不要な渦が離陸時に発生するのを予防した。この追加送風で約200馬力を消費し、Ｐ 1110はＰ 1106対比で推力が約12％低下するが、同時に抵抗も低下するという目算だった。

MK 108機関砲３門（２門が携行弾数70発、１門が100発）による武装は操縦室直前の機首に搭載し、この区画は全幅にわた

Ta 183 V1（Ra 2）『フッケバイン』の大型スケールモデル（Günter Sengfelder製作）。この先進計画機の形態をよく捉えている。Ta 183は、邀撃機型のほかに、Rb 20/30航空写真機１台を搭載する偵察機型、SC 500またはSC 250爆弾１発もしくはSC 50またはSD 70対人爆弾５発を搭載できる戦闘爆撃機型など、変型数種が提案された。さらには、エンジンも3種が検討されている。供給状況に応じ、原型機各種にHeS 011 R（Ta 183 Ra 1）、Jumo 004 B（Ta 183 Ra 2）、またはHeS 011 A（Ta 183 Ra 3及び4）を装着することになっていた。フッケバインは1945年夏に生産開始の予定だったが、終戦までに完成していたのは組立用の治具だけだった。

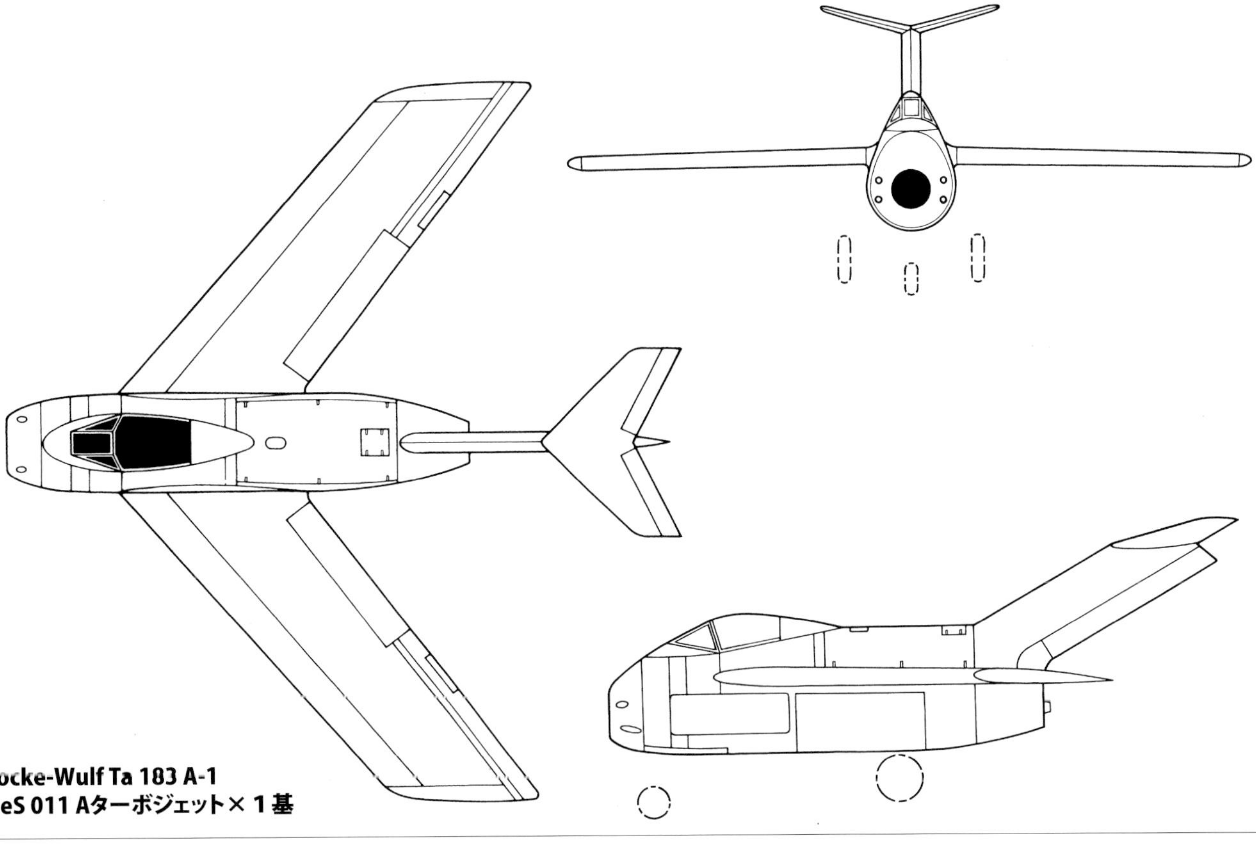

Focke-Wulf Ta 183 A-1
HeS 011 Aターボジェット×１基

Ta 183 V1はTa 183 Ra 2設計案に基づいている。
（模型製作：Günter Sengfelder）

Focke-Wulf Ta 183 Ra 2
1945年3月20日
Jumo 004 B×1基

Ta 183 Ra 2の断面図。HeS 011 Aが調達困難なため、容易に調達できるJumo 004 Bを使用するよう設計変更された。

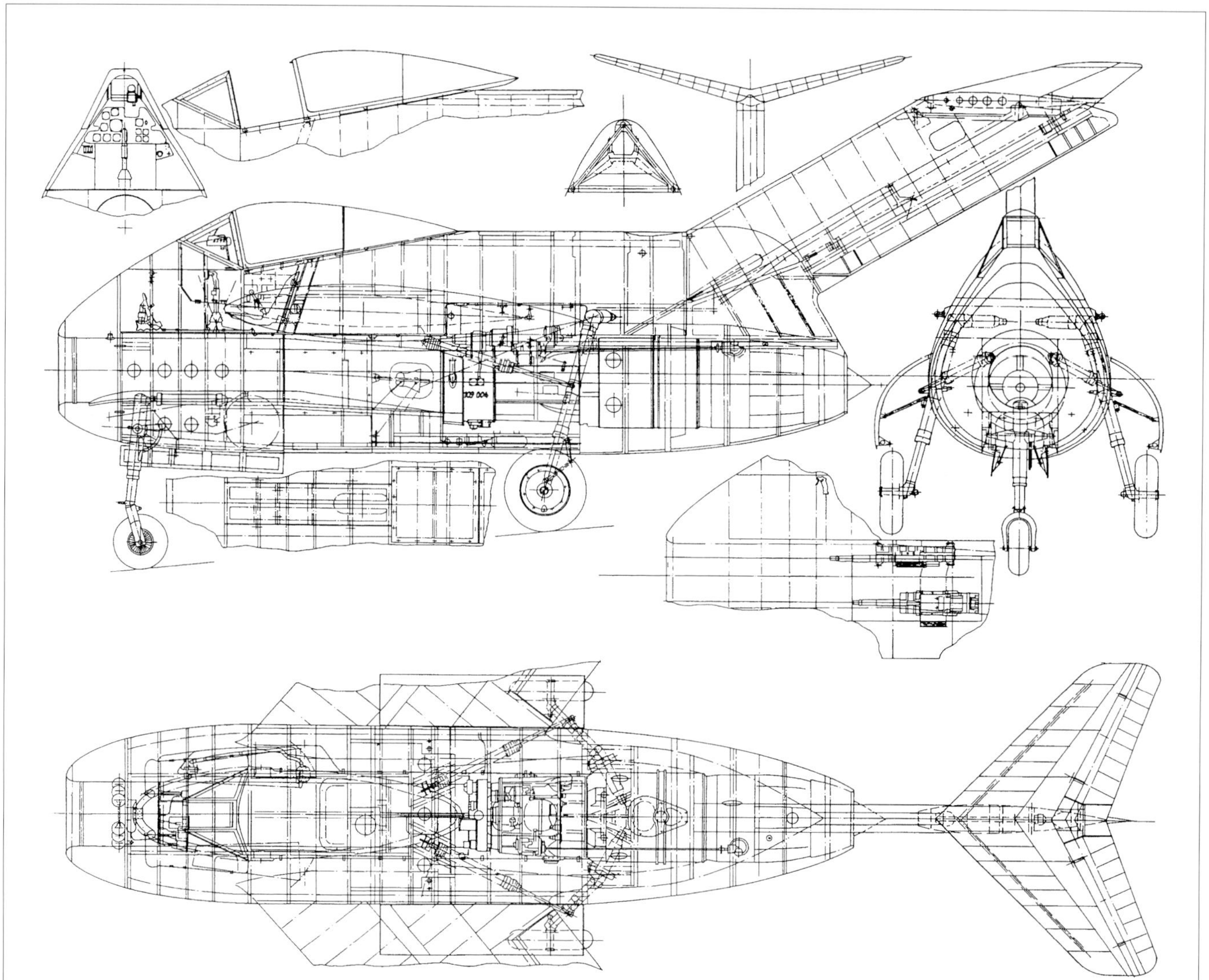

（模型製作：Günter Sengfelder）

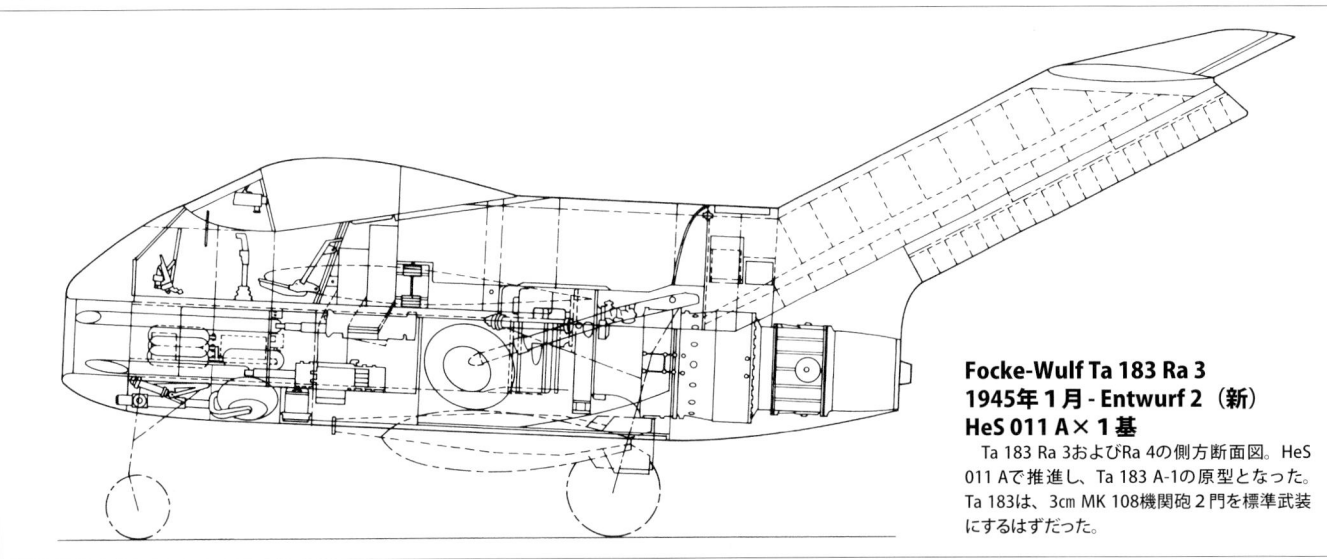

Focke-Wulf Ta 183 Ra 3
1945年1月 - Entwurf 2（新）
HeS 011 A × 1基

Ta 183 Ra 3およびRa 4の側方断面図。HeS 011 Aで推進し、Ta 183 A-1の原型となった。Ta 183は、3cm MK 108機関砲2門を標準武装にするはずだった。

Ta 183の風洞模型は、ハンス・ムルトップ技師の先進設計の実現性を検証するのに大いに役立った。

った。追加武装としてMK 108をさらに２門搭載できた。操縦室後方には大型の防漏式燃料タンク１基を配し、さらに後方の最後尾にHeS 011 A-1またはB-1ターボジェットを搭載する。空気取入口は胴体側面後部、主翼後縁フィレットの直前の位置にあった。メッサーシュミット技術陣は、P 1110の速度が海面高度で900km/hを超えると試算しており、これには境界層剥離による４％の推力損失を見込んでいた。高度7000mでは最大速度が1000km/hに達するはずだった。Me P 1110とP 1111の開発で得たデータの多くは、P 1112全翼機の設計に有効活用される。同機の実物大模型は1945年３月に製作された。

ハンス・ホーヌングは、連合軍地上部隊の捕虜となり、メッサーシュミットの単発計画機について多量の情報を供述した。連合軍の監視下、自分が熟知しているメッサーシュミットの最新戦闘機設計案の主要性能諸元をすべてまとめた数表多数を1945年６月27日までに完成している。

欧州戦線の最後の数週間、メッサーシュミットのProjekt Wespe Entwurf 1（"プロイェクト・ヴェスペ・エントヴルフ１" スズメバチ計画・設計１）と同Entwurf 2（設計２）が生まれたが、資料はほとんど残存していない。両設計案の特徴は、ほとんどすべての面で異なっていた。Entwurf 1は胴体前部に操縦士が伏臥し、後部にはJumo 004 Cを搭載、空気取入口は操縦席区画の下部にあった。主脚は後方に引き込んで内翼に格納し、前脚は胴体前部に収める。燃料は胴体内の防漏式タンク２基及び主翼内のタンク４基に搭載する。主翼は31.5度の

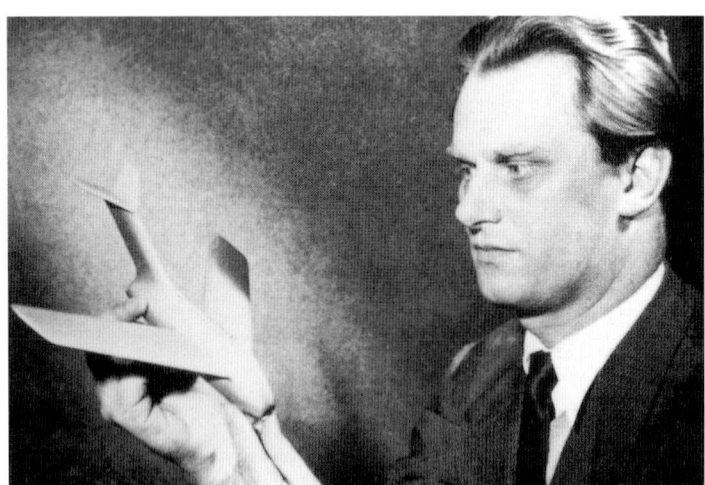

みずから設計したTa 183のスケールモデルを持つハンス・ムルトップ技師。ムルトップはフォッケウルフ社の空気力学専門家で、Ta 183を開発していたクルト・タンク率いる先進設計班の一員であった。戦後、ムルトップは米国メリーランド州ボルチモアのグレン・L・マーチン社で職を得た。ムルトップは後退翼の利点を熟知し、タンク博士に技術上の助言を与えた。

真実か虚構か。未確認情報によると、終戦直後にソ連は飛行可能なTa 183を数機試作したという。主翼に境界層板４枚を備えた高翼のTa 183が写っている。

アルゼンチンのプルキ（Pulqui）IIの原型１号機。ファン・ペロン大統領が招いたクルト・タンクが設計したもの。ムルトップが推奨した中翼配置と異なり、プルキIIは境界層板のない高翼が特徴だった。この設計変更はプルキIIの飛行特性に深刻な悪影響を及ぼした。Ta 183の技術を継承したソ連は、すでに主翼配置の教訓を得ていた。中翼、上翼の両方を検討したのち、ソ連は賢明にもMiG-15に中翼配置を採用している（8ページ参照）。

後退角が付いていた。尾翼は急角度に後退したV型の形態になっていた。胴体後部には新構想のスピードブレーキを装備する予定であった。残念ながら、これ以上の詳細は逸失している。

　Entwurf 2は大きく異なっていた。操縦室は胴体中央に移り、V型尾翼はMe P 1107と同様の上半角が大きい形態のものにかわった。両設計案で唯一、主翼が共通の設計だった。設計2は図面が1枚だけ見つかったにすぎない。

なった。しかしフリッツァーの生産決定とともに226番はホルテンから回収され、結局フォッケウルフに再交付された。その後、H VIIはHo 254となっている。かつてフォッケウルフがTa 254夜間戦闘機の計画に使用していたものを転用した番号である。

10）航空省は正式なGL/C番号をMe P 1101に交付しなかったようだ。現存する記録には、そのような番号が見あたらない。他にも例はあるが、軍用機が航空省の型式名なしに原型機の段階にまで進むのは異例のことだった。

【監修注】
3）対爆撃機用として使用された空対空ロケット弾「WGr. 21」（直径21cm）の照準が不正確であったため、クルト・ボルネマン（Kurt Bornemann）のもとアラド（Arado）社で開発された火器管制装置。通常の反射式照準器で目標を狙っているだけで、レーダーが目標との距離を測定し、コンピューターが接近速度を算出する。その結果、発射予定距離に達すると自動的にロケット弾が発射されるもの。敵の自動防漏タンクを貫通する460個の焼夷剤カプセルを、目標の手前で円錐状に撃ち出すことのできる「R 100 BS」空対空ロケット弾（直径21cm）とともに使用予定だった。

【原注】
7）GL/C番号252は、かつてユンカースの3発輸送機Ju 252に交付されていたが、同機は量産されずに終わっている。
8）「Ra」は社内呼称で解析用試案（Rechnerische Ankündigung）を意味する。
9）GL/C番号226は、以前はブローム・ウント・フォス社のBV P 200に割り当てられていた。これは民間用の八発大型飛行艇の計画で、試作に至らなかった。1944年の短期間中、226番はホルテン兄弟に割り当てられ、H VII双発全翼練習機がHo 226の呼称に

【訳注】
22）19世紀の作家ヴィルヘルム・ブッシュの漫画絵本『不運なカラス』（Der Unglücksrabe）の主人公ハンス・フッケバインのことである。フッケバインは悪戯の限りを尽くし、最後はデカンタの酒に酔って糸を首にからめ、あっけなく死んでしまう。『いたずらカラスのハンス』という題で日本語訳の絵本が出版されている。
23）オハイオ州デイトンの航空基地、現在のライト・パターソン空軍基地。施設内に合衆国空軍博物館がある。

Fw 252 - Entwurf 3（新）
1945年2月18日

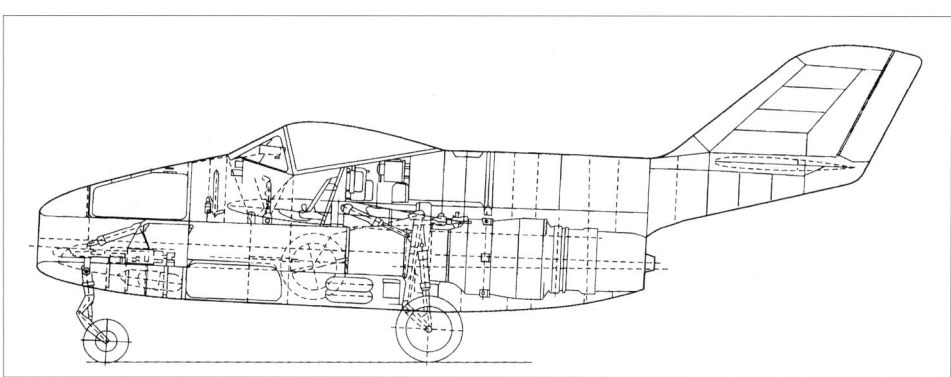

Fw 252 - Entwurf 3（新）

　新たなFw Entwurf 3は1945年1月の設計で、型式名Fw 252を交付された。この有望な計画機は大部分をFw P VIに基づいているが、Ta 183よりも機体寸法と重量が増加していた。

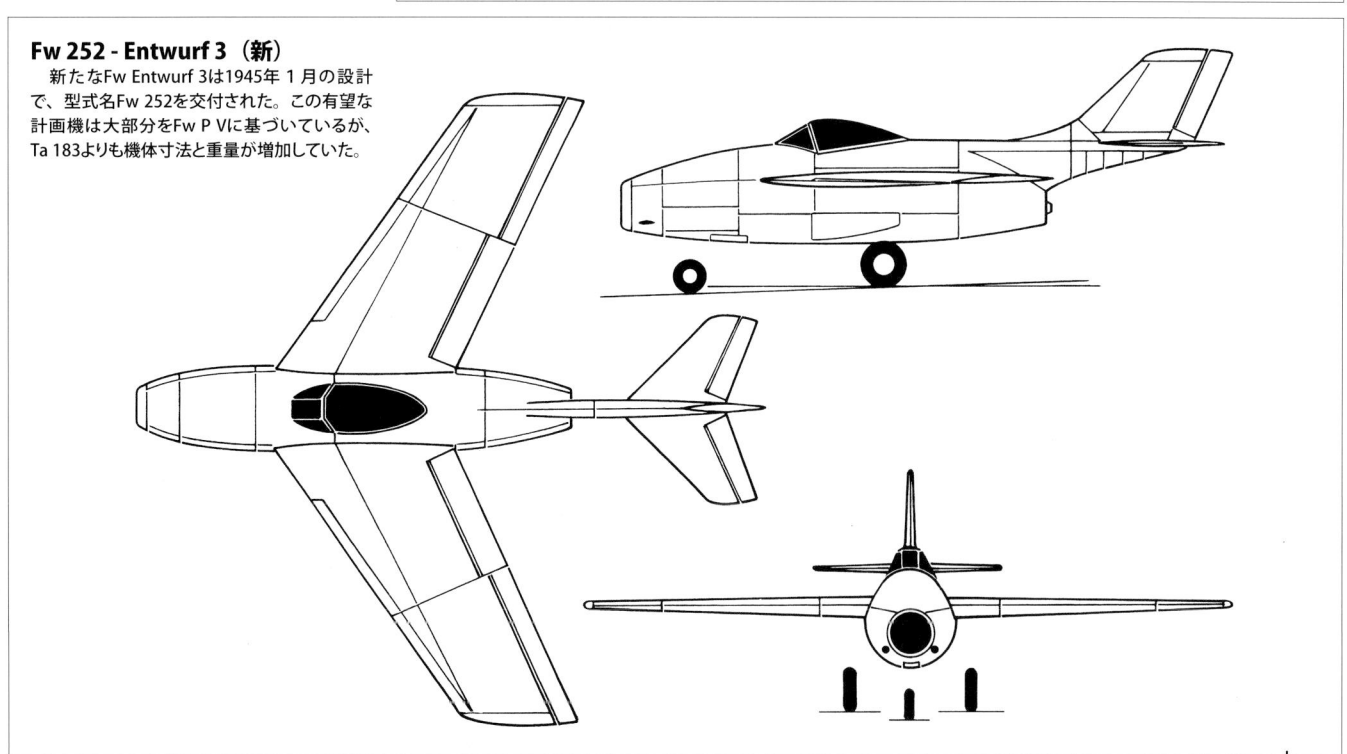

Fw 226 Flitzer ("フリッツァー" 突進機) は1944年2月の設計で、社内ではEntwurf 6あるいはP VIと呼ばれ、航空省の絶大な支持を得た異例の計画機だった。写真は木製実大模型で、計器類を装着している。機首の円筒部はZFR (照準望遠鏡) の取付位置である。

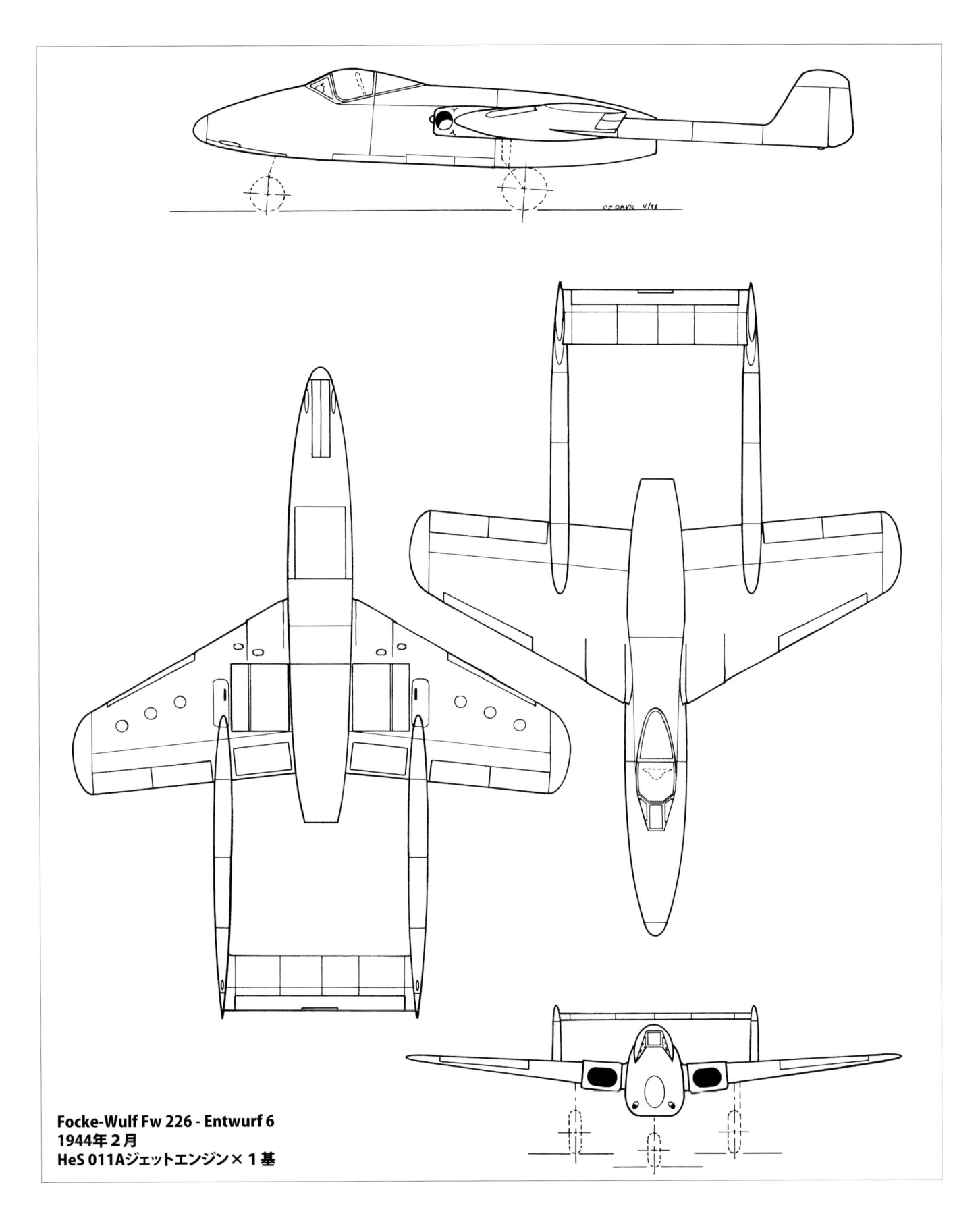

Focke-Wulf Fw 226 - Entwurf 6
1944年2月
HeS 011Aジェットエンジン×1基

■多発ジェット戦闘機

　ドイツの航空機製造会社の大半が多発ジェット戦闘機の開発に関わってきたなかで、ハインケルは最初に実機を完成させたことで他社と一線を画している。1939年1月4日、ベルリンの航空省はschnelles Jagdflugzeug mit Strahlantrieb（ターボジェット推進高速戦闘機）の要求仕様を公示した。ハインケルは新課題に取り組み、He 180の開発に着手する。翼面積16㎡で主翼下に初期のターボジェット2基をもつ双発機であった。1939年晩夏、型式名がHe 280（原注11）に変更された。実験用の原型1号機He 280 V1（製造番号00001、DL＋AS）が1940年9月22日の飛行試験に向けて製作されたが、肝心のジェットエンジンがなかった。開発が機体製造に追いつかなかったのだ。He 280 V1は、結局ターボジェットを搭載することなく、かわりに空力特性を模して流線型に整形したダミーのエンジンナセルを装着して数回の無動力飛行試験を行った。原型2号機のHe 280 V2（製造番号00002、GJ＋CA）は、ハインケルHeS 8a（HeS 001）ターボジェット2基を使用して1941年3月30日に初飛行する。同機は、両翼のエンジン不調のため1943年6月に全損に帰した。He 280 V3（製造番号00003、GJ＋CB）は1942年の夏に初飛行した。同機は2基のHeS 001を使用していた。さらに数種の実験機が1943年に製作されたが、完成に至らなかった。なおHe 280 V7（製造番号00007、NU＋EB）とV8（製造番号00008、NU＋EC）の2機が、V型尾翼とその他の意匠の実証のため、1945年の3月末まで飛行試験に供されている。

　ハインケル博士は、ハインケルの新型戦闘機が1942年中に配備可能になるという楽観を1941年9月上旬に公言していた。しかし技術上の問題が長引き、原型機の2機（V1とV3）を事故で失ったため、大幅な遅れが生じた。またHeS 8a（HeS 001）ジェットエンジンから得られる推力は、当初の想定を大きく下回っていた。したがってハインケル博士がとれる唯一の現実策は、より大型のJumo 004 Bターボジェットに適合するようHe 280を設計変更することであり、その作業を進めているうちに、結果としてHe 280を量産する機会を逸してしまう。

　ユモ推進の量産型He 280 B-1戦闘機の最初の3機、すなわちHe 280 V10からV12までの原型機は、1943年4月から6月までの期間に完成予定であった。しかし航空省が量産許可申請を却下したため、量産原型機は完成されなかった。ユモは大きすぎて、翼下に適切に装着すると最低地上高が数センチしかなかったのだ。

　航空省は、He 280開発継続の条件として、BMW 003またはJumo 004に適合させることを要求していたが、どちらのエンジンも現実には有効な選択肢とならず、He 280計画は1943年3月に中止され、Me 262案が浮上した。

　できるだけ競争で優位に立とうと、メッサーシュミットはさらにもう1件、2cm機銃2挺で武装する小型ジェット機、Me P 1070の計画を提案した。同機は単座で、翼幅8.20m、全長8.00m、全高2.9m、主翼下に初期のターボジェット2基を懸吊する設計であった。性能の試算値が控え目なものであったため、同計画の作業は打ち切られ、Me P 65の開発に拍車がかかった。

　まもなくMe P 65計画機はMc P 1065 Verfolgungsjäger

工学士クルト・W・タンク教授は1898年2月24日にブロムベルク＝シュヴェーデンヘーエで、ドイツ帝国陸軍騎兵隊の職業軍人であった父のもとに生まれた。有名なフォッケウルフFw 190戦闘機およびFw 200旅客機／長距離洋上偵察爆撃機を設計した業績により、ひとびとの記憶に残っていることだろう。これは、戦闘機の尾翼を製図している姿をとらえた戦時中の写真である。

("フェアフォルグングスイェーガー" 追撃戦闘機)と改称され、同機はやがてMe 262と呼ばれるようになる。1943年12月末、有望視されたMe 262の評価が始まる。徹底した試験を経ず、また機体構造とエンジンの深刻な問題数点が未解決のまま、同機の量産が正式に認可された。

実戦配備されたMe 262戦闘機および戦闘爆撃機の大半は、第7戦闘航空団(Jagdgeschwader 7 = JG 7)『ノボトニー』、そして1944年にはアドルフ・ガランド率いる第44戦闘隊(Jagdverband 44 = JV 44)、第51爆撃航空団(Kampfgeschwader 51 = KG 51)、そして第27、第30、および第54(戦闘)爆撃航空団(KG(J) 27、30、54)に所属した。「KG(J)」は Kampfgeschwader (Jagd)の略で、戦闘機に機種転換した爆撃航空団を示す。量産は多くの要因で阻害され、なかでも重要部品の生産拠点と工場に対する連合軍の空襲の影響が深刻であった。このような状況にあっても、航空省はMe 262を月産1000機まで増産するよう命じた。1945年3月、Me 262の生産は完全に停止する。森林地帯やその他の、安全にみえた場所に疎開していた生産施設も連合軍の猛爆を受けたのが痛手となった。同様に、ユモ・ターボジェット多数も、ドイツ南部に新設された最終組立工場に到達しなかった。ドイツの窮

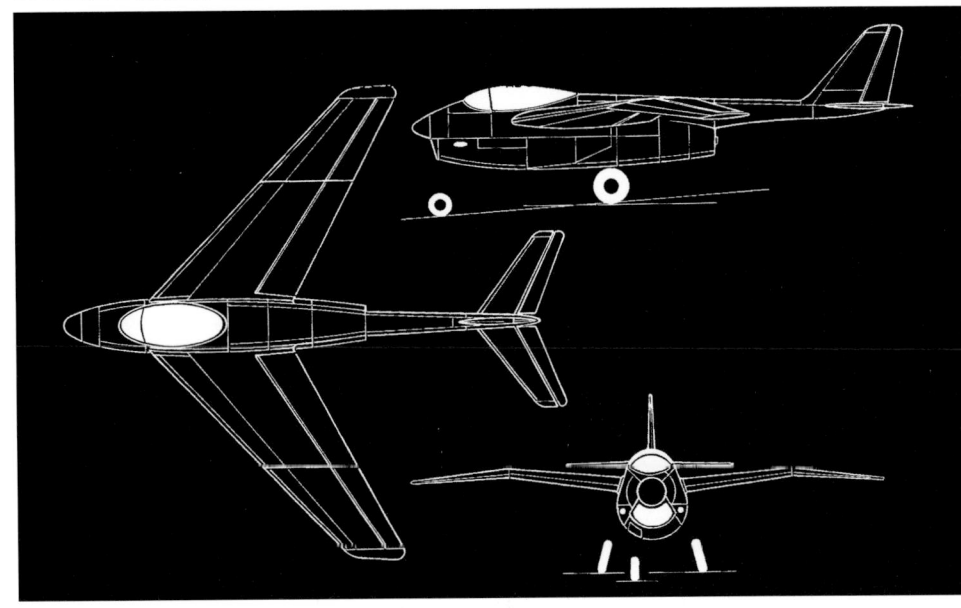

ハインケルHe P 1078 Aの想像図(Bob Boyd画)。優美な機体がよくわかる。この計画機は、自動発射装置つきMK 108機関砲2門を操縦室の両側に配して武装する設計だった。

He P 1078 A
1945年9月14日
He P 1078 Aは単座ジェット戦闘機で、胴体下部に搭載したHeS 011エンジン1基で推進する設計だった。後退角40度のガル翼と右側に偏って配置した前脚が特徴だった。

状のなか、ヒトラーは、ドイツ軍が退却を強いられるまえに、すべての重要施設を破壊するよう命じていた。

1945年4月になっても、Me 262の開発はバイエルン州アウクスブルク近くのレヒフェルトで続いていた。K 22自動操縦装置、FuG 125無線機、EZ 42ジャイロサイトなどの試験装着が行われている。同時に、追加の大改修も研究中であった。高速試験機、BMW 003、HeS 011およびJumo 004 Cターボジェットの装着、完全与圧操縦席、斜め上方発射砲、増加装甲などである。

前方発射の3cm MK 108機関砲4門からなる戦闘機型Me 262 A-1aの標準武装とは別に、代替武装への改造があった。1945年1月末には、最初の実物大模型が完成している。そして1945年2月9日、兵装本部（Rüstungsstab）は新型武装の増加試作機2機の製造を決定した。一方はMK 108を6門以上装備するMe 262 A-1a/U5で、他方は3cmのMK 108またはMK 103機関砲2門と2cmの MG 151/20機銃2挺とを組み合わせたMe 262 A-1a/U1であった。ヒトラーの執拗な命令のもと、関係者は最大限の努力をしたが、武装変更型を終戦までに導入することは不可能であった。

1945年3月24日、結局は45日以内に終戦を迎えることになるのだが、ヒトラーは変心し、あらゆる手段を講じて戦闘機型Me 262を増産するよう総統令（Führerbefehl）を下命する。戦闘機型にはMK 103機関砲6門または3.7cm BK 3,7(Flak 18)機載砲 **(原注12)** 4門の搭載を指示した。この期間の連合軍の航空攻撃のため、Me 262は計画の450機に対し256機しか完成しなかった。連合軍が主要生産施設を常時監視下に置いていたことを考慮すれば、この生産数でさえ大変な努力の成果といえよう。1945年4月上旬に降着装置の生産拠点が空襲の打撃を受け、もはや克服不能な生産障害でどうしようもない状況になってしまった。

同じ時期に、2cmまたは3cmマウザー MK 213速射重機関砲3門または4門の搭載も提案されたが、生産に至らなかった。MK 213は強力な回転弾倉式機関砲であったが、1945年までに実際に製造されたのは10門に満たなかった。技術航空兵器長官ディージング准将とマウザー社のケール取締役の努力にもかかわらず、この大胆な計画を実施するには、残された時間があまりにも少なすぎた。一方、親衛隊のカムラー上級大将は、ジェット戦闘機の生産・組立の全工程を保全するため、頑強なコンクリートで防護した半地下式生産施設を建設する計画の実現にむけて動き出す。また、最新型空対空ミサイル、特にX 4とR 4 Mの搭載を早めるよう画策もしていた。1943年11月以来、ドイツ空軍は技術航空兵装開発本部長ジークフリート・クネマイヤー大佐ら専門家を動員して、これら誘導兵器の発射密度を高め、射程と命中率を向上させるべく果敢に努力をかさねてきた。ミサイルのほか、3cm MK 112や5cm MK 214機関砲などの大口径火器が評価された。

当時、Pulkzerstörer（"プルクツェアシュテーラー" 編隊駆逐機）の原型1号機Me 262 A-1a/U4（製造番号111899）が、マウザー MK 214機関砲を装着して試験に供されていた。1945年4月、ヘアゲット少佐はMK 214搭載のMe 262 A-1a/U4で連合軍爆撃機を攻撃したが、戦果をあげられなかった。編隊駆逐機を量産する計画は失敗し、Me 262 A-1a/U4がさらに1機（製造番号170083）完成しただけであった。

新兵器が多数出現し、正確な射撃のための進化した射撃照準機の開発が急務となった。EZ 42アドラー **(原注13)** ジャイロサイトはアスカニア社が開発したもので、問題点の克服に苦

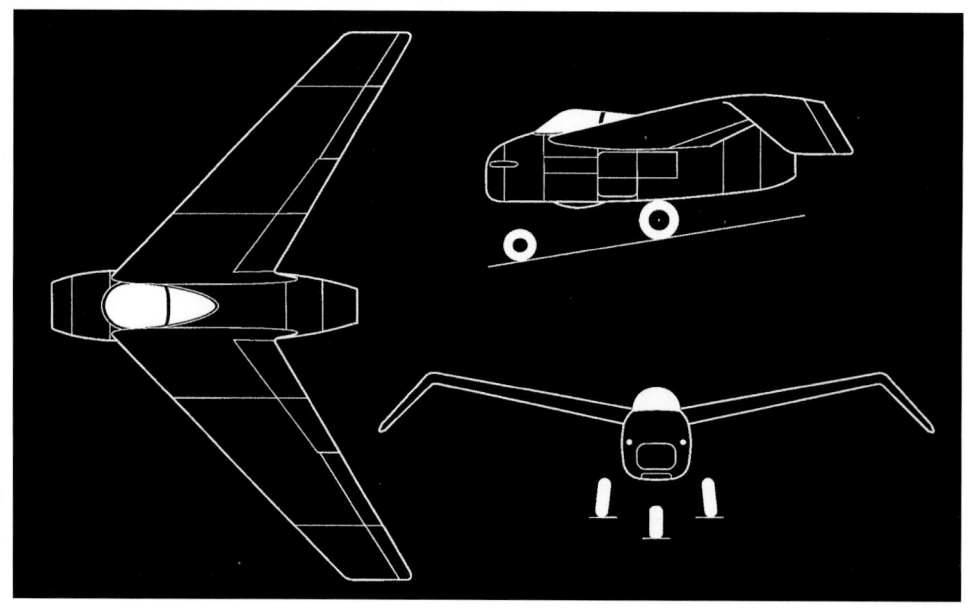

He P 1078 C
HeS 011 A × 1基

　He P 1078 Cもまた全翼戦闘機だが、B型の双機首配置を採用していない。BV P 209.01及びP 210.01（23ページ参照）に類似していて、操縦士は胴体中心線上の操縦席内に着座する設計だった。翼幅9.0m、全長6.0m。

BV P 211.01
1944年9月27日
BMW 003×1基

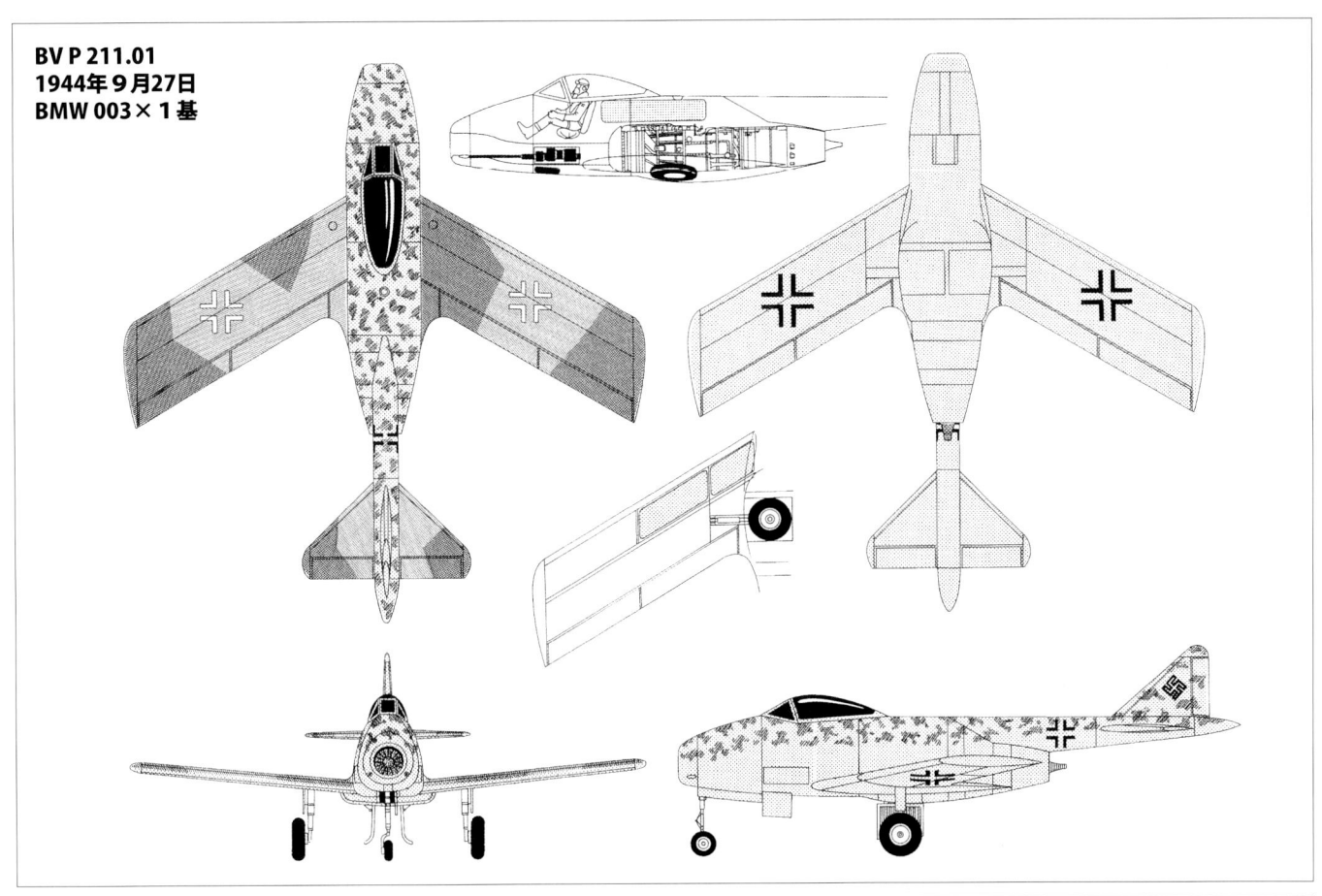

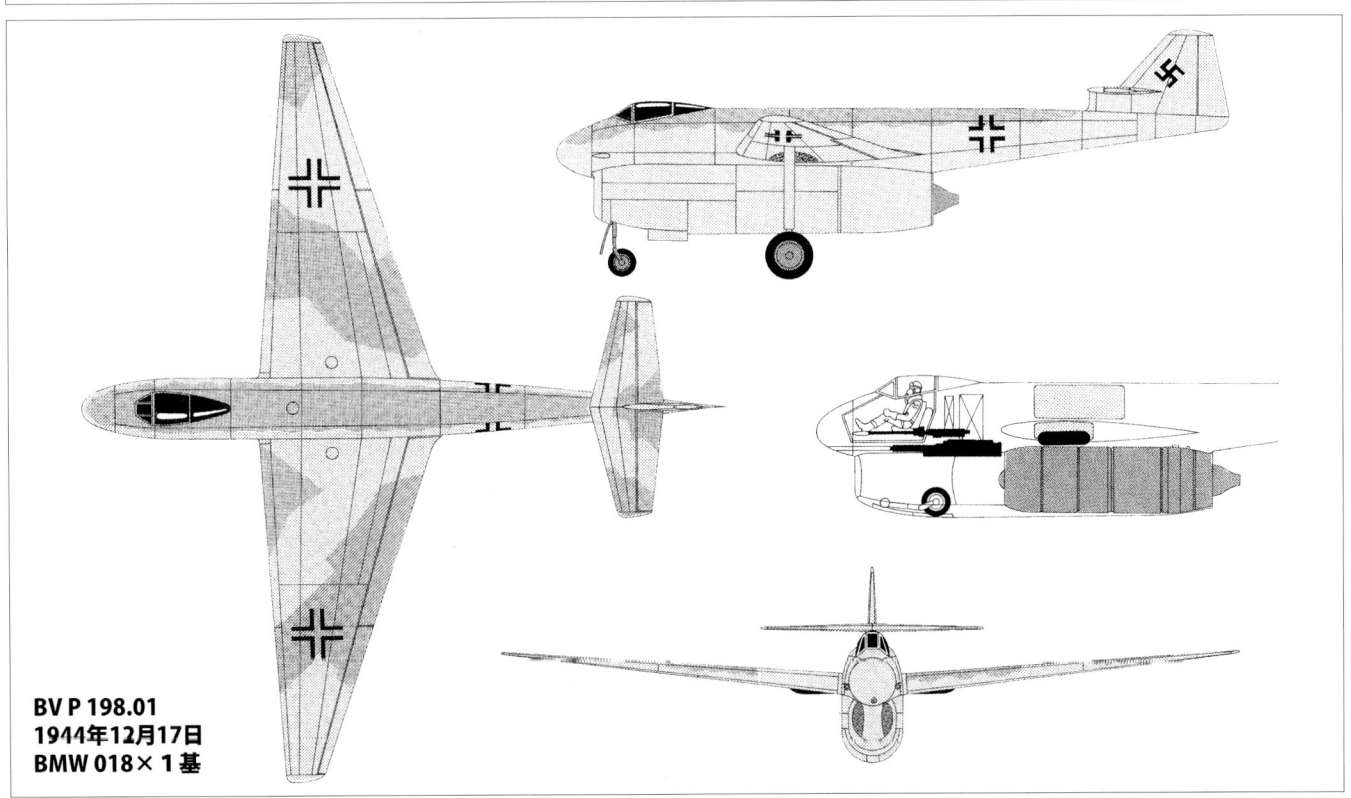

BV P 198.01
1944年12月17日
BMW 018×1基

労していた。若干数が製造されてBf 109 K-4、Fw 190 D-12、Me 262 A-1などに試験装着されている。アスカニアはEZ 42の信頼性を許容範囲まで改善できず、実際に納入されたものはほとんどない。1945年2月、新型照準器の生産拠点が連合軍の爆撃で甚大な損害を受け、一部は壊滅した。技術航空兵器長官は、やむをえず残存資材をヒルシュベルクに疎開させ、生産再開を期した。戦況を顧みず、さらに進化したEZ 45でEZ 42を更新する計画が立案された。EZ 45の原型一式の試作は1945年3月30日までに完了した。しかし航空省幹部は、新型アドラーの生産が計画数に達するのは不可能で、最悪の状況では約50組しか完成できないだろうとみていた。にもかかわらず、1945年の3月末までに、約350組のアドラーが納入された。先進の航空火器の有効射程を延伸するため、終戦まで2種の方法を模索していた。第1の方法は、能力を適宜向上した照準器付の自動機関砲を採用するというものであった。能力を向上した照準器とは、見越し角、目標までの正確な距離、みずからの安定を図る特殊装置で照準精度を高めた自動射撃照準器である。欠点は、砲弾の初速が低いために射程が短いことだった。結局、この方式は成功せず、一般に高速機では無効なことがわかった。

第2の方法は、空対空ミサイルで敵爆撃機を撃墜することに特化した兵器だった。R 4 M、X 4、R 100、Hs 298などのミサイルは、まさに対空砲弾と同一の機能を果たすように開発された。ロケット飛翔体は、あらかじめ設定した距離を飛翔したのちに爆発し、多数の弾片を飛散させて目標を撃破するよう設計されていた。

1945年の2月末、技術航空兵器長官ディージング准将と兵装本部は、ハーケンフェルデのLGW社【訳注24】にR 4 M（原注14）空対空ロケット弾の大増産を命じた。1945年3月19日の戦闘において、第7戦闘航空団第11中隊のヴェークマン中尉はR 4 Mの威力を見せつけた。その結果、ヒトラーはKG 51ほか全部隊のMe 262にR 4 Mを装備するよう命じた。しかし新工場の立ち上がりの期間のため、実際に生産開始できるのは4月中旬以降になるという見通しであった。

1945年4月初旬、Me 262の主翼下に装着し、R 4 Mロケットを48発架装できる能力向上型発射装置が製作されつつあった。当時、国家元帥ヘルマン・ゲーリングは、発射装置の増産と、

ヴィリ・メッサーシュミット教授（左）がゲーアハルト・フィーゼラーと話し合っている。中央で見守るのはメッサーシュミット社のテストパイロット、ヴィリ・シュテーア。

1944年、レヒフェルトのメッサーシュミット社施設に開発計画関係者が参集した際にガランド中将（中央でストライプのあるズボンを着用）がMe 262を操縦した。一緒に写っているのは、向かって左から順にMe 262飛行計画主任のデーゲル氏、テストパイロットのツァイラー氏、おなじくヴェックナー氏、3人おいてガランド中将、飛行試験主任カロリ氏、メッサーシュミット教授、民間航空局バウアー総監、顔が半分見える男性は不明。空軍士官2名と陸軍士官1名（右端）も不明である。

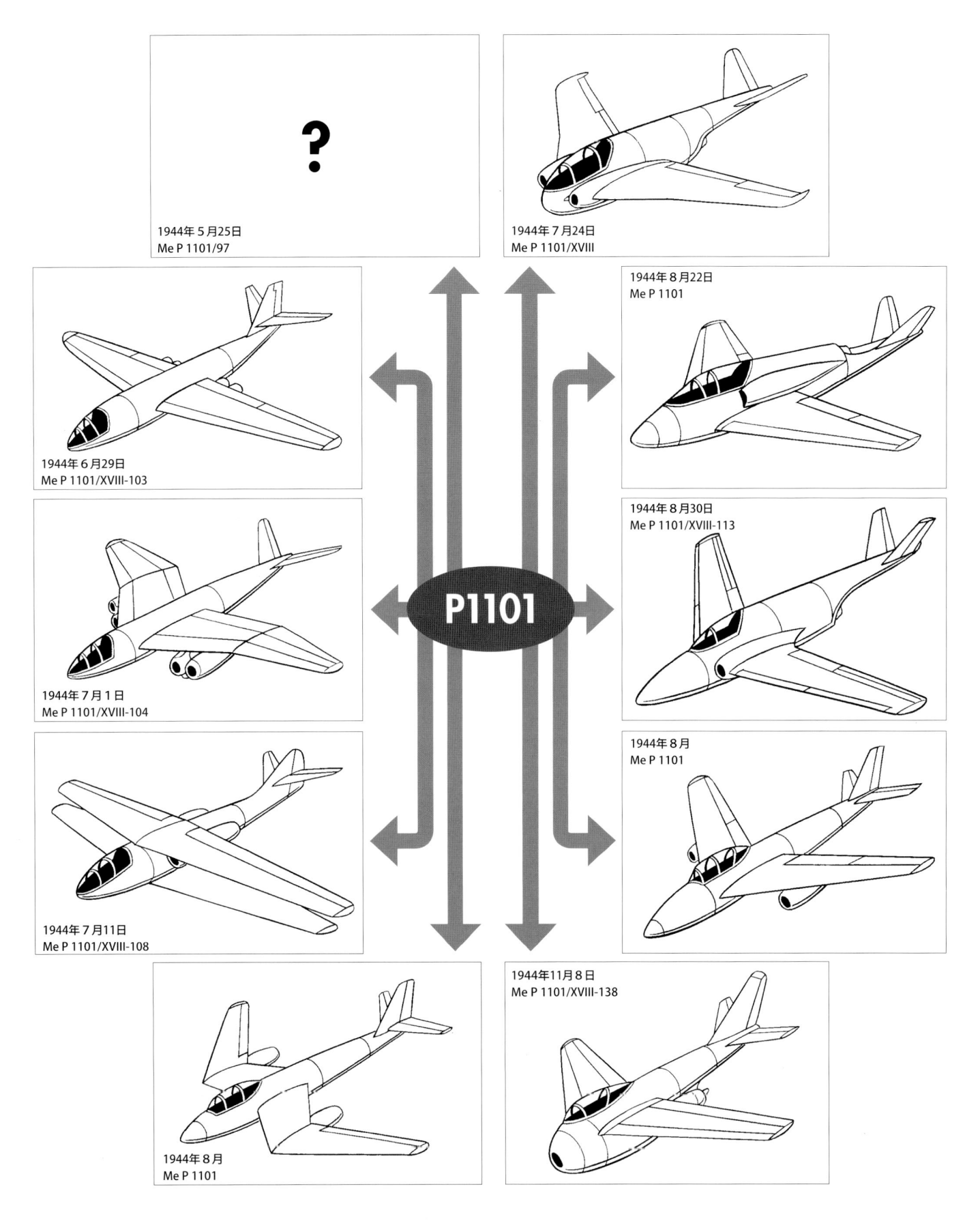

P1101

1944年5月25日
Me P 1101/97

1944年7月24日
Me P 1101/XVIII

1944年6月29日
Me P 1101/XVIII-103

1944年8月22日
Me P 1101

1944年7月1日
Me P 1101/XVIII-104

1944年8月30日
Me P 1101/XVIII-113

1944年7月11日
Me P 1101/XVIII-108

1944年8月
Me P 1101

1944年8月
Me P 1101

1944年11月8日
Me P 1101/XVIII-138

射程を延伸したＲ４Ｍを数カ月以内に開発することを命じていた。だが能力向上型装置を生産するまえに戦争が終結してしまう。Ｒ４Ｍの自動発射装置の開発も進んでいた。これは最低限の時間差で24発または48発を斉射できる装置で、分解式の弾帯によってロケット弾を発射装置に給弾する仕組みだった。試射場における試験では、１分間に300ないし400発という、驚異の発射速度を見せている。

さらには、遠隔制御兵器がドイツ空軍の作戦能力を拡充するはずだった。特に対重爆用の空中発射式有翼ロケット飛翔体、Ｘ４（Ru 334）空対空誘導ミサイル〈監修注4〉への期待が高く、ビーレフェルトのルールシュタール・プレスヴェルケ社（Ruhrstahl Presswerke）が開発と製造を行った。

発射後、Ｘ４は全長約5500ｍの極細誘導索２本を展伸しながら飛翔する。誘導索の一端は母機につながっていて、操作員は、ミサイルの尾部から生じる噴射炎を観察しながら、手動で飛翔経路を調整した。Ｘ４は20kgの弾頭を搭載し、近接信管に

1944年11月、レヒフェルトにおいて吸気ダクト7種の地上試験を行った。長い給気ダクトがエンジン性能に悪影響をおよぼすかどうか判定するのが目的だった。その結果、大幅な性能低下が見られないことを確認している。Me P 1101は終戦まで変遷を遂げ、最先端の戦闘機になっていた。このページに示す最終設計にまとめあげるのに相当の作業時間を費やしている。推力線が低位置にあるため、縦の釣合いが常時変わることが予想され、航空省はMe P 1101を戦闘機として採用しなかった。これにめげず、メッサーシュミットは実験機としてP 1101を完成することを決意する。可変後退角で後退翼を徹底研究する意図であった。

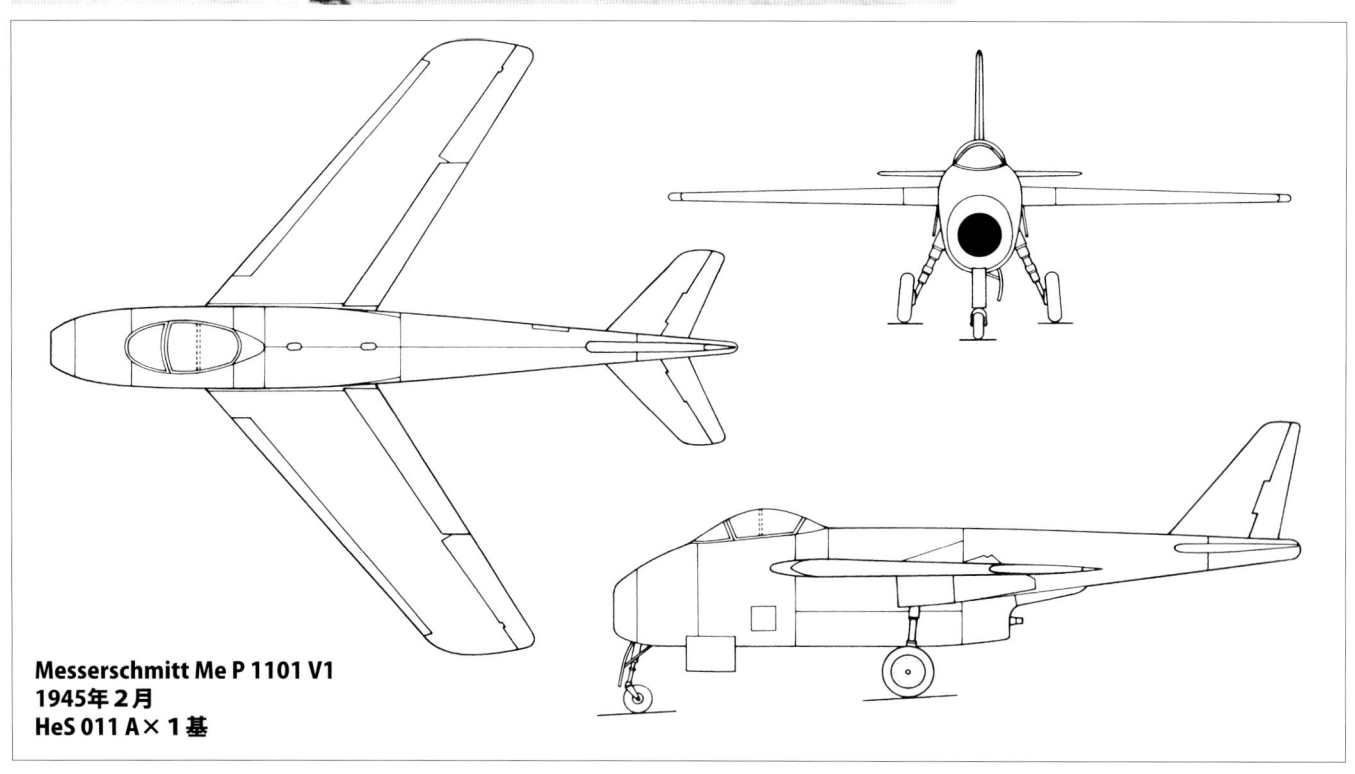

Messerschmitt Me P 1101 V1
1945年2月
HeS 011 A×1基

よって約16m以内の４発重爆１機を破壊する能力があった。ミュンヘン近くのダッハウアー・モース、ペーネミュンデ＝カールスハーゲン、および北部試験特務隊（Versuchskommando Nord）において試験された。

Fw 190 F-8数種とJu 88 S-1を１機使用して50数回の試射を行なったのち、試験継続にはさらに高速な航空機が１機必要なことがわかった。1944年８月から12月までに、総計84回の試射が行われた。1944年12月11日、空軍総司令部はＸ４を優先する よう通達する。Me 262 A-1aの主翼下に、左右それぞれ２発ずつ装着するという提案がなされた。ほとんどの試験が成功したかに見えたが、Ｘ４は実戦に投入されなかった。ミサイルの液体燃料式推進装置に固有の危険が主因であった。その対策として固体燃料ロケットが開発中で、これはより安全で実戦に適した推進方式であったが、終戦までにほとんど成果が得られなかった。Ｘ４のほか、もう１種の遠隔制御空対空兵器、Ｒ100（原注15）も開発中であった。３種の弾頭を計画していた。

Me P 1101 V1は1945年４月29日にオーバーアマーガウで鹵獲された。米軍第一陣とともに到着したベル・エアクラフト社の主任設計技師ロバート・Ｊ・ウッズは、この原型１号機に好奇心を憶える。特に興味を引いたのが、後退角を35度、40度、または45度に地上で設定できるように改修されていた可変後退翼だった。メッサーシュミットは４月末までにＰ1101 V1の製作を完了できなかったが、完成まであと一歩の状態であった。これに力を得たウッズは、ドイツ人技術者に完成まで作業させることを軍に提案する。この提案は却下され、そのかわりに、原型機を米国に移送してさらに評価を行なう準備が進められた。

第1の弾頭はR 100 BS Brandsplitter（焼夷榴霰弾）で、これは弾頭内に数百個の焼夷散弾を充填してあり、散弾は飛散して敵機の燃料タンクを貫通し着火するようになっていた。第2の弾頭は、着発信管を装着した高性能炸薬の子弾を収めたものだった。第3の弾頭は光電式自動近接信管を備えたものだった。この3種のR 100弾頭はすべて、ドイツ本土に飛来する連合軍4発重爆の編隊に対して使用するのが主目的であった。1945年3月28日、R 100の発射能力付加改修を施したMe 262の1号機が完成する。この試験機は改良型のR 100 BS（のちにR 100 DSと改称）1発を搭載でき、射撃統制にはオベロン装置を使用した。1945年4月上旬には、この用途に割り当てられたMe 262 A-1aの1号機、製造番号111994が製造中であった。

　1945年、さらにもう1種の空対空兵器、Hs 298空対空誘導ミサイルの導入準備が進んでいた。ヘンシェル社のヴァークナー教授が1941年から開発してきたが、まだ実用段階に達していなかった。このミサイルに信頼性が高い自動目標捕捉装置を搭

Me P 1101のスケールモデル。もしも終戦までに完成していたら…という仮想で、実に説得力のある情景を表現している。ドイツは1945年6月に原型1号機Me P 1101 V1の完成を予定していたが、目標達成をまたず時間切れとなってしまった。原型1号機は米国オハイオ州のライト・フィールドに移送され、詳細な調査を受けたが、完成されることはなかった。（Günter Sengfelder製作）

原型1号機は、米軍が2年間保管したのち、ベル社が引き取ってニューヨーク州バッファローの同社工場に移送した。この写真では、ベル社の技師2名が修復作業を打合せている傍らで、工具が傷んだ機体外板を交換し、逸失してしまった構成品を再製作している。当初ベル社は同機を飛行可能な状態にもちこむ意向だったが、計画が現実に即していないことが判明する。そこでベルは、P 1101を参考に自社でX-5を製作する計画をたてた。

載する試みは失敗した。1944年12月22日、Ju 88改造の母機が3発のHs298を搭載し、最初の試射を行った。約450発が完成後、1945年2月6日に生産が打ち切られた。

このあと、毎分15000発の発射が可能な、さらに強力な兵器を搭載する計画が続いた。たとえばRohrblock（集束砲）SG 118は3cm MK 108の砲身7本を集束したもので、この他にもSG 119 Rohrbatterieなどの特殊装置（Sonder Geräte）が1944年以降に開発されていたが、実戦には投入されなかった。

これら航空兵装のほかにも、Me 262がさらに発展するのに重要な要素があった。1944年2月16日以降、ドイツ空軍の制式ジェット戦闘機の高速型を導入するために、3段階の施策がとられた。Me 262高速計画は3種の計画機、すなわちMe 262 HG I、HG II、HG III（HG = Hochgeschwindigkeits-Jäger 高速戦闘機）による解決を目論んでいた。本計画の飛行試験用1号機は1944年初頭に製作中であった。1944年3月後半、オーバーアマーガウの計画室（Projektbüro）はMe 262 HG Iの完

ベル技術陣は、Me P 1101 V1をなかば修復した時点で、ドイツ製純正HeS 011 Aジェットエンジンを米国製アリソンJ-35に換装した。J-35は寸法と重量がわずかに大きかったが、首尾よくドイツ製の機体に収まった。J-35は静止推力3750ポンド（1705kg）を発生し、推力1297kgのHeS 011 Aよりも強力だった。メッサーシュミット社で計画機基礎設計部の責任者をつとめていたヴォルデマー・フォークトは、主としてMe P 1101の実績を買われ、『ペーパークリップ計画』で米国に迎えられていた。ライト・フィールドおよびベル社で米国人技術者と密接に協力し、のちにボルチモアのグレン・L・マーチン社に入社することになる。フォークトが可変後退翼設計の経験を積んでいたことが、ベルX-5計画成功の決め手となった。

成を急ぎ、Me 262 V9（Me 262の原型9号機）を用いて飛行評価試験を行った。V9は改造を受け、操縦席キャノピーがレンカビーネ（Rennkabine　レースカーキャビン）と呼ばれる低抵抗型のものにかわり、内翼前縁に三角形の延長部が付き、水平尾翼は後退角40度の新形状になり、垂直尾翼前縁に若干の変更が加えられて面積が増大している。1945年3月31日までにV9は総計201回の飛行を済ませ、その一部がHG I計画の一環としての試験飛行だった。必要な諸元をレンカビーネで得たのち、V9の尾翼は以前の形状に戻された。

Me 262 HG IIの提案は1944年4月から12月までの期間にまとめられた。新形状の主翼前縁三角フィレット、後退角40度の水平尾翼、そして改修した流線型キャノピー「レンカビーネII」が提案された。さらには後退角35度の主翼の設計向上をめざして、無人滑空機による飛行試験が行われた。同時に風洞模型1機と実大模型1機も製作された。HG IIの1号機（製造番号111538）は、1945年4月時点でレヒフェルトにおいてまだ製

ベル・エアクラフト社で修復されたMe P 1101 V1。元メッサーシュミット技師のヴォルデマー・フォークトがエンジン収容部を点検している。下の写真で、機首の黒いシルエットは、ドイツが予定していた3cm MK 108機関砲4門の搭載位置を示している。上の写真では、米軍が検討していた口径.50（12.7mm）機銃6挺の位置がわかる。

作中であった。

　HG IIIはもっとも斬新な設計で、HG IIとの相違点は後退角45度の主翼と流線型に整形した翼根に収めたHeS 011 Aエンジンであった。計画進展とともに若干の設計変更があり、主翼平面形が変わり、空気取入口も大型で単純な形状になった。突起物のない空力形状により抗力を低減できたことが風洞実験で確認できた。上バイエルン研究所は、Me 262 HG III戦闘機の性能が単発のMe P 1106計画機に匹敵すると明言した。

　1944年当時、強固に防御した連合軍爆撃機編隊を攻撃するのは危険な行為であった。操縦士の生存性を確保するため、重装甲の戦闘機2種、すなわちMe 262 Panzerflugzeug I（"パンツァーフルークツォイク I" 装甲飛行機 I 型）とPanzerflugzeug II（同 II 型）の開発が進められた。重装甲戦闘機の設計に基づいて提案された爆撃機駆逐型Me 262 A-3aには、操縦士、弾薬、燃料タンク、空気取入口への防護が施されていた。同機に関して、1944年3月22日と5月15日に2通の総括説明書が提出されている。I 型と II 型とでは、装甲防護の程度が異なっていた。予見されたことではあるが、試算によると離陸重量増加のため航続距離と性能特性が悪化していた。1944年末にあっても構想はまだ開発途上で、悪化する戦局のために完成に至らず、Me 262 A-3aは実戦配備されなかった。ちなみにMe P 1106も、操縦室、兵装搭載区画、燃料タンクの装甲を強化した装甲飛行機が設計されたが、同様に机上の計画に終わった。

　大戦が終局を迎えると、より強力なターボジェットをMe 262系列に装備するのは不可能だった。BMW 003 A-1を2基搭載するMe 262 A-1bが失敗したため、Jumo 004 BがMe 262 A-1の標準発動機になった。しかし、Jumo 004 Bを早急にHeS 011に換装する計画があった。1945年2月末、軍需生産統帥部（Fertigungsführung）は最初の量産型HeS 001 A-0（先行量産型）とA-1（量産型）の3月中の引き渡しを予定していた。

　1944年前半、Me 262の基本設計を発展させた新鋭戦闘機、Me P 1099 AとMe P 1099 Bが提案された。この計画機2種は、標準量産型Me 262の主翼および尾部に、拡張した胴体を組み合わせたもので、乗員数が増加し、遠隔制御式砲塔と補助降着装置を備えていた。

　全般にジェット戦闘機の性能が優っていたため、航空省がMe 209レシプロ戦闘機の生産計画を縮小し、のちに中止を決定するにいたって、当初Jumo 004Bエンジン不調のため信頼性に懸念があったにもかかわらず、Me 262は、その将来が確約された。このような状況のため、Me P 1099にはJumo 004 Cターボジェットを採用のうえ、調達可能になりしだいHeS 011で換装することが決まった。3種の変型が提案される。提案A（Jäger I ともいう）は複座の操縦席の下方に固定武装を2門または4門、あるいは5.5cm砲を1門装備した重戦闘機であった。Jäger IBは第1案と大差ないが、並列に配したMK 103機関砲2門で武装している。Jäger ICは、前方発射の固定武装としてMK 108を2門、MK 103を1門搭載していた。

　P 1099 zweisitziger Jäger mit 5.5cm Waffe（5.5cm砲搭載複座戦闘機）は、携行弾数40発のMK 112と同80発のMK 108を1門ずつ、あるいは、さらに強力なMK 214機関砲1門を搭載した。提案Bは3座戦闘機で、半固定式の後方防御武装として、

遠隔制御式FPL 151を2門、MK 103 Zを2門、さらにFHL 151銃座2基を搭載した。駆逐機および武装強化型夜間戦闘機のほかに、胴体前部に3cm MK 103を4門と、防御用のFPL 151を2門搭載した重戦闘機を開発する計画があった。搭乗員は全て装甲板で守られていた。A、B両案とも電子機器としてFuG 16 ZY、Peil G 6、FuG 101、FuBl 2、およびFuG 25aを搭載した。さらには、HeS 011 Aジェットエンジン搭載型は、標準装備として与圧室を備える予定であった。

1940年代前期、ユモ・ターボジェットの量産の目途がつき、ユンカース社の試験所は十数種の多発ジェット機の概念研究を行い、軍用機における各種のエンジン配置を模索した。EFo (Entwicklung Flugzeugmodell　開発飛行機模型) という一連の設計案で、模型を用いて特定の作戦要求へのターボジェットの応用を模索している。

EFo系列は高度な先進設計で、そのなかに単座のユンカースEFo-22 Rekordflugzeug ("レコルトフルークツォイク" 記録機) という案があった。これは奇抜な構想で、主翼前縁から前方に伸びたパイロンにターボジェットエンジン2基を装着していて、重心がずれているように見えた。同機は低翼単葉の形態で、当時の速度世界記録更新を狙える性能を秘めていると見られていた。もう1種、一風変わっているが、より正統派の単座機、ユンカースEFo-17双発ジェット戦闘機があって、1940年のMe P 65戦闘機案と酷似していた。EFo-17は、前部胴体の上部に収めた2cm機銃2挺で武装する設計であった。この単座戦闘機は、Jumo T1ターボジェットエンジン2基で推進した。

ユンカースEFo-19双発ジェット戦闘機はEFo-17と主翼形状が異なっていて、(後年の英ジェット戦闘機、グロスター・ミーティアのように) 主翼内に一対のJumo T1を収めていた。MG 151/20機銃2挺と、MK 103重機関砲1門または2門を機首内に搭載していた。

1940年代前期、カッセルのヘンシェル社もジェット機の研究開発に参入し、Hs Schnellflugzeug mit zwei TL-Geräten (双発ターボジェット高速機) によって双発ジェット戦闘機の製造をめざした。のちに、ヘンシェル社のニーコラウス技師はこの計画を破棄し、Hs P 135の基礎設計に着手した。これは無尾翼の単発ジェット戦闘機で、性能向上が期待されていた。

1943年夏、アラド社の技術陣は単座戦闘機、複座戦闘機、戦闘爆撃機の3種の基礎設計に余念がなかった。その一案であるEntwurf 21 ("エントヴルフ21" 設計21) は、ツバメのような流麗な胴体内にJumo T1ターボジェット2基を搭載していた。当初、空気取入口は機首に1カ所設けていたが、のちに翼根に分散配置した。またエンジン2基も、当初は並列に配置していたが、第2案では縦に重ねた配置になっている。

アラド社の設計部門は新鋭戦闘機の設計にも興味を示し、なかでもAr TEW 16/43-23 TL-Jägerは1943年6月までに研究が完了、当時屈指の最新鋭単座計画機であった。同機は高翼単葉の形態で、機首の操縦席下方にMG 150/20機銃2挺とMK 103機関砲1門の武装を搭載する。弾倉の後方には大型自動防漏式燃料タンク3基を収めていた。主脚は主翼に引き込み、前脚は後方に引き込んで胴体内に収めた。

ハンブルクの名門ブローム・ウント・フォス社も、単発ジェット戦闘機数種のほかに、単座双発ジェット昼間戦闘機BV 197.01-01 TL-Jäger mit zwei Jumo 004を設計した。ジェットエンジンを胴体後部内に並列に置き、このため特大幅の胴体を要した。後退翼を胴体下部に配置することで、エンジン収容部を確保している。水平尾翼を垂直尾翼頂部に配したT型尾翼の形状による錯覚を別にしても、正面形では胴体の大断面が目立たない。大型の垂直尾翼の前縁は急な後退角がついていて、先鋭な外観を意識しているようだ。エンジン2基への給気方法はきわめて特異なもので、前部胴体下面に埋め込んだ2本のダクトが後方に伸びて翼根付近で急角度で上方に曲がっていた。この設計で実際に製造されていれば、おそらく問題点を露呈していただろう。当初、BV 197.01は、標準武装として操縦席下方にMK 103機関砲を2門、追加武装として胴体両側にMG

ベルX-5 (シリアル番号50-1838) は2機製作されたうちの1号機である。元になるメッサーシュミットの設計を忠実に再現している。しかしMe P 1101 V1とは異なり、X-5は飛行中に主翼の後退角を変更できた。この写真は、ベル社のテストパイロット、ジーン・ジーグラーが1951年6月にエドワーズ空軍基地の上空を飛行しているところ。今日、このX-51号機は、空軍博物館の主要研究機コレクションの一部となっている。

151/20機銃2挺を計画していた。空対空ミサイルの追加兵装も検討されていた。最適戦闘重量における速度は、高度9000mで1060km/hと試算されている。

1944年10月末、フォッケウルフ社技術陣がバート・アイルゼンで単発単座ジェットTa 183の完成を急いでいたころ、別の開発班が双発戦闘機Fw 250 **(原注16)** zweimotoriges TL-Jagdflugzeug mit HeS 109-011（HeS 109-011搭載双発ターボジェット戦闘機）の詳細設計に着手した。Fw 250は、3種の変型案が検討されていた。すなわち、標準戦闘機、航続距離延伸戦闘機、そして戦闘爆撃機である。設計失敗による経費増大を回避するため、実績のある標準の機体構成品だけを使用することになっていた。ターボジェット2基は後部胴体に内蔵した。2本の吸気ダクトの間に、SB 1000爆弾（または他の同様な兵装）1発か予備燃料タンクを収容するだけの空間をなんとか確保していた。ダクトは2本にわかれて操縦席の両側を通り、前方で合流して機首の大きなインテーク・オリフィスにつながっていた。エンジン1基だけの推進で最大速度765km/hが可能と推算された。燃料約1620kg、離陸重量7400kgで、高度14000

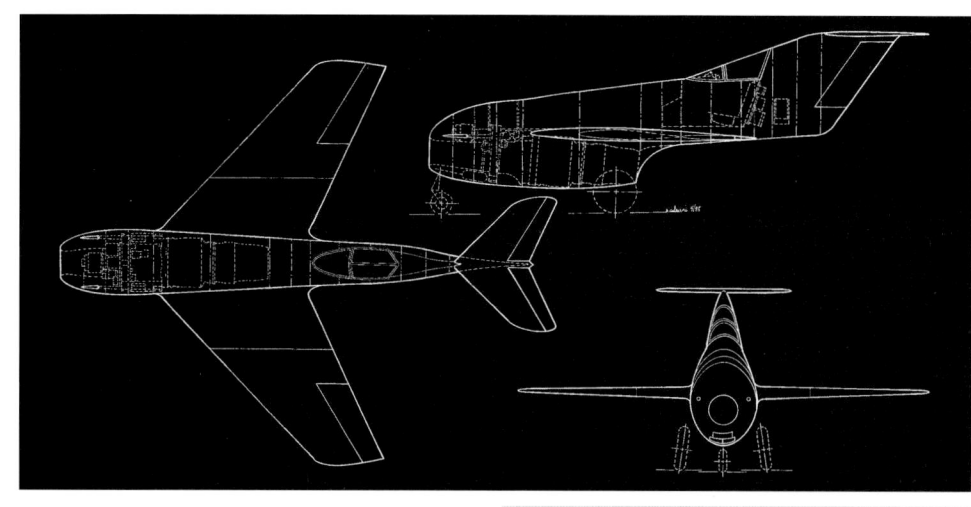

Me P 1106/144
1944年12月4日
　Me P 1106は1944年12月4日付の図面XVIII/144に基づくもので、操縦士が胴体後部に着座する特異な戦闘機であった。この構想はMe 209など初期のメッサーシュミット高速機設計案の名残をとどめている。

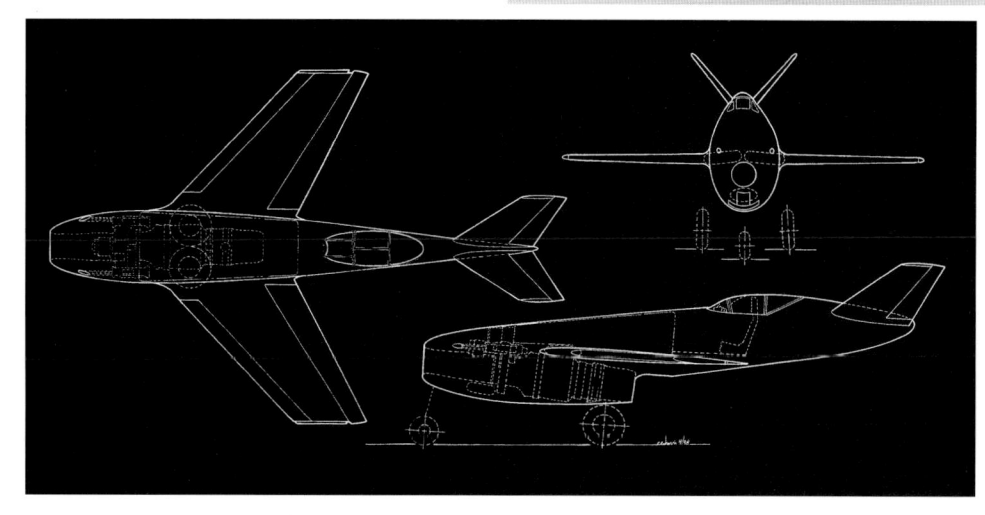

P 1106の推進機にはHeS 011 Aを予定していた。

Me P 1106/154
1945年1月4日
　設計変更後のMe P 1106は1945年1月の図面XVIII/154に基づくもので、V型尾翼を備えた、さらに先鋭な設計になっている。武装は変更されず、MK 108機関砲2門のままである。

Me P 1106
1945年1月

　Me P 1106は、1945年1月時点ではまだV型尾翼を残していた。1944年12月に派生したロケット推進型Me P 1106 Rも同様だったが、機首に空気取入口がなかった。

Me P 1106
1945年2月22日

　Me P 1106最終型の側方断面図。1945年2月22日づけの図面XVII/160に基づくもの。機首のMK 108機関砲4門の位置がわかる。Me P 1101の最終設計において低位の推力線で釣合いが常時変化することを航空省が嫌ったにもかかわらず、なんとメッサーシュミットはP 1106でも執拗にこの配置を採用している。

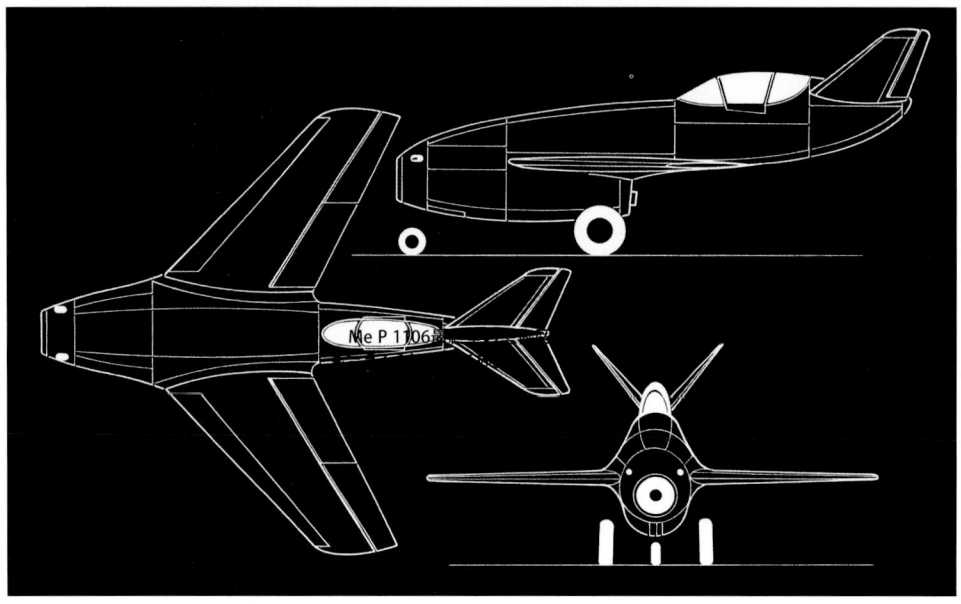

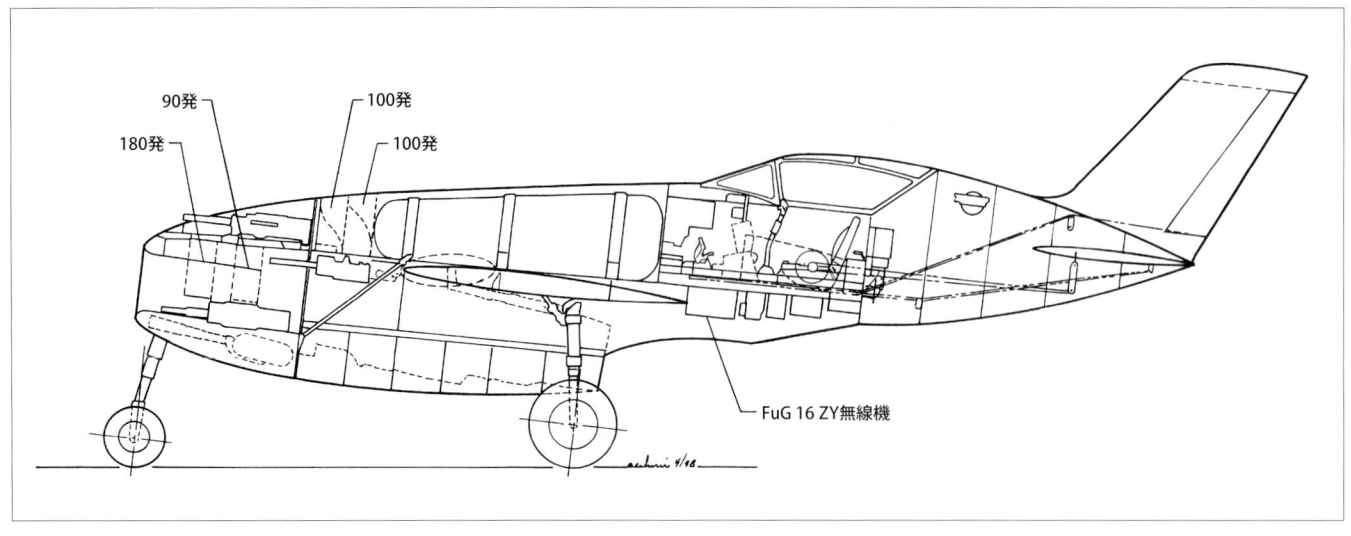

- 180発
- 90発
- 100発
- 100発
- FuG 16 ZY無線機

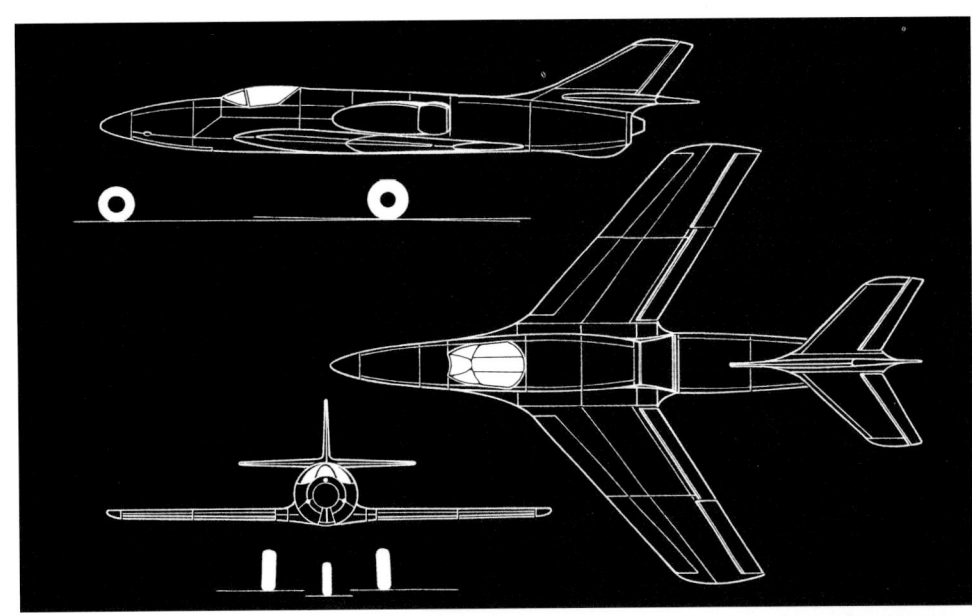

Me P 1110/155
1944年12月12日
　Me P 1110の、1944年12月12日 の 図 面XVIII/155に基づく3面図。発展性を秘めた、流麗な形態の単座戦闘機である。1944年の戦闘機競作において、メッサーシュミットの主力応募作だった。在来型の空気取入口を胴体中央部の両側に配している。

Me P 1110/170
1945年1月12日
　Me P 1110は、1945年1月12日の図面XVIII/170において尾翼がV型に変更され、斬新な環状の空気取入口を胴体中央部外周に配している。

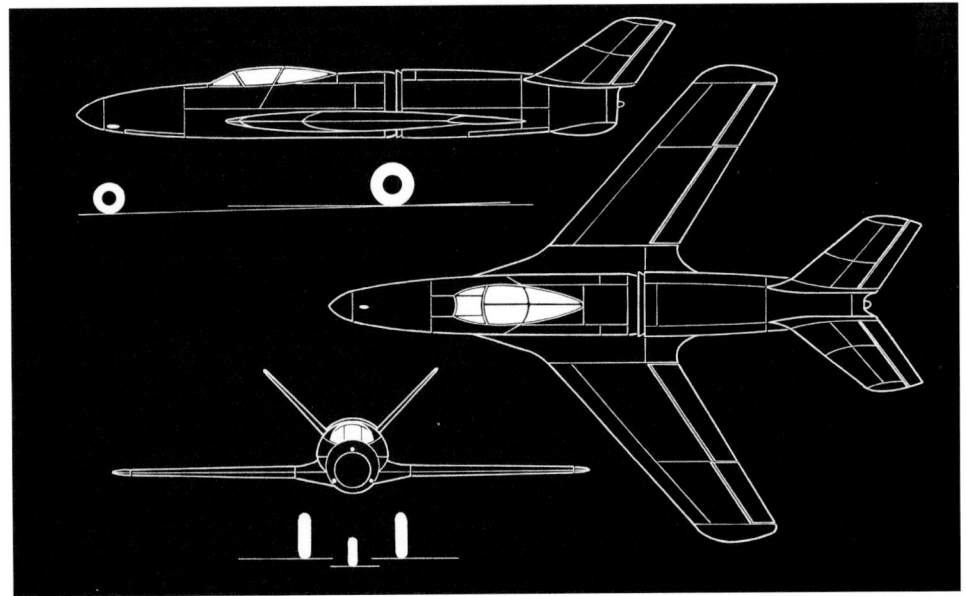

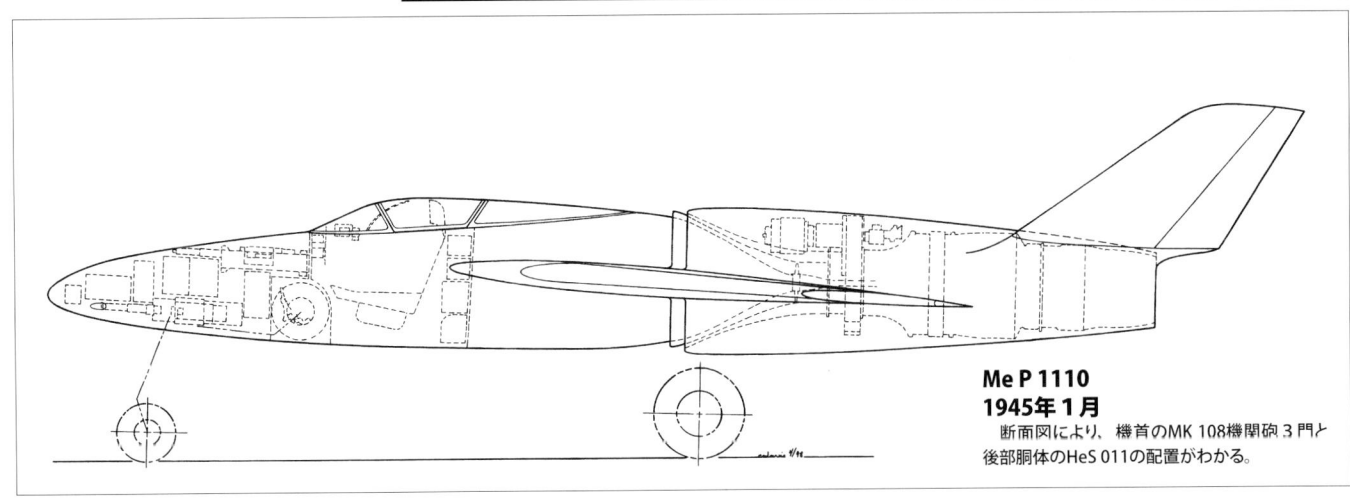

Me P 1110
1945年1月
　断面図により、機首のMK 108機関砲3門と後部胴体のHeS 011の配置がわかる。

mにおける滞空時間が45分と試算されている。胴体内の燃料搭載量を約3000kgに増加することで、航続距離を2440kmまで延伸できる。のちに、高度11000mにおいて最大速度865km/hを達成できると試算された。巡航推力では、高度11000mで滞空時間を3.74時間まで延長できた。最大速度は、1075km/h以上が期待されていた。単座戦闘機の武装は、MK 108（携行弾数120発）またはMK 213（180発）が1門と、MK 103（各75発）が2門で、操縦席両側、空気取入口に隣接して搭載した。主降着装置は主翼内に引き込み、前脚は二股の吸気ダクトの間隙に格納した。主翼と水平尾翼には後退角が付いている。フォッケウルフは詳細な企画書を提出したが、この有望なジェット戦闘機案を実現するには時間が不足していた。

　高高度単座ジェット戦闘機、Fw Höhenjagdflugzeug mit BMW 018もまたフォッケウルフ社が計画したものだった。この計画機はFw 250とほとんど相違点がなかったが、翼幅が広がっている。性能諸元は1944年10月にまとめられた。操縦席は与圧式で、前方発射の武装を軽減してあった。性能諸元は一部しか現存していない。BMW 018エンジン1基の最大推力がHeS 011エンジン2基の合計より低かったため、4000mないし13000mの高度域において最大速度が約20km/h低下した。大戦が終局を迎えるころ、BMW 018はまだ開発中で、以後の開発は打ち切られた。本計画に携わっていた開発班は、まもなくTa 183計画に移行した。

　3基以上のターボジェットで推進する戦闘機の計画は、ほとんど検討されなかった。しかし希有な一例として、ドルニエDo Dreistrahliges Jagdflugzeug mit HeS 011（HeS 011搭載3発ジェット戦闘機）があった。ドルニエの設計部門は、Do 335を基本にした多種の重戦闘機、夜間戦闘機、駆逐機と、ハインケルおよびユンカースとの協業による4発長距離偵察機Ju 635の開発で忙殺されており、他の先進設計に振り向けられる余力はごく限られていた。ドルニエは1944年に高速多発追撃ジェット機の研究に着手した。設計研究には、他の無尾翼機案の対極として、カナード翼方式の高性能ジェット戦闘機の開発も含まれていた。HeS 011ターボジェット3基で推進し、2基

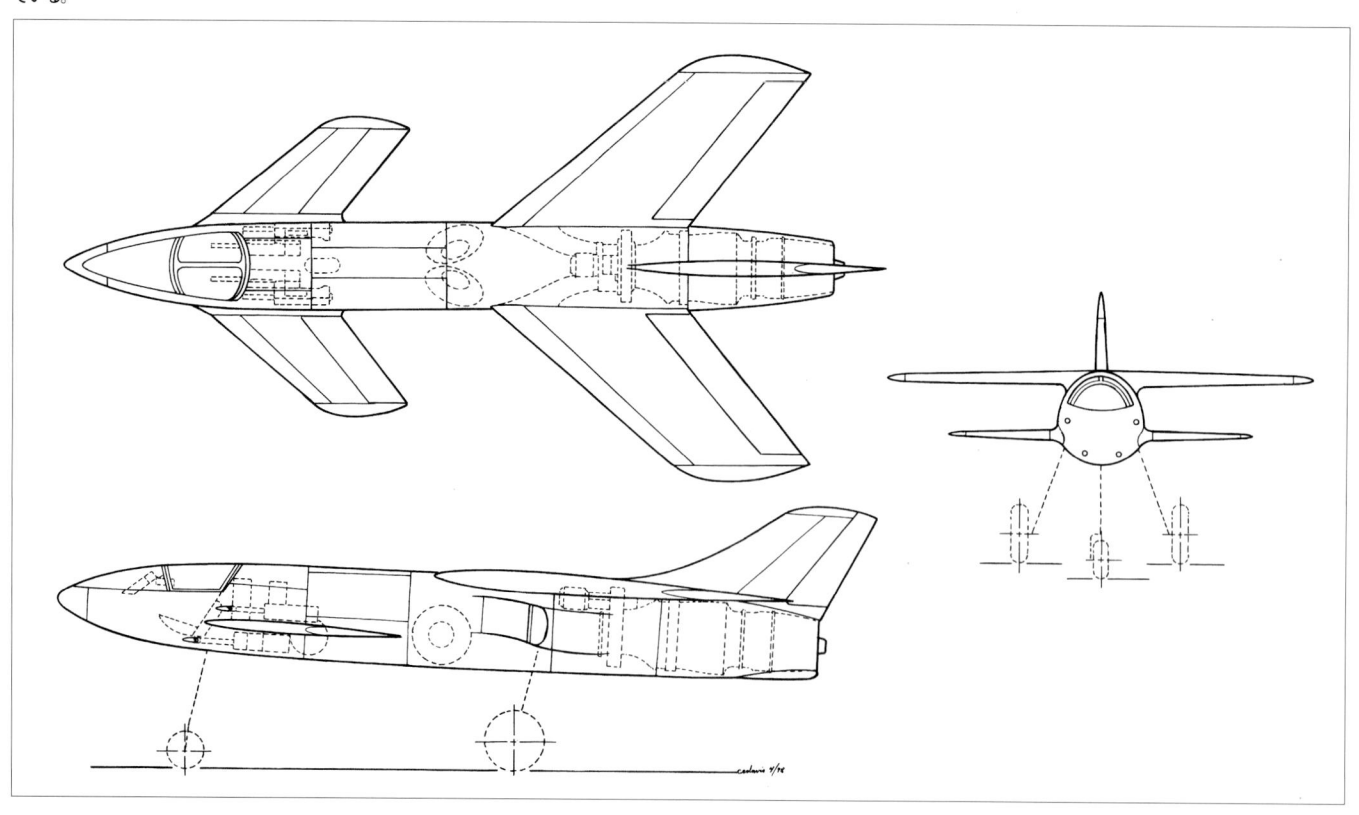

Me P 1110 Ente
1945年2月12日
　Me P 1110 Ente（"エンテ" カモ）の3面図で、1945年2月12日付のメッサーシュミット社図面に基づくもの。HeS 011 Aジェットエンジン1基で推進し、MK 108機関砲4門で武装する計画だった。主翼前縁下方の胴体中央部両側に配した、突起部のない空気取入口が特徴だ。主降着装置は前方に引き込み、脚柱を内回りにすこし回転して主脚を胴体下部に収めるようになっていた。前脚は後方に引き込む。1945年3年に特殊な駆逐機型Me P 1110 W（WはWaffen "ヴァッフェン" 武装、兵器の略）が派生している。

を並列にした下方中央に１基を配していた。空気は胴体内ダクトと、主翼境界層の吸気スロットを介して供給した。クラウデ・ドルニエ教授博士と息子のペーターは、エンジン３基のうち２基を停止すれば、空気抵抗を増加させずに作戦行動半径を大幅に拡大できると提唱した。ドルニエは、主としてHeS 011エンジンの欠点に起因する問題のため、本計画を破棄した。

ドルニエのほか、ヘンシェル技術陣も強力な３発ジェット戦闘機を開発中であった。これはHs Jagdflugzeug mit drei HeS 011（HeS 011推進３発戦闘機）といい、同社が1941年から設計してきたHs P 73、P 87、およびP 90カナード翼機に続いて開発された。

ターボジェット４基を使用する唯一の単座戦闘機は、ユンカースの試験所が純粋に設計研究として進めてきたもので、Ju EFo-018 Jagdeinsitzer mit vier Strahlturbinen（４発ターボジェット単座戦闘機）という名称であった。この構想のほか、初期の研究の数点は、縮尺模型を用いて新技術の可能性を模索している。

ドイツの全計画機のなかで最異端の設計といえば、ブローム・ウント・フォスBV P 202双発単座戦闘機だろう。本機の特徴は垂直軸を中心に飛行中に回転する高翼で、揚力中心を移動することなく、主翼の一方で可変後退翼、他方で可変前進翼の効果を得るという構想だった。これは事実上、前進翼と後退翼の組み合わせである。理論上、主翼が中立位置から回転すると、対気速度の前縁直角方向成分の機速に対する比率は、回転角に応じて減少する。高速時に圧縮効果が現出する臨界点は前縁直角方向の成分で左右されるため（抗力が前縁に直角に働くため）、等推力ならば前進・後退翼によって、より高速が可能になるという理屈である。この特異な翼配置が飛行特性に及ぼしうる影響を予測することが困難だったため、この概念は大戦の22年後まで実証されずにいた。主翼の最大回転角は35度だった。離着陸時には主翼は中立位置にあって、この状態にあるときだけフラップと降着装置を使用できた。このようにして、斜め翼の重大な欠点である低速時の制御問題を克服していた。BMW 003 A-1ターボジェット２基を胴体下部の張り出し部に収め、機首に共用の空気取入口が設けられた。尾翼は在来型の形状であった。固定武装は、3cm MK 103機関砲１門と2cm MG 151/20機銃２挺を搭載できる設計だった。

メッサーシュミットもまた同様に斬新な可変翼機を開発しており、Me P 1109 2-TL-Doppeldecker mit Drehschiebeflügel（斜め翼双発ジェット複葉機）と称した。これは、明らかにメッサーシュミット最異端の計画機だろう。本構想が起案されたのは1944年初頭で、当初はMe P 1101という名称だった。基礎図面は1944年２月２日に完成しているが、現在まで性能諸元の記録は見つかっていない。風洞模型が１点でも完成したかどうかさえ不明である。P 1109は単座後退翼戦闘機の実験機で、まだ実証されていない空気力学の新理論を確立するために設計された一連の計画機群の一案であった。胴体内に並列に配置したHeS 001エンジン２基による推進が提案されていた。上翼と下翼を回転する機構は操縦室後方の大型燃料タンクのさらに後方に配置された。３輪式降着装置を使用する予定だったが、詳細な設計図が見つかっていないため、複雑な構成の主脚がどのように引き込まれるのか不明である。

さらにもう１機、（少なくとも現代の基準では）さほど斬新でない戦闘機案が1944年に航空省に提出された。メッサーシュミットMe P 1102である。可変後退翼の機構を備えた単座機であった。基礎設計はターボジェット３基（うち１基は後部胴体内）で推進するもので、戦闘爆撃機など他の作戦用途も考慮されていたはずである。

Messerschmitt Wespe II
1945年４月
HeS 011またはBMW 018 ×１基

メッサーシュミット・ヴェスペ（スズメバチ）IIは1945年４月設計の流麗な単座ジェット戦闘機で、ハインケルHeS 011またはBMW 018ターボジェット１基で推進する計画だった。

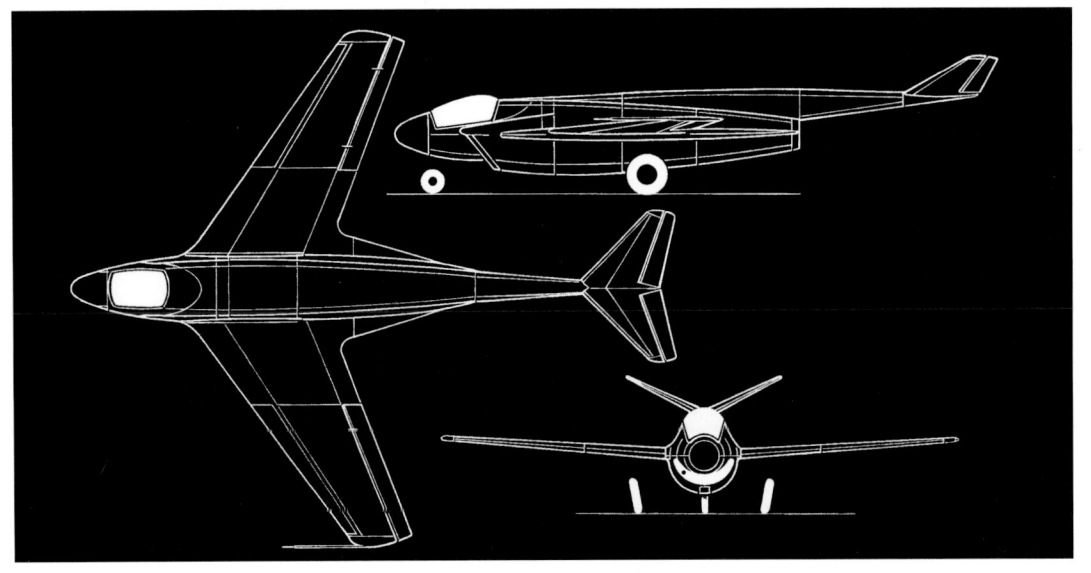

【原注】
11）GL/C番号180は、すでにビュッカーのBü 180シュツデント複座低翼初等練習機に交付済みだった。このためハインケルは280を使用するよう勧告された。
12）BK 3,7は有効な兵器であった。同砲を2門装備したJu 87 G型スツーカは、東部戦線のソビエト機甲車両に対して絶大な威力を発揮した。
13）EZはEinheitszielvorrichtung（標準照準装置）の略。
14）R 4 MはRakete, 4kg, Minen Geschoß（ロケット、4kg炸薬弾頭）の意味。
15）R 100はRakete, 100kgの略で、100kg炸薬ロケットを意味する。
16）GL/C番号250は、かつてブローム・ウント・フォス社のBV 250に交付されていた。これは同社の傑作六発飛行艇BV 238から派生した大型陸上輸送機であった。

【監修注】
4）「X 4空対空誘導ミサイル」は、液体燃料ロケットモーターにより飛翔する小型の誘導ミサイル。4枚の木製主翼の向かい合う1組の翼端から、2本の誘導用ワイヤが母機のミサイルを装着していたラックのボビン（ワイヤーを巻いたもの）につながっており、母機のパイロットあるいは搭乗者がミサイルの噴射炎を見ながら、目標に向かうようコクピット内部のジョイスティックで自在にコントロールする。夜間での使用時には、誘導用ワイヤのついていないもう1組の主翼端に小型のライトを付ける。

【訳注】
24）LGWはジーメンス系列のLuftfahrtgerätewerk Hakenfelde GmbH（ハーケンフェルデ航空装備製作所有限公司）の略。

■ターボプロップ戦闘機

　ドイツのターボプロップ戦闘機の計画で最先端は、フォッケウルフFw 226 B einmotoriges Jagdflugzeug mit PTL 021（PTL 021搭載単発戦闘機）だろう。この計画は当初Entwurf 7（設計7）とよばれ、1944年夏にバート・アイルゼンで研究中であった。

　1944年8月18日、計画説明書第281号が発行された。これはHeS 011推進のフリッツァーに類似した小型の双胴邀撃機Fw 226 Bに関するもので、敵高速機の邀撃が可能なようにロケット補助推進を用いるのが特徴だった。主動力はHeS 021ターボプロップ1基から得る予定で、このエンジンの実体はHeS 011をプロペラ推進用に改造したものだった。エンジンから前方に突出した長い駆動軸で機首のプロペラを回転した。Fw 226 BはPeterle（"ペテルレ" ミズナギドリ 移住性の海鳥の名）という秘匿名を付与されたという。機首を別にすれば、本計画機はフリッツァーに酷似し、高度の共通性をもつ戦闘機になっていただろう。

　HeS 011 Rの搭載を予定していたFw einmotoriger TL-Jäger mit R-Gerät（ロケット補助推進単発ジェット戦闘機。→複合推進型フリッツァー）と比較して、Fw 226 Bは最大速度、上昇率、上昇限度が向上していた。

　機体寸法は翼面積約17.0㎡、翼幅8.0m、全長9.9mで、固定武装はMG 151/20機銃4挺とMK 108機関砲2門であった。主降着装置の格納部の位置の関係で、胴体中央に主翼内機銃の弾倉を収めた。Revi 16 C射撃照準器が標準装備であったが、MK 103を搭載する際にはZFR 4a（原注17）に換装することになっていた。操縦士は与圧した操縦席内に着座した。公式書類には記述がないが、射出座席も標準装備になっていたのだろう。燃料区画、エンジン、左右の外翼の合計4区画に防火装置を備え、これはユンカースの設計を参考にしていた。ダッハラウリン消火器〈監修注5〉は5リットル容器2本を使用していた。説明書によると、全備重量は約5000kgに達するという。最大速度は高度10000mで900km/h、海面高度で845km/h、上昇限度は15000mと試算されている。

　フォッケウルフ技術陣は、全般にFw 226を基本にして発展させた設計、einmotoriger PTL-Kampfjäger（単発ターボプロップ戦闘爆撃機）の開発も進めていて、同機はEntwurf 8（設計8）とも呼ばれていたようである。後退翼、単胴、後退角の付いた尾翼、HeS 021エンジン1基で駆動する機首の金属製プロペラが特徴だった。翼根に配した空気取入口はFw 226と同様であった。

【原注】
17）ZFR 4aはZielfernrohr（照準望遠鏡）4aの略。

【監修注】
5）「ダッハラウリン消火装置」（Dachlaurin-Feuerlöschanlage）は、当時ドイツ最大の化学工業コンツェルンであったイーゲー・ファルベン（IG-Farben）で開発された消火装置で、火災研究の事故で死亡したダッハラウアー博士（Dr. Dachlauer）の名に因んで名付けられた消火装置。1944年1月にドイツ航空省（RLM）により、航空機用消火装置として認可された。

ハインケルHe 280 V2（製造番号002、GJ+CA）が初飛行に向けて曳航されている。同機は1941年3月30日、HeS 001ターボジェット2基を使用して自力で初飛行した。その後、試験飛行を数回行ったのち、エンジンをJumo 004に換装している。この原型2号機は1943年6月26日、着陸中の事故で失われた。

■無尾翼及び全翼戦闘機

　無尾翼機の開発に専念してきた有能な青年技術者、アレクサンダー・リピッシュ博士は、ラムジェット1基で推進する無尾翼戦闘機Li P 01-110を1939年4月上旬に設計した。全長5.58m、翼幅6.00mで、胴体径は1.25mしかなかった。操縦士は胴体前部に着席し、胴体は後尾が垂直尾翼になっていた。機体配置は、やがてMe 163となる計画機と類似している。さらに研究を重ね、直線で処理した翼端形状の主翼が小さすぎることが判明した。このため1939年の夏に再設計した。1939年10月20日、アウクスブルクのメッサーシュミット社で勤務のかたわら、リピッシュ博士は無尾翼で全翼式の単座戦闘機の詳細設計を完成させる。Li P 01-111 Deltajäger（"デルタイェーガー" 三角戦闘機）という名称で、非常に短い機首が特徴だった。後退翼をもち、全長は約6.0mしかなく、在来型の降着装置のかわりに着陸用橇を備えていた。固定武装はMG 151機銃2挺を翼根に内蔵する案であった。胴体内の空間の大半はラムジェットが占め、機首に空気取入口があった。当時、十分な信頼性のラムジェットエンジンを得られなかったので、リピッシュ博士は初期のターボジェット2基の使用を検討した。エンジンはミュンヘン近くのアラッハにあるバイエルン発動機製作所株式会社（Bayerische Motorenwerke AG ＝ BMW）から供給を受けるという案であった。

　複合推進の無尾翼機設計案2件（Li P 01-113とLi P 01-115）を考案ののち、リピッシュは1941年夏になってLi P 01-116 Strahljäger（ジェット戦闘機）を設計した。これは1939年初頭から研究を続けてきたもので、翼幅9.0mの単座戦闘機だった。初期型のラムジェットによる推進を想定していた。Li P 01-116の機体は無駄なくまとめられ、全長が7.06mしかない先進の無尾翼戦闘機の設計であった。武装は、MG 17機銃2挺を操縦席下方に、MG 151/15機銃2挺を空気取入口の脇に配した。弾倉は操縦席のすぐ後方に収容した。中翼構造で、小型のジェットエンジンを胴体下部に収め、主翼はのちのMe 163に似ていた。空気取入口が地面に近すぎるため、異物を吸入してエンジンを損傷するおそれがあり、エンジン位置が不適切だとみなされた。このため、本計画の以後の開発は打ち切られた。

　1944年末には、リピッシュが率いるメッサーシュミット社『L部』のほか、航空機メーカー数社が先進無尾翼ジェット戦闘機の開発を行っていた。

　ランツフートのアラド技術陣は、Ar E 581 TL-Nurflügeljager（ターボジェット単翼戦闘機）を開発した。これは高翼、無尾翼の単座戦闘機で、胴体内に搭載したジェットエンジン1基で推進した。3輪式降着装置の主脚は前方に引き込んで翼内に収

ハインケルHeS 30ジェットエンジンを後方から見たところ。原型3基のうちの1基である。このエンジンは5段軸流式ガスタービンで、燃焼室10個とタービン1段（左側の羽根車）を用いている。1941年に開発が始まり、1942年4月に試験を行った。マックス＝アドルフ・ミュラー博士が設計し、航空省の型式名はHeS 006である。重量390kg、全長2850mm、直径562mmで、静止推力750kgを発生する。静止推力1000kgを目指して設計され、実際に良好な推力重量比を誇ったが、航空省は高く評価しなかった。

ユンカースユモ004 B-1（左）と並べるとHeS 8a（HeS 001）の小ささがよくわかる。HeS 001はハンス・ヨアヒム・フォン・オハイン博士が設計した遠心式ガスタービンで、静止推力720kgを発生し、He 280 V2（62ページ）の推進装置に採用された。1943年に開発が中止になるまでに、約30基が製作されている。全長1675mm、直径775mm、重量386kgであった。圧縮機の背後に配したアニュラー型燃焼室が特徴で、タービン1段を備えていた。Jumo 004 Bは、アンゼルム・フランツ工学博士が設計した軸流式ガスタービンで、静止推力900kgを発生し、当時としては優秀な性能を誇った。大戦中に約6000基が生産され、さらにソ連も戦後になって生産したが数量は不明である。

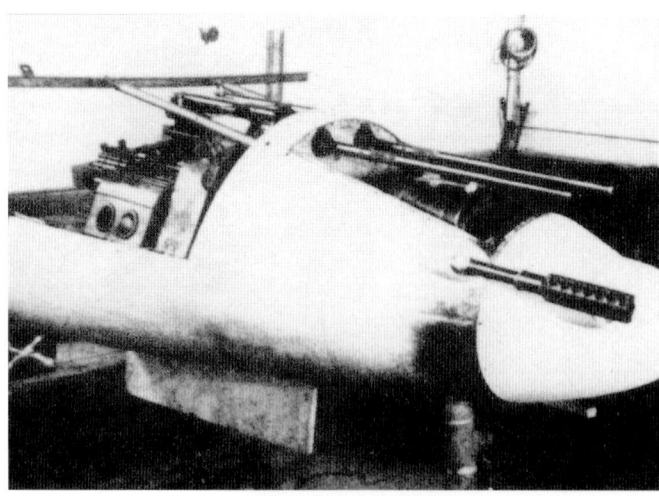

Me 262の大半はMK 108機関砲 4 門からなる標準武装を搭載していたが、戦闘能力を多様にするため、兵装改修キット（Umrüst-Bausatz　監修注：一般的には「U仕様」と呼ばれているもの）数種が開発された。Me 262 A-1a/U1はMG 151/20機銃 2 挺（上）とMK 103機関砲 2 門（下）で構成した。

Me 262 A-1a/U4（2 代目のMe 262 V4でもある）、製造番号170083は、巨大な5㎝ MK 214機関砲 1 門を搭載している。機首の『Wilma Jeanne』は鹵獲後に米軍側で書かれたもの。

Me 262 A-1a/U5はMK 108機関砲 6 門で武装する予定だった。

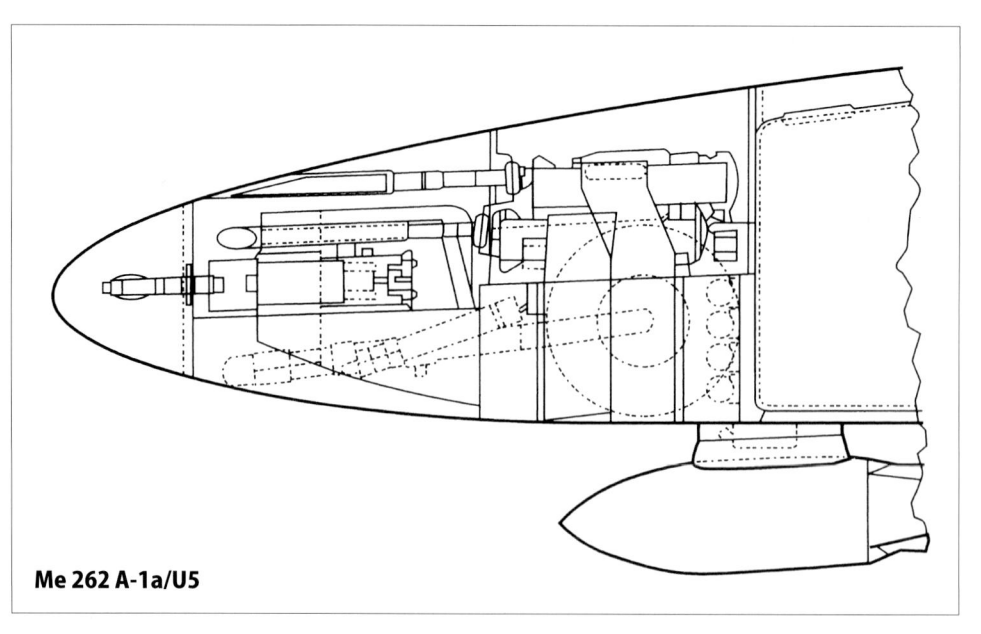

Me 262 A-1a/U5

め、主翼には一対の垂直尾翼と方向舵を備えていた。5種の設計案はエンジンが異なっていた。Ar E 581-1（E = Entwurf 設計）は1944年秋に設計されたが、ユモ・ターボジェットの供給が不足し、胴体設計にともなう問題を解消できなかったため破棄された。

BMW 003ターボジェット1基を搭載予定のAr E 581-2は、1944年11月に検討されていて、740リットルの燃料を搭載できた。翼面積22.5㎡、後退角46度の主翼の軽量戦闘機であった。武装はMK 108機関砲2門を翼根に搭載する。離陸重量は2860 kgで、設計主務者ラオテ博士は、やがてE 581-2がVolksjäger（"フォルクスイェーガー" 国民戦闘機）を代替するだろうと思っていた。

ついで開発されたAr E 581-3は、燃料タンクに関する計算が若干残っているにすぎない。燃料タンクのうち2基は自動防漏式だった。この型はE 581-2と類似した機体のようだが、防弾が強化されていたかもしれない。

続くAr 581-4ではじめて、より強力なHeS 011 A-1ターボジェットを想定した設計になったようだ。大型の空気取入口を備え、ダクトは操縦席前方で二股に分岐して迂回し、後方で合流していた。

1945年1月8日、Ar E 581-5 TL-Nurflügeljäger mit HeS 011（HeS 011搭載ターボジェット単翼戦闘機）の全体配置図

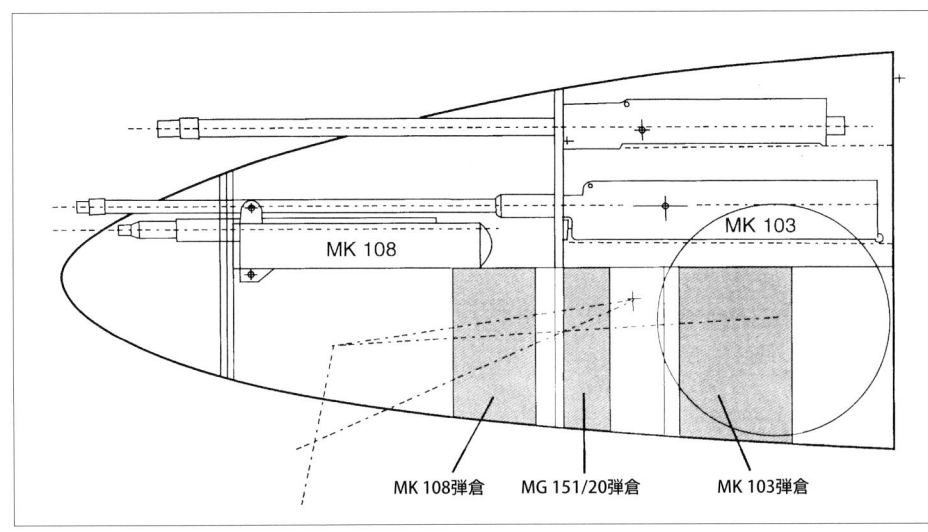

Me 262 A-4a型は当初、携行弾数176発の2cm MG 151/20機銃2挺（上）、同72発の3cm MK 103機関砲2門（中）、同66発の3cm MK 108機関砲2門（下）の重武装型として設計された。しかしこの型は製作されず、A-4系列はMe 262 A-1a/U3に基づく非武装の写真偵察型になった。偵察型は機首の武装にかえて、Rb 50/30航空写真機2台を斜方に向けて搭載していた。

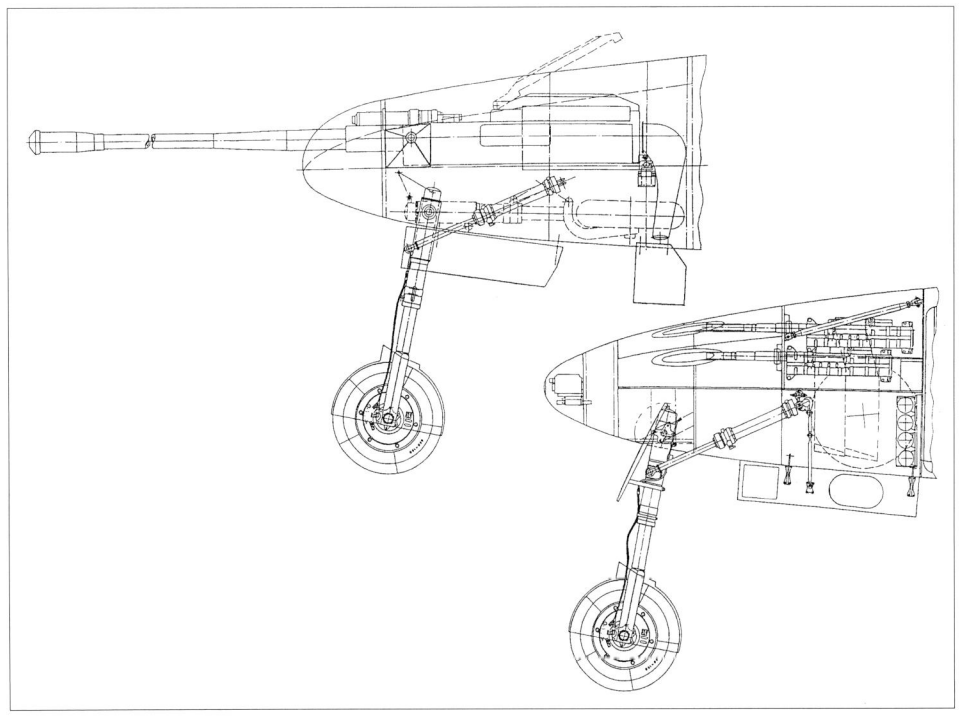

標準型Me 262（右）及びMe 262 A-1a/U4（上）の前脚と武装の装着状態を示す断面図。標準型では前輪を格納する空間を、U4ではMK 214の砲尾が占有しているため、技術陣は脚柱を90度回転させ、前輪を平らに寝かせて機関砲の下部に収める方法を案出した。さらには、図に示すように前脚扉も改修する必要があった。

が完成する。配置図によると、空気取入口から二股にわかれたダクトの間に燃料タンク２基が置かれていた。翼幅と全体配置はE 581-4と同様だった。

　1944年10月23日、BMWはターボジェット戦闘機設計案５種を記述した報告書を完成した。うち３種は同社のBMW 003 A-1で推進する想定だった。さらにHeS 011を使用する案が１種、そして第５案、BMW TL-Jäger mit 1 BMW 018は強力なBMW 018ターボジェット１基の搭載を想定していた。設計案はホルテン機の形態に似た高高度重戦闘機だったが、大型のエンジンを全翼の中央部に収め、その前方に与圧操縦室を配していた。操縦士はエンジンにつながる吸気ダクト２本の間隙に着座した。前方発射武装は両翼内の空気取入口と燃料タンク５カ所の間におき、MK 108、MK 213、またはMK 103機関砲４門を予定していたようだ。燃料の満載量は約3500kgで、後退翼内に分離配置したタンク10基に搭載し、全備戦闘重量は約10600kg、翼面積は60㎡だった。

　最大速度は、海面高度で1040km/h、高度約12000mで925km/hに達すると試算された。推力100％にすると、海面高度で28m/s、高度14000mで５m/sの上昇率を得た。BMW 018の量産を早期に開始できる可能性が皆無に等しかったため、BMWは本計画の以後の開発を延期した。そもそも、まだ実証されていない全翼の高高度重戦闘機の試験と開発には莫大な労力を要し、ドイツが無条件降伏するわずか数カ月前の切迫した状況では、実現不可能な企図であった。

オーバートラウブリングの屋外組立工場で、米軍が未完成のMe 262多数を発見した。

カーラ（３ページ参照）の地下工場トンネル内でも、未完成のMe 262数機が見つかっている。

1945年1月、オーバーアマーガウで研究中であったメッサーシュミットMe P 1111単座制空戦闘機にも同様の運命が待ち受けていた。同機は最終設計案P 1112の前身となる計画機である。風洞実験で、わずかに大型のMe P 1110とほぼ同程度の空気抵抗があることが判明した。本機の設計にともなう境界層の問題は、空気取入口を主翼前縁に配置することで克服していた。吸気ダクトは薄く細長かったが、それによるエンジン吸気の損失、そして、結果としての推力の損失は、2％ないし4％にすぎなかった。これはエンジン効率を向上させながら性能の問題に対処する最適解であるかに見えた。Me P 1111は急な後退角の垂直尾翼が特徴だった。翼弦の大きい後退翼内に最大1500リットルの燃料を搭載できた。エルロンが昇降舵を兼ねていたのは無尾翼機の通例で、外翼にはメッサーシュミット得意の前縁スロットを備えていた。

　機首にMK 108機関砲（携行弾数各100発）2門を内蔵し、さらに同砲（各100発）2門を翼根に配する予定だった。エンジンにはHeS 011が指定されている。
　Me P 1111は、最大速度が海面高度で約900km/h、高度7000mで995km/hの性能があると試算された。連合軍が戦後まとめたCIOS報告書【訳注25】によると、高度10000m、巡航速度500km/hで航続距離1500kmを期待できた。作戦上昇限度は約14000mに達していたであろう。したがって与圧室が必須で、最新の射出座席が標準装備だった。離陸重量は約4280kg、翼幅9.16m、翼面積28㎡を想定していた。メッサーシュミット教授は、より堅実な設計のMe P 1112を優先することを決定し、Me P 1111の開発を打ち切った。
　Me P 1110およびP 1111の技術上の特異性を分析後、計画の欠点が判明する。これを克服するため、1945年2月末にMe

この未完成のMe 262 A-1a（製造番号501228）は、大型になった方向舵トリムタブと、操縦席背部及び頭部の防弾装甲を備えている。1945年5月25日、オーバートラウプリングにて撮影。これらの装備を量産型Me 262に施した例は稀少だった。

Me 262 HG II（製造番号111538）は終戦直前にレヒフェルトで組み立て中であった。同機の写真は見つかっていないが、Stephen Muthが製作したスケールモデルが忠実に再現している。

P 1112が考案された。最適翼面荷重をもとに、翼面積は22m²と定められた。機首最前部に空気抵抗が少ない形状の操縦室を配している。その他の設計要目はMe P 1110及びP 1111と同様だった。

1945年3月3日、ハンス・ホーヌング率いる開発班は、昼間戦闘機特別審議会（Sonderkommission Tagjäger）の勧告を受けいれ、空虚重量を軽減することで、約1900リットルの燃料搭載量増加をめざした。

1945年ともなると、終戦が迫っていると誰もが察していたが、メッサーシュミット教授と配下の技術陣は、ほとんど製作の見込みがない先進計画の開発を続けていた。ついに1945年2月、Me P 1101とP 1112以外の全計画の研究活動が停止になる。P 1112は次期先進戦闘機の設計になる予定であった。

1945年3月上旬、Me P 1112の全体配置図2種が描かれた。Me P 1112 S/1（S = Serie、系列）は無尾翼戦闘機で、胴体のほぼ中央にターボジェットの空気取入口があった。Me P 1112 S/2は、空気取入口の位置を翼根に移していた。Me P 1112の設計作業は1945年3月30日に完了する。以後の設計変更は停止され、まず木製実大模型1機の製作に着手し、同時に飛行試験用原型1号機Me P 1112 V1の機体部材の加工に着手するよう指示が出された。試作機にはMe P 1101、P 1110、およびP 1111の先進技術と、初期のP 1112の研究成果がすべて凝縮された。

メッサーシュミットの計画主務、ベヒラー技師が武装配置の取りまとめを担当した。1945年4月18日には、オーバーアマーガウ近隣の上バイエルン研究所607号棟で木製実大模型が製作中であった。実大模型はP 1112 W（W = Waffen　武装）と呼ばれ、MK 108機関砲を4門または5cm MK 214を1門、あるいは5.5cm MK 112を1門装着して評価試験が行われた。

1945年1月から3月にかけて、Me P 1112は、P 1101、P 1110、P 1111、そして社外のユンカースEF 128およびフォッケウルフTa 183と予想性能の比較を受けた。ドイツ最後となる戦闘機設計競作の結果、どの計画を実現するにも同様の危険が潜んでいることが判明した。Me P 1110がもっとも有望な設計案になる

高速型のMe 262 HG IIIの想像図。

可能性もあった。あろうことか、ドイツ航空試験所（Deutsche Versuchsanstalt für Luftfahrt ＝ DVL）は競作に応募した案から採用案を決定できず、1945年4月の第1週になっても新たな設計案を募集していた。技術航空兵器長官と国家研究統帥部（Reichsforschungsführung）がMe P 1101 V1の最終組立を命じたのみであった。

　ヘンシェル唯一の先進ジェット戦闘機計画であるHs P 135は、同社のシェーネフェルトにある施設で1945年に開発された。Hs P 135は単座全翼機で、HeS 011 A-1ターボジェット1基で推進した。武装はMK 108機関砲2門または4門を前部胴体の長い吸気ダクトの上下に、さらに2門を翼根に装備する設計だった。前脚は胴体下部に引き込み、脚柱を回転して車輪を寝かせ、主脚は前方に引き込んで胴体内に格納した。ニーコラウス工学博士は連合軍の尋問に対し、燃料容量は約1600kgになっていただろうと証言している。離陸重量約5500kg、翼幅約9.2m、翼面積20.5㎡であった。ハインケル製ターボジェットの調達が望めなかったため、ニーコラウス博士は、複燃焼室型のヴァルター HWK 509 Cロケットエンジンにあわせて Hs P 135を設計変更することを決定した。この変更案には、新たにHs P 136という名称が付けられた。

　『ディアナ』という秘匿名のLi P 15もまた、強力な単座戦闘機を開発しようという必死の努力から1945年3月に生まれたもので、大部分がMe 163ロケット邀撃機を基本にしていた。1944年の秋にMe 163の生産が中止されて以来、多量のMe 163機体構成品が保管されていたのだ。

　リピッシュは、ロケット推進の単座戦闘機及び邀撃機の計画を多数手がけたのち、ターボジェット戦闘機の開発に取り組み、Li P 20と名付けた。この計画機は有名なMe 163とほとんど違わなかったが、ロケットモーターからJumo 004 B-1ターボジェットに変更してあった。1945年4月16日、全体配置図がメッサーシュミット社のアウクスブルク工場で完成する。主翼と尾部は標準のMe 163 B系列の設計を流用し、中央の空気取入口と3輪式降着装置は新設計であった。エンジン上方の空間に燃料を搭載し、さらに主翼内にも燃料タンクを収めた。MK 103機関砲2門を翼根に、さらに一対のMK 108を重装甲の操縦席両側に配した重武装であった。主脚は主翼内に引き込み、前脚は後方に引き込みながら脚柱を回転して車輪を寝かせ、ユモ・ターボジェットの下方に格納した。設計案は航空省に承認されず、以後の開発は打ち切られた。

　ホルテン兄弟は戦前から全翼滑空機の設計で成功を収め、名声を博していた。兄弟が軍用ジェット機の構想も進めていたことは、さほど知られていない。その一例がＨＸ（Ho XまたはHo 10とも呼ばれる）で、1944年後半に生まれ、HeS 011エンジン1基の推進による超音速軽量戦闘機をめざした計画機であった。2種の変型に発展し、ＨX-Aは伏臥姿勢の操縦士と胴体中央部に背負ったジェットエンジンが特徴で、ＨX-Bはエンジンを胴体中央内部に収めた点だけが違っていた。どちらの変型も垂直尾翼を使用していない。単純な構造のため、兄弟はＨX-Bがフォルクスイェーガー候補として完璧だと考えた。フォルクスイェーガーは軽量戦闘機計画で、ターボジェット1基で推進し、前方発射の機関砲2門または3門で武装するという構想である。ＨXは、翼幅14.00m、全長7.20mで、45度の後退翼と一体となった中央部に伏臥姿勢の操縦士と武装、後部にターボジェットを収めた配置が特徴だった。HeS 011が実用に間に合わず、また航空省がフォルクスイェーガーにハインケル案を採用したため、ＨXは単なる奇案に終わる。

　これまで述べてきた単発全翼戦闘機の設計案を別にすれば、全翼計画機はターボジェット2基で推進する設計であった。

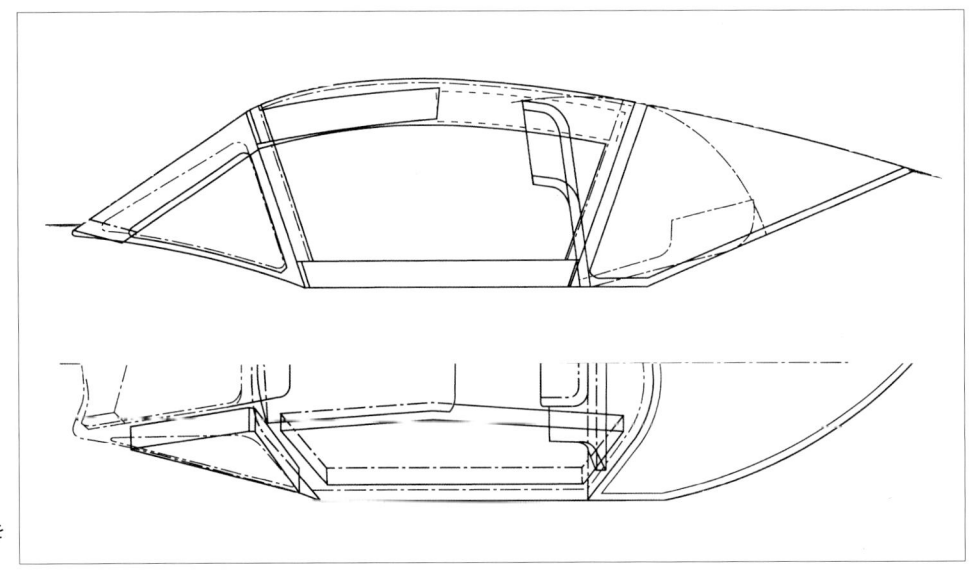

Me 262 A-3a Panzerflugzeug
　Me 262 A-3a 装甲飛行機は操縦室に増加装甲を装着する計画だった。

そのひとつ、リピッシュ博士のLi P 01-112 Strahljäger mit zwei BMW P 3302 TLは、1940年1月31日に設計が完了する。胴体内にターボジェット2基を並列に組み込んでいた。燃料タンク2基はパイロットの背後、ターボジェットエンジン上方に置き、空気取入口は操縦席の両側に配していた。離陸には投棄式台車を、着陸には中央に装着した引き込み式スキーと小型の尾橇を使用するという構想だった。

1941年のリピッシュLi P 09 Strahljägerもまた、初期の双発全翼ジェット計画機である。Me 163を大型にして翼根にターボジェット2基を収めたような外観だった。翼幅11.60m、全長7.10mで、3輪式降着装置を備え、MK 103機関砲2門とMG 151/20機銃2挺を機首下部に搭載した武装を想定していた。

戦前、ゴータのGothaer Waggonfabrik AG（ゴータ貨車製作所株式会社）は、アウグスト・クッパー博士の指揮のもと、全翼機の設計案数種を作り、そのひとつに1934年のGo 147があった。これは無尾翼の戦闘機で、両翼端に垂直の舵面を配した点が特徴だった。Go 147は凡作であったが、クッパー博士の死後もゴータ社は無尾翼機の実験を続けた。1940年代前期、元DVL研究員のルドルフ・ゲートハート博士がゴータに入社し、無尾翼機と全翼機の設計部門の責任者となる。1942年、ゲートハート博士はターボジェット全翼戦闘機の開発に着手する。同時期にゲッティンゲンで研究していたので、ゲートハート博士と協同研究者はホルテン機と兄弟をよく知っていた。

大戦中にドイツで量産されたガスタービンエンジン主要3種を示している。最多数が量産されたのがユンカースJumo 004 B（中）で、BMW 003 A（上）がこれに続き、第3位のHeS 011 A（下）の生産総数は上位2種よりもかなり少なかった。3種とも基本構造は軸流式で、静止推力は、BMW 003が800kg、Jumo 004 Bが900kg、HeS 011が1300kgを発生した。BMW 003とHeS 011はアニュラー型燃焼室を、Jumo 004 Bは独立した缶型燃焼室6個を、それぞれ用いている。本書に収録した計画機の大半は、この3種のエンジンのいずれか、あるいはその発展型で推進する設計であった。

Ansicht: rechte Seite 右側面図

1943年には、ホルテン兄弟は全翼機H IXを数機製作する能力のある会社を探しており、航空省の許可を得てゴータ社に打診した。後述するように、両者の関係はやがて発展していく。さて、ゲートハート博士は先進全翼機2種、すなわちゴータ Go P 52およびP 53の設計を終え、ホルテンH IXと燃料輸送グライダーGo P 58の特長を組み合わせつつ、新たな双発ターボジェット機構想の実現性を模索しはじめた。この計画機はGo P 60と名付けられた。

Go P 60は、変型3種が提案された。Go P 60 Aは伏臥姿勢の乗員2名の戦闘機で、BMW 003ターボジェット2基で推進する。Go P 60 BはA型よりも若干大型で、HeS 011ジェットエンジン2基で推進する。第3のGo P 60 Cは夜間戦闘機で、A型およびB型と相当異なっていた。

1945年1月1日、ゴータ社はP 60設計原案をホルテンHo 229（H IXの型式名となっていた）と比較する。ホルテン兄弟とゴータ社員とは親密であったが、ゲートハート博士は兄弟のHo 229ジェット戦闘機の量産準備が整っていないと判断した。さらには、ゴータ技術陣は、空軍が要求する信頼性の水準をHo 229が実戦で達成できないと見ていた。1945年1月27日、ゴータはHo 229 V6（Ho 229 A-1の原型2号機）**(原注18)** と自社のGo P 60とを比較した最終報告書を提出した。操縦特性と性能のほとんどの項目でP 60の優位を示唆する内容で、例外は高速安定性（Ho 229がの28度の後退翼なのに対してP 60が45度であったため）だった。にもかかわらず、航空省はゴータにホルテン機の量産準備を進めるよう命じていた。ホルテン兄弟は航空省上層部に友人がいたのだ。

ゴータは、1945年3月11日以前に計画3種を検討している。第1案はHo 229ジェット全翼機の代替をめざしたGo P 60A Deltajäger mit BMW 003 A（BMW 003 A搭載デルタ戦闘機）で、BMW 003 AまたはJumo 004エンジン2基で推進する。ジェットエンジンは胴体中央の上下に2基を配置してあった。操縦士と観測手は並列に伏臥する。操縦席キャノピーの突出部がない形態の、きわめて流麗な設計になっている。乗員の空間を確保するため、前脚を左側に寄せて配置していた。主脚は主翼内に引き込んで主輪を寝かせて格納し、翼内には主燃料タンクも収めた。武装はMK 108機関砲4門を操縦席両側に2門ずつ装着する。ターボジェットの補助として推力2000kgのヴァルターロケットエンジン1基を使用し、離陸、上昇、戦闘時の性能向上を図ることを検討していた。

主翼は面積46.8㎡、上半角1度、1/4弦点の後退角45度で、当初は失速特性を向上するために特殊な前縁フラップを装着する設計だった。

方向制御のため、翼端近くの上下に短翼弦の翼型（スポイラー状の板）を既定の迎え角で装着してあった。使用しないときは、主翼内に平らに格納できた。昇降舵とエルロンを兼ねるエレボンは分割されていた。高速時には外側の部分だけを使用し、低速時にはサーボとタブで駆動する内側部分も使用する。P 60 Aの特徴と予想性能は以下のとおりである。すなわち推力100％で航続距離1600kmはHo 229の1400kmを上回り、高度6000mで最大速度945km/h、上昇率はHo 229とほとんど差がなかった。

ゴータ Go P 60 B Deltajäger mit HeS 011 Aは、P 60 Aから派生し、大型になっていた。翼面積は54.7㎡に、翼幅は12.4mから13.5mに増加していた。ハインケル＝ヒルトのHeS 011 Aターボジェット2基で推進した。最大速度は高度8000mで980km/hと試算されている。後日、最新のHeS 011 Bエンジンを装着する予定であった。残存する設計図によると、P 60 BはA型に酷似していた。座席と武装は同一だが、前縁フラップを使用することで飛行特性が向上すると期待されていた。

このJumo 004 Bは墜落現場から回収されたもので、1945年にプラハで分解調査されている。前部の8段圧縮機と後部の1段タービンがはっきりと見える。推力は砲弾形の排気制御コーンを前方（弱）または後方（強）に移動して調節した。

Go P 60 Bには補助ロケットエンジン１基を装備する予定だった。機体を大型にしたため離陸重量が11000kgまで増加している。1945年３月に性能試算が行われ、高度14750mで上昇率9.5m/s、航続距離1400km超、滞空時間2.43時間と予測された。補助ロケットの使用により2.6分で高度10000mまで上昇できる。高度3500mまで補助ロケットを使用して上昇すると、離陸から5.8分で高度13000mに到達する。高度約8500mまで補助ロケットを使用して上昇すると、わずか9.5分で高度16000mに到達できた。

　メッサーシュミットが上バイエルン研究所で開発していた無尾翼機構想、Me Schwalbe（"シュヴァルベ" ツバメ）は、終戦までに設計が完了しなかった。

　当初H IXと呼ばれたホルテン兄弟の全翼ジェット戦闘機は、原型２機が完成して飛行しただけだったが、空軍は優先して正式に開発継続と生産を認め、特定の１個隊への実戦配備さえ予定していた。兄弟が好機にめぐまれて空軍上層部に取り入っていなければ、ここまで優遇されなかっただろう。H IXの開発は、1943年９月28日、Reichsjägerhof（"ライヒスイェーガーホフ" 国家狩猟山荘）でホルテン兄弟が国家元帥ヘルマン・ゲーリングおよび幕僚部付のディージング中佐と初めて面談したことに端を発する。当時30歳のヴァルター・ホルテン大尉はゲーリングに写真を見せ、カオパおよびペシュケらとともに開発してきた新型機の概要を説明する。この高速戦闘機は１トン爆弾１発を搭載して最大速度約950km/hで飛行することも可能になるだろうと進言した。やがてライマーとヴァルターの兄弟は政府から50万マルクと開発許可を得る。計画には公式のGL/C番号229が交付された。こうしてH IXの将来は約束された。

　1944年３月１日、無動力のホルテンHo 229 V1は、He 45に曳航されてゲッティンゲン上空を計画どおり飛行する。操縦席にはハインツ・シャイトハウアー少尉が搭乗していた。後日、より大型で双発のHe 111が小型のHe 45から曳航任務を引き継いだ。一方、動力付きの原型１号機Ho 229 V2の製作が進んでいたが、予定していたBMW 003エンジンが間に合わないことが判明する。そこで、より大型のJumo 004ターボジェット２基を搭載できるよう設計変更することが決まった。Jumo 004 Bを受領して初めて、エンジン径がおよそ20cmも想定値を上回っていることがわかり、兄弟は愕然とする。設計を再変更しなければならなかった。翼幅を16.1mから21.3mに延長し、全翼の空力特性の向上が図られた。

　1944年６月26日、再設計して能力向上を図ったHo 229 V3の製作に第９空軍特務隊（Luftwaffenkommando IX）が着手する。同時に、ゲッティンゲン郊外の小規模な航空基地では増加試作機の製作が始まった。ターボジェットの取り付け完了をめざして技術陣は長時間働き、実働時間が週90時間を超えることも珍しくなかった。

　一方、ベルリン＝アードラスホーフのドイツ航空試験所は1944年７月７日、Ho 229 V1の飛行試験を完了した。極端な偏揺れのために結果は満点とはいえなかったものの、全般に舵と補助翼は十分に機能していると判定された。

　２ヵ月後、ブリューニング中尉（技術局開発２部、レヒリン駐在）、ブリューネ（ホルテン社）、ヒューナイエーガー（ゴータ社）らの専門家が実大模型の艤装一覧表をまとめた。量産型Ho 229は、電子機器としてFuG 25a、FuG 16 ZY、FuG 125を装備する予定だった。また前方発射固定武装を２門または４門、偵察装備としてRb 50/30またはRb 75/30航空写真機を搭載する計画であった。

　1944年12月18日、エルヴィーン・ツィラー少尉の操縦で最初の非公式飛行が行われた。ホルテン機がはじめてジェット推進

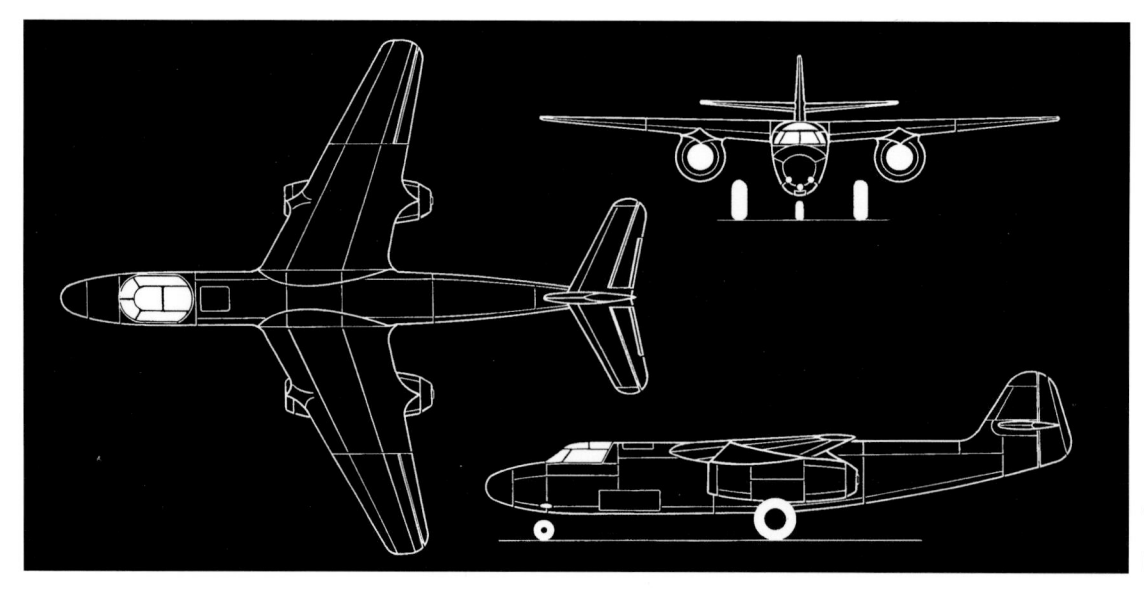

Ar TEW 16/43-23
1943年６月
BMW P 3302×２基

で進空した瞬間だった……と、のちに兄弟のひとりが回顧している。

　国家元帥ゲーリングの意向で、Ho 229は戦闘機緊急計画（Jäger-Notprogramm）に織り込まれていた。量産型Ho 229 A-1の初回分40機は、1944年9月21日に発注されている。ゴータ社（原注19）が生産する予定であった。当初、シュトゥットガルト近くのベブリンゲンのクレム社が20機を生産することになっていた。続く20機はゴータが生産の予定だった。もともとゴータ近辺に小規模な生産ラインを立ち上げる計画だったが、1944年遅く、計画は頓挫する。同時期、ヴュルテンベルク州タムで家具を製造していた小企業メーベル・マイがHo 229生産計画に動員され、主翼の木製構造部の製造を分担した。

　1945年2月26日、Ho 229 V2の飛行試験を行っていたエルヴィーン・ツィラー少尉の命運が尽きる。4度目の試験飛行で着陸進入中、エンジンが突然消炎を起こしたのだ。復旧できずにツィラーは墜落し、原型2号機は全損に帰した。同年4月14日、ゴータ社の工場に到達した米陸軍第3軍団は、Ho 229の原型3機（V4、V5、及びV6）を製造中のさまざまな状態で発見している。Ho 229 V1はライプチヒで鹵獲された。終戦時には、Ho 229 V3も未完成の状態で鹵獲され、のちに米国に移送され

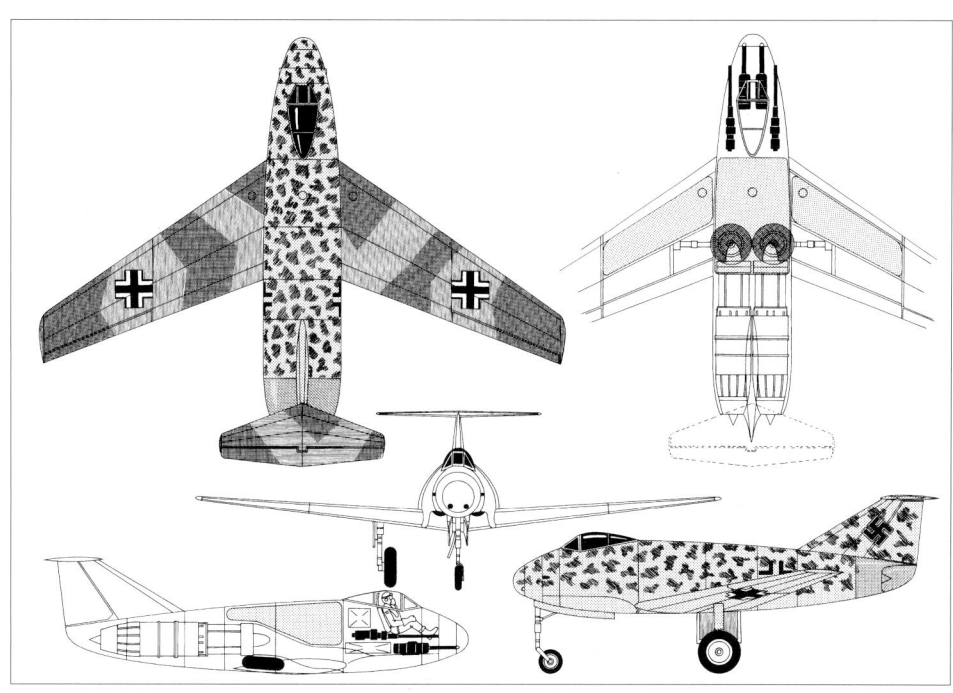

BV P 197.01-01
1944年8月7日
Jumo 004 B×2基

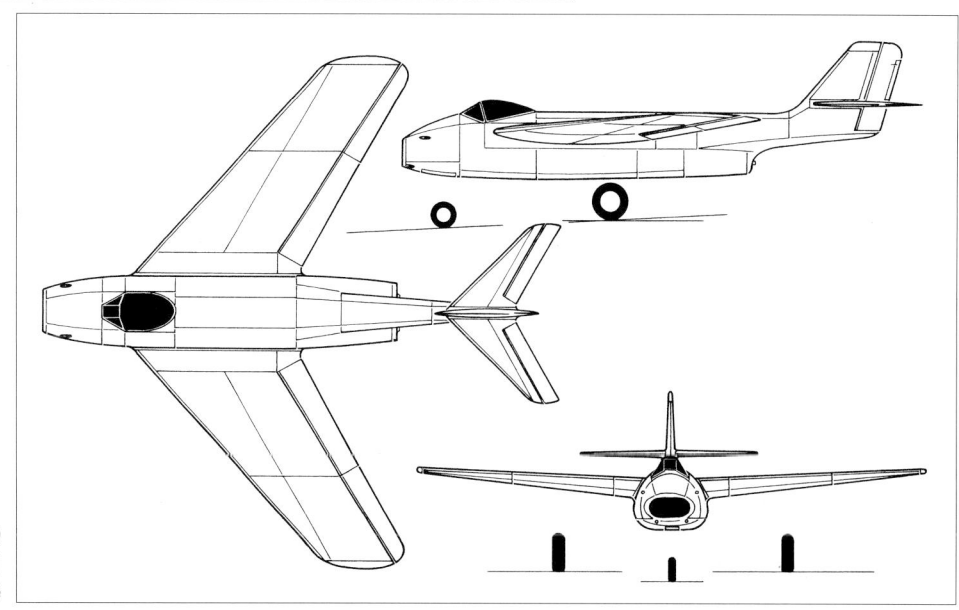

Focke-Wulf Fw 250
1944年11月21日
HeS 011 A×2基

て評価試験を受けた。

　1943年から1944年にかけて、ブローム・ウント・フォス社の天才リヒァルト・フォークト博士はきわめて特異な鋏状尾翼（Scissors tail）の準無尾翼戦闘機を設計した。BV P 208、P 209、P 210、P 212、そしてP 215の５種である。BV P 208は単座戦闘機で、強力なピストンエンジン１基だけで推進する設計で、P 208.01はJumo 222 Eを、P 208.02はAs 413を、P 208.03はDB 603 Lを想定していた。これらプロペラ推進の設計から直接に進化したのがジェット推進のBV P 209で、HeS 011ターボジェット１基を短い胴体の後部に搭載していた。フォークト博士は賢明にも、異端である鋏状尾翼の特長４点を見いだしていた。すなわち（1）空力表面とその接続部の数を最小限にでき、（2）翼端渦の吹き上げのおかげで尾翼面積を縮小しても効果を損なわずにすみ、（3）ブーム後端にある尾翼が梃により効率よくモーメントを制御できるので釣合いに必要な角度が最小限ですみ、（4）翼面荷重が翼端にかけて集中していることとブームの翼端板効果によりエルロンの効きがよくなるのでエルロン面積を縮小でき、よって主翼後縁の大半を高揚力装置（フラップ）に使える……というものだった。BV P 209はMK 108機関砲２門で武装する計画で、高度29000フィート（8839m）で最大速度990km/hを出すと試算されていた。第３の鋏状尾翼戦闘機BV P 210は、P 209と同様の基本配置であ

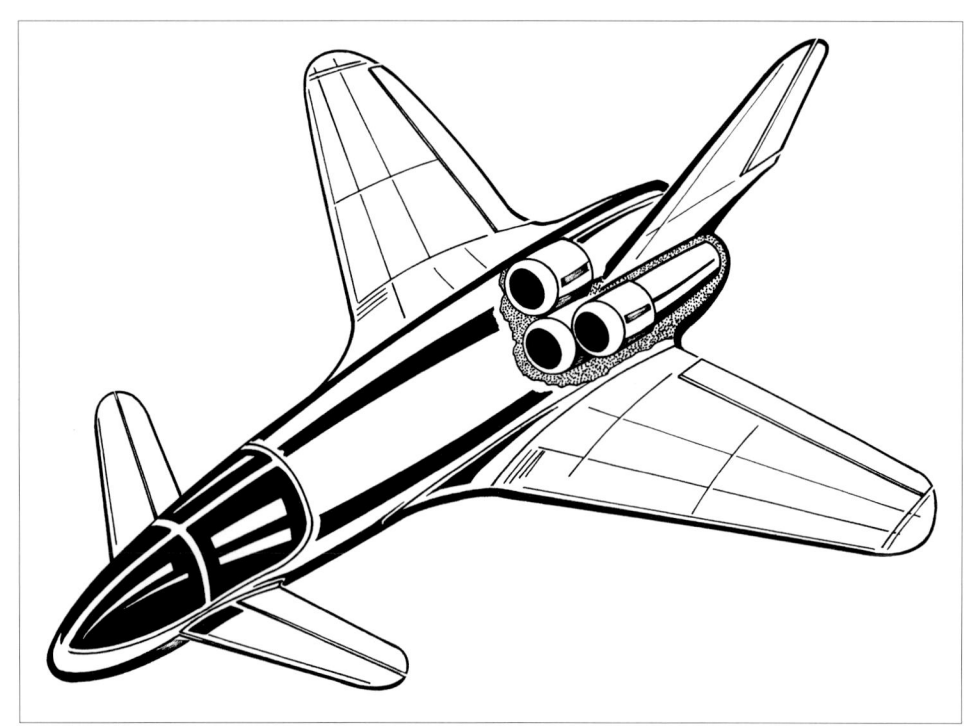

ドルニエのエンテ翼計画機
時期不明
HeS 011×３基

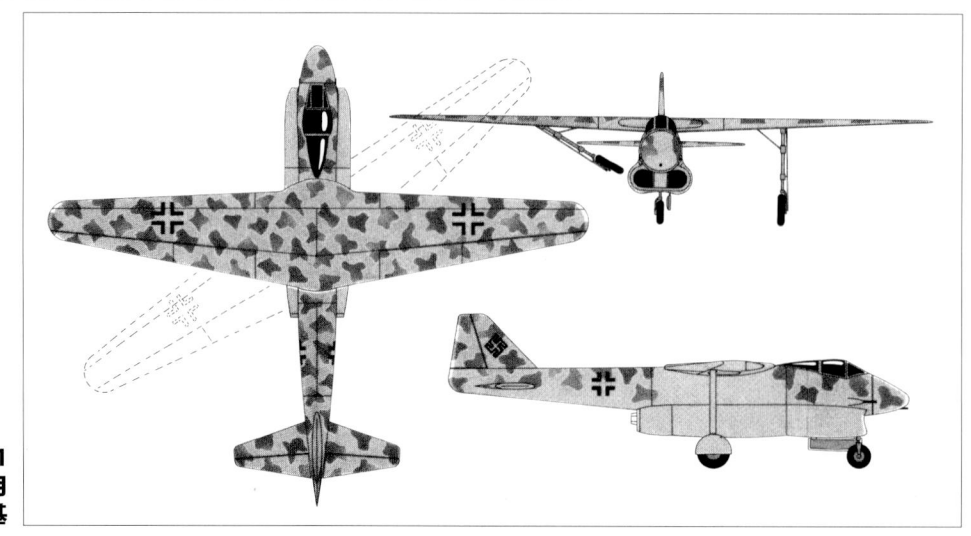

BV P 202.01
1944年９月
BMW 003×２基

ったが、主翼がわずかに大きく（翼面積は13.0㎡から14.9㎡に増大）、BMW 003ターボジェット1基で推進する。1944年秋、ハンブルク＝フィンケンヴェルダーに本拠をおくブローム・ウント・フォスは、第4の鋏状尾翼機を設計した。準無尾翼の単座戦闘機、BV P 212である。BV P 210から派生しているが、より強力なHeS 011ターボジェットで推進し、与圧室を備えていた。操縦室の両側に配したMK 108機関砲2門（携行弾数各100発）で武装し、さらにもう1門（60発）を操縦室直前の機首中央に搭載できるようになっていた。主翼は鋼板の外皮で、燃料タンクは主翼構造と一体になっていた。

管状で湾曲した鋼製ダクト1本を介して機首の空気取入口からHeS 011ターボジェットの圧縮機に空気を供給する。与圧操縦室は吸気ダクトの上方に配した。操縦室とエンジンの間に燃料タンク1基を置き、両翼内のタンクとあわせて総計1310リットルの容量があった。

前方発射のMK 108機関砲3門のかわりに、R4M空対空ロケット弾22発を搭載することもできた。兵装は10種類の案が検討された。最強の兵装案は、MK 108機関砲を最高7門、MK 112を1門とMK 108を2門、あるいはR4Mを22発とMK 108を2門だという結論に達している。

1945年2月15日、技術航空兵器長官はブローム・ウント・フォスに主翼と垂直安定板外側部分の設計を評価するよう指示する。素材強度と機体構造の試験も行なうことになっていた。8日後の2月23日、試作機3機の製造計画ができあがる。原型1号機BV P 212 V1は8月中旬まで、2号機は遅くとも9月までに、それぞれ完成の予定だった。ほどなくP 212.01とP 212.02の開発は打ち切られ、BV P 212.03が残った。方向舵の設計変更で飛行特性が向上すると期待されていた。1945年4月中旬、航空省から正式契約を受注することなく、開発は終了する。第5の鋏状尾翼計画機、BV P 215夜間戦闘機については本書では取り上げていない。

He P 1078 A（39ページ参照）と異なり、He P 1078B Jäger, schwanzlos, Entwurf I（戦闘機、無尾翼、設計1）は特異な全翼単座昼間戦闘機である。P 1078 BはA型より奇抜で、後退角40度の無尾翼機だった。通常の意味においての垂直尾翼はなかったが、翼端には大きな下反角が付いていて、主翼本体と垂れ下がった翼端の両方に舵面を備えていた。胴体は短く幅広で、機首は左右一対の突出部になっていた。操縦室は左側の区画で、右側は兵装搭載区画に充てられた。武装は前方発射式MK 108機関砲（携行弾数各75発）2門以上を予定していた。ハインケル技術陣は1945年初頭に新型の自動発射装置を設計する。片側に寄せた前脚は前方に引き込んで右側の機首に、主脚は前方に引き込んで主翼内に格納した。

HeS 011 A-1ターボジェットエンジン1基の空気取入口は、機首の突出部一対の中間にあり、ターボジェットは胴体後部に搭載した。大型の燃料タンク1基が胴体上部を占め、翼根に広がっていた。

兵装重量は1540kgと試算された。エンジン、タンク、燃料、操縦士を含む全備重量は8540kgだった。最大速度は1025km/hでP 1068 Aより約50km/h速かった。高度12200mでは最大速度910km/hと予想されている。最大推力で航続距離1550kmが見込まれた。理論上、上昇限度は13750mを超えるはずだった。機体は小型で、翼幅9.00m、胴体長5.00mだった。ちなみにこの機体の設計は、1945年5月から7月にかけて、バイエルン州ランツベルク近くのペンツィングで、連合軍監督下で完成している。

ハインケルはもう1種、He 1078 B改造型を1945年1月初頭の単座戦闘機競作に提出している。これはP 1078の第2の変型にあたり、中央胴体の先端部に空気取入口があり、前脚格納部の上方に配した操縦席の空間を確保するために平らな形状になっている。当初の双機首の配置は技術航空兵器長官と空軍総司令部が却下していた。

エイムズ＝ドライデンAD-1斜め翼研究機は、最大斜角60度まで水平回転できる主翼を試験した。その結果、斜め翼によって空気抵抗が低減し、速度が上昇して航続距離を延伸できることが判明した。この概念は新しいものではない。同様に最大35度まで主翼を斜めにできるBV P 202をフォークト博士が設計していたのだ。

操縦席両側にMK 108（携行弾数各100発）を1門ずつ配していた。胴体内の大半はHeS 011ターボジェットが占めていた。

1945年初頭、ベルリン＝アードラスホーフのドイツ航空試験所は、He P 1078B、BV P 212.02、Ta 183 Ra-3、Me P 1101、Ju EF 128の設計案を審査する。計画全体が緊急を要したにもかかわらず、なんと採用案が明確に決定されなかった。4月まで追加提案を受理するということで、最終決定は先送りされた。

5案のひとつ、ユンカースEF 128 (原注20)は、当時の計画機の最先端であった。単座の無尾翼戦闘機で主翼は上翼式で全木製だった。なお同機には胴体を延長した複座夜間戦闘機型も1945年に計画されている。垂直舵面は主翼後縁のエレボンのすぐ内側にある。射出座席を備えた与圧式操縦室が標準装備になるはずだった。操縦席後方に燃料タンクを置き、尾部にHeS 011ターボジェット1基を搭載した。武装はMK 108（携行弾数各100発）4門またはMG 151/20機銃4挺を想定していた。胴体内の主タンクに加え、主翼内にも容量540リットルの燃料タンクを配し、燃料総搭載量は1590リットルであった。ジェットエンジンの空気取入口は、胴体側面の主翼の陰になっている部分に半埋没式のものを設けた。

1944年12月、縮尺模型による風洞実験で信頼できるデータを得て、最初の設計試案の計算が完了する。1945年、模擬のHeS 011ターボジェットを積んだ木製実大模型が製作される。飛行

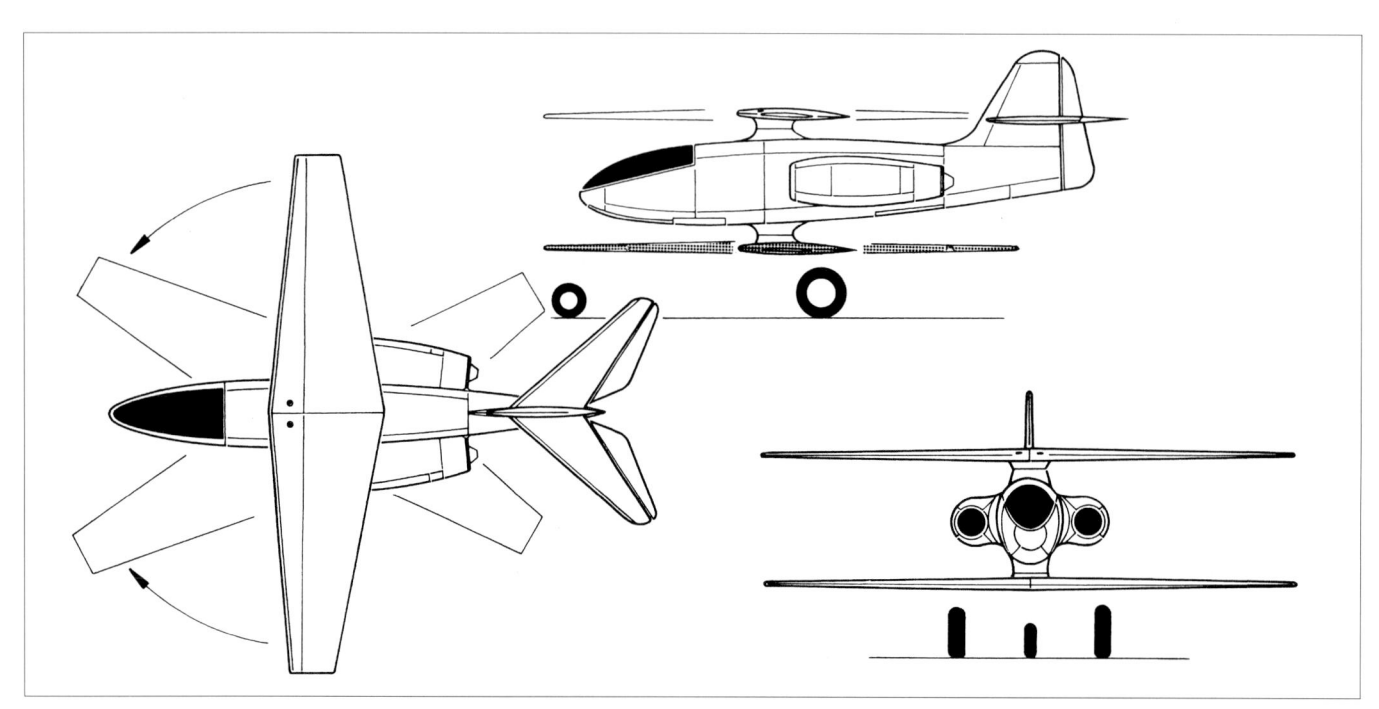

Me P 1109-01
1944年2月9日
Jumo 004×2基
　Me P 1109-01は1944年2月9日の設計で、上翼と下翼が逆方向に回転するという、きわめて特異な双発複葉機である。Jumo 004ターボジェット2基で推進する計画だった。3輪式降着装置を使用する計画だったが、主脚をどのように格納するつもりだったのか不明だ。

Me P 1102-05
1944年1月
Jumo 004×3基
　Me P 1102-05は1944年に設計された戦闘爆撃機で、Jumo 004ターボジェット3基で推進し、可変後退翼を備えていた。降着装置は3輪式で、前脚はエンジン2基の中間にあった。尾部に搭載したエンジンの空気取入口は垂直尾翼基部前方の胴体背部にある。

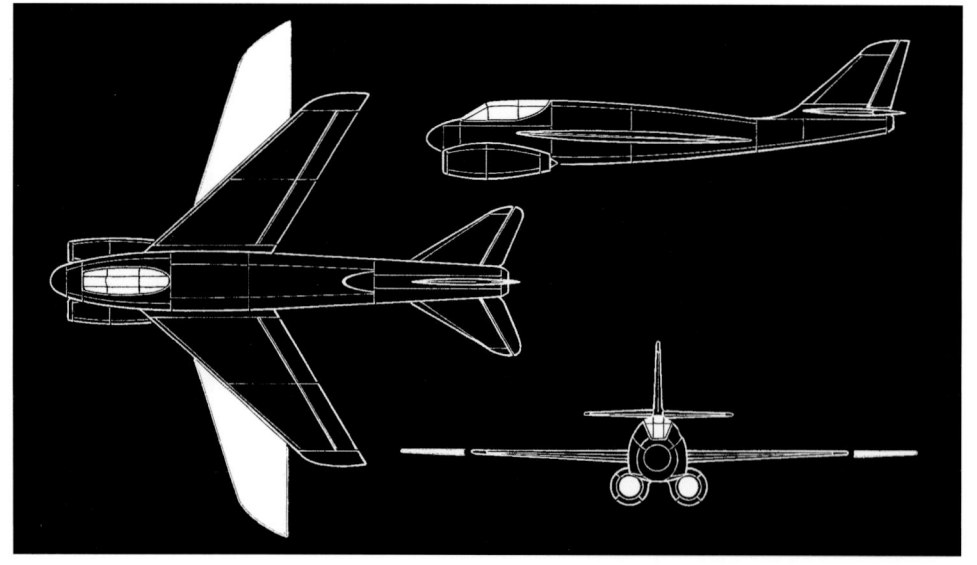

可能な無動力Ju EF 128を1機作り、双発のJu 88 A-4の背部に搭載して飛行試験を行うことになっていた。

Ju EF 128の最初の設計試案は1944年10月に完成していた。開発は翌年3月まで鋭意続行された。ユンカースのデッサウ工場において改修型風洞模型が製作され、評価を受けた。ユンカース技術陣は安定性が不足することを懸念し、したがって、主翼と胴体を追加改修するのが望ましいと考えた。しかし4月23日に至るまで、満足できる最終結果を得られなかった。ユンカースの風洞実験技術（Strömungstechnik "シュトレームングステヒニク"）部員は、Ju EF 128の開発を6カ月以内に完了できると見込んでいた。

1945年5月、ドイツ降伏の直後にデッサウのユンカース工場を接収したソ連軍は、ユンカースの技術者とともに簡単な報告書をまとめた。報告書によると、Ju EF 128昼間戦闘機は、翼幅9.20m、全長8.30m、離陸重量4900kgという諸元で、武装は操縦席の両側と翼根に装備する計画であった。全備状態で航続距離約1800kmを見込んでいた。

ソ連はユンカース社の計画機多数を評価したのち、EF 128の開発を打ち切る。生産余力がなかったのだ。ソ連は、単座のEF 126と、新型爆撃機2種、すなわちJu EF 131およびEF 132の開発に重点を置いた。

【原注】
18）ちなみにHo 229 V6はまだ製作中で、完成に至らなかった。
19）Ortlepp Möbel Fabrik（オルトレップ家具製作所）という秘匿名がつけられた。
20）EFはEntwicklungs Flugzeug（"エントヴィックルングス・フルークツォイク" 開発機）の略。

【訳注】
25）CIOSはCombined Intelligence Objectives Sub-committeeの略で、大戦末期にドイツ軍に関する情報の収集・整理を行っていた英米協同の機関である。

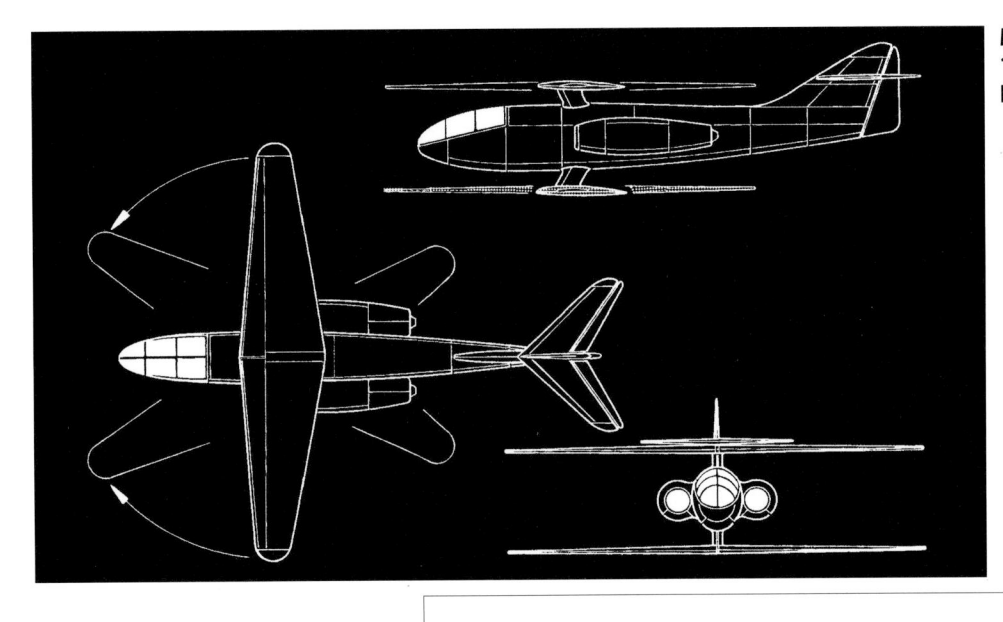

Me P 1109-02
1944年2月11日
HeS 011 A×2基

Me P 1109-02は1944年2月11日の設計で、HeS 011 Aターボジェット2基で推進し、-01型よりもわずかに大型になっていた。ブローム・ウント・フォスのフォークト博士と同様に、メッサーシュミット技術陣も斜め翼によって高速可能になると考えていた。単葉の斜め翼で生じるおそれのある非対称の悪影響を、複葉によって相殺できるというのが、この設計案の根拠であった。上下翼はともに最大60度まで回転できる。

■国民戦闘機

　1943年以降、ドイツは連合軍の空軍力に圧倒され、ドイツ本土に対する空襲で甚大な損害を被った。ドイツ空軍首脳は、Fw 190 D、Ta 152 H、Bf 109 Kなどの高性能レシプロ戦闘機と新型ジェット戦闘機の大量生産が焦眉の急であることを痛感する。

　Me 262 A-1aジェット戦闘機の開発が当初予定よりも遅れていたため、戦略物資を使用せずに大量生産できる、軽量かつ高速の単座ジェット戦闘機の開発が急務であった。この要求にいち早く応じた提案が、ハインケルHe P 1073であった。これはHeS 011ターボジェット1基で推進する戦闘機で、後日He 162フォルクスイェーガーに発展する設計案と類似していたが全く同一というわけではなかった。技術局はP 1073の特長の一部を採用して安価で簡素な戦闘機の構想をまとめ、1944年9月8日、いわゆる国民戦闘機（Volksjäger "フォルクスイェーガー"）の競作を公募する。ハインケルは同様の計画機をすでに数ヵ月前に設計していたので、急遽、設計案を製図し、数日のうちに技術局に提出した。簡単な審査の後、ハインケルの設計案は採用され、原型機を完成して試験することもなく、1944年9月29日に量産契約が発注された。

　同時期、他の航空機メーカー数社もフォルクスイェーガーの設計を進めていた。ハインケルとともに早期に提案されたのがアラドE 580 TL-Jäger単座戦闘機で、BMW 003ターボジェット1基で推進し、He P 1073に酷似していた。機体は鋼製の胴体と木製の主翼および尾部とを組み合わせていた。降着装置は3輪式で、主脚の間隔が広い設計だった。ターボジェットは胴体背部に搭載し、全長8.00m、翼幅7.75mで、携行弾数各60発のMK 108を1門または2門で武装する。最大速度は海面高度で690km/h、高度10000mで750km/hと計算されている。

　Ar E 580の概括説明書は1944年9月12日に完成したが、空気取入口の配置と予想性能が容認できないという理由で、技術局と空軍総司令部は以後の開発を打ち切った。

　フォッケウルフもまた提案をしていた。Fw Volksflugzeug（"フォルクスフルークツォイク" 国民飛行機）というもので、BMW 003 A ジェットエンジン1基で推進し、競合他社と同時期に開発されている。しかしフォッケウルフ技術陣はBMW

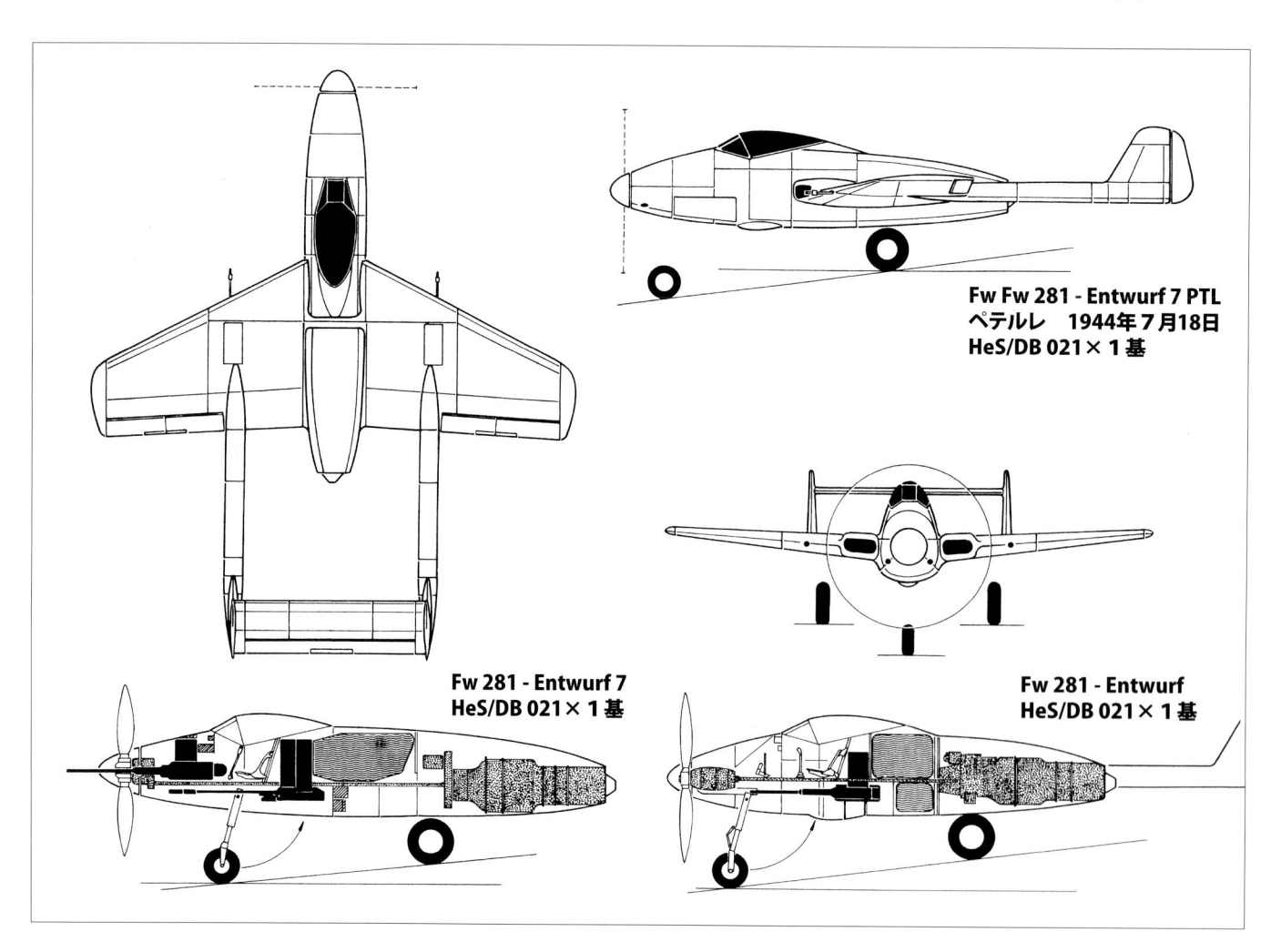

Fw Fw 281 - Entwurf 7 PTL
ペテルレ　1944年7月18日
HeS/DB 021×1基

Fw 281 - Entwurf 7
HeS/DB 021×1基

Fw 281 - Entwurf
HeS/DB 021×1基

003が出力不足で、完璧な信頼性を得られそうにないと見ていた。そこで、さらに進化したHeS 011搭載機、すなわちFlitzer（"フリッツァー" 突進機）またはTa 183派生型の導入をめざしていた。フォルクスフルークツォイクは1945年に次世代機を完成するまでの応急策として、クルト・タンク率いる技術陣が設計したものだった。他社の『国民戦闘機』案と同様、フォッケウルフのフォルクスフルークツォイクも武装はMK 108機関砲2門だけだった。提出された設計案は、翼面積13.5㎡、離陸重量2900kgで、BMW 003 Aの推力不足のため最大速度は750km/hしか得られないと予想されている。滞空時間は海面高度で30分しかなく、高度10000mで最大推力を使用すれば45分に増加した。上昇限度は10500mと試算された。設計案は2種の主翼平面形を想定していた。前縁が一直線のものと、後退角35度のもので、後者が選定された。技術局はフォッケウルフの応募案に関心を示さず、ほどなく却下した。

ユンカースも競作に応募したが、Ju Volksjäger **(原注21)** は航空省に採用されなかった。写真が数葉あるだけで、この幻の計画機については、他になにも残っていない。

バート・アイルゼンに疎開していたフォッケウルフの開発部も、1944年10月には設計案をまとめていた。Fw Volks-Flitzer（"フォルクス=フリッツァー" 国民突進機）という名称で、HeS 011推進のFw 226フリッツァーとほとんど変わらなかった。

1944年9月18日には、フォッケウルフ・フォルクス=フリッツァーの設計が完了していた。作戦最大速度は高度6000mで770km/hだった。BMW 003ターボジェットの制約で、上昇限度は10700mしか得られず、航続距離は約600kmに限られた。燃料搭載量は約660kgで、これは航続距離1000kmのHeS 011推進Fw 226フリッツァーの搭載量を大きく下回った。フォルクス=フリッツァーの航続距離は、海面高度でわずか350kmに低下した。標準武装はMK 108数門からなり、艤装は他のフリッツァー各型と大差なかった。すでに空軍がハインケルHe 162フォルクスイェーガー採用を決定しており、またフォッケウルフもFw 190とTa 152戦闘機の量産に全力を投入していたため、クルト・タンク率いる開発班はTa 183に重点を移した。

1944年、ブローム・ウント・フォスのリヒャルト・フォークト博士らは、軽量戦闘機BV P 211.01を設計する。BMW 003 Aターボジェットで推進する想定だった。後退翼で、鋼管の主桁にターボジェットを懸吊した簡素な胴体が特徴だった。MK 108機関砲2門で武装し、視界の良好なキャノピーを備えることになっていた。1944年9月10日の日曜日、フォークト博士は国民戦闘機競作の概略を伝えたテレックスを受け取り、初めて

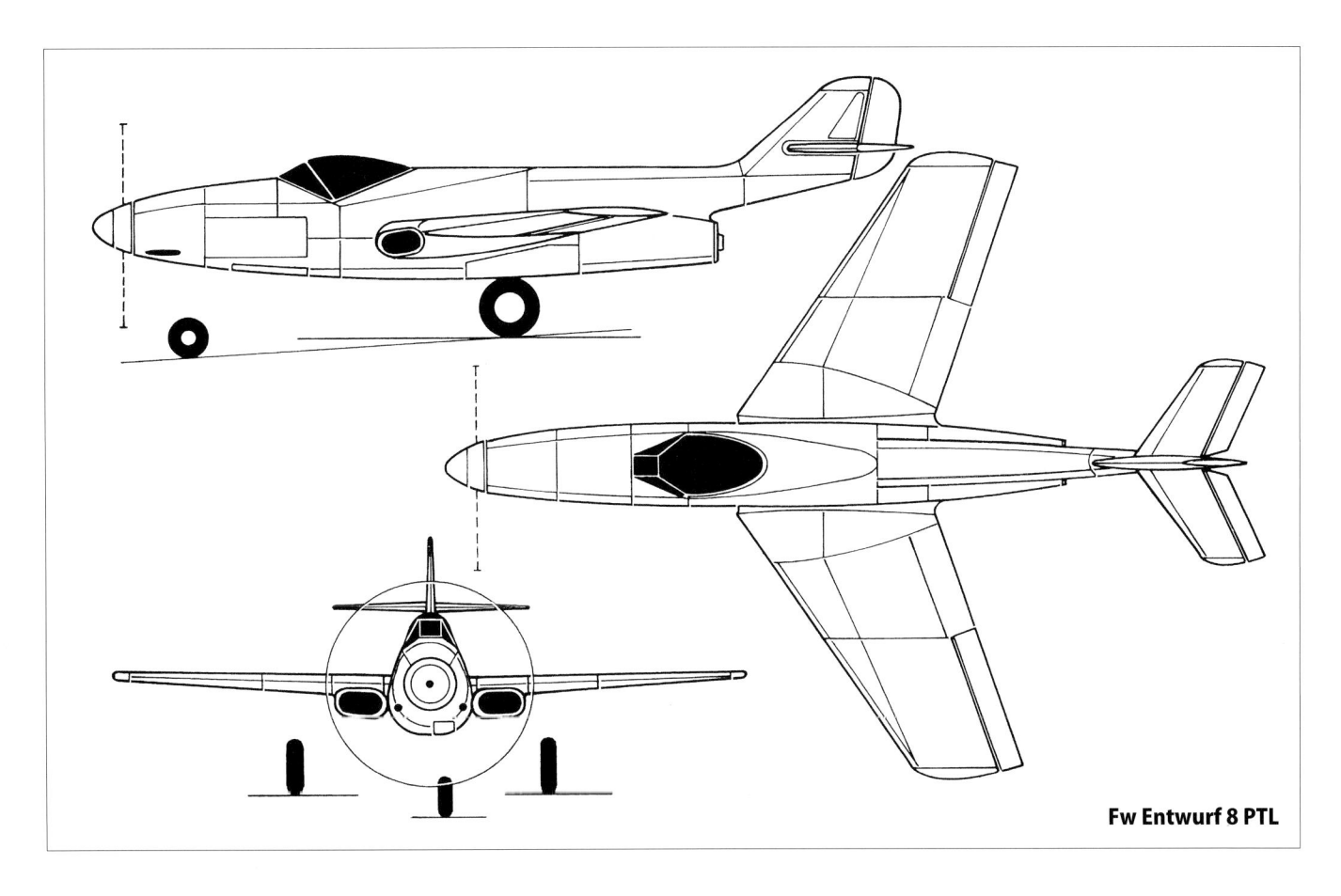

Fw Entwurf 8 PTL

航空省の要求を知る。3日ないし5日以内に計画案を提出することを求めていた。2日後、航空省は必要な細目の提出期限を9月14日に定める。フォークト博士らは、要求仕様を慎重に検討したのち、P 211をさらに簡素にすることを決めた。その結果がBV P 211.02である。同日、航空省において公式会議が開催され、応募した全計画案について協議する予定だった。航空省はハインケルの役員カール・フランケを指名し、アラド、ブローム・ウント・フォス、およびメッサーシュミットが提出した計画案の審査にあたらせた。ハインケルP 1073は要求仕様を満たさず、特に滞空時間がわずか20分しかなかったが、フランケは自社案を強力に推した。

ブローム・ウント・フォスP 211.02が最有力候補と見られていたが、フランケ御大と航空省高官はハインケル案を過大評価し、その結果、他社の全計画案の開発中止を決定する。新戦闘機開発の総括責任者であった飛行幕僚技官（Flieger-Stabsingenieur）ハインリッヒ・ボーヴェは異を唱え、決定は誤った助言によるものだと明言した。しかし幕僚技術総監（Generalstabsingenieur）ローロフ・ルフトは、原型機を一度も飛行試験することさえなく、ハインケル案を国民戦闘機として量産するという異例の裁定を行なう。1944年9月30日、航空省は以後のBV P 211の開発中止を決定した。

BV P 211計画は中止されたが、ゲッティンゲンの空力試験所は、胴体中央に吸気ダクトを配した設計の風洞実験を継続した。試験所は中央配置に欠点がなく、振動その他の悪影響がないことを確認した。後退翼の設計案はより複雑だったため、BV P 211.01の開発は打ち切られ、開発班はP 211.02に専念した。

BV P 211.02は単純な直線翼と特殊鋼管を曲げた縦強力材にターボジェットを懸吊した胴体が特徴だった。鋼管の"脊椎"は後方に伸び、単純な形状の尾翼を取り付ける基部となっていた。BMWターボジェットを操縦席の後方に配し、機首のダクトを介して給気し、水平尾翼の直前で排気する。武装は、MK 108機関砲2門（携行弾数各60発）を機首の吸気ダクト両側に搭載していた。降着装置は3輪式で胴体内に引き込み、前脚は脚柱を90度回転して車輪を吸気ダクト直下に寝かすようになっていた。

1944年9月29日の試算により、高度6000mで最大速度767km/h、上昇率は海面高度で毎分1075m、高度9000mで毎分375mの性能が予想された。BV 211.02は軽量戦闘機で、全長8.06m、翼幅7.60m、全高3.60m、離陸重量3400kgという諸元だった。He 162を上回る性能が期待されたが、ハインケルは生産能力で秀でていると見られていた。

ブローム・ウント・フォスのほか、アラドとメッサーシュミットも当初の設計案を修正して再提出したが、製造工程が複雑だという理由で却下された。開発班がFw 226フリッツァーとTa 183計画で手一杯だったため、フォッケウルフは競作から手を引く。

これから書く内情により、フォルクスイェーガー競作の採用案は、本来の選考過程を経ることなく、異例の方法で決まっていた。

航空省によるフォルクスイェーガー設計案の競作公募に先立つこと数ヶ月、1944年6月、ジークフリート・ギュンターとハインケルの経験豊富な設計者らは、BMW 003ターボジェット1基で推進する小型の単座戦闘機、He P 1073フォルクスイェーガーの設計を完了する。フォルクスイェーガー競作の結果を待たずに、技術航空兵器長官ディージング大佐、開発主審議会

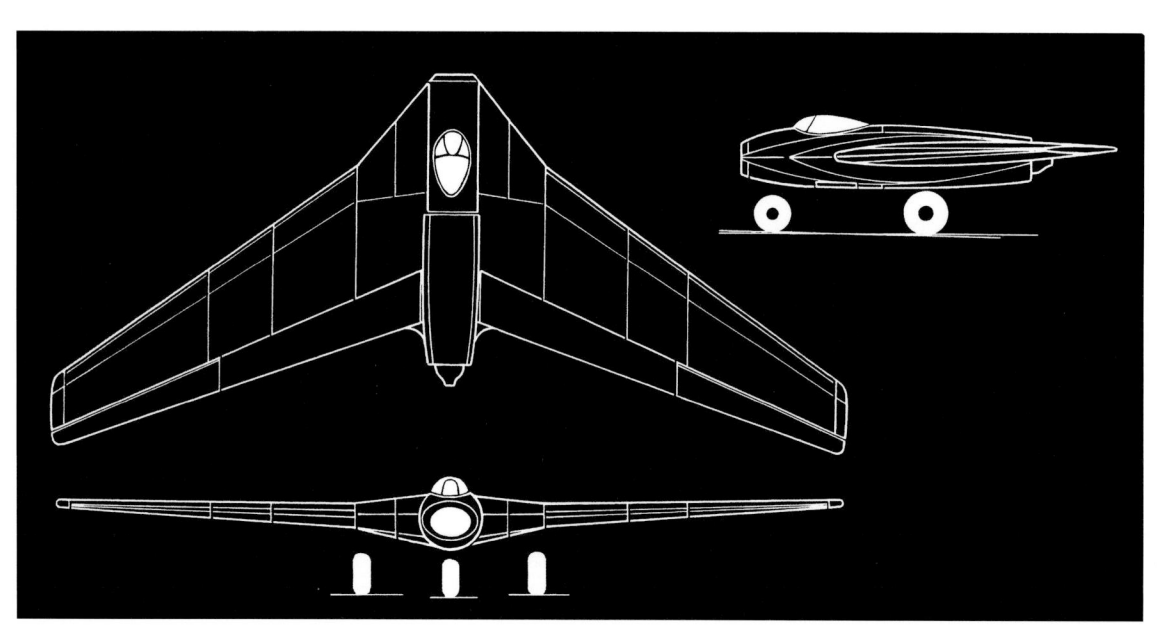

BMW TL-Jäger
1944年11月3日
BMW 018×1基

Lippisch Li P 12（変型2種）

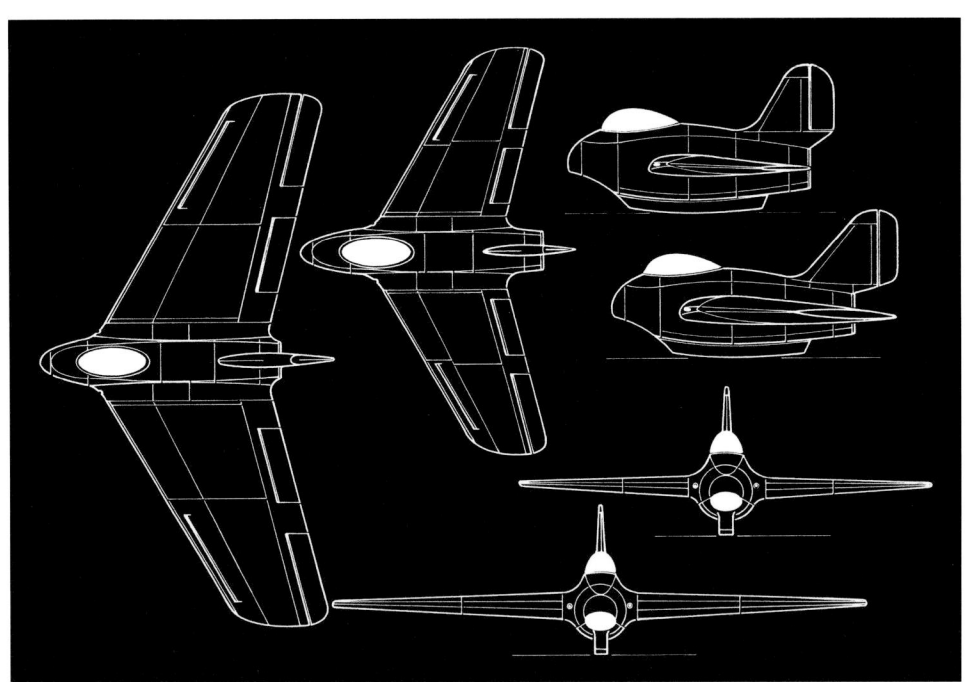

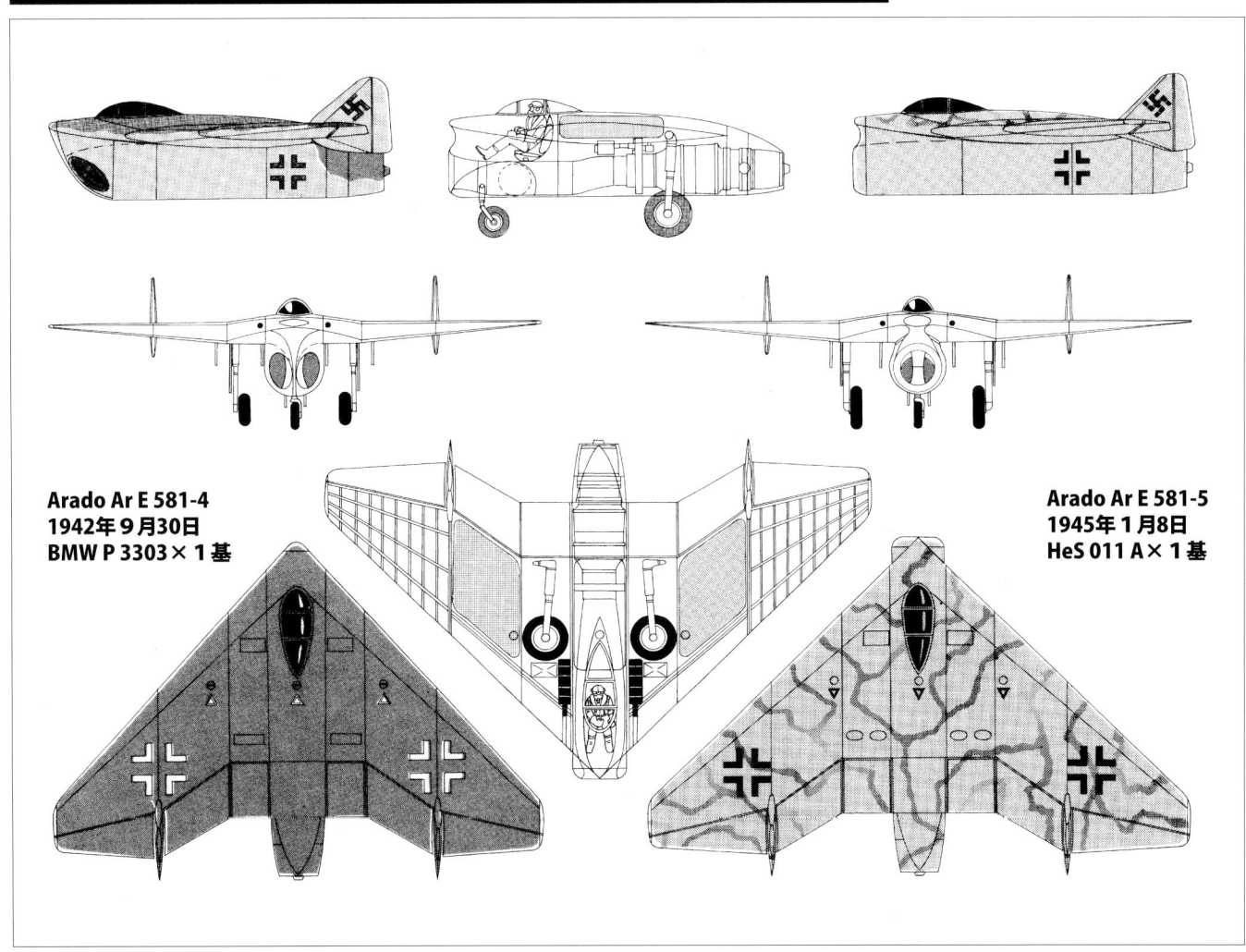

Arado Ar E 581-4
1942年9月30日
BMW P 3303×1基

Arado Ar E 581-5
1945年1月8日
HeS 011 A×1基

75

(Entwicklungs-Hauptkommission = EHK) 議長ルフト幕僚技術総監、そして技術局開発本部長ガイスト大佐は、ハインケルの役員フランケに単発ジェット戦闘機の開発と生産を認めた。He P 1073の開発が始まり、その過程でハインケル教授は勝手にGL/C番号500（He 500）を同機に割り当てる。しかし航空省はこれを認めず、かわりに162番（原注22）を交付し、かくてHe P 1073は公式にHe 162となった。

1944年晩夏、He P 1073の発展型多数（原注23）の設計が終わっていた。BMW 003ターボジェット2基で推進する案が数種、V型尾翼の案が数種、そのほか在来型の尾翼で胴体の背部または下部にターボジェット1基を搭載するものなどがあった。のちに、前進翼と新型のV型尾翼を備えたHe 162高速型を開発する案も加わった。なお1947年には、ソ連の監督下で少なくとも30種のHe 162能力向上設計案が作成されている。機体が小型で航続距離延伸には大胆な再設計を要したため、その後の開発は結局打ち切られた。

1944年9月中旬、He 162は実大模型が完成し、ルフト幕僚技術総監、ベーレンス技官、シャイベ技官が領収検査をして一応受領する。ハインケルは約15カ所の小改修を命じられた。メッサーシュミット教授の圧力や、フォークト博士の総括上申書があったが、ハインケルのフォルクスイェーガーは量産に入った。1944年11月9日、親衛隊本部はSS国家指導者ハインリヒ・ヒムラーに対し、非熟練工および強制労働者を主体とする労働力でHe 162を月産1000機ないし2000機の予定だと報告した。この時点までに、小改修により問題点はほぼ克服していた。

1945年2月、空軍総司令部および技術航空兵器総局は、ちょうど飛行試験を開始したばかりのフォルクスイェーガーに関する秘密報告書をまとめた。この時点で完成していたのは8機だけで、大半がハインケルで試験および評価を受けていた。ただちに一部をレヒリンに移送し、空軍によって運用評価を行うべきだという勧告がなされた。

ところが、評価試験の初期の段階で、重大な欠陥が多数露呈する。原型1号機は、1944年12月10日、構造の欠陥で第2回飛行中に墜落していた。また、空軍総司令部は増加試作機と先行生産機を年内に要求していたが、深刻な物資欠乏による技術上の問題と機体の生産量不足のため、ハインケルはこれに応えることができなかった。

BMW 003ターボジェットエンジンの所要全数を生産するのが不可能な状況であったため、He 162は1945年3月まで約100機だけが納入されている。そこで、大型のJumo 004 B、004 E、または004 Dターボジェットを小型のHe 162の機体に搭載できるよう適合を図ることが決定された。Jumo 004搭載He 162

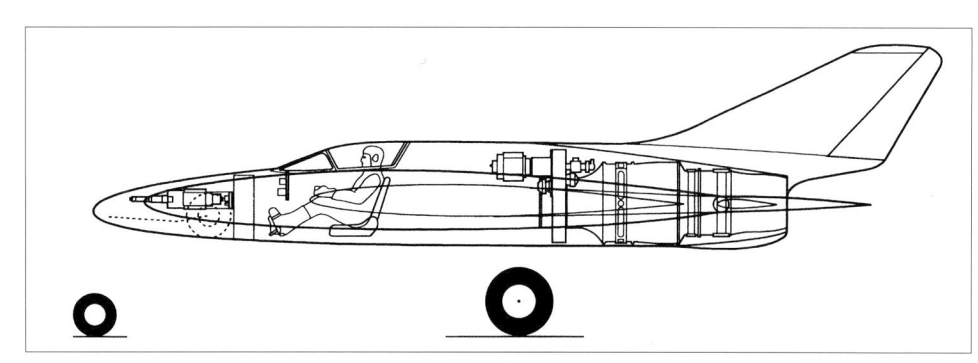

Me P 1111

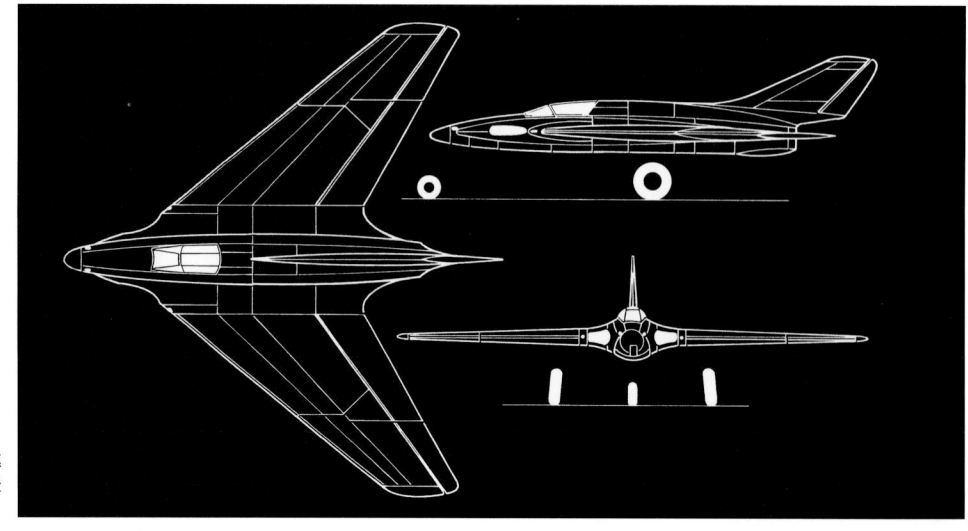

Messerschmitt Me P 1111/168
1945年2月24日
HeS 011×1基
　Me P 1111はHeS 011ターボジェット1基で推進し、MK 108機関砲4門で武装する設計だった。最大速度は990km/hを予想していた。

の開発は1944年遅くに始まり、翌1945年2月には試作1号機（He 162 M12、製造番号220018）がウィーン近郊で完成して試験飛行を行った。ところがJumo 004の供給はすでに量産中のMe 262の分さえ不足していて、未知数のHe 162にまでふりむける余裕などなかった。より強力なJumo 004Dを搭載するという改修も提案されていて、最大速度960km/h、航続距離720km、滞空時間57分が可能になると期待された。Jumo 004 Eを搭載することも検討されたが、Jumo 004 D搭載型の予想性能の方が優れていると見られた。試作の1基だけで、Jumo 004 Eターボジェットは量産されなかったようだ。

さらには、より強力なHeS 011 A-1ターボジェットを搭載する案も検討されたが、このエンジンは1945年3月までに26基が試作されただけだった。

困難をおしてHeS 011 A-0エンジンの先行生産型1号基がシュトゥットガルト＝ツッフェンハウゼンで組み立てられた。だがHeS 011搭載He 162は生産されなかった。終戦までに製作

Me P 1112 S-1
1945年3月27日

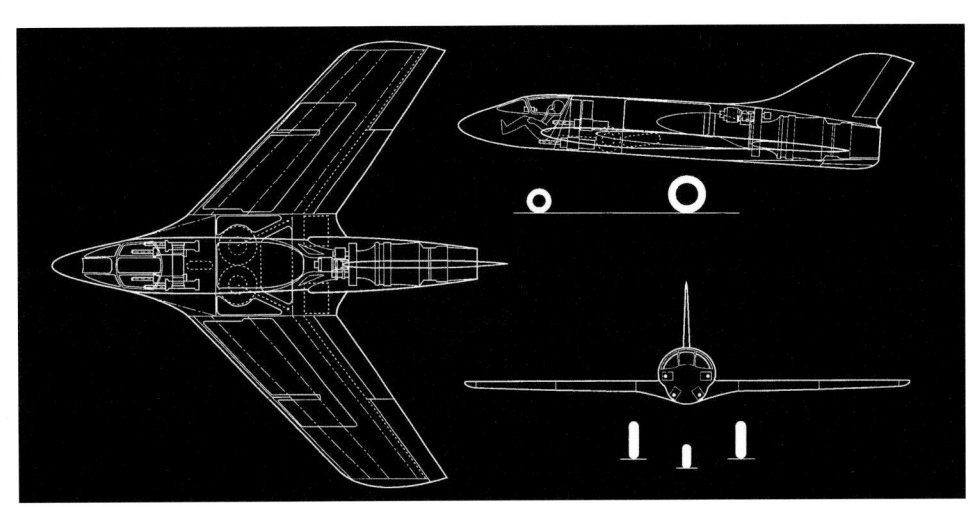

Heinkel HeS 011 A

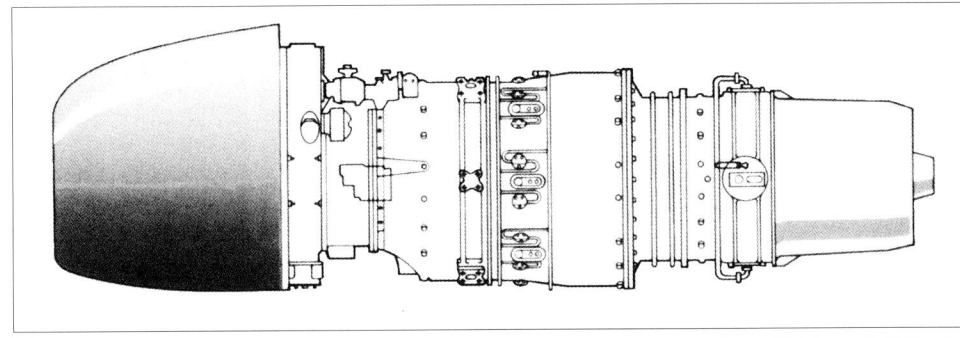

Me P 1112 S-2
1945年3月3日

　Me P 1112の変遷。S-1及びS-2（系列-1および-2）は、ともに後部胴体に内蔵するHeS 011 Aターボジェットを中核にした設計だった。ここに示す変型2種を経て、79ページの最終型に至った。

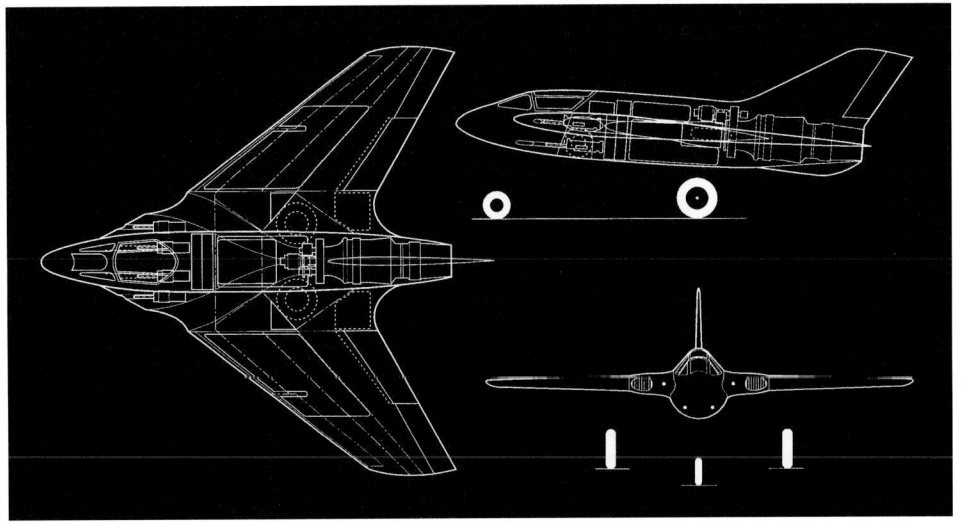

されのは実物大模型1機だけである。

　生産計画は改訂を重ね、その最終版では1945年4月にHe 162を500機以上生産することになっていた。到底かなわぬ要求であった。

　燃料系統の改修も検討された。B4航空揮発油**（原注24→監修注6）**の生産量不足のため、航空省幹部はJ2ジェット燃料の使用を強く求めた。J2は主としてMe 262とAr 234の運用にふりむけられていた。諸般の事情により、改修計画は固まらなかった。

　He 162など製造中止になればよいと思っていた空軍将校が多数いたであろうが、結局、He 162 A-1（MK 108機関砲2門搭載）とA-2（MG 151/20機銃2挺搭載）の量産が1945年に始まる。ウィーン近くのシュヴェヒアトでは約8機が、メートリンクでは20機以上、そしてマリーエンエーエとテレージーンフェルトでは約55機が完成した。さらにはユンカースが約15機を製造し、5機ないし10機がオラーニエンブルクから納入された。また少数がノルトハウゼンのミッテルヴェルケ秘密地下工場でハンス・カムラーSS大将と親衛隊の指揮下で製造されていた可能性もある。

　量産機の第1陣はバイロイト、ファスベルク、およびパーヒムにある飛行術科学校（Fliegertechnischen Schule）に配備された。また、技術航空兵器長官、第1飛行移送航空団（Fliegerüberführungs-Geschwader 1 = FlüG 1）、練成飛行移送航空団（Ergänzungs-Fliegerüberführungs-Geschwader）、および第1戦闘航空団（JG1）の団本部と第1飛行隊（I./JG1）も若干数を受領している。フォルクスイェーガーの大半はJG1が運用し、1945年4月25日から終戦の5月6日までの期間に実戦投入している。ドイツ北部のレック飛行場に進駐した英軍は、飛行可能なHe 162約30機を無傷で鹵獲した。

　終戦直前の数週間にいろいろな困難が生じたが、He 162発展型の提案数件がなされている。その一例がHe 162 mit

マウザーMK 214は実戦配備には間に合わなかったが、Me 262 A-1a/U4（58ページ参照）での飛行試験に成功している。ラインメタル＝ボルジヒMK 112もまた間に合わず、終戦までに10門が生産されたにすぎない。Me P 1112 V1は翼幅8160mm、全長9240mm、全高2840mm、主輪間隔2540mmという諸元だった。前輪は500×180、主輪は740×210（Me P 1101最終型と同一）の寸法である。推進装置は、静止推力1300kgのHeS 011 Aまたは同1500kgのHeS 011 Bを用いる設計だった。

Me P 1112 V1の未完成の木製実大模型の機首と操縦室。1945年4月にオーバーアマーガウに進駐した米軍が発見した状態である。この実大模型は1945年3月30日のMe P 1112最終設計に基づいており、同時に原型1号機用の機体部材切削も進められていた。図面XVIII/156（1945年2月25日）［未収録］、XVIII/157（1945年3月27日）［S-1］、およびXVIII/167（1945年3月3日）［S-2］にみられた尾部のない設計は破棄され、かわってV型尾翼を用いた在来型の機体形態（下図）が採用された。左右非対称の操縦室配置で、座席と計器類が左側に寄せられている。この理由はP 1112に搭載予定の武装にあり、3種が検討された。第1案は下の3面図にあるように、3㎝ MK 108機関砲4門を左右対称の操縦席の周囲に均等に配置したものだった。第2案は大型の5㎝ MK214機関砲1門を非対称に右側に搭載するもので、このために座席が左側に寄せられたのだ。第3案は5.5㎝ MK 112機関砲1門を右側のMK 214下方に追加するものだった。

Rohrblock-Bewaffnung（集束砲武装型He 162）である。この集束砲はSG 118といい、SG 117を改修したSondergerät（"ゾンダーゲレート" 特殊装置）で、MK 108機関砲の砲身7本を集束して容器に収めたものだった。また機首の機銃2挺のかわりに集束砲ドラム特殊装置（Sondergerät Rohrblocktrommel）をHe 162の胴体内に装着することも検討された。この「特殊装置」はSG 117と同種のもので、固定軸のまわりを回転する砲身7本の集束砲を3組で構成していた。さらにもう1件、フォルクスイェーガーの武装改修案が1945年に提案されている。これはRaketen-Automat（"ラケーテン=アオトマート" 自動ロケット）RA 55といい、R4M空対空ロケット弾15連装を各兵装収容部に装着できるようにしたもので、15er Wabe（"フュンフツェーナー・ヴァーベ" 15連発蜂の巣）とも呼ばれた。RA 55は実戦投入されず、結局、試作品一式がタルネヴィッツで試射されただけだった。このように、より強力な火器が不足していたため、フォルクスイェーガーの大半は非力なMG 151/20機銃2挺だけで武装した。

　もうひとつ、軽量ジェット戦闘機の設計案として、BMWの航空機事業部がBMW Strahljäger（TL-Jäger）mit BMW 003 A（BMW 003 A搭載ジェット戦闘機）を開発している。同社役員のブルックマンに提出された1944年10月25日付の社内文書は、連合軍爆撃機や戦闘機からドイツ本土を防衛するのに、BMW 003搭載のHe 162が不適切だと、技術面から強固な見解を述べていた。しかし1944年末ともなると、そんな主張をまともに聞く者はいなかった。

　このような状況にあってなお、BMWは詳細な設計研究を行い、BMW TL-Jäger mit BMW 003 Aとして設計をまとめた。設計案は主翼形状が異なる機体形態5種からなっていた。

　計画案はAusführung《アウスフュールング》AおよびB（A型、B型）という呼称で1944年11月に完成する。ともにBMW 003 Aターボジェット1基を胴体下部に搭載した高翼機であった。与圧式操縦室を備え、操縦姿勢は普通の正起着座式と伏臥式とを検討していた。主翼は、翼面積15㎡と、わずか12㎡との2種が提案された。胴体が細いため、固定武装は主翼の主脚格納部の隣に内蔵した。吸気ダクトを二股に分岐し、前脚を後方に引き込んで胴体内のダクトの間に収めるようになっていた。両案とも普通の尾翼を配していた。性能はどちらかといえば低く、最大速度740km/h、戦闘高度11000mでの航続距離約800kmと予想されていた。

　高翼のC型もBMW 003 Aターボジェット1基で推進し、3輪式降着装置を備えていたが、A型およびB型と異なり、後部胴体は2本で、新設計の垂直尾翼と方向舵を配していた。MK 103またはMK 213機関砲2門を双胴の基部に内蔵する予定だった。ジェットエンジンは拡幅した胴体上部に移し、その下方に大型の防漏タンクを配した。

　1944年11月、BMWはさらにもう1種、単座のTL-Jäger mit 1 BMW 003 Aを提案する。中央に空気取入口を配し、胴体上部にターボジェットエンジン1基を搭載する低翼機だった。操縦士は湾曲した吸気ダクトの上方に配した与圧操縦室内に着座した。前脚は後方に引き込んで胴体内に収め、主脚は翼根と胴体に引き込んだ。C型と異なり、この代替案はHe 162と同様の在来型双尾翼の構成であった。

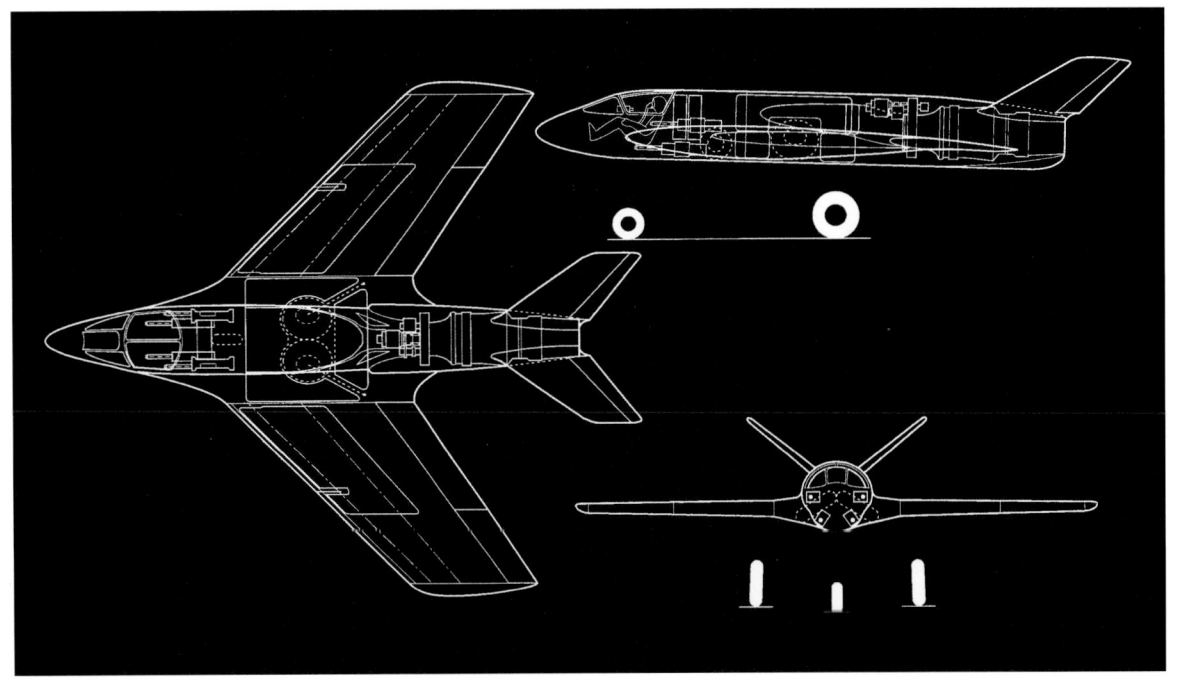

Me P 1112 V1
1945年3月30日

1944年10月、ミュンヘン近郊にあったBMWの開発研究部のフーバー技師は、これら軽量戦闘機の発展型であるBMW TL-Jäger mit 1 HeS 011-Triebwerkを開発する。この新設計はA型およびB型とほとんど差異がなかったが、HeS 011ターボジェット1基で推進するので性能が向上していた。楕円形の胴体の両側に固定式前方発射3cm機関砲2門を配し、その中間に操縦士が着座した。操縦席下方の空間は円形の空気取入口が占め、中央胴体下部の強力なHeS 011ジェットエンジンに給気した。その他の設計上の特徴としては、後退角の付いた主翼と単一の垂直尾翼が再設計されていた。一般の艤装と降着装置は、1944年9月末以前の設計案と大差なかった。

　生産能力欠如のため、これら一連のBMW計画機は実現しなかった。戦闘機本部開発主審議会（Jägerstab Entwicklungs Hauptkommission）と空軍総司令部がHe 162の採用を決定した時点で、計画案は破棄された。

【原注】
21）Ju EF 123または124であった可能性が高い。
22）GL/C番号162は、かつてメッサーシュミットのBf 162双発高速軽爆撃機に交付され

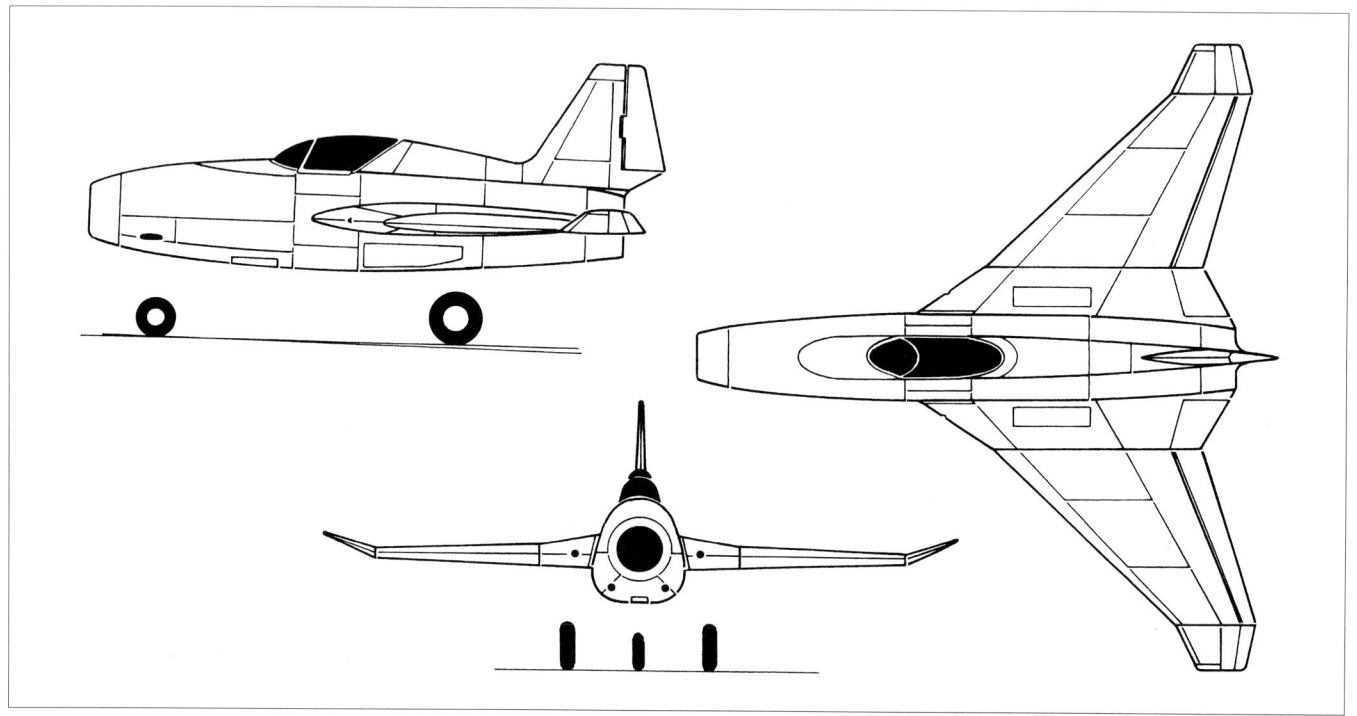

Henschel Hs P 135
1945年3月15日
HeS 011 A×1基
　Hs P 135は1945年3月に設計された単座単発無尾翼ジェット戦闘機で、HeS 011 Aターボジェット1基で推進する。主翼端に特異な上反角が付いているのは、低速飛行時の安定性向上を狙ったものである

Lippisch Li P 09
1941年10月30日
T 1ターボジェット×2基
　Li P 09は1941年設計の双発無尾翼戦闘機で、主脚は後方外側に引き込んで主翼内に収め、在来型の尾輪にかえて固定式の尾橇を装着している。

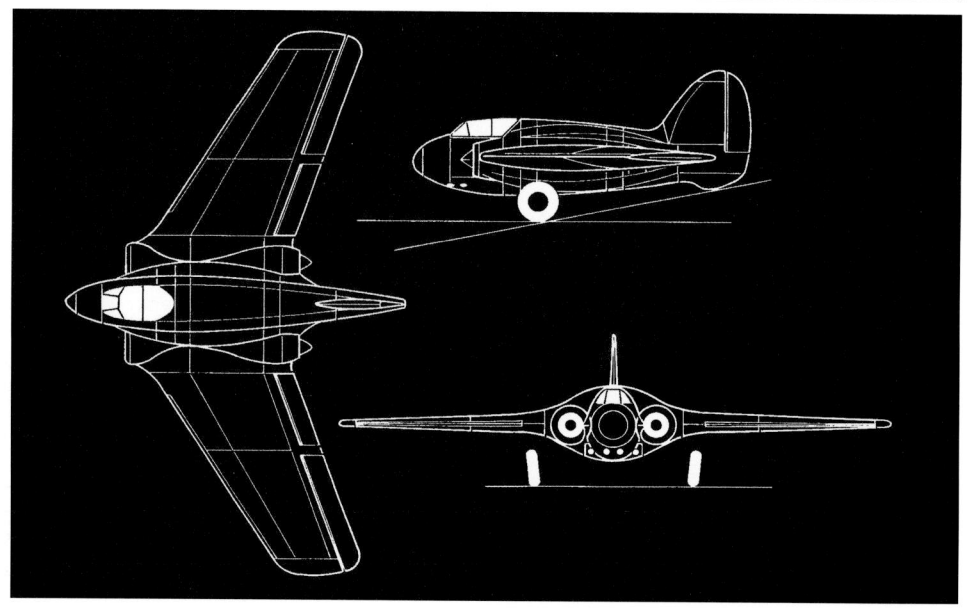

ていたが、量産されなかった。
23）現時点で明らかになっている限り、これら計画機はいずれも量産が許可されず、特定の名称もない。
24）B4航空燃料は87オクタン価の規格だった。
【監修注】
6）原文は「B4 high-octane aviation fuel」となっているのがこれは誤り。B4は当時のドイツ空軍で使用された「標準燃料」で、ハイオクタン燃料は「C3」であった。

■パルスジェット及びラムジェット戦闘機

1942年から1944年にかけて、高速パルスジェット（原注25）とラムジェットエンジンの試験があいついで行われ、有望な結果を残した。バート・アイルゼンのフォッケウルフ技術陣は、レシプロ戦闘機の両翼端にラムジェットを１基ずつ装着する方法の信頼性を模索していた。設計案にはFw 190 als Jagdflugzeug mit Strahlrohr（パルスジェット装備戦闘機）という呼称が付けられた。開発経費が過大だと見られ、結局この計画は中止されてしまう。これはほんの一例で、他にも推進装置の能力向上をめざして斬新な構想が数多く航空省と戦闘機本部に提案された。

アレクサンダー・リピッシュ教授が設計したLi P 01-113とLi P 01-115もそのような提案で、離陸にロケット補助離陸（RATO）装置を用いていた。設計要目をまとめただけで、それ以上の作業はなされなかった。

1944年８月末、設計家ハインツ・シュテークルもまた、

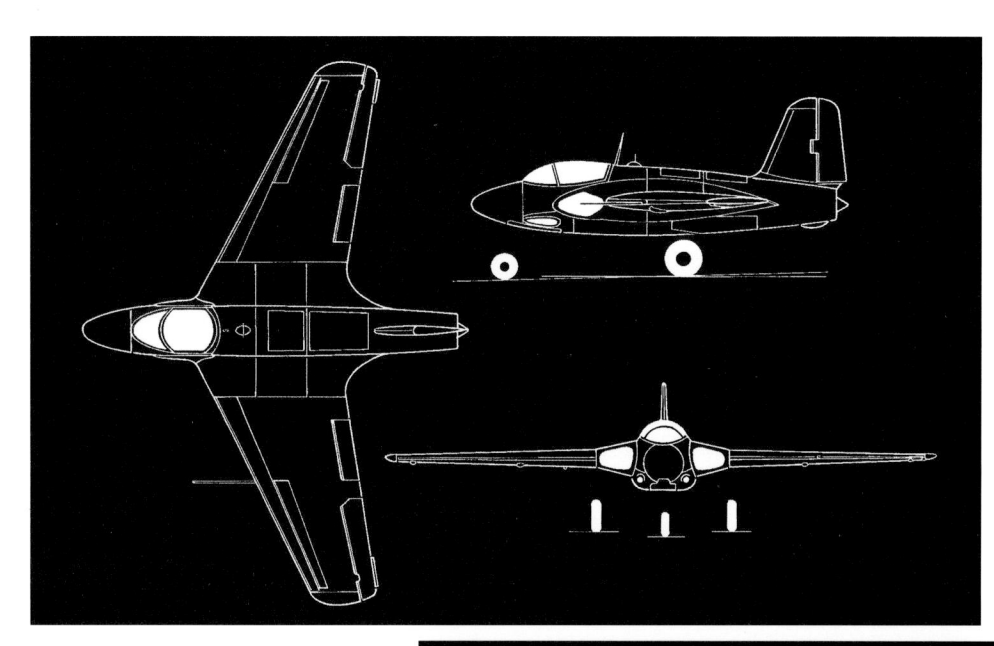

Lippisch Li P 15
1945年３月４日
ディアナ　HeS 011×１基
Li P 15は1945年３月の設計で、リピッシュが大戦中に手がけた計画機としては最後期の部類に属する。本機はMe 163をターボジェット推進にして引き込み式の降着装置を備えた変型ともいえるものである。HeS 011 Aによる推進が標準であったが、BMW 003 Rの使用も検討されている。

Lippisch Li P 20
1944年４月16日
Jumo 004×１基　Li P 20もまた、Me 163を基本にした無尾翼ジェット戦闘機である。1943年４月に設計され、胴体に装着したMK 108機関砲２門と翼根に収めたMK 103機関砲２門からなる重武装を誇った。MK 103の砲身の先端は主翼前縁から突出し、機首中程に並ぶ位置に達している。

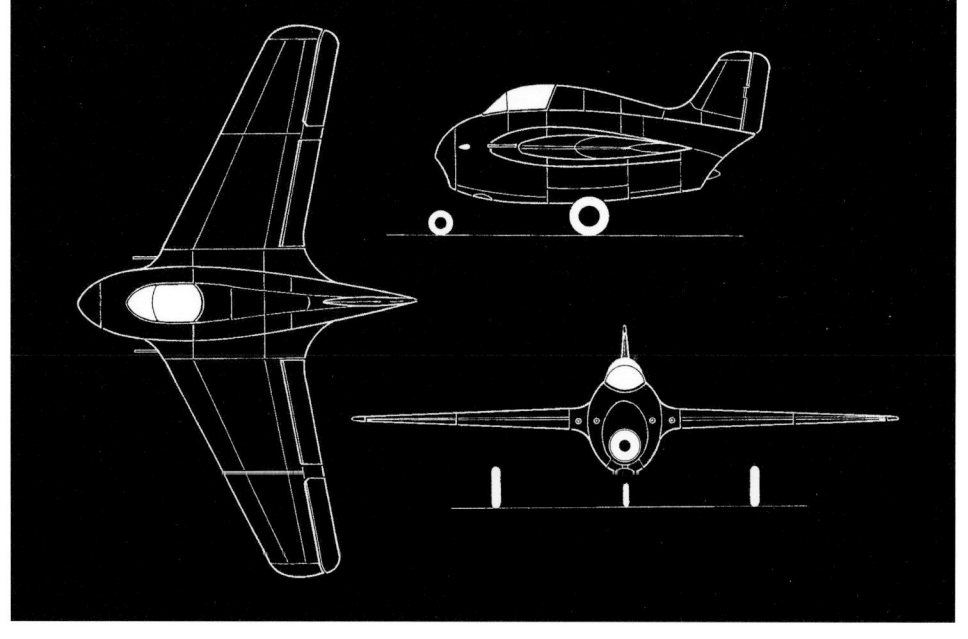

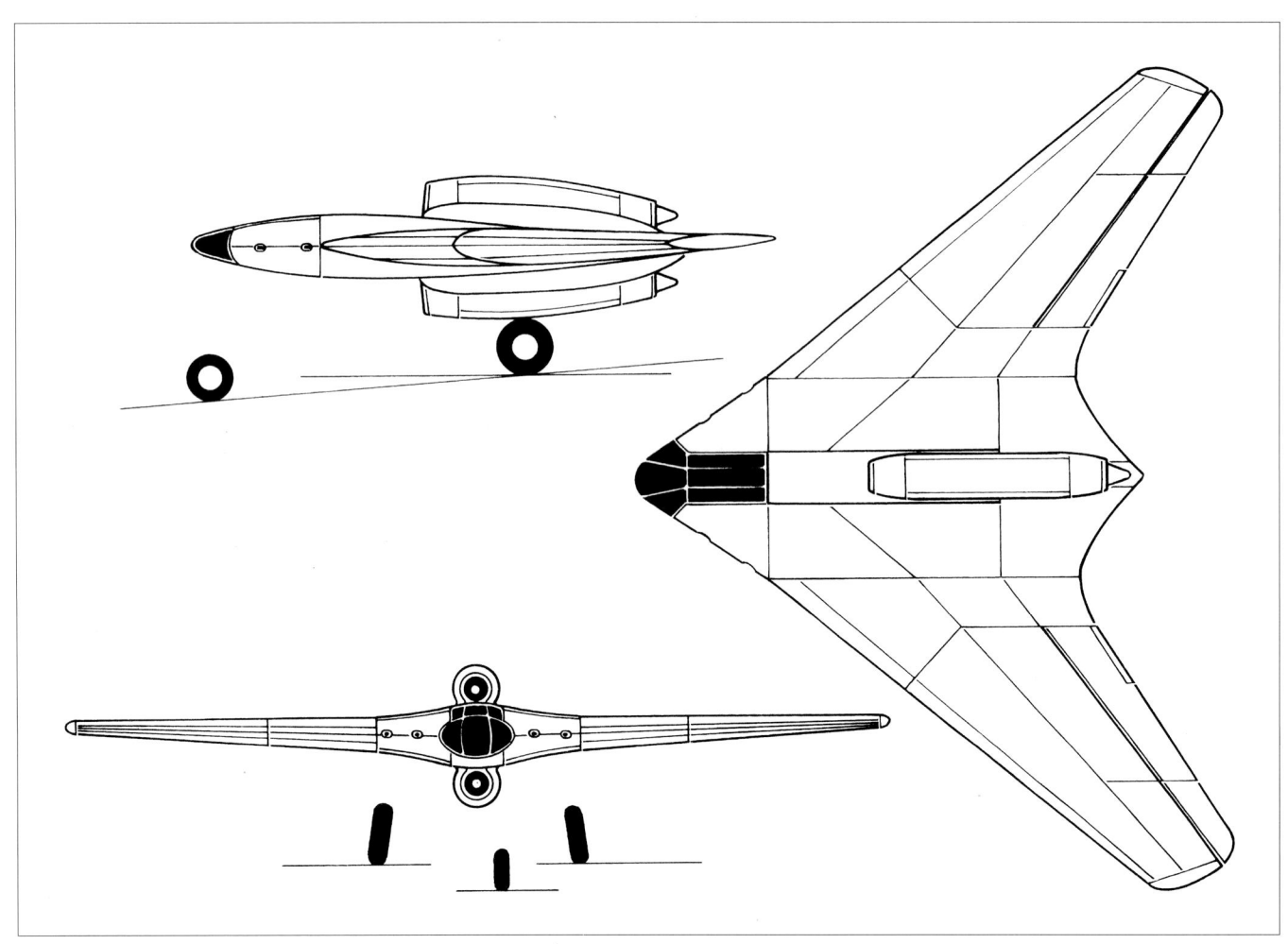

Gotha Go P 60 A
1945年1月28日
Jumo 004 B×2基

　ゴータGo P 60 AはBMW 003 A（またはJumo 004 B）ターボジェット2基を主推進装置とし、静止推力1995kgのロケット1基で補助する設計であった。操縦士と観測士は伏臥姿勢で機首に搭乗し、MK 108機関砲4門を全翼の中央部に装備する。搭乗員の配置の関係上、前脚を左側に片寄せてあった。

Gotha Go P 60 B
1945年3月24日
HeS 011 A×2基

　Go P 60 BはA型よりもわずかに大型になっていて、HeS 011 Aターボジェット2基で推進する。操縦士が伏臥姿勢をとることの問題点は、視界が限られることである。戦闘機においては、この制約は死に直結する弱点となる。

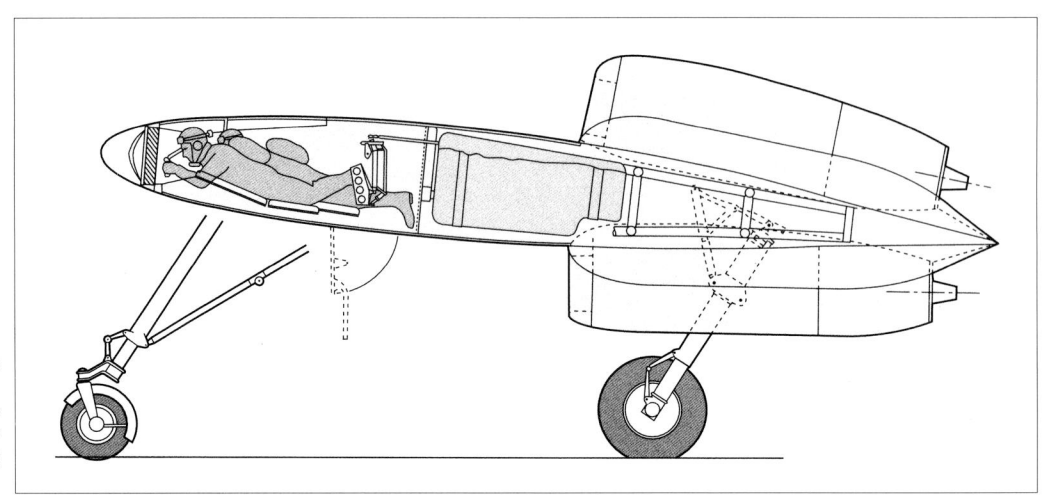

Rammrakete mit zusätzlichem Lorin-Antrieb（ロラン・ラムジェット補助推進突入ロケット）の設計案数種を提案する。当初、新型の後退翼を計画していたが、のちに、あの悪名高きV 1号（Vergeltungswaffe 1　報復兵器1）フィーゼラーFi 103量産型の主翼を流用するよう設計変更した。

　Rammrakete（"ラムラケーテ" 突入ロケット）の設計案はすべて、装甲を強化した小型操縦席を胴体前部に設けて操縦士を防護していた。翼面積は9.00㎡しかなかった。2液式ロケット推進装置用の燃料タンクと補助推進のラムジェット1基を狭い操縦室後方の胴体内に配置していた。尾部は安定翼3枚からなり、うち2枚は尾橇も兼ねた。主橇は前部胴体下面に装着していた。

　特殊信管付空対空破片爆弾を搭載でき、また敵機に対して「特殊任務」を敢行できるよう設計してあった。シュテークルの構想は、B-17やB-24など敵重爆の大型尾翼めがけてラムラケーテが突入し、敵機の操縦能力を奪って、最大速度約900km/hで離脱するというものだった。斬新な推進装置のため、ラムラケーテは垂直に打ち上げ、わずか90秒で高度13000mに達した。航続距離は高度6000mで200kmを上回ると試算されている。

　1944年8月25日、Raketenjäger mit zusätzlichem Lorin-Antrieb zum Ramm-oder Bombenangriff auf Bombenflugzeuge（対爆撃機突撃・爆撃用ロラン・ラムジェット補助推進ロケット戦闘機）という呼称で第2案が航空省に提出された。この改良案は実際には当初案とほとんど異ならなかったが、装甲で防護した単座の操縦室が機体から離脱できるよう改修が加えられていた。防漏式燃料タンクも2cm装甲板で防護することになっていた。後部胴体には第1案と同様の推進装置を搭載した。垂直尾翼は3枚式のものにかえて円形の翼端版がついたもの2枚に変わった。翼幅6.60m、全長6.80mの超小型機で、離陸重量は3000kgと試算され、その内訳は燃料1500kg、機首装甲区画200kg、操縦士100kg、兵装200kg、その他であった。

兵装は通常爆弾または曳航式に改修したもの1発を搭載する設計だった。離陸後50秒で高度10000mまで上昇でき、その間に燃料1100kgを消費すると試算されていた。最大速度1000km/h、上昇限度20000mを見込んでいた。

　シュテークル第3の提案は、Raketenflugzeug mit Luftstrahlantrieb（ジェット推進付ロケット機）と呼ばれた。機体寸法は翼幅7.00m、全長7.20mに増大していた。単体のロケットにかえて、小型ロケット多数を環状に配した推進部を用いていた。ロラン・ラムジェットには最新のアフターバーナーを備え、ロケットの後方に装着している。飛行性能は第2案と同程度という試算だったが、航続距離を600kmまで延伸している。高性能を期待されたが、シュテークルの設計案はいずれも実現しなかった。

　1941年夏、シュテークル登場からさかのぼること3年余、アウクスブルクのメッサーシュミットは一連の高速単座小型戦闘機/邀撃機の研究を行っていた。すなわちMe P 79/2から/5までの各型、79/7、79/13b、および79/15から/17までの各型である。初期のBMW P 3302ターボジェットエンジン1基で推進する設計案と、Schmidt Strahlrohr（"シュミット・シュトラールローア"。パウル・シュミット工学士が設計したパルスジェット）1基によるものとがあった。P 79各型はさまざまな要目で異なっていて、それぞれ低翼、中翼、高翼の機体配置が検討された。パルスダクトの装着位置も、後部胴体の内部、背部、腹部を試験した。

　高い上昇率と速度をめざしていた。この多用途防御/攻撃機の将来性を見込んで、相当量の時間と労力を開発に投じた。その1案、メッサーシュミットMe P 79/Entwurf 17（設計17）はEntwurf 16を再設計したもので、MG 151/20機銃2挺で武装した、後退翼の高速単座昼間戦闘機だった。メッサーシュミット開発部は、製造費抑制のため、在来型の車輪式降着装置にかえて大型の橇2本を使用する着陸方式を提案していた。

ホルテン9（ローマ数字IXを用いることもある）の基本設計を試験するため、ホルテン兄弟はHo 2（Ho II）滑空機（登録番号D-10-125）を改造し、ジェット推進全翼機を模した。これは滑空試験中の写真である。

同種の計画機では、他にAs 014パルスジェット１基で推進するブローム・ウント・フォスBV P 213. 01-01 Miniaturjäger（超小型戦闘機）がある。1944年11月に設計が始まり、材料と労働力の節減を念頭に、最低限の艤装だけを要する戦闘機として開発された。

　機体構成は超小型の高翼単葉機で、離陸重量1280kg、Ｖ１飛行爆弾から流用したAs 014パルスジェット１基で推進した。主翼は木製で一体構造だった。胴体は全長6.20mの特異な形状で、ブーム状の後部胴体の下方にAs 014を懸吊していた。パルスジェットは最大推力350kgを発生する。武装は3cm MK 108機関砲１門を機首に搭載した。燃料は、胴体内の燃料タンクにわずか350kgを搭載するだけだった。在来型の垂直尾翼はなく、かわりに水平尾翼に強い下反角が付いていた。３輪式降着装置の主脚は胴体内に引き込み、前脚は後方に引き込みつつ脚柱を90度回転して車輪を寝かせて機首下部の格納部に収めた。

　BV P 213. 01-01の最大速度は、海面高度で705km/h、高度6000mで625km/hと予測された。胴体下面に装着したRATO（ロケット補助離陸）装置１基または２基を使用して離陸した。当時最新鋭のレシプロ戦闘機の性能が優っていたので、技術航空兵器長官はBV P 213の開発を打ち切った。

　ほぼ同時期、ハインケル社はハインケルP 1077 RomeoⅠ、RomeoⅡ（ロメオⅠとⅡ）計画機の実現をめざして努力していた。ロメオは1944年８月にハインケルが提案をはじめたロケット推進の局点防衛戦闘機だった。その数週間後、1944年９月８日に航空省技術局は、Nahkampfflugzeuge Julia（近距離戦闘爆撃機ユリア　英語でいうジュリエット）の初回バッチ20機分の生産を発注した。ユリアは、その設計者ヴィルヘルム・ベンツの姓をとってProjekt Benz（ベンツ計画）とも呼ばれていた。ベンツは当初、同機完成までの開発責任者だった。開発の初期段階においては、ドイツ航空試験所の技官とテストパイロットのフィードラー機長 [訳注25] が垂直尾翼１枚では満足な安定が得られないと考えていたため、ベンツは双尾翼の機体構成を検討していた。

　He P 1077各型の兵装は、携行弾数各40発のMK 108機関砲２門か、翼下に懸吊した投棄式容器２体に収めたＲ４Ｍ空対空ロケット弾であった。Ｒ４Ｍのかわりに、流線型に整形した爆弾容器２体を装着することもでき、これはMärz-Verfahren（"メルツ・フェアファーレン"　三月方式）という自動空対空爆撃による攻撃方法に用いるものだった。

　２液式ロケット装着の高価格が懸念されたため、EF 126計画機に使用しているものと同様の単純なパルスジェット装置の採用が検討された。しかし定格推力が低下したためロメオⅠ戦闘機の性能は要求水準に満たず、ハインケルの老練な技術陣は主翼を増幅して翼面荷重を軽減することを決定した。こうして改修した設計案ロメオⅡは、主として生産能力の制約のため、完成に至らなかった。そのうえ推進装置の製造元であるアルグ

Ho 229 V2（製造番号39）の初飛行の準備を整えているところ。1944年12月の撮影である。操縦士のエルヴィーン・ツィラー少尉がジェットエンジン操作の細目に不慣れなため、ユンカースの技術者が右翼のJumo 004の上に横たわり、エンジンの始動方法を説明している。

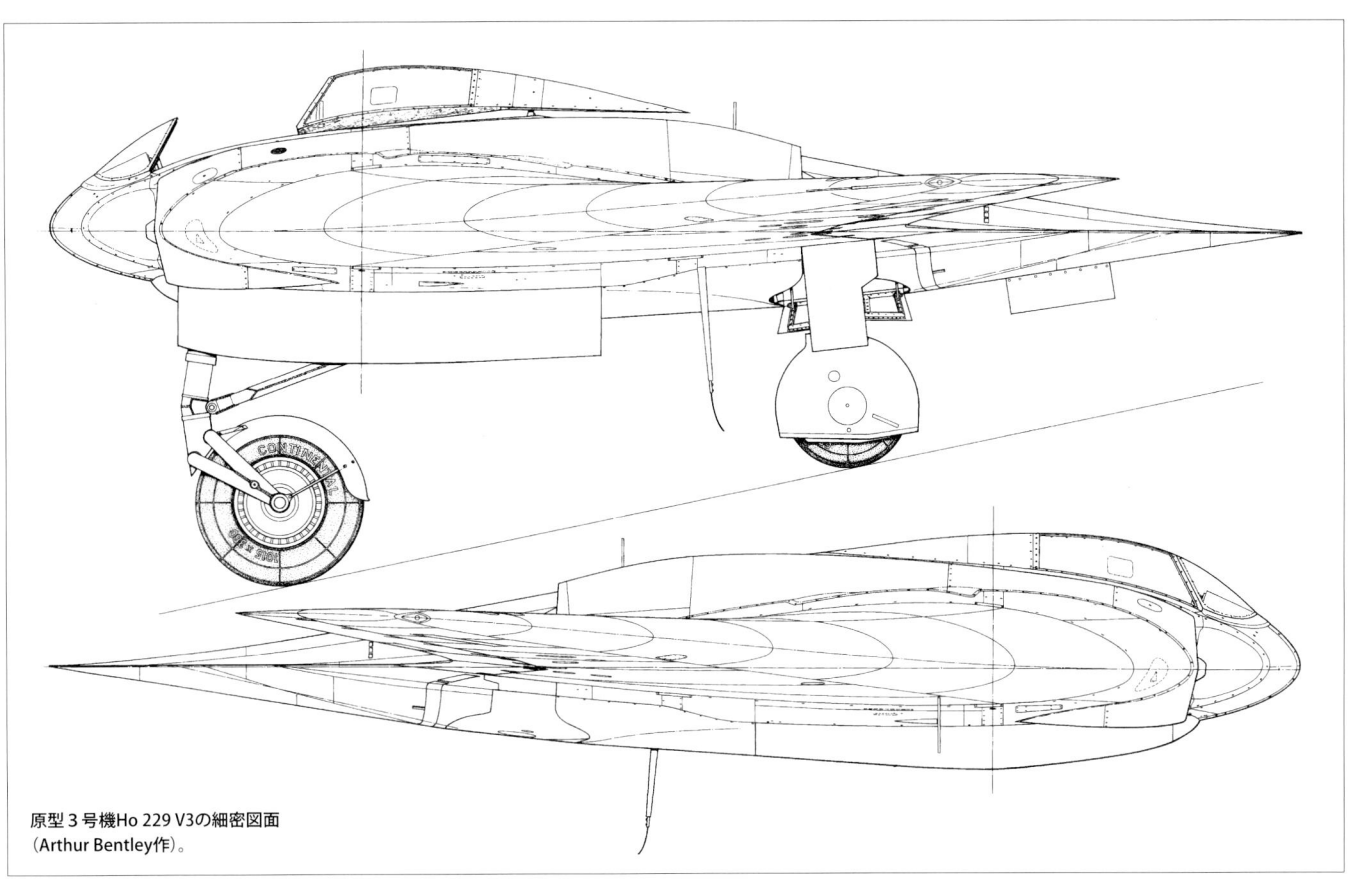

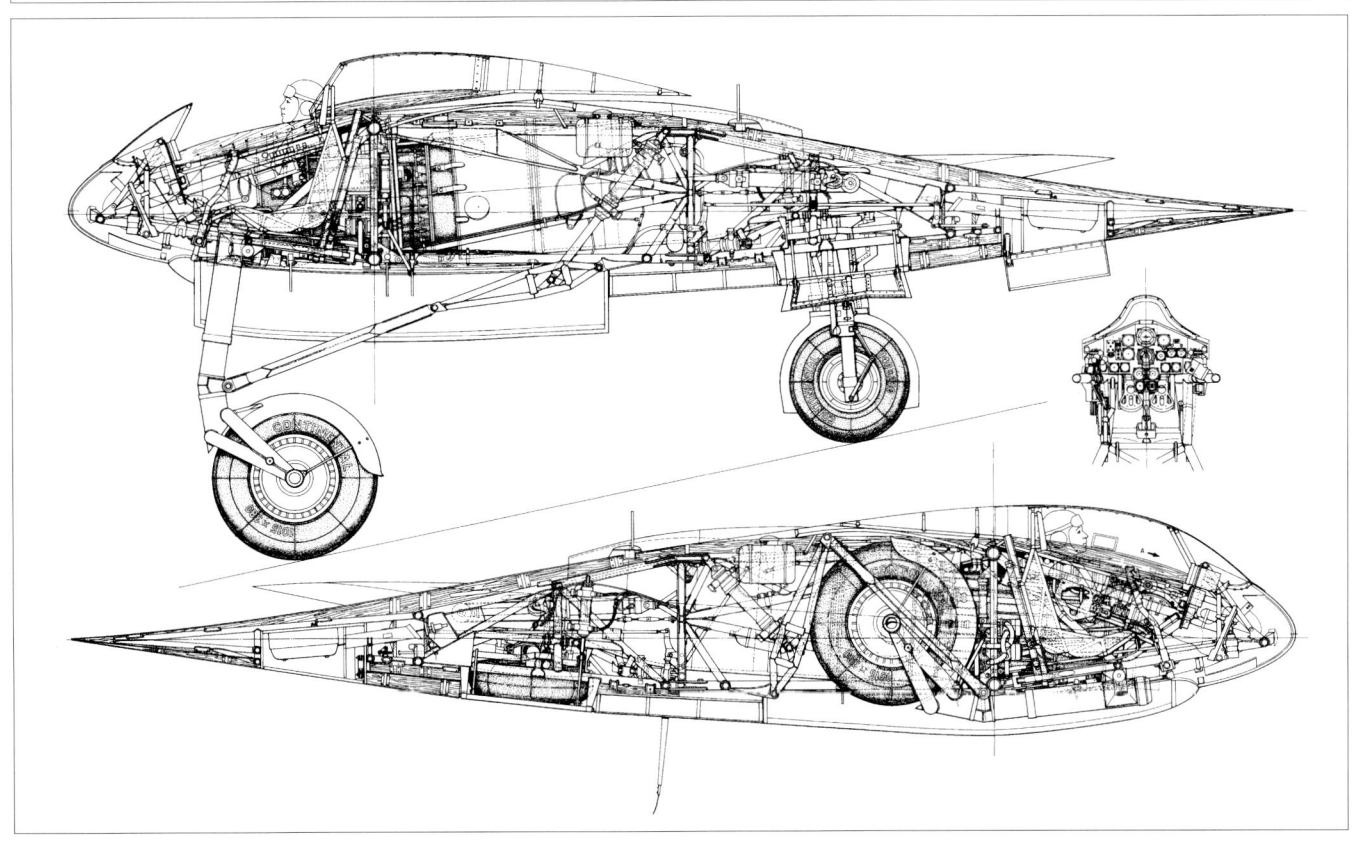

原型3号機Ho 229 V3の細密図面
（Arthur Bentley作）。

85

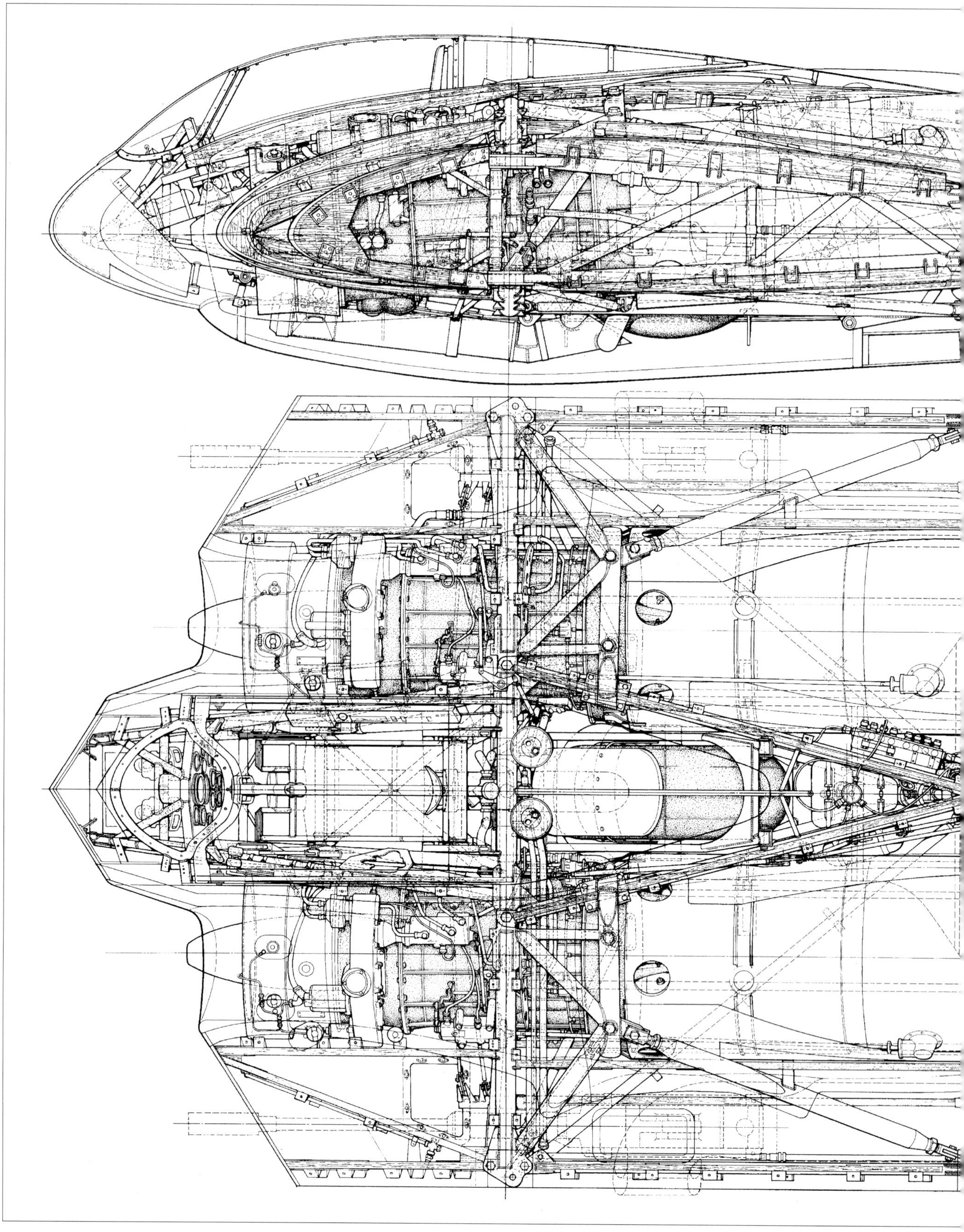

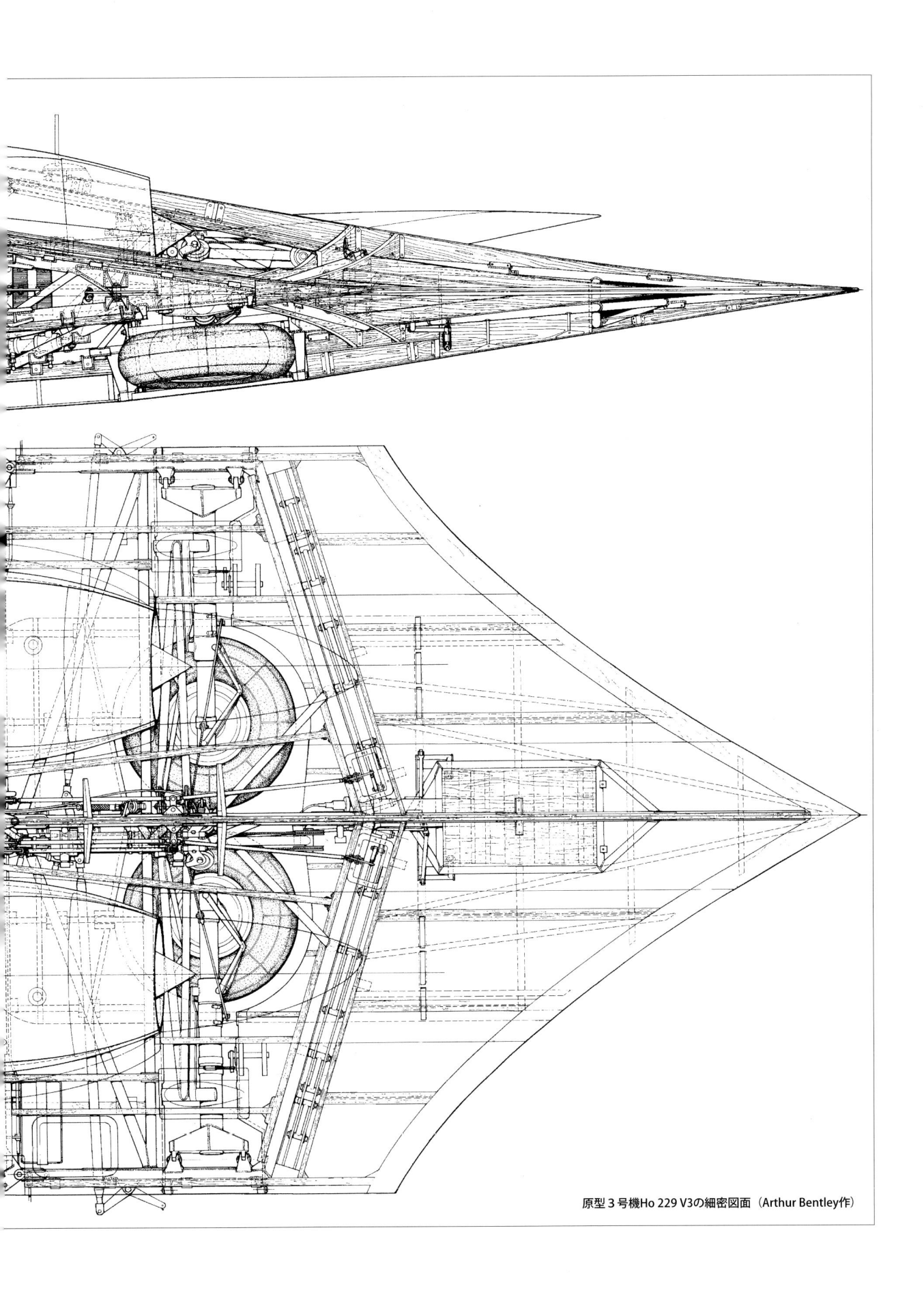

原型3号機Ho 229 V3の細密図面（Arthur Bentley作）

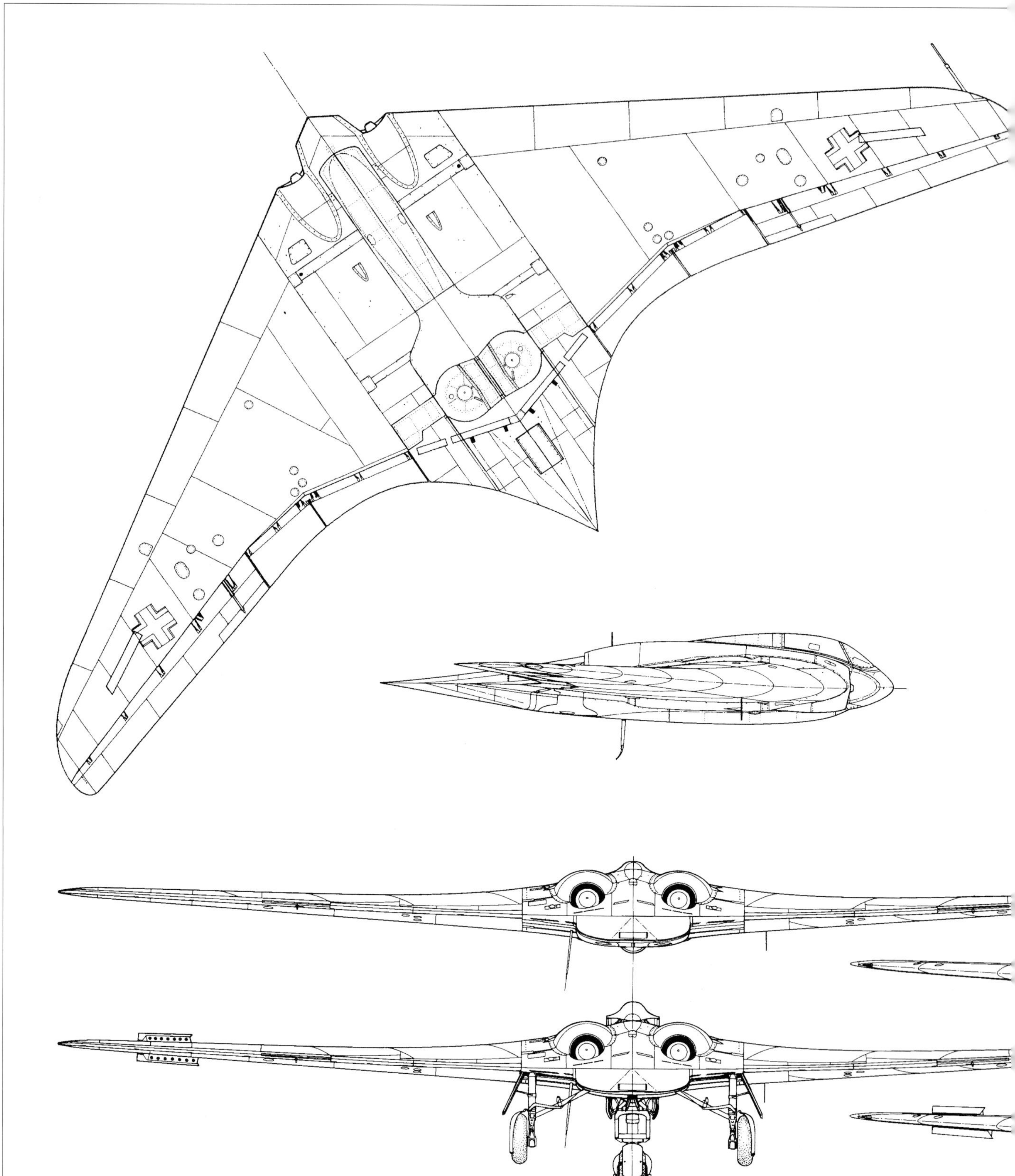

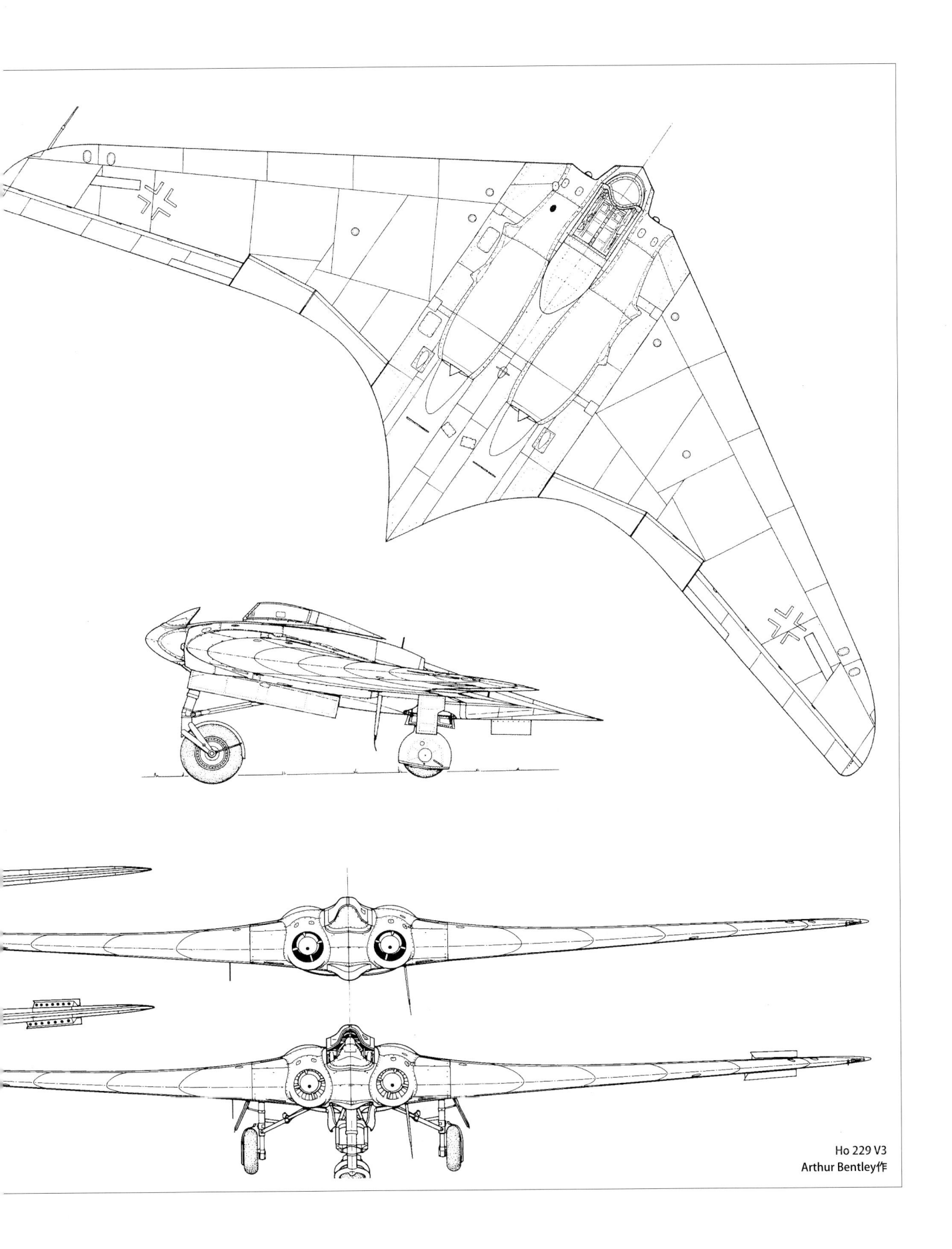

Ho 229 V3
Arthur Bentley作

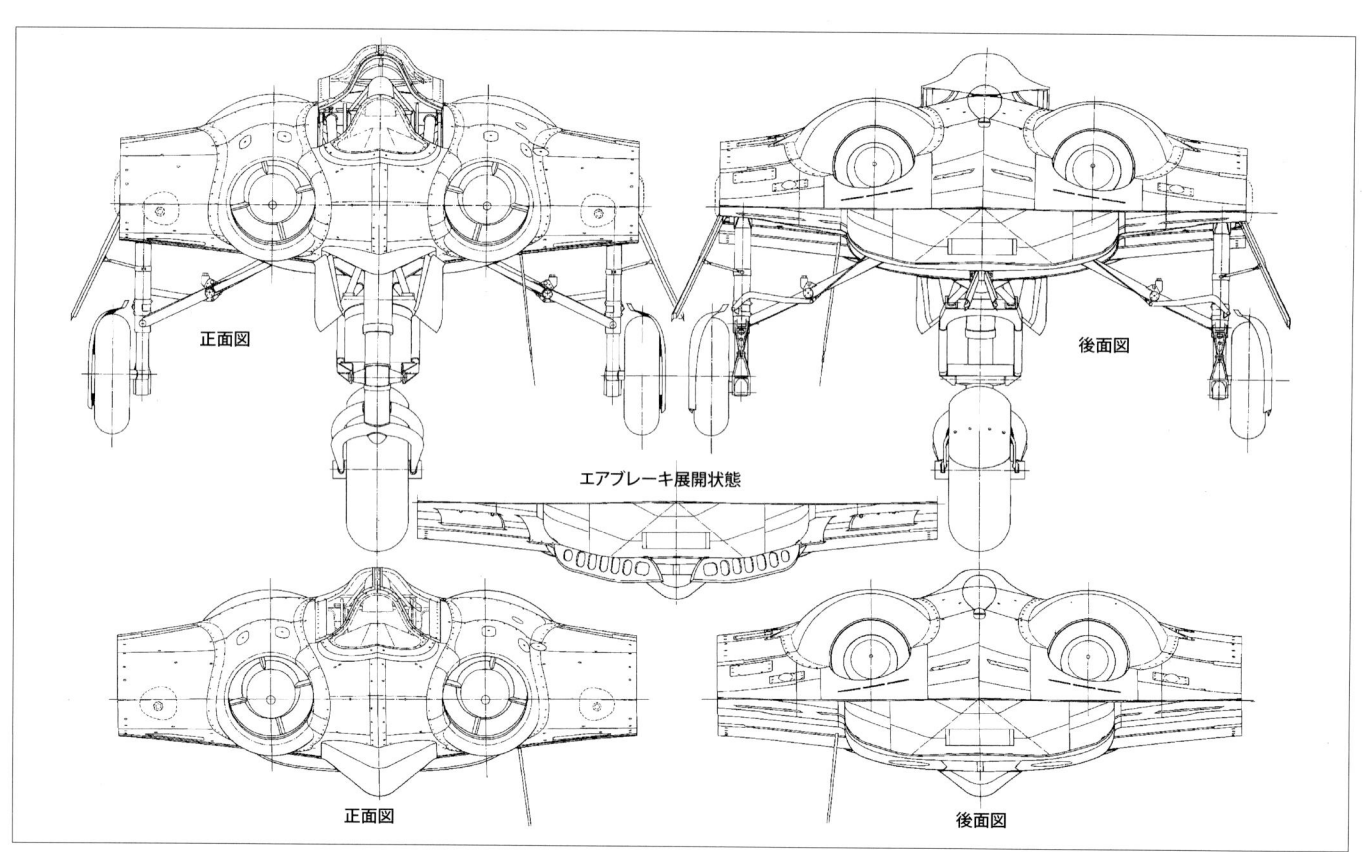

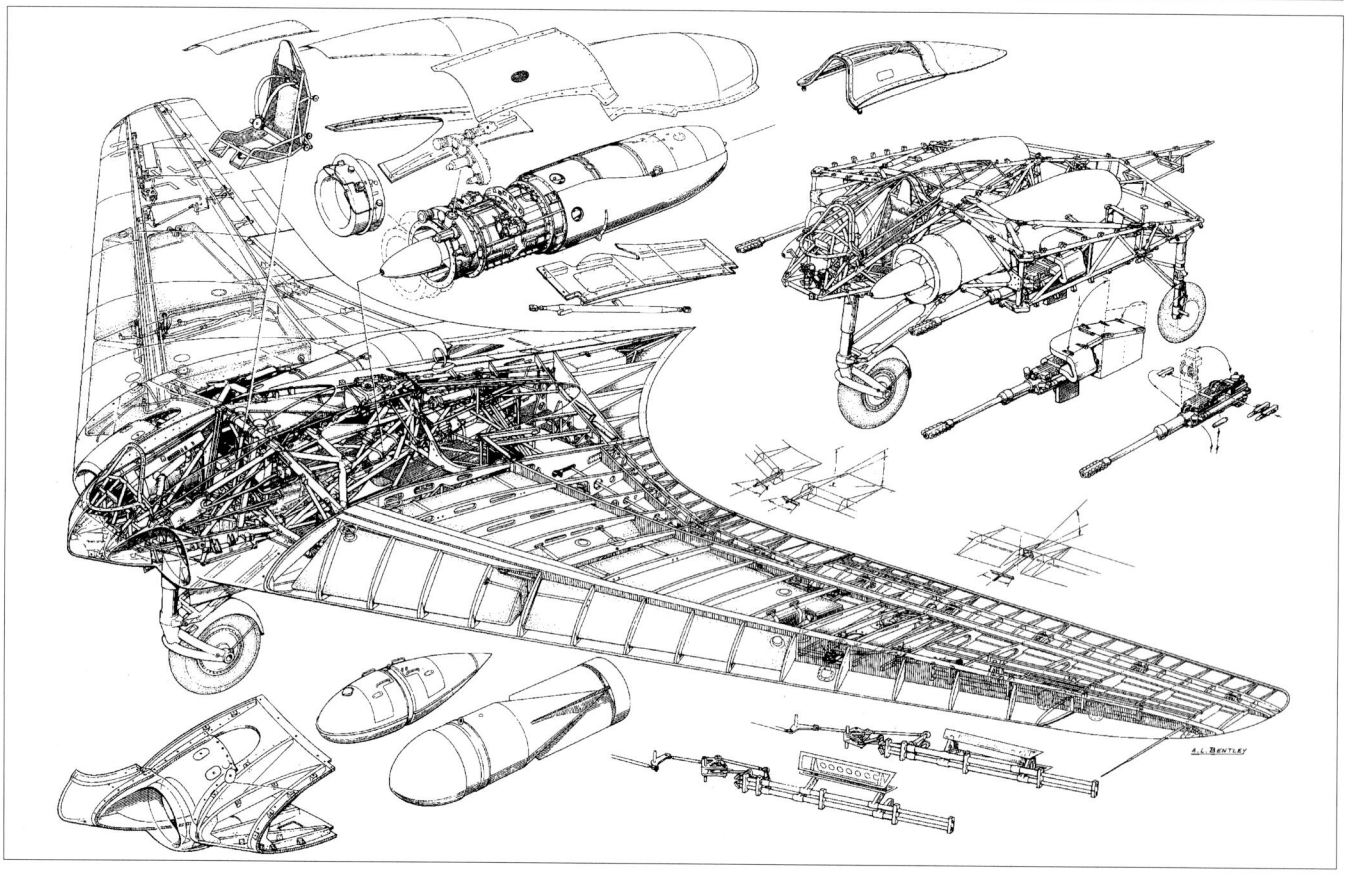

正面図　　エアブレーキ展開状態　　後面図

正面図　　後面図

ス社の工場が連合軍の空襲で甚大な損害を被り、1945年に供給できたのは試作のパルスジェット若干数だけだった。これらの障害のため、ユリアの変型2種の開発が優先された。

1945年春、ヘンシェル社もパルスジェット戦闘機の開発を進めていた。この計画機、ヘンシェルHs P 87 Ente（"エンデ"カモ）の詳細は、残念ながらごく一部しか残存していない。

Hs P 87の製造諸元の大半は、ソ連軍が1945年に接収してしまった。1944年末に実施予定であった風洞実験は、研究施設の余裕がないため技術航空兵器長官が中止した。連合軍の空襲でアルグス社の工場が広範囲にわたって破壊され、ヘンシェルの野心に満ちた計画は続行不能となった。

もうひとつ、重要な計画機があった。ユンカースEF 126 Elli

Ho 229の未完成の機体中央部鋼管構造とJumo 004ターボジェット2基。1945年4月14日に米軍がフリードリヒスローダのゴータ社施設で発見したもので、何号機かは特定できていない。ゴータはホルテン無尾翼戦闘機に固有の安定性不良に重大な懸念を抱いていたが、同機の生産を受託していた。

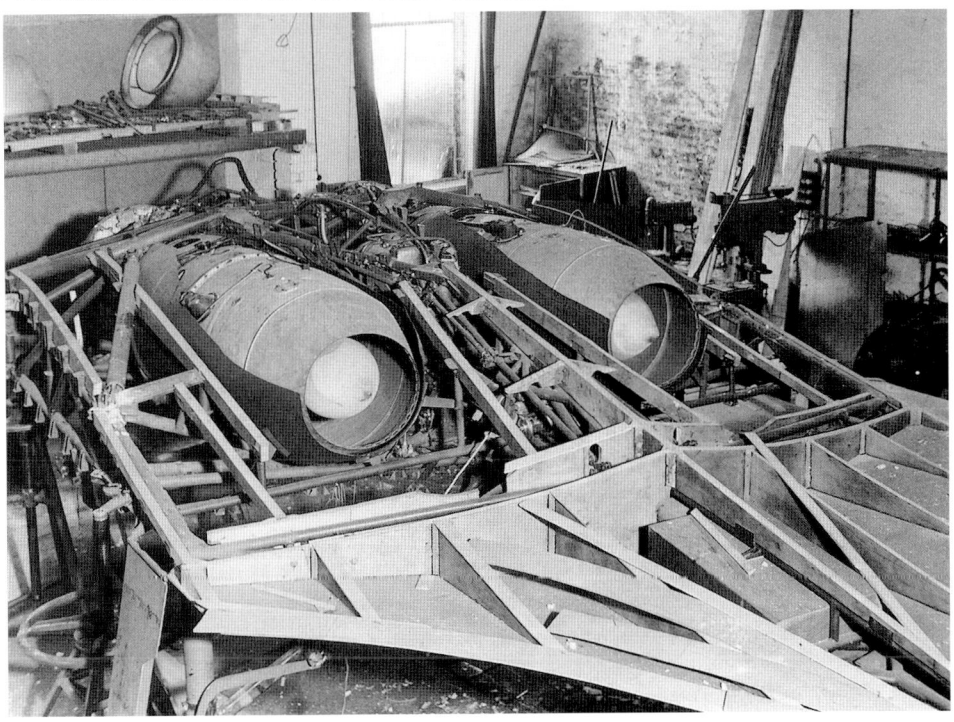

（エリ）である。エリの設計は、以前に検討されていたJu EF 60の設計から派生し、2組の垂直尾翼と方向舵、及びパルスジェットを胴体後方に備えていた。エリはJu EF 126/I（As 014）とJu EF 126/II（As 044）の変型2種が提案された。EF 126/Iは地上攻撃機、EF 126/IIは単座局点防衛邀撃機として構想がまとめられた。離陸用に推力各1000kgのRATO装置2基を装着し、離陸後に3輪式滑走装置を投棄する。エリはFi 103有翼爆弾の大型有人型 **(原注26)** に似ており、2cm MG 151/20機銃2挺、AB 250爆弾コンテナ2本、またはPanzerblitz（"パンツァーブリッツ" 直訳すると装甲電光）空対空ロケット弾で武装する。邀撃運用においては、燃料を使い切ったあと（滑空で）帰投し、引き込み式の橇（そり）を使用して着陸する。最大速度は、外部兵装なしで780km/h、外部兵装を搭載すると680km/hに落ちると試算された。最大推力では23分しか滞空できず、航続距離は300km程度とみられた。推力60％では滞空時間45分で航続距離350kmと試算されている。実大模型の組立は完了したが、その後の進展は見られなかったようだ。戦後、ソ連が本計画の開発を検討したと伝えられるが、実際に製造を承認したかどうかは不明である。

ハインケルはHe 162から派生した設計案2種を開発した。He 162をアルグスAs 014パルスジェット1基で推進する案と、より大型のAs 044パルスジェット1基を用いる案であった。開発は1945年1月初頭に始まり、BMWの協力を得たが、量産許可を得られなかった。これは全面新設計することなく、より

Ho 229機体中央部の鋼管構造を眺める米陸軍の軍曹。1945年4月にフリードリヒスローダ分工場で発見されたもの。同施設はゴータの工場の一支所として、Ho 229原型機の生産拠点の役割を果たした。

Ho 229 V1をこの角度から見ると、全翼機の単純な構成がよくわかる。これは無動力の原型機で、初飛行をひかえ曳航索に向けて牽引されているところ。

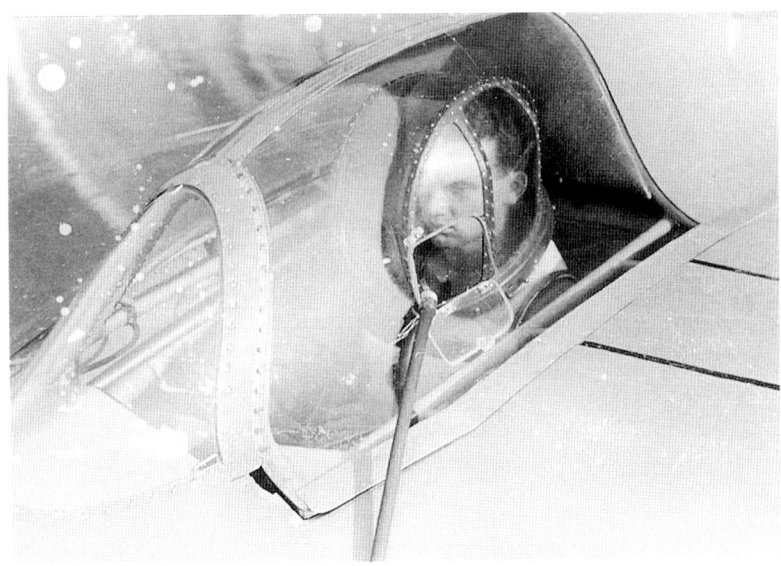

Ho 229 V1の大きな合板製主翼をホルテンの作業員が人力で移動しているところ。主翼の製作には高度な木工技術を投入した。

Ho 229計画では特異な装備がいくつか派生している。この高度与圧飛行服もそのひとつで、ホルテン兄弟の設計によるもの。飛行試験は行われなかったが、操縦室を与圧するかわりにこの飛行服を使用する計画だった。

1945年4月、ライプツィヒに近いブランディス飛行場に到来した米軍は、分解された状態のHo 229 V1を発見する。前脚は逸失していた。

初期量産型Ho 229 A-1の想像図（John Amendola画）。なお最近の研究によると、原型2号機で最初に用いられた（本図に描かれているような）大型の前脚扉は採用中止になり、かわって在来型の2枚扉を使用することになっていたという。

Ho 229 V3（製造番号40）は現在、米国の国立航空宇宙博物館で長期保存状態にある。同機は1945年4月に米国に移送、外国装備番号FE-490を付与され、のちに空軍が分離独立した際にT2-490に改番されている。

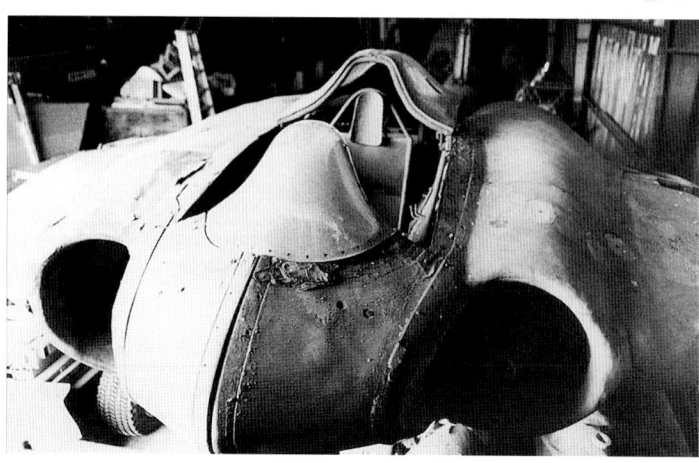

今でも国立航空宇宙博物館で、他の保存機とともに静かに復元を待つHo 229 V3原型3号機。機体中央部の外皮の薄い合板は、経年変化による劣化が著しい。ホルテンの作業班はフリードリヒスローダのゴータ社施設で本機の製作に着手したものの、米軍到来の1945年4月14日までに完成できなかった。初期量産型の飛行可能な原型に用いる予定で、武装は搭載していなかった。

強力な単座複合推進昼間戦闘機を生産するという着想だった。最終提案書は受理されて保存され、結局、1945年7月にランツベルクで米軍将校の手に渡った。

パルスジェット推進型He 162フォルクスイェーガーは、MK 108機関砲で武装し、戦闘高度6000mで最大速度710km/h、海面高度で810km/hを出せると予想された。胴体下面に固体燃料ロケット２基を装着し、離陸速度まで加速する。民間人アーミン・カーレの目撃談によると、1945年3月後半、As 014パルスジェット２基を搭載した試作機１機が完成し、曳航索を用いて空中発進したという。

パルスジェット推進機の性能は飛行高度に左右された。このため大型の燃料タンクを設け、降着装置を強化する必要があり、結果として離陸重量が増加した。理論上は、胴体を再設計すれば、より大型のパルスジェットを搭載できたはずだった。設計変更した胴体の生産は戦局が許さなかった。試作２号機は連合軍が到達するまえに破壊された可能性が大きい。He 162のパルスジェット推進型２種は、未完の計画のままで終わった。

さて、オーバーアマーガウに疎開したメッサーシュミット計画室、秘匿名「上バイエルン研究所」が、きわめて特異な計画機を設計している。Schwalbe（"シュヴァルベ" ツバメ）と呼ばれていたが、Me P 1115という型式名だった可能性もある。パルスジェット２基を上下に重ね、Me 163コメートと同様の主翼に組み合わせた構成だった。垂直尾翼はないが、エンジンを重ねた配置のため垂直尾翼のような錯覚を受ける。テールコーンに引き込み式のエアブレーキを内蔵しているのも特異だった。これ以外の詳細は不明である。

屈指の全翼機信奉者アレクサンダー・リピッシュ教授も、大量生産が容易な設計で安価な戦闘機の開発を試みた。初期の無尾翼機設計案のほか、リピッシュはLi P 12、P 13、およびP 13aという型式名の先進全翼機３種を開発した。

Li P 12は特異な無尾翼機で、ラムジェット液体燃料推進装置を内蔵していた。空気取入口は機首にあり、操縦士は燃焼室上方に着座する。降着装置は中央の主輪１個と両翼端の展伸式橇を併用した。翼面積は19.5㎡だった。1944年８月、評価の第１段階として、Fw 58 Weihe（"ヴァィエ" トビ）を母機として背部にLi P 12を搭載し、空中発進による飛行試験を行うことが提案された。

Li P 12の飛行特性を試験するため、1944年11月28日以降、ウィーン近郊において飛行可能な縮尺模型を用いた飛行試験が15回ほど行われた。すでに風洞実験でリピッシュの堅実な設計を確認しており、オーストリアのハインブルク近くのシュピッツァーベルクの丘陵地での追加試験も成功裡に終わった。その数週間後、1944年のクリスマスの頃、実大有人原型機DM 1（DM = Darmstadt München Entwurf 1）がバイエルン州キームゼー湖畔のプリーンで製作中であった。型式名のDはダルムシュタット工科大学（Darmstadt Technische Hochschule）の学生飛行部（Akademische Fliegergruppe）に所属していたヴォルフガング・ハイネマンがDM 1の木造部の責任者だっ

Ho 229 V3の中央部をとらえた有名な写真。ライト・フィールドで1945年に撮影したものである。同機の極端に薄い側面がよくわかる。原型機の両翼も残っているが、機体中央部に接合されることはなかった。

たことに由来する。実際に飛行試験を行うには、DM 1をジーベルSi 204 A輸送機の背部に固定することになっていた。1945年5月3日、連合軍の戦車がプリーン飛行場に到達したとき、DM 1はほとんど完成していた。欧州戦域の終戦から90日後の8月6日、現地の米軍は鹵獲したDM 1を完成させ、ダグラスDC-3の背部に搭載して試験飛行することを提案する。しかし数週間後にDM 1が完成したときには、本式の評価試験のためDM 1を米本土に移送するよう命じられていた。1950年1月、DM 1は国立航空宇宙博物館（NASM）の所蔵品となり、首都ワシントン郊外の保管施設に移送されている。

DM 2の設計案は完成に至らなかった。製図と試算の一部が完了していて、DM 1を大型にしたような設計だった。第3案のDM 3は、翼幅約8.25m、全長8.94m、全高4.12mの単座試作機で、1945年2月に設計された。HWK 509 A-2ロケット1基で推進する設計で、エンジンは機体重心に置かれていた。降着装置は胴体内に引き込み、操縦士は機首に伏臥姿勢で搭乗する。DM 3の図面は数枚しか現存せず、原図と概括説明書は米地上部隊に接収されたのちに消失している。

Li P 13計画機は、もともと複座式として設計されたが、のちに単座のLi P 13aに設計変更されている。主翼前縁の後退角は60度に増加した。翼幅6.0m、翼面積約20㎡、アスペクト比は1.8であった。操縦士は大型のドーサル・フィン前縁の窮屈な位置に着席する。

推進装置は、金網の燃焼床をやや傾けて気流と直角にダクト内に据え、そこにリグナイト（褐炭）粉末をペレットにした固形燃料を置くものだった。これによりダクト内下部の気流をさえぎり、燃焼床を通過する空気中の酸素によって反応が徐徐に進行するよう設計していた。着火後、固形燃料の燃焼で一酸化炭素が発生し、これがダクト内上部を自由に流れる空気中の酸素と反応し、熱と二酸化炭素になる。きわめて斬新な装置であったが、有効に機能せず試験は惨憺たる結果に終わり、採用されずに破棄された。

Li P 13bは固形燃料推進装置を改善し、断面が楕円形の円形燃焼床をダクト内に懸吊して、毎分約60回転で垂直軸のまわりを回転させた。燃焼はガスバーナーで点火し、液体燃料を助燃剤に用いた。固形燃料は、より容易に燃焼する石炭粉末ペレットに変更され、酸化促進剤を表面に塗布してあった。石炭800kgの燃焼で滞空時間約45分、全備重量は2295kgと試算された。補助ロケット1基を用いて加速し、ラムジェットが有効に機能するのに最適な速度を得るという設計だった。

1944年12月20日以前に、ラムジェット推進の模型の初回分15機が飛行している。約150m飛行して草地に着陸したものもあった。技術航空兵器長官はリピッシュの設計に好感をもち、Li P 13試作1号機を数週間以内に完成し、1945年2月28日までに実用評価試験を開始するよう1944年12月21日に命じた。終戦までほとんど進展がなかったようだ。

このほかリピッシュは、注目に値するパルスジェット機2種の基礎設計をしている。Li P 14は矩形翼の内部に石炭燃焼ラムジェットを内蔵した設計だった。Li Supersonic（超音速）はP 13bに似た研究機だったが、垂直尾翼がなかった。

リピッシュは努力を重ねたが、DM 1以外の無尾翼機は製作されなかった。ただし、風洞模型や小型縮尺模型は多数が製作されている。

アレクサンダー・リピッシュほど有名ではないが、同時代のドイツ人科学者で工学博士オイゲン・A・ゼンガー教授がいた。もともと液体燃料のロケット燃焼室を研究していて、のちにジェット推進装置改良の研究に着手する。ゼンガーはルネ・ロランが1913年に考案したロラン・ラムジェットの可能性に着目した。小型の縮尺模型による試験を重ねたのち、1941年秋、実物大のロラン・ラムジェット1基をオペル・ブリッツ・トラックに積載し、概念の実証を試みる。航空省の無関心は意に介さず、さらに試験を続け、双発のドルニエDo 17 Z-2、ついで、より

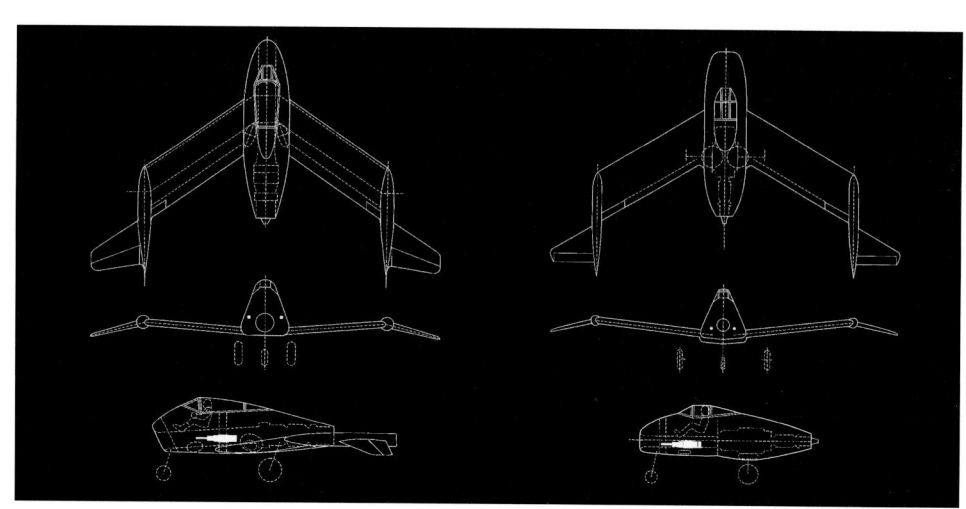

BV P 209.01（左）
1944年11月
HeS 011 A×1基

BV P 210.01（右）
1944年12月
HeS 011 A×1基

BV P 209とBV P 210準無尾翼計画機は相似でありながら明確な相違点のある設計で、鋏状尾翼を備えていた。これは、かつてBV P 208に使用する予定であったもので、P 208は同様な形態のプロペラ推進戦闘機だった。

プロペラ推進のフォッケウルフFw 190 A-3をもとに、ジェット推進型の計画機Fw 190 TLが提案された。ターボジェットは初期の遠心式のもので、高温の排気を胴体全体のまわりに噴射した。このようなエンジン装着法に起因する諸問題を考慮すると、この計画機が支障なく飛行できたはずだとは想像しがたい。特に、操縦室の断熱と換気をどう処理するつもりだったのか、不明である。

運用自重	3750kg	Fluggewicht:	3750 kg
翼面積	18.3㎡	Flügelfläche:	18.3 ㎡
武装	MG 151機銃2挺、MG 17機銃2挺	Bewaffnung:	2 MG 151, 2 MG 17
防弾板	93kg	Panzerung:	93 kg
滞空時間	1.2時間	Flugdauer:	1.2 h.
燃料搭載量	1400リットル	Kraftstoffmenge:	1400 l.
燃料消費率	1170リットル/時	Kraftstoffverbrauch:	1170 l/h

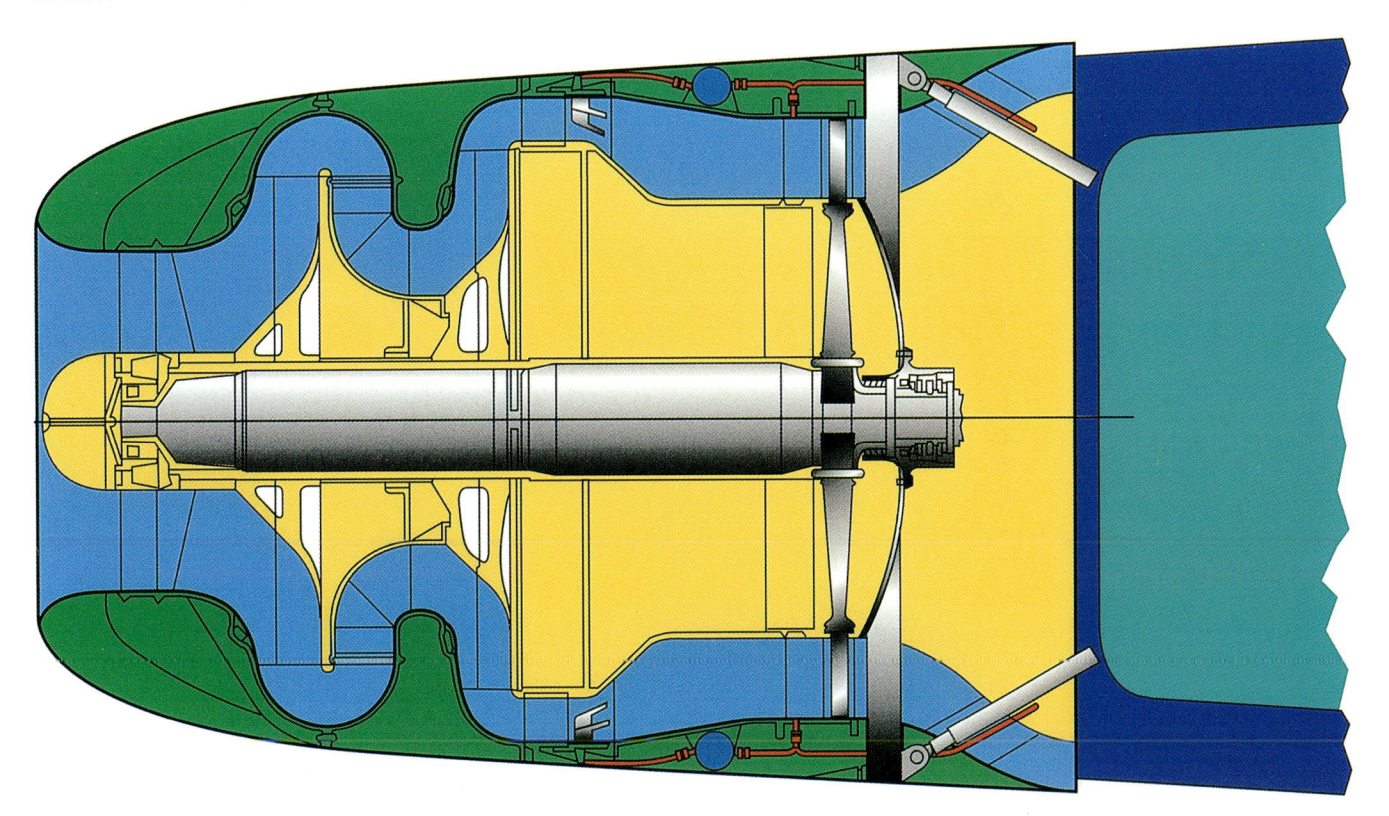

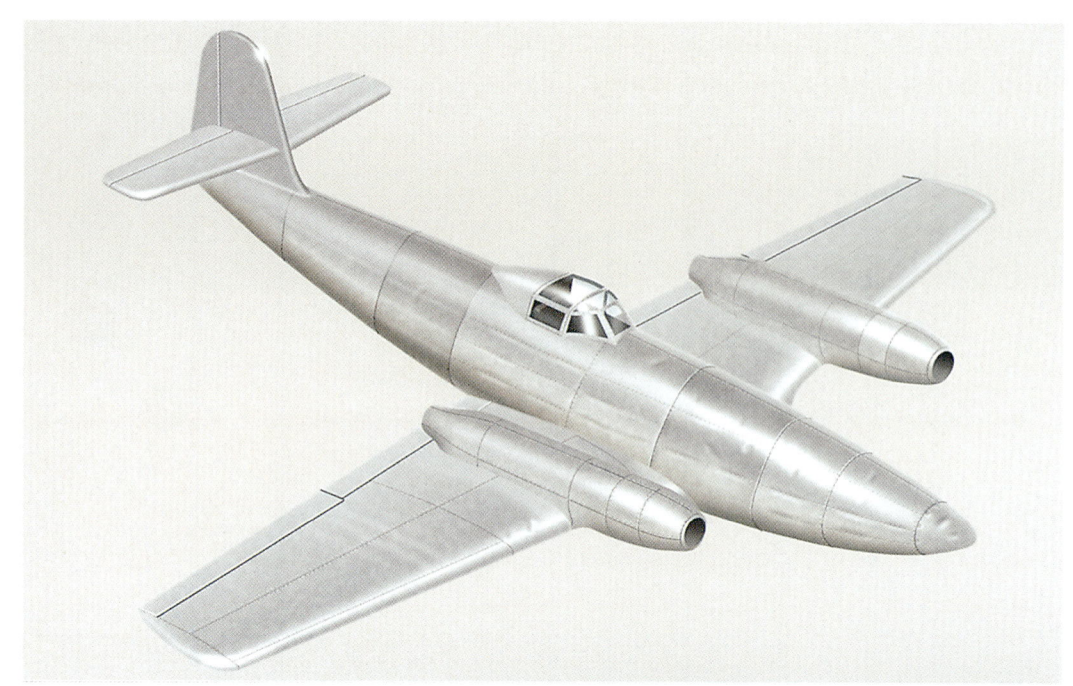

メッサーシュミットP 1065の1940年7月時点での設計を想像図にしたもの。両翼のBMW P 3302ターボジェットは、当初の主翼中央部配置にかえて、翼上面に搭載する設計になっている。ほどなく設計はさらに変更され、エンジンは翼下面に移された。1939年9月に設計が固まり、原型1号機Me P 1065 V1の製作に着手する計画がたてられた。1941年2月には、計画番号P 1065から航空省の型式名Me 262に改称された。

Fw 252の想像図。（Keith Woodcock画）

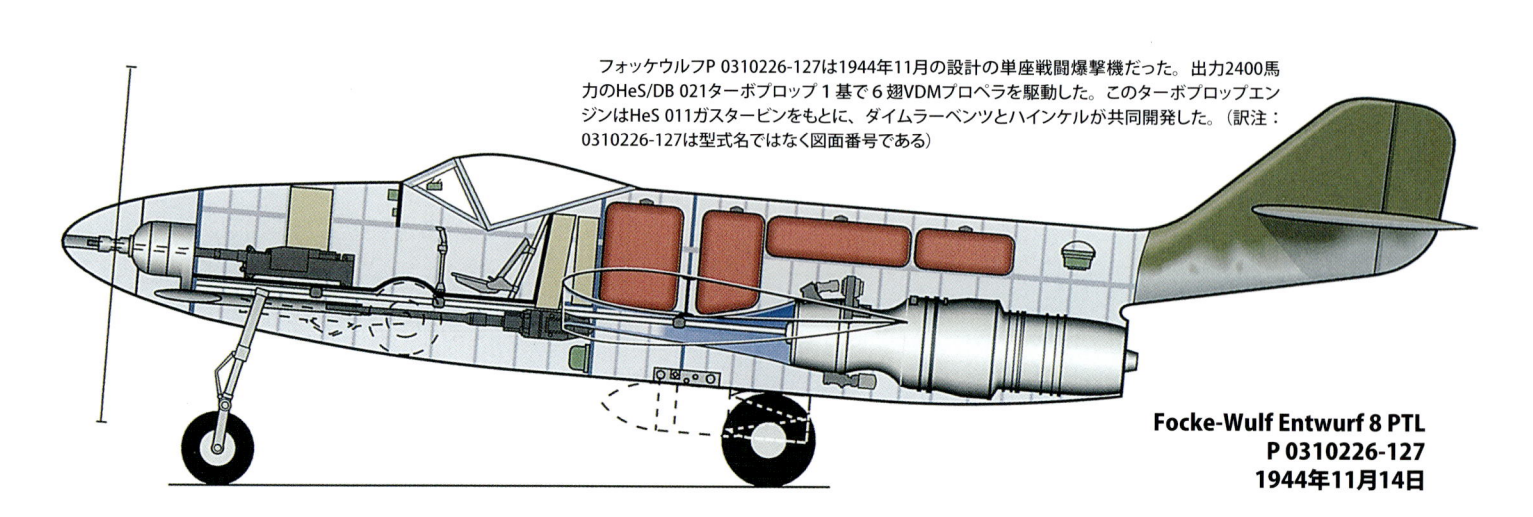

フォッケウルフP 0310226-127は1944年11月の設計の単座戦闘爆撃機だった。出力2400馬力のHeS/DB 021ターボプロップ1基で6翅VDMプロペラを駆動した。このターボプロップエンジンはHeS 011ガスタービンをもとに、ダイムラーベンツとハインケルが共同開発した。（訳注：0310226-127は型式名ではなく図面番号である）

Focke-Wulf Entwurf 8 PTL
P 0310226-127
1944年11月14日

アルゼンチンのI.Aé-33 プルキ（Pulqui）IIの原型6号機。1997年にブエノス・アイレスで展示中の姿である。プルキIIは1950年6月に初飛行し、大戦中のTa 183とFw 252の設計上の特徴を数多く受け継いでいたが、顕著な例外は主翼の取り付け位置であった。プルキIIはクルト・タンクが元フォッケウルフの技術者数名の助力を得て開発したが、設計には欠陥があった。もしも中翼配置のままにしていたら、プルキIIの飛行性能は格段に向上していたはずだ。しかしロールスロイス・ニーン・エンジンと翼桁との干渉を考慮して、主翼配置を変更してしまう。結果、風洞実験を利用せずに開発するのがいかに困難か、思い知ることになる。原型機を製作するつど、小規模な設計変更を徐々に追加して、安定性の向上を図った。変更のほとんどは尾翼と後部胴体に集中しているが、主翼の境界層板および支柱のないキャノピーも対策の一部であった。この展示機には、垂直尾翼に表示するのが通例であるアルゼンチン国旗がない。また主翼の国籍標識は右翼上面と左翼下面だけに表示されている。

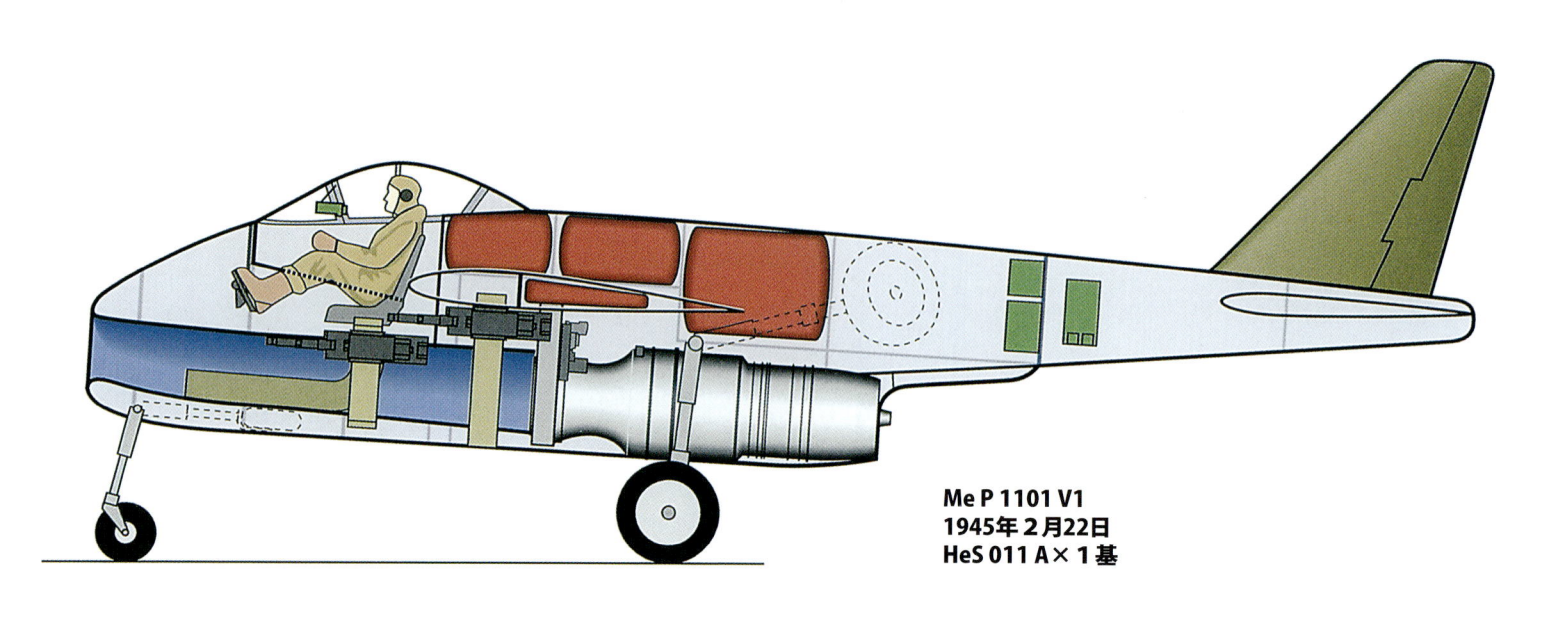

Me P 1101 V1
1945年2月22日
HeS 011 A×1基

Me P 1111の想像図（David Pentland画）。1945年2月24日の図面XVIII/168に基づくもの。

Me P 1110エンテの想像図（Keith Woodcock画）。この特異な計画機の先進性を、迫力のある姿で捉えている。

Me P 1112は、エンジンと武装が実戦で信頼性を発揮できていれば、メッサーシュミット主任技師ヴォルデマー・フォークトの指揮下、オーバーアマーガウにおいて極めて強力な戦闘機に成長していたでろう。

Me 262 V167（製造番号130167）は、2代目のMe 262 V5となった。

メッサーシュミット社のテストパイロット、カール・バウアー機長がMe 262 V167に装着したEZ 42ジャイロサイトの試験準備をしているところ。1945年2月の撮影である。EZ 42の開発は困難を極め、関係者の不満が鬱積した。終戦までに少数が実戦機に装着されている。

BV P 211.02の想像図（David Pentland画）。国民戦闘機応募案の簡素な設計をよく捉えている。PV P 211.02は単純の極致ともいえる設計だったが、エンジン整備はHe 162よりも手間どっていただろう。

リピッシュ Li P 13bの想像図（Bob Boyd画）。同機の推進装置は特異なもので、空気ダクト内に懸吊した回転式円形燃焼床でリグナイト炭粉末のペレットなどの固形燃料を燃やす構想だった。燃料の点火にはガスバーナーを用いる。噴射口は、2枚の垂直尾翼間の主翼後縁全幅にわたっている。操縦席の直後の胴体下面に引き込み式の着陸橇を装着していた。

DFSラマー消耗飛行機の想像図（Bob Boyd画）。エーバー（猪）という秘匿名だった。戦闘高度まで曳航され、離脱して個体燃料のシュミッディング533ロケットに点火、加速して攻撃航過を1回だけ行う。機首に装備した14連装のR 4 M空対空ロケット弾が武器だった。攻撃後、操縦士は脱出するか、あるいは滑空して着陸する。

Me 262 A-1a/8-344
1945年春
Ru 344（X 4）ロケット×4発

Me P 1099 B重戦闘機の想像図（Keith Woodcock画）。1944年3月22日のメッサーシュミット社図面XVIII/85をもとに描いたものだ。この駆逐機はMe 262の主翼と尾翼を流用し、重武装と大型の胴体のため、標準型Me 262よりも重くなっていただろう。より強力なJumo 004 Cターボジェットの装着も計画されていた。

BV P 212の想像図（Sonny Schug画）。BV P 212はHeS 011ターボジェット1基で推進し、MK 108機関砲3門で武装する計画だった。当初は完全な無尾翼設計だったが、垂直尾翼1枚を胴体に装着する設計にほどなく変更されている。原型1号機BV P 212 V1は1945年8月までに完成予定だった。

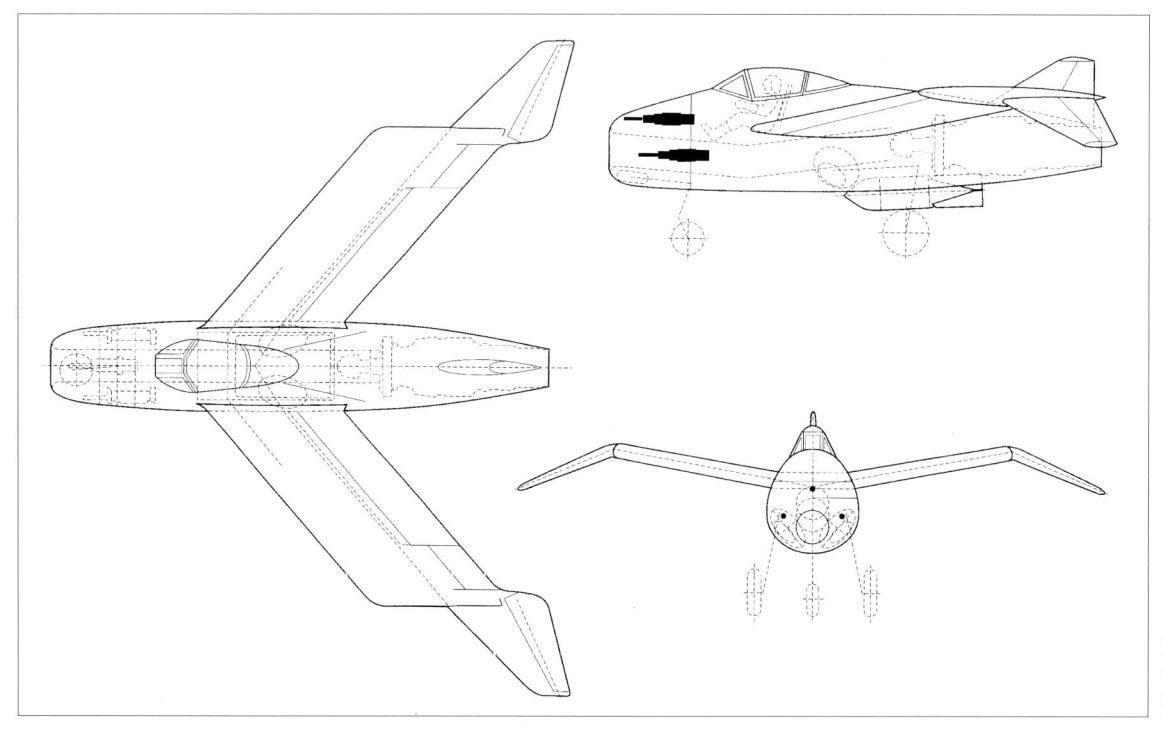

BV P 212.02
1944年12月
HeS 011 A × 1 基

Ju EF 128は最後の戦闘機競作の有力候補だった。HeS 011ターボジェット1基で推進し、MG 151/20またはMK 108を最大で4門まで搭載できる設計だった。本機の特徴は、補助空気取入口を機体背部に後ろ向きに配していることだった。主翼と主空気取入口との関係により、特定の飛行状態でブランケティングが発生するおそれがあったため、これを減殺するために後部胴体背面から空気を吸入するのが目的であったと考えられる。

Ju EF 128

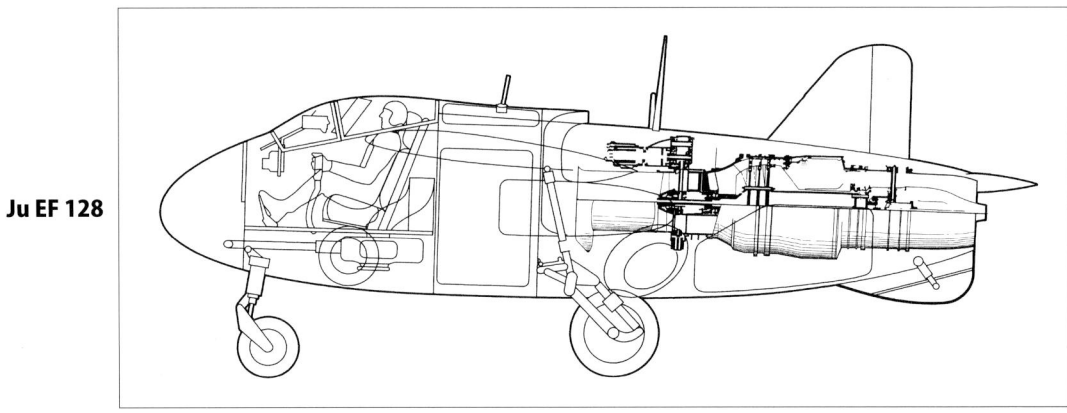

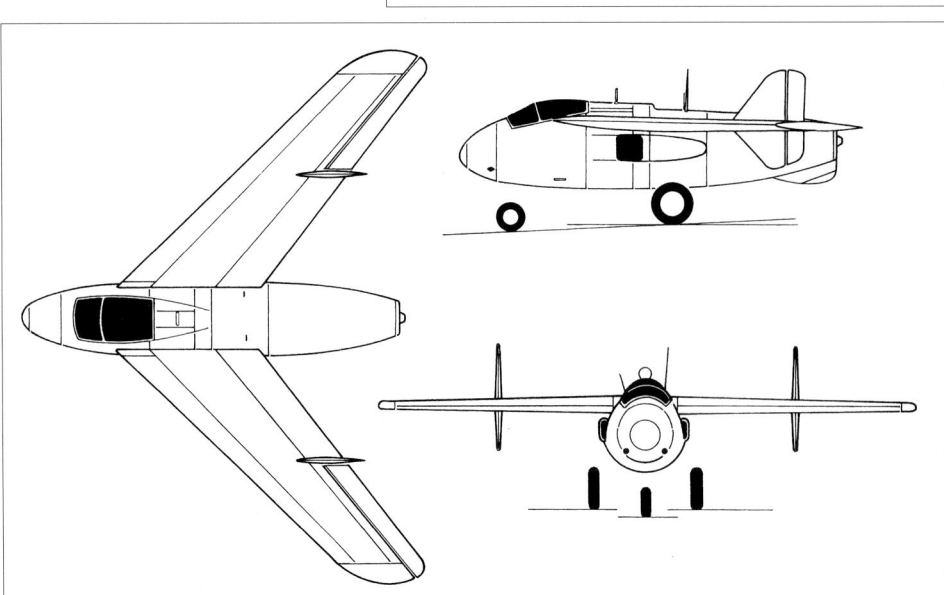

Junkers Ju EF 128
1945年2月15日
HeS 011 A×1基

大型のDo 217 E-2（RE＋CD）にラムジェット１基を装着している。やがて戦局の推移とともに、高規格の航空燃料が不足し、可能なかぎり低規格の燃料を使用すべく検討する必要が生じた。1944年11月30日、航空省はラムジェット開発の重要性と軍事用途の利便性をようやく認識するに至る。これに勢いを得て、ゼンガーと将来の妻、イレーネ・ブレット博士は、離陸重量7000kgのStrahljäger mit 60000 PS Triebwerk（60000馬力発動機ジェット戦闘機）を設計した。

この単座機は、全長10.40m、翼幅12.00mで、巨大なロラン・ラムジェット１基と小さな操縦室、その上部に配した大型燃料タンク１基からなった。ゼンガー教授は、高度12000mで最大速度750km/h、海面高度で850km/hを達成すると期待していた。また補助離陸ロケットを使用し、ロラン・ラムジェットの出力100％で、離陸後2.5分で高度12000mまで上昇できると試算している。滞空時間50分で最大航続距離850kmを見込んでいた。のちにゼンガーは20000馬力と40000馬力のエンジン搭載の小型

Ju EF 128は変型２種が開発された。上に示す単座昼間戦闘機型と、本書では解説していないが複座夜間戦闘機があり、ともに有望な設計であった。終戦の時点で風洞模型が完成していて、木製実大模型が製作中だった。ユンカース技術陣は飛行可能な原型機を1945年10月までに準備できると見込んでいた。戦後、ソ連はJu EF 128を高く評価し、原型機の試作を真剣に検討したほどであった。結局、ソ連は試作計画を破棄し、他のユンカース計画機に興味を移した。米国のヴォートF7Uカットラスは、その開発過程においてJu EF 128の影響を色濃く受けているといわれてきた。しかしヴォート社の空力研究部門主幹ウィリアム・C・スクールフィールドは、そのような憶測を強く否定し、大戦中のドイツ計画機とは全く関係のない独自の設計だと主張している。
Ju EF 128の想像図（Sonny Schug画）。

Ju EF 128の風洞模型。

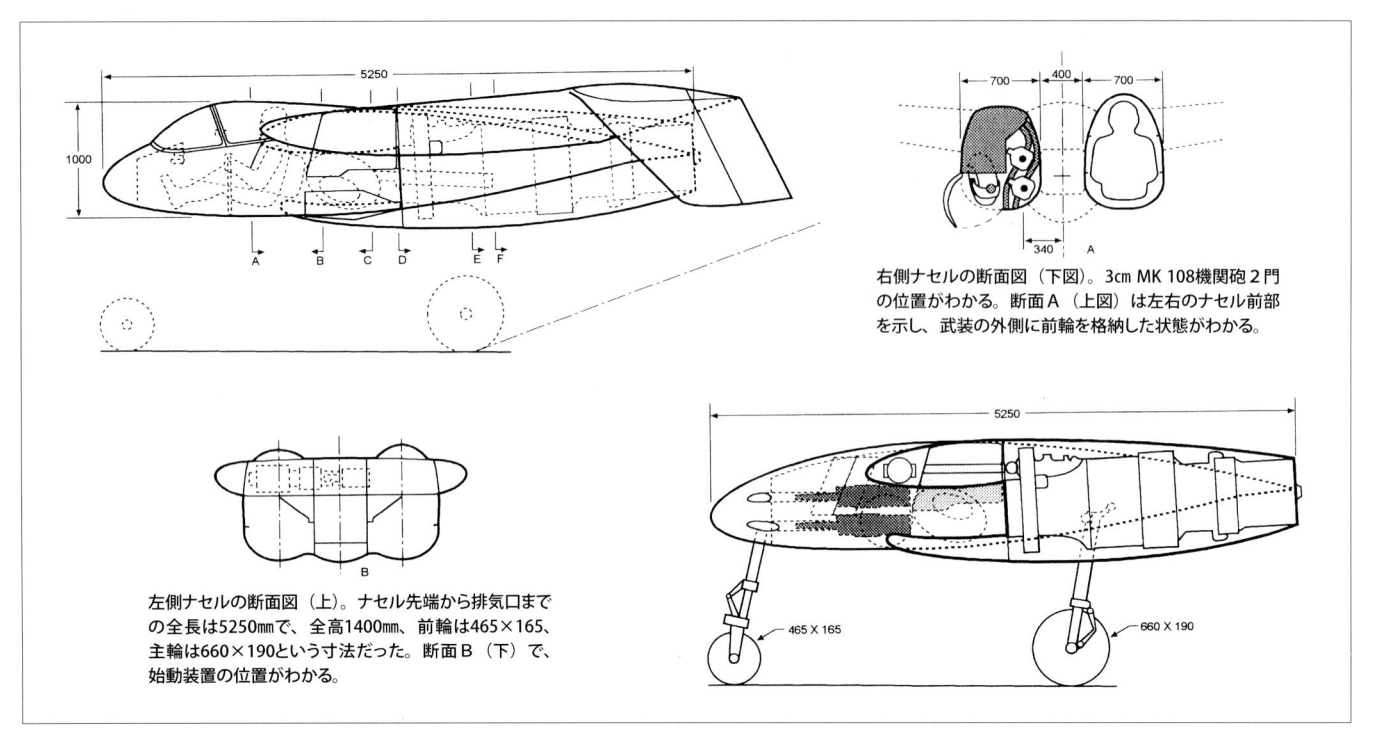

右側ナセルの断面図（下図）。3cm MK 108機関砲2門の位置がわかる。断面A（上図）は左右のナセル前部を示し、武装の外側に前輪を格納した状態がわかる。

左側ナセルの断面図（上）。ナセル先端から排気口までの全長は5250mmで、全高1400mm、前輪は465×165、主輪は660×190という寸法だった。断面B（下）で、始動装置の位置がわかる。

He P 1078-04 Bは単座の無尾翼昼間戦闘機で、左側ナセルに操縦士が搭乗し、右側ナセルに武装と前脚を収める設計だった。機体中央にHeS 011 A-1ターボジェット1基を配している。

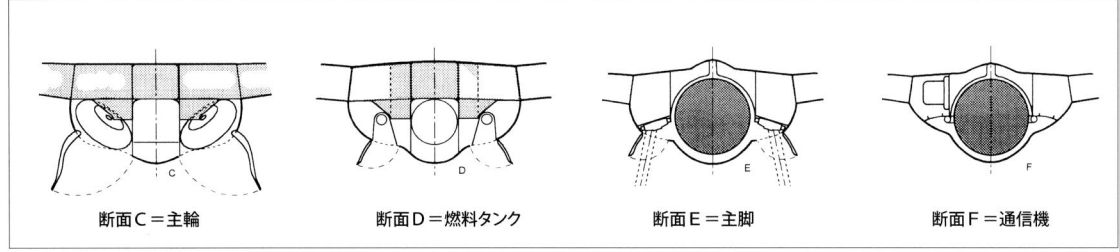

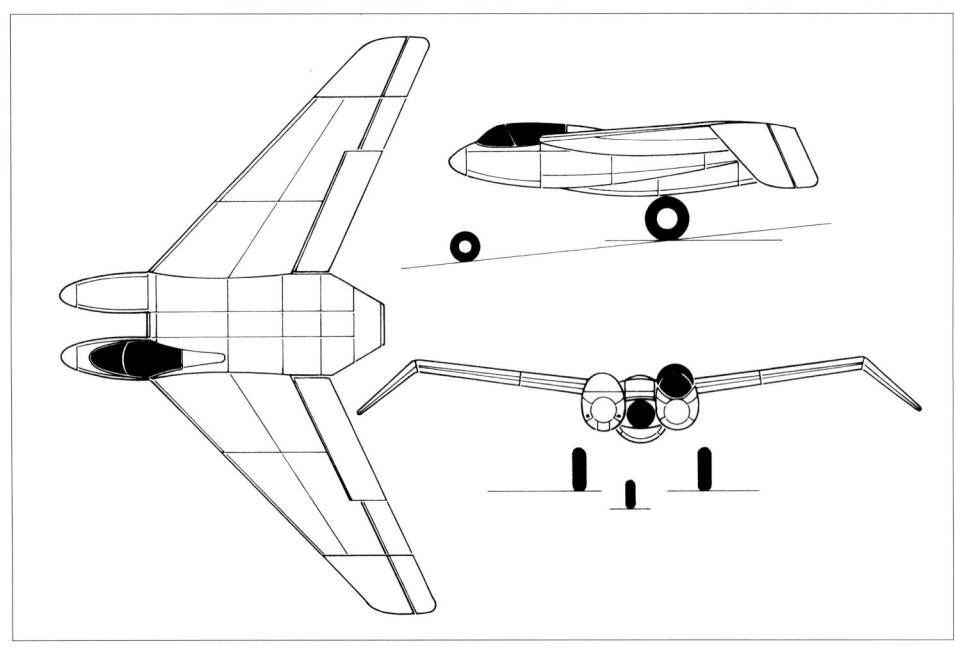

断面C＝主輪　　断面D＝燃料タンク　　断面E＝主脚　　断面F＝通信機

Heinkel He P 1078 B
1945年7月18日
HeS 011 A×1基

ラムジェット機を数種開発するが、製作されずに終わっている。
　1944年5月以降、ゼンガー教授はドルニエ、ユンカース、ヴァルターと協同でStaustrahl-Raketen-Triebwerk（"シュタウシュトラール＝ラケーテン＝トリープヴェルク" ラムジェット＝ロケット発動機）の開発に着手する。アレクサンダー・リピッシュの協力を得て60000馬力ラムジェット機の基礎図面を再設計し、Li P 14という型式名でまとめあげた。普通の主翼と尾翼による在来型の機体配置で、主翼は高アスペクト比の矩形翼だったようだ。ただしラムジェット用の石炭燃料を主翼構造に内蔵している。
　結局、この特異な計画機は、プラハ北東のチャコビツェにあるシュコダ＝カウバ社が継承した。1945年2月、設計案はSK P 14-01ゼンガー＝ロラン管搭載戦闘機（Jagdflugzeug mit Sänger-Lorin-Rohr）という呼称を付けられる。胴体中央にロラン・ラムジェットを搭載した単座戦闘機で、MK 103機関砲1門で武装し、その下方に伏臥姿勢で操縦士が搭乗した。胴体ブーム内に容量540リットル大型燃料タンク1基と150リットルの副タンク1基を収め、背部にはドーサルフィンを配した。さらに主翼に容量200リットルのタンク2基を内蔵した。翼幅7.00m、胴体長9.85mであった。海面高度における対気速度1000km/h、高度13000mで巡航速度600km/hの性能が見込まれ、絶対上昇限度18500mが可能と考えられた。若干の改良を加え出力を増強したSK P 14-02は、RATOと投棄式3輪滑走台車を用いて離陸する設計だった。着陸には胴体中央の引き込み式橇を用いた。

　キルヒハイム＝テックの技術研究所のK．ヴァール博士は、代用燃料である炭塵燃料をロラン・ラムジェットに使用する技術の基礎研究を手がけた。1945年2月、博士は少量のガソリンを助燃剤に用い、小型の改良型ダクトで1分間の燃焼試験に成功する。大戦末期の逼迫した状況で、以後の開発は打ち切られ、ロラン・ラムジェットの発展型は未完に終わった。
　このほかオーバーアマーガウのメッサーシュミット研究所も、1944年秋にMe P 1101のロラン・ラムジェット推進型を検討していた。ターボジェット・エンジンにかえて、巨大な燃焼室の大型ロラン・ラムジェット1基を搭載する計画だった。固体燃料ロケット8基が離昇推力を出し、6秒間の燃焼で最大推力1000kgを発生した。対気速度430km/hに達した時点でロラン・ラムジェットが始動し、以後の飛行の推力を提供した。3輪式降着装置の主輪間隔は量産型P 1101よりもずっと狭く、空襲を受けにくい林間まで容易に牽引していけるようになっていた。重量軽減のため、武装をMK 108機関砲2門に減じた。高度10000mまで3分で上昇できると試算された。海面高度で航続距離400km、高度10000mで速度820km/h、高度12000mで最大速度1000km/hに達すると期待されていた。Me P 1101 Lの滞空時間は50分で、他のロラン・ラムジェット機よりも優れていた。
　フォッケウルフP 188 Strahlrohr-Jäger（パルスジェット戦闘機）もまたラムジェット推進機で、GL/C番号283を交付されていた。この単座戦闘機は1944年6月に初めて提案され、公式にTa 283という呼称を与えられた。異例に長く先鋭な胴体に、

ハインケルHe P 1078-04 Bの想像図。

翼幅8.00mで急な後退角が付いた低翼を配していた。離陸重量は5400kgと試算された。水平尾翼は、両端にラムジェット推進装置1基ずつを装着し、前縁、後縁ともに後退角が付いていた。

胴体長は11.85m、操縦席は機体中央にあり、キャノピーから大型のドーサルフィン（背びれ）に至る部分はなめらかに整形されていた。2液式のヴァルターHWK 509 A-1ロケット1基を後部胴体に搭載した。武装は、携行弾数各60発のMK 103機関砲2門を機首に内蔵する計画だった。機関砲搭載部の背後に2cm装甲板の隔壁を設け、容量1400リットルのラムジェット用前部燃料タンクを保護した。操縦席後方には、さらに燃料タンク3基を設け、うち2基にはHWK 509用のC-Stoff（"ツェー・シュトッフ" C液）とT-Stoff（"テー・シュトッフ" T液）[訳注26]を搭載した。ヴァルター離陸用ロケットは約3300kgの推力を発生した。33秒間の燃焼で離陸及び加速する設計だった。残存燃料は、進入に失敗した際に加速して着陸復行し、もう1周回して再進入するための予備に十分な量であった。フォッケウルフは、海面高度で最大速度1100km/h、高度11000mでは最大速度955km/h、滞空時間43分で航続距離700kmの性能諸元を試算している。

航空省は、Ta 283の開発遅延で計画続行に支障をきたすことを懸念し、結局1944年秋に計画を破棄した。

ハインケルもまたラムジェット推進戦闘機He P 1080.01を開発しており、これは同社の計画機としては末期のもので、1945年初頭に詳細設計がおこなわれた。両翼の翼根にラムジェットを1基ずつ内蔵した単座戦闘機であった。主翼には急な後退角が付き、翼幅8900mm、翼面積20.00㎡、垂直尾翼と方向舵が一組あったが、水平尾翼はなかった。現存する図面から判断すると、ラムジェットはゼンガー型のようで、全長8150mm、燃焼室径1.50mであった。推力各1000kgのRATO装置4基によって離昇に必要な加速を得た。4基の補助ロケットのうち2基は離陸用滑走台車に装着し、他の2基は主翼下に懸吊した。まず台車の補助ロケット2基を用いて滑走し、燃焼が終わった時点で翼下の2基を点火、さらに浮揚速度まで加速して離陸し、燃焼に必要なラム圧の対気速度に達してからロラン・ラムジェットを始動する。ハインケルはHe P 1080が成層圏飛行に最適だと考えていたが、先進型ロラン・ラムジェットを満足に試験もできないまま終戦を迎えた。

He P 1080の操縦席は機首最前部、大型の胴体燃料タンク1基の前方にあった。武装は、MK 108機関砲2門を操縦席の両側低位置に装備しているだけだった。着陸には胴体中央に装着した引き込み式橇を用いた。

パルスジェットとターボジェットの複合推進戦闘機として検討された設計案は、わずか2種しかなかった。その一方が、Fw Jäger mit 2 Lorin-Triebwerken und 1 TL（ロラン・ラムジェット2基及びターボジェット1基推進戦闘機）だった。現存する報告書1通からは全体計画の断片しか窺い知れず、簡単な記述によれば、Ta 283計画機を複雑にした変型だったようだ。

このHe 162 A-2（機体番号120001）はハインケルのロストック・マリーエンエーエー工場で製造された1号機である。1945年3月25日、初飛行をひかえて準備中の姿。未装着のMG 151/20機銃2挺のかわりに、バラストの砂袋2個を風防前方に置いている。

Arado Ar E 580
1944年9月12日
BMW 003 A×1基

　アラドE 580は国民戦闘機競作の初期の候補になった小型機である。金属と木材を併用した構造で、機首上部の3cm機関砲2門で武装する設計だった。結局、航空省はアラドの応募作を却下する。空気取入口の位置が性能を阻害するおそれがあるというのが、おもな理由だった。

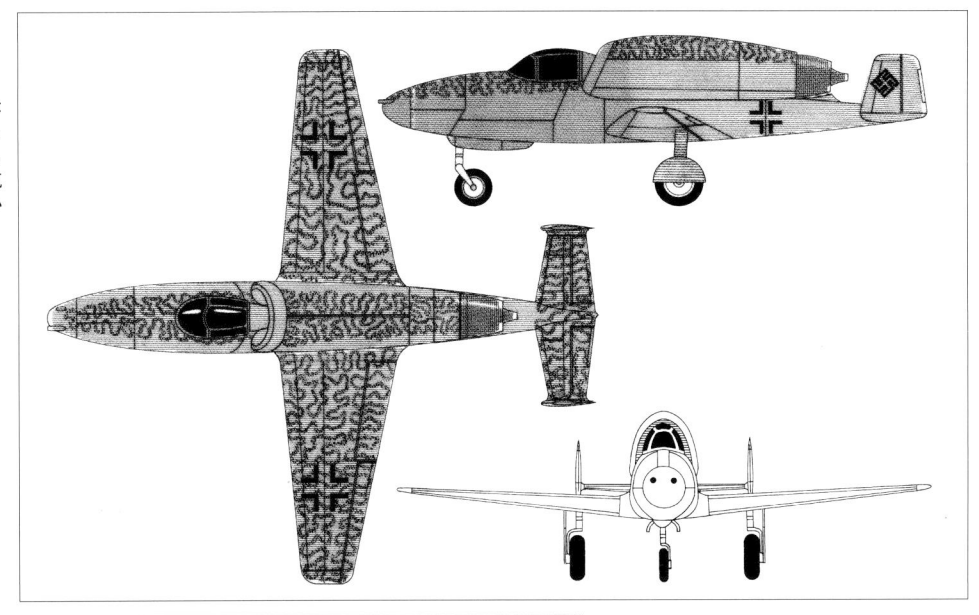

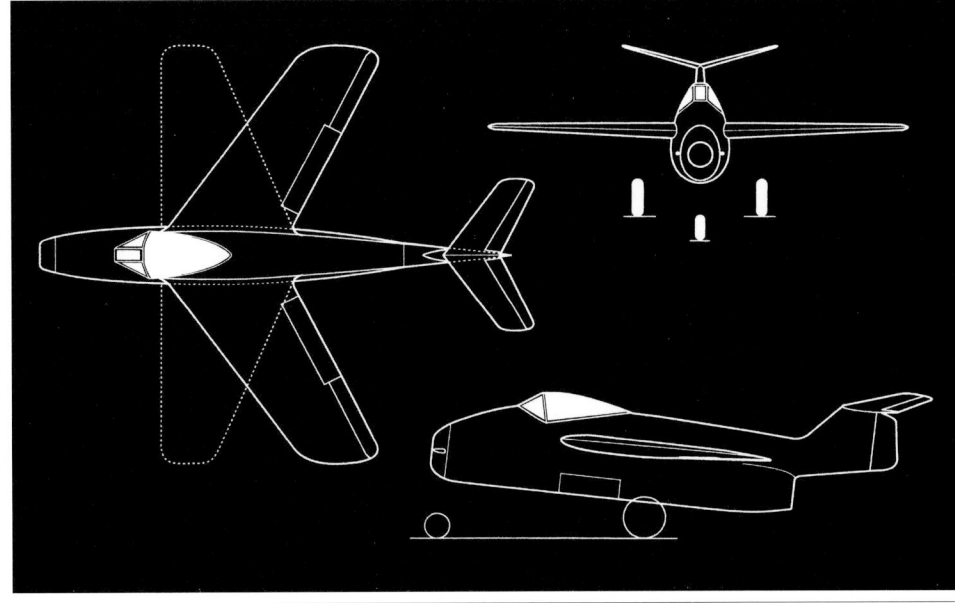

Focke-Wulf Volksflugzeug
1944年9月20日
BMW 003 A×1基

　フォッケウルフは国民戦闘機競作に1944年9月20日設計のFw Volksflugzeug（"フォルクスフルークツォイク" 国民飛行機）で応募する。この計画機は中翼配置の後退翼または前縁が一直線の主翼の設計で提案された。BMW 003で推進、3cm MK 108機関砲2門で武装し、全備離陸重量は2900kgとなる予定だった。

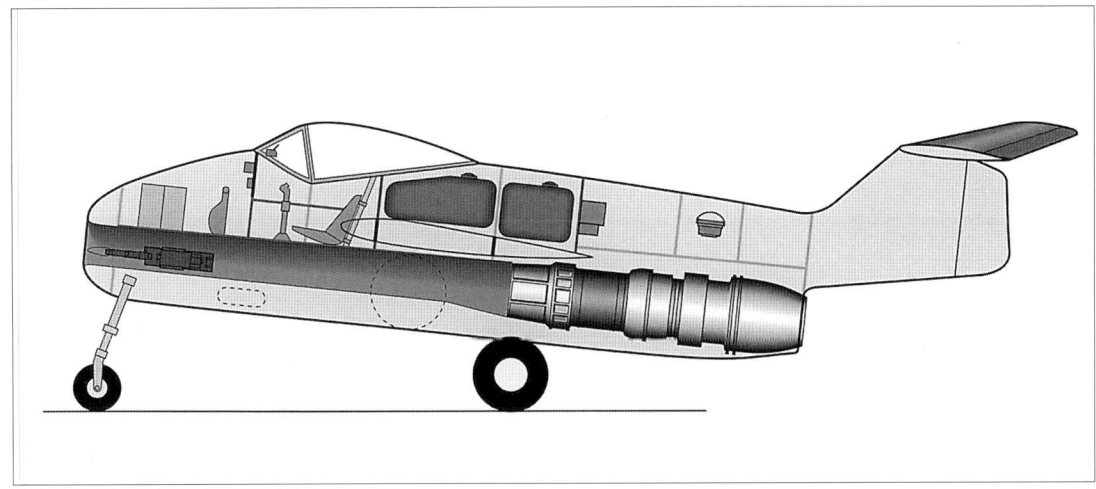

Fw Volksflugzeug
（国民飛行機）

英軍はレック飛行場で多数のHe 162 A-2を鹵獲している。この『白の20』もそのうちの1機である。独特の迷彩から、本機がバルト海沿岸のマリーエンエーエーにあるハインケル社工場で製作されたことがわかる。

治具上で組み立て中のHe 162の胴体。ドイツ南部、メートリンクに近いヒンターブリュールのハインケル社地下工場内で1945年春に撮影したもの。前部胴体の下部である。

これもヒンターブリュールの組立てラインの写真である。He 162の胴体の組立てが進んでいる。この地下工場はもともと石膏採掘所で、洞内には世界最大の天然地下湖もあった。大戦中、ポンプで多量の湖水を汲み出してHe 162の生産ができるようにしていた。

分解運搬中のHe 162 A-1、第1戦闘航空団第3中隊（3./JG 1）所属の『黄の5』号機である。ノルトハウゼンのミッテルヴェルケで製造されたもの。機首横にはJG 1を構成する3個飛行隊（グルッペ）すべての部隊章を描いてある。

ヒンターブリュールにはこのような坑道が多数ある。これは現在の写真。なかには1945年以来、煉瓦で塞がれたままのものもある。向こう側には何があるのだろうか。

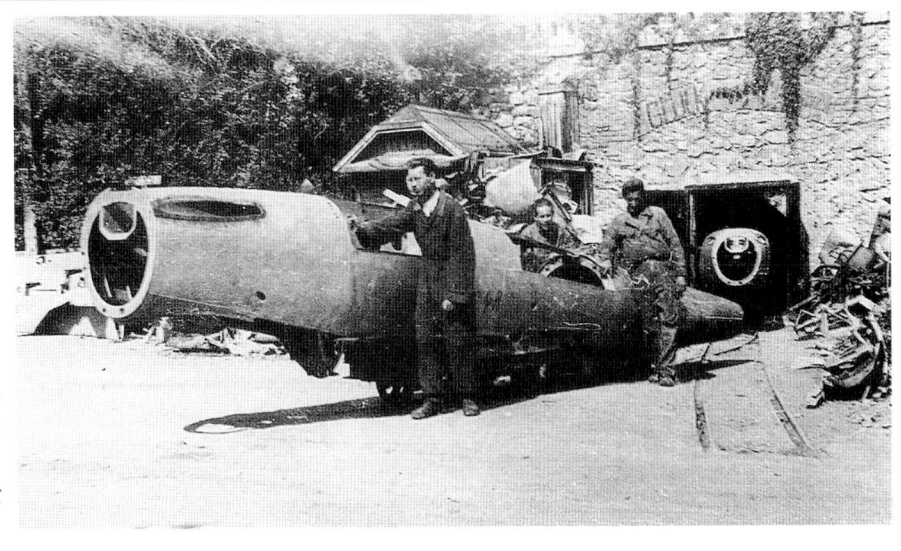

戦後、ヒンターブリュールのトンネルから航空機と部品を撤去した。この写真は、台車で搬出した未完成の胴体を白日のもとにさらしているところ。ソ連進駐軍が破壊するまで、出口にむかう道路には、搬出した胴体が列をなしていた。かつてこの場所で製造した航空機の名残は、今日、ほとんど見られない。

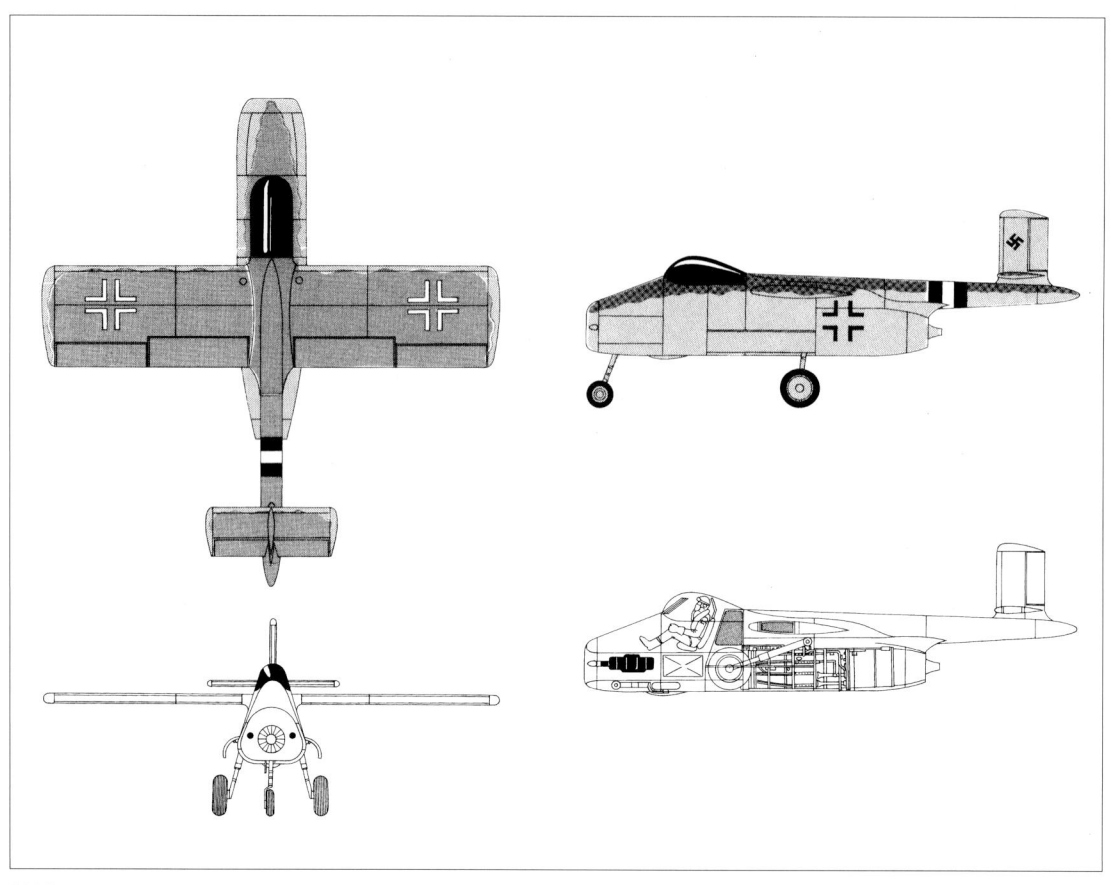

BV P 211.02
1944年9月29日
BMW 003 A 1 × 1 基

製造工程図 2
（右から左に）第 5 工程 → 第 8 工程

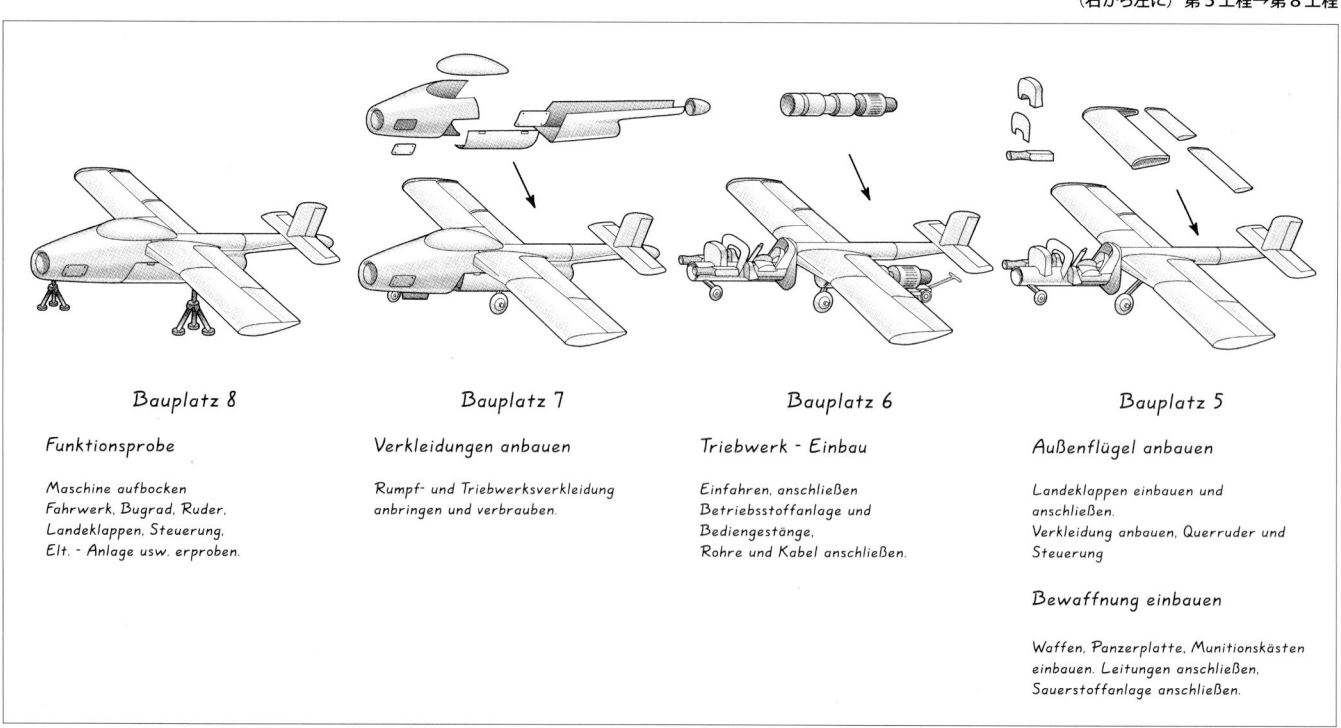

Bauplatz 8

Funktionsprobe

Maschine aufbocken
Fahrwerk, Bugrad, Ruder,
Landeklappen, Steuerung,
Elt. - Anlage usw. erproben.

Bauplatz 7

Verkleidungen anbauen

Rumpf- und Triebwerksverkleidung
anbringen und verbrauen.

Bauplatz 6

Triebwerk - Einbau

Einfahren, anschließen
Betriebsstoffanlage und
Bediengestänge,
Rohre und Kabel anschließen.

Bauplatz 5

Außenflügel anbauen

Landeklappen einbauen und
anschließen.
Verkleidung anbauen, Querruder und
Steuerung

Bewaffnung einbauen

Waffen, Panzerplatte, Munitionskästen
einbauen. Leitungen anschließen,
Sauerstoffanlage anschließen.

BV P 211.02はきわめて単純な設計で、国民戦闘機の仕様を容易に満たしたが、政治力やその他の事情のためハインケルの応募作に敗れた。これは胴体の中核となる鋼製構造で、構成品2部分からなっている。吸気ダクトは下部の構成品で、上部の構成品は胴体の脊椎（縦強力材）の基部と主翼接合部である。41ページに示す初期型のBV P 211.01と比較されたい。

製造工程図1
（右から左に）第1工程→第4工程　8段階からなるBV P 211の組立工程を図示したもの。

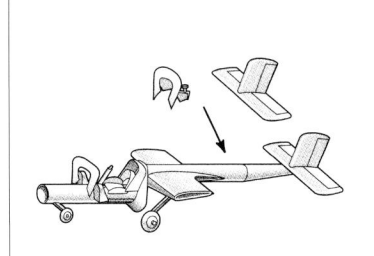

Bauplatz 4

Hecklertwerk anbauen

Ruder anschießen

Gerätebrett m. Bedienbank einbauen. Geräte Bedienhebel Sauerstoffanlage etc. sind bereits montiert, werden nur angeschlossen. Kabel verlegen und anschließen.

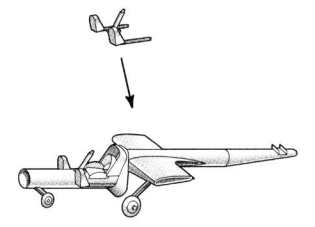

Bauplatz 3

Steveerung einbauen

Knüppel u. Fußpedale einbauen. Umlenkhebel anbauen Stoßstangen einführeren u. anschließen.

Ausrüstung u. Geräte

die nicht im Gerätebrett u. Badianbank eingebout Werden, anbuen.

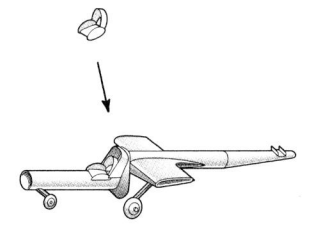

Bauplatz 2

Betriebsstoff - Anlage einbauen

Rohre u. Schläuche verlegen Ventrile u. Geränbauen u. anschließen

Führersitz einbauen.

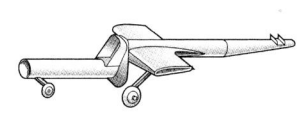

Bauplatz 1

Fahrwerk u. Bugrad einbauen

Wagen günstiger Arberts höme Fahrwerk ha...
Oeldruckanlage einbauen...

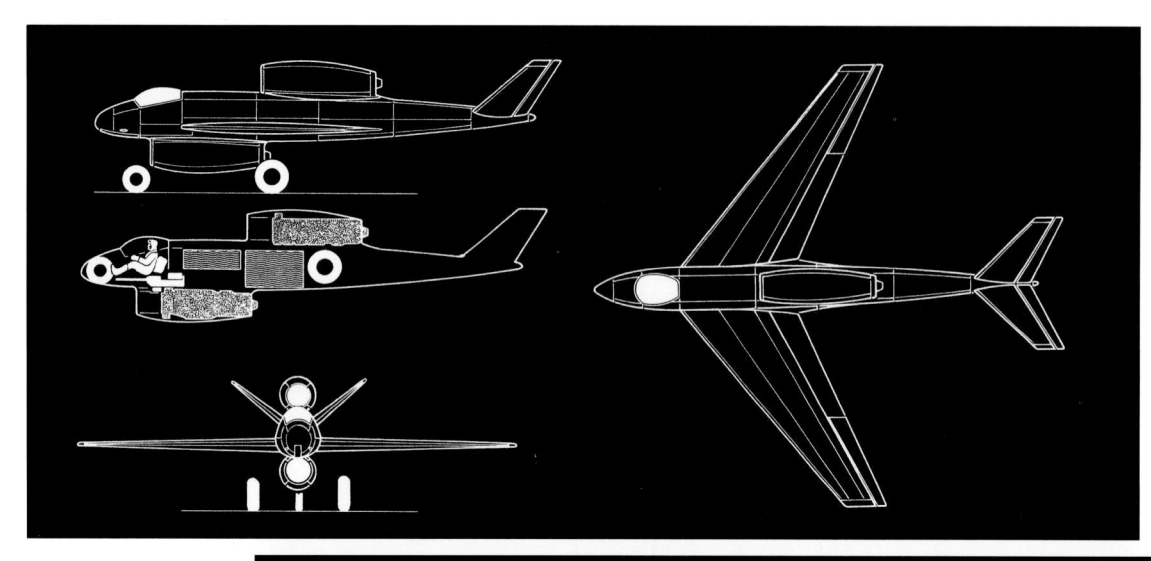

He P 1073.12
1944年
HeS 011 A × 2基

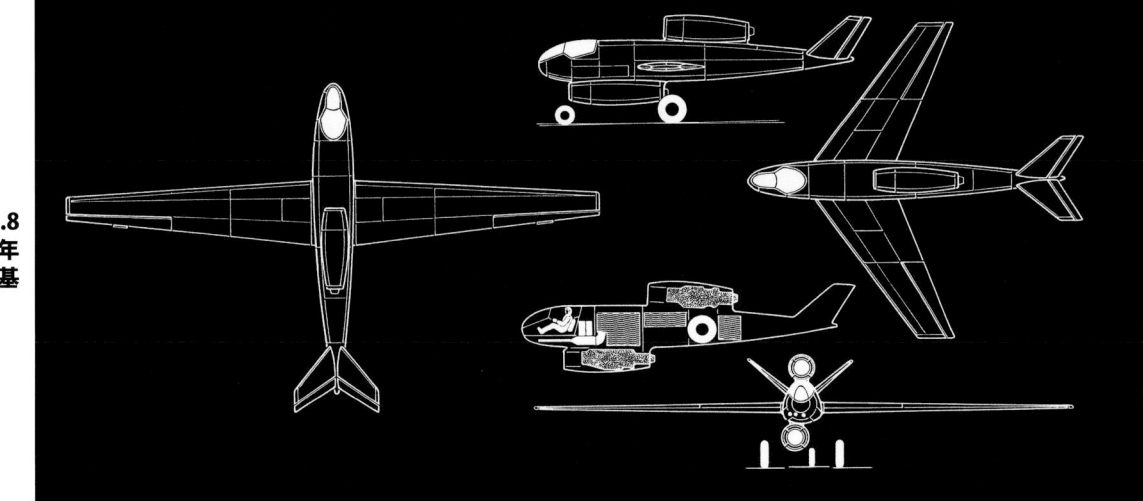

He P 1073.8
1944年
HeS 011 A × 2基

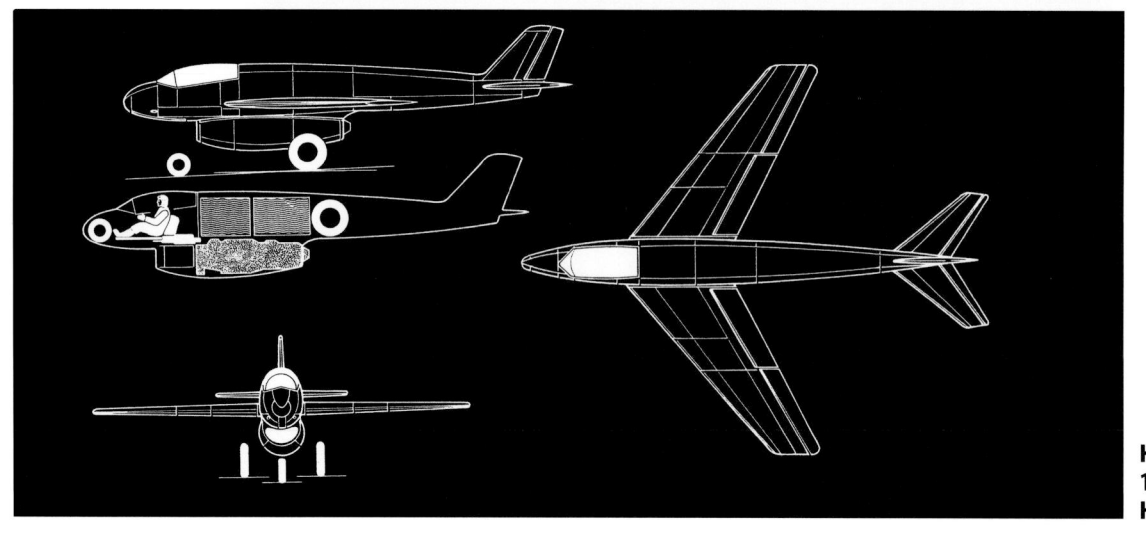

He P 1073.13
1944年
HeS 011 A × 1基

ユンカースが国民戦闘機競作に応募して落選した計画機の同社製模型。Ju EF 123または124のものだろう。ユンカース案は単純な上翼配置の設計で、ブローム・ウント・フォス案に似ていたが、ジェットエンジンの位置はずっと前方で、むしろフォッケウルフP 1（26ページ参照）に近い。

　第2の設計案は、オイゲン・ゼンガーとドイツ滑空研究所（DFS）のW．ペーターゾン技官及びW．ルングシュトラス技官が開発したもので、Me 262 A-1 mit Lorin-Zusatzantrieb（ロラン補助推進付Me 262 A-1）という呼称だった。1944年遅く、オーバーアマーガウのメッサーシュミット計画室は、ターボジェット2基の上部にロラン・ラムジェット2基を装着することでMe 262の性能向上が可能か、バイエルン州バート・ライヘンハル近くのアインリングにあるDFSに調査を依頼した。ラムジェットから得た追加推力により、上昇率と実用上昇限度を向上できると期待していた。ロラン・ラムジェット2基を装着する改修費がきわめて高額になることは明らかだったが、ペーターゾンとルングシュトラスは構想の利点を確信し、Me 262を1機、試験用に早急に用意するよう要請した。

　ロラン・ラムジェットは重量が各250kgあり、2基をMe 262に搭載するには、ユモ・ターボジェット2基の上方、主翼上に装着するのが唯一の現実策だった。離陸速度まで加速するのに、推力各500kgのRATO装置2基を使用することになっていた。ターボジェット2基を最大推力で運転して、離陸滑走距離は1065mが必要だった。ペーターゾンとルングシュトラスは、わずか6分で高度10000mまで上昇でき、絶対上昇限度は15000mと試算した。1945年2月上旬に追加の試算を行い、高度8000mで最大速度873km/hが可能だと確認している。

　ロラン・ラムジェットの生産量が不十分で、また複合推進機の性能が、おそらく空軍総司令部の戦闘性能要求を下回るだろうと予想され、数週間後に以後の開発は打ち切られた。

【原注】
25）インパルスダクトまたは空気熱力学ダクト（athodyds = aero thermodynamic duct）とも呼ばれる。
26）V 1有翼爆弾の有人型にはFi 103 Re 1（単座、無動力）、Fi 103 Re 2（複座、無動力）、Fi 103 Re 3（複座、パルスジェット推進）、そして装備化されたFi 103 Re 4（単座、パルスジェット推進）があった。

【訳注】
25）Flugkapitän（"フルークカピテン" 機長）は高い技倆の民間操縦士の名誉称号である。
26）原文ではS-StoffとT-Stoffになっているが、S-StoffではなくC-Stoffが正しい。C-Stoff（C液）は2液式ロケットの推進剤で、メタノール（メチルアルコール）57％、抱水ヒドラジン27.6％、水15.4％の混合液1リットルに対して、触媒としてシアン化銅酸カリウム0.6gを添加した組成だった。T-Stoff（T液）は高濃度の過酸化水素水である。なおS-Stoff（S液）はSalbei K（ザルバイK）と呼ばれた硝酸系の酸化剤である。Salbei Kの組成は硝酸96％と酸化鉄4％だった。硝酸系酸化剤はSalbei（サルビアの意）という符牒で呼び、ほかにSalbei 98という呼称の99％濃硝酸、およびSV-Stoff（SV液）という硝酸90％と硫酸10％の混合液があった。これらはすべて劇薬である。

■ロケット推進単座戦闘機

　有名なメッサーシュミットMe 163コメート以外に、ドイツのロケット推進単座戦闘機（原注27）で終戦までに実戦配備段階に達した機種はない。リピッシュ博士はロケットに主推進装置としての価値を認め、初期の設計案数点にロケットを採用している。その後の開発段階において、これらの構想の多くは徹底検証され、やがてMe 163 B、C、D各型のコメートとして結実する。

　ごく初期のロケット推進戦闘機開発計画として、リピッシュLi P 01-114があった。翼幅わずか6.50mの、極小機であった。一般外形図は1940年7月19日に完成している。幅の狭い胴体内に容量735リットルの大型燃料タンクを設けた設計だった。ロケット推進装置を後部胴体内に搭載し、ドーサルフィン（背びれ）の下方に燃焼室を配した。

　より大型のLi P 01-117邀撃機は1941年7月に開発され、与圧式操縦室に操縦士が伏臥姿勢で搭乗した。MG 151/20機銃4挺を操縦席まわりの前部胴体に搭載する設計だった。燃料タンク2基を胴体中央に置き、2液式ロケットモーターを後部に配した。離陸重量と翼面荷重はLi P 01-114よりも大きく、これは主として武装と弾薬の重量増加によるものだった。

　1941年8月上旬、リピッシュはロケット推進戦闘機2種の追加提案を行う。Li P 01-118と-119である。ともに武装は前方発射のMG 151/20機銃で、Li P 01-118は2挺、Li P 01-119は4挺を搭載する。胴体内に大型の燃料区画を配し、搭載予定のロケットモーター1基は作戦行動半径を延伸するため2個に分割した燃焼室を備えていた。両案は共通部分もあったが、操縦席の配置などがかなり異なっていた。

　このP 01-119から発展したLi P 05は、胴体長を7.60mまで伸ばして燃料搭載量の増加を図った計画機である。リピッシュの設計は燃焼室が3個あるロケットモータ1基を用いるもので、うち2個を使用して戦闘高度まで離昇するという運用構想だった。翼幅も12.00mまで広がっている。両翼下には一対のエアブレーキを備えていた。通信装置に小改修を施した以外は、P 01-119と同様の武装と艤装だった。設計は1941年8月末に完成したが、複雑な推進装置が災いし、やがて破棄されてしまった。

　有名なMe 163邀撃機の開発は極秘計画Projekt Xとして始まり、そこから発展して、やがてMe 163 Aとなる設計に変遷した。工学博士アレクサンダー・リピッシュ教授は、メッサーシュミットのアウクスブルク工場の一角にあったAbteilung L（"アプタイリングL" L部）の部長職にあった。リピッシュは、信頼性の高い実験データを得て設計向上の精度を上げるため、ロケット推進のDFS 193を使用することを決めた。1940年8月、高名なテストパイロット、ハイニ・ディットマーがDFS 193の試験飛行に成功する。この試験飛行などの結果、国家研究統帥部はMe 163開発の積極推進を勧告した。

　コメートの試作原型1号機、Me 163 V4（KE+SW）は、

もと第1戦闘航空団第1中隊（1./JG 1）のHe 162 A-2『白の4』号機。カッセルに移送後の写真で、米陸軍士官が座席を検分している。米軍は、本国への移送対象として優先度の高い鹵獲機をカッセルに集積した。He 162は、BMW 003エンジンが胴体背部にあるので、修理や交換が容易だった。

双発のBf 110 Cの曳航により、1941年2月13日に飛行試験を開始した。試作原型機は総計10機が完成している。

Me 163 V4	製造番号0001	KE+SW
Me 163 V5	製造番号0002	GG+EA
Me 163 AV6	製造番号0003	CD+IK
Me 163 AV7	製造番号0004	CD+IL
Me 163 AV8	製造番号0005	CD+IM
Me 163 AV9	製造番号0006	CD+IN
Me 163 AV10	製造番号0007	CD+IO
Me 163 AV11	製造番号0008	CD+IP
Me 163 AV12	製造番号0009	CD+IQ
Me 163 AV13	製造番号0010	CD+IR

　ロケット機の開発計画と同様に、将来ロケット機に搭乗する操縦士訓練も非常に重要だった。ヴァルター HWK R II 203 A/Bロケットモーターで推進するMe 163 A-0先行生産型10機を訓練に使用する前に、技術上の問題多数を解決しなければならなかった。1942年10月5日、第16実験特務隊（Erprobungskommando 16 = EK 16）がペーネミュンデ＝ヴェストで創設され、ロケット邀撃機の特殊な飛行可能領域に合わせた戦法の開発を担った。Me 163 Aの一部をいわゆる空飛ぶ実験台に用いて、RZ 65 Rauchzylinder（煙管の意→**訳注27**）ロケットなど多様な兵装や、MG 151やMK 108など在来型の航空火器の適合性を評価した。1945年初頭、Me 163の一機（Me 163 V5か）が改修を受け、左右の主翼下面にR 4 M空対空ロケット弾12発ずつの懸架装置が装着された。R 4 Mの装着が成功したか、あるいは試験用に他の機体も追加されたかは不明である。

　Me 163 Aは、本質において、Li P 01-111から-119までの広範な開発計画の一環をなしていた。1941年秋には、アレクサンダー・リピッシュは、コメートの量産型の最終設計を提出した。リピッシュはこの量産型にLi 163 S（SはSerienherstellungすなわち量産の略）という呼称を付けていて、これが型式名Me 163 B量産型（**原注28**）となった。航空省から受注して、B型の量産は1941年10月上旬に始まった。初回バッチの70機分は、メ

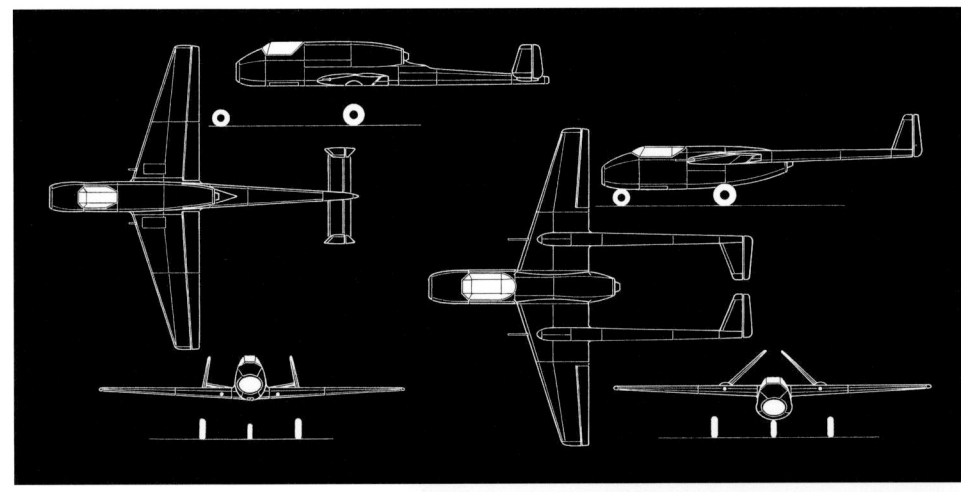

BMW TL-Jäger Ausführung C
1944年10月25日
BMW 003 A×1基

BMW TL-Jäger Ausführung A
1944年10月25日
BMW 003 A×1基

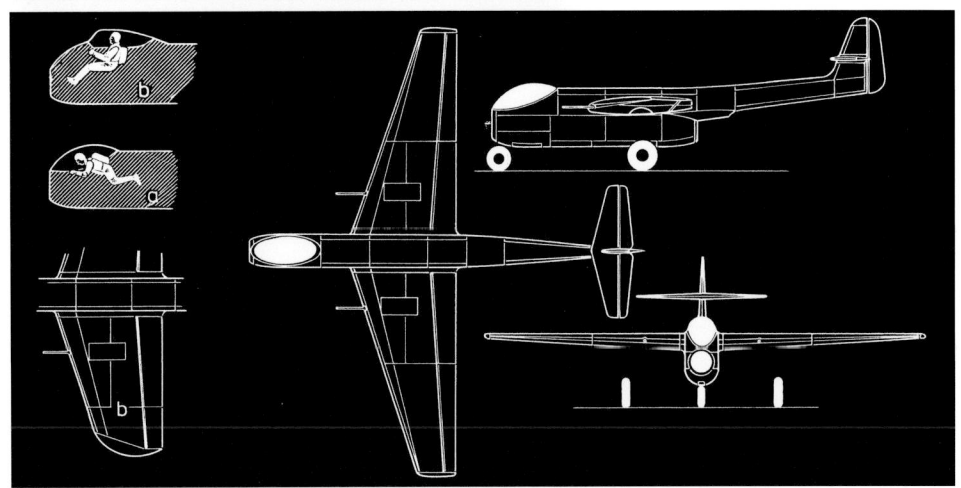

BMW TL-Jäger
1944年11月3日
HeS 011 A×1基

ッサーシュミットのレーゲンスブルク工場で機体を生産する予定だった。この70機は、B型の先行量産機（B-0機）であり、同時に原型機（BV1-BV70）という位置付けであった。量産B型第23号機、Me 163 BV23（GH＋IB）以降は、ベブリンゲンのクレム社がロケットモーターの装着を担当することになり、その1号機は1942年6月10日に飛行試験を始めた。ヴァルター社製HWK RII 211ロケットモーターの信頼性が低く、相当の遅延が生じた。そこでBMWは、ヴァルターのHWK RII 211から自社製BMW P 3390 Aに換装するよう提唱し、P 3391モーターの開発を早める措置を早急に講じた。あらゆる努力にもかかわらず、ロケットモーターの開発は当初の予想よりも大幅に遅延し、Me 163 B型原型1号機（VD＋EK）など一部の原型機は、無動力の高速滑空機として飛行試験を受ける羽目になった。

ペーネミュンデ実験場の将校らはコメートを認めず、以後の試験を即時中止してMe 163 Bの量産を打ち切るよう、極秘報告書で具申した。反対の理由は、貧弱な滞空時間と、開発中に頻発したエンジン故障だった。しかし、ロケットモーターは徐々に信頼性を高め、コメートの実戦配備成功に大きな期待が寄せられるまでになった。

改善したヴァルター推進装置は、最初の1基が1943年6月17日に引き渡され、Me 163 BV21（製造番号310030、VA＋SS）が6月24日にロケット推進で初飛行を行った。同機はほどなく飛行速度700km/hを達成する。1943年12月、増加試作機がペーネミュンデに到着した。のちに大半はレヒフェルト、さらにバート・ツヴィシェナーンへ移送されて、技術上の問題の対策を講じられたが、このために部隊配備が遅れた。1944年夏、最初

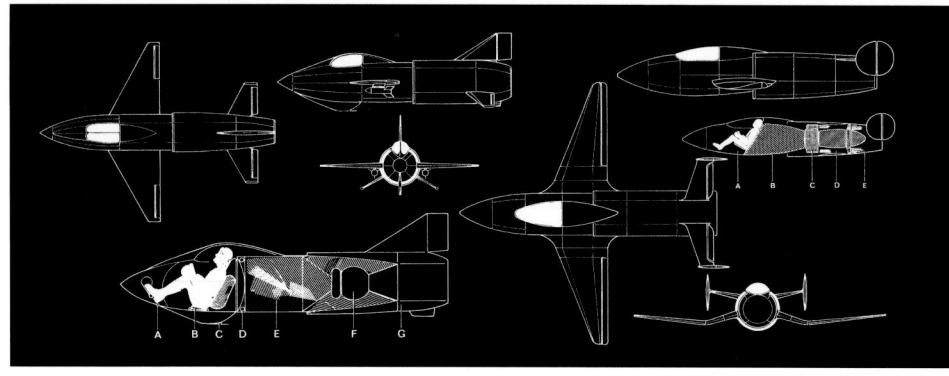

オイゲン・ゼンガーは、ロラン・パルスジェットの最適な製造方法を模索して、試験を数回行った。この写真は、試作品をオペル・ブリッツに搭載して試験しているところ。1944年、ドイツ南部で撮影。

Stöckel Rammrakete（左）
1944年8月20日

Stöckel Raketenjäger（右）
1944年8月25日

の部隊、第400戦闘飛行隊第1中隊（1./Jagdgruppe 400）がMe 163 Bで実戦態勢についた。

この時すでに、航空省主導でMe 163 Bの大量生産が始まっていた。メッサーシュミットはMe 262量産で余力がなかったため、航空省は大企業ユンカースにB型の生産管理を委ねた。小規模な協力工場多数を動員すればMe 163 Bを大量に生産できると期待されたが、部品不足のためユンカースは生産計画を達成できなかった。Me 163 B型は全部で6種類の変型を生産する計画であった。

Me 163 B-0
V1からV70までの70機で、レーゲンスブルクで組み立てられた。HWK 509 Aで推進し、V45までMG 151/20機銃2挺、V46からV70まではMK 108機関砲2門で武装していた。通信機はFuG 25aとFuG 16 ZY。

Me 163 B-0/R1
20機がMe 163 B-0の補完としてベブリンゲンのクレムで製造された。Me 163 B-0 V46からV70までと同様。

Me 163 B-0/R2
30機がベブリンゲンのクレムで製造された。B-0と同様だが、設計図163 F510とF511に基づき、設計変更された163 B-1量産型用の主翼を用いている。

Me 163 B-1
量産用に諸元を改訂後に約390機をベブリンゲンのクレムで生産する予定だった。武装はMK 108機関砲2門、通信機はFuG 25aとFuG 16 ZYのままであった。エンジンは巡航燃焼室を備えたHWK 509 B-1に変更されていた。

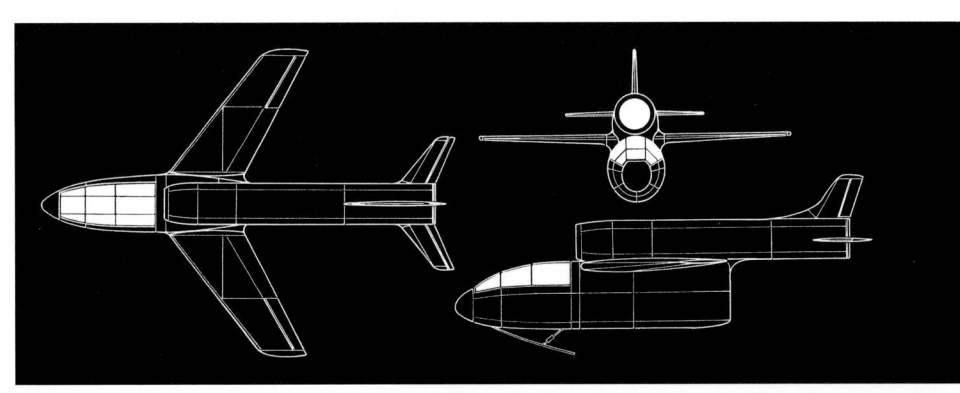

Me P 1079/1
1941年
パルスジェット×1基
静止推力500kg

Me P 1079/13b　1941年5月
パルスジェット×2基
静止推力1000kg

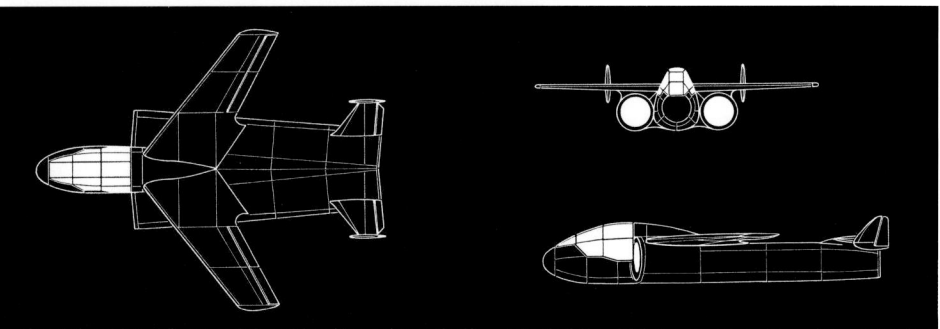

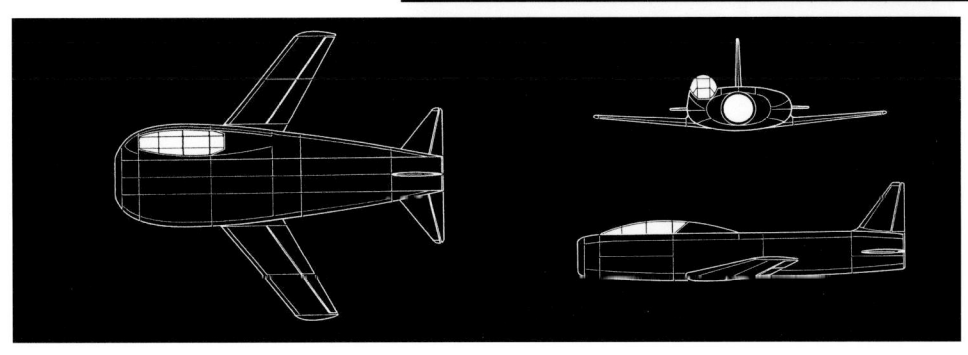

Me P 1079/15
1941年5月
パルスジェット×1基

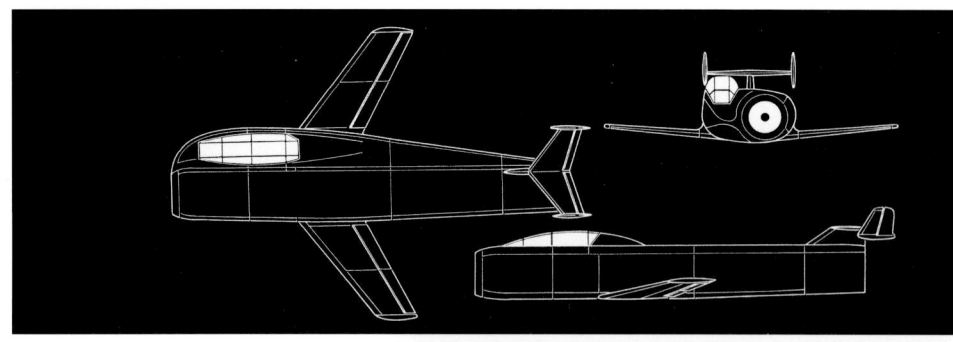

Me P 1079/16
1941年6月
パルスジェット×1基

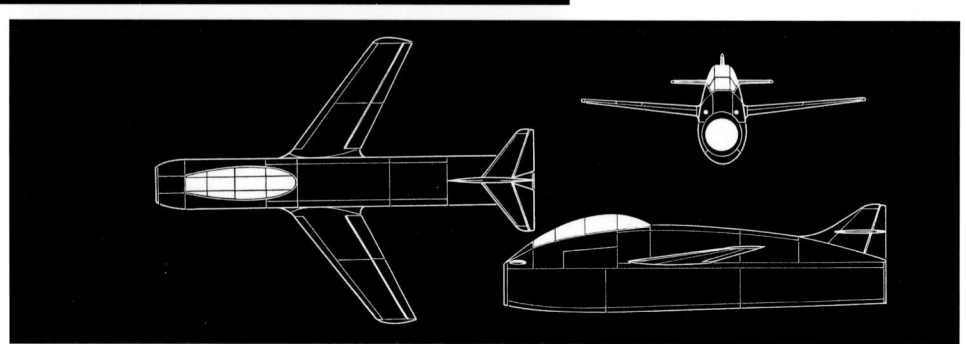

Me P 1079/51
1941年6月
パルスジェット×1基

BV P 213.01
1944年11月10日
As 014パルスジェット×1基

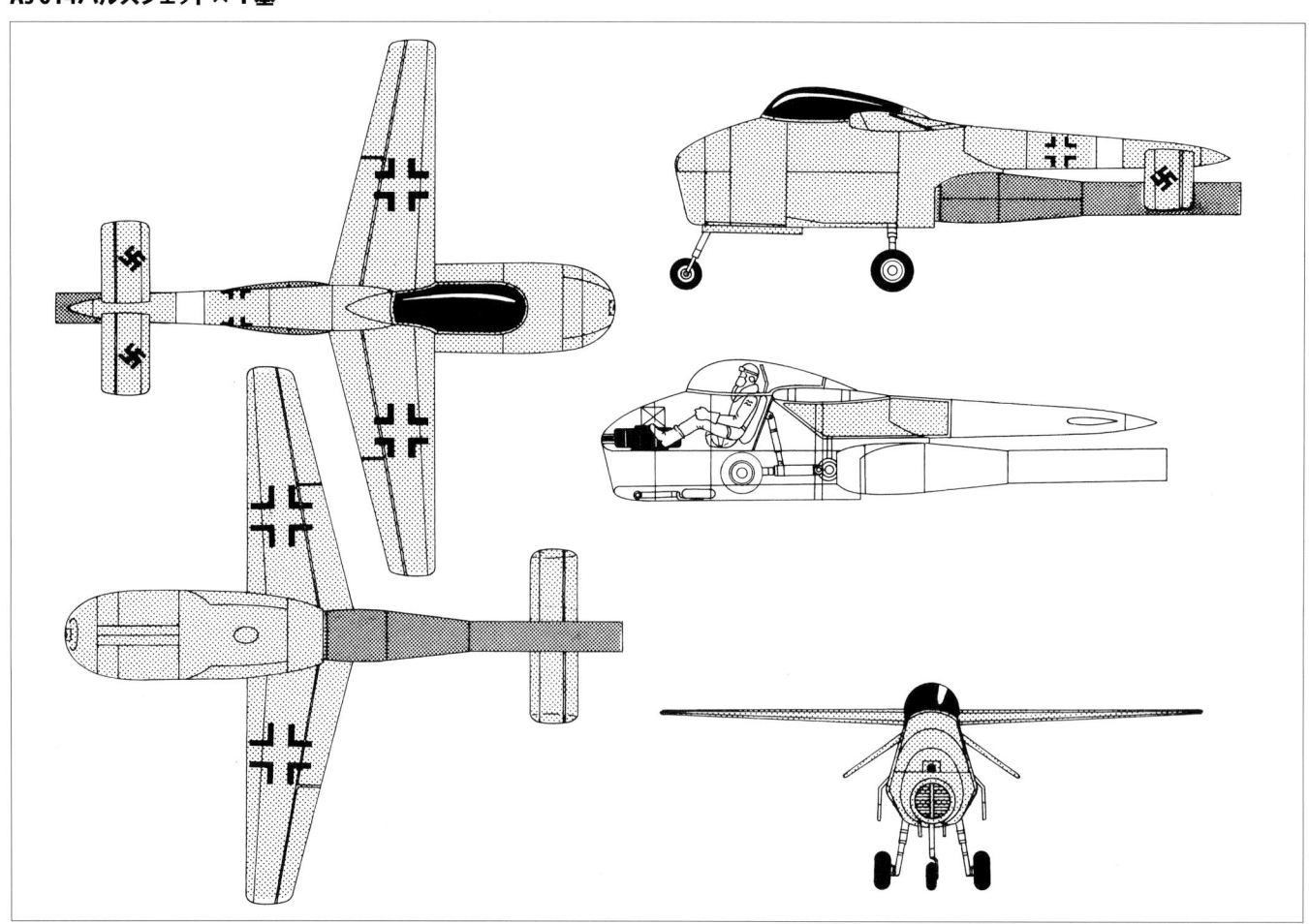

Me 163 B-1/R1
70機が発注されている。胴体前部はB-0と同様、垂直尾翼と方向舵以外の胴体後部がB-1の部品構成だった。主翼は設計図F510とF511に基づくB-1標準型を使用。エンジンは巡航燃焼室付HWK 509 B-1。武装と通信機は変更なし。

Me 163 B-2
ベブリンゲンのクレムで生産する標準量産型。標準武装はMK 108機関砲2門、通信機はFuG 25aとFuG 16 ZY。エンジンは巡航燃焼室のないHWK 509 Bだった。

　上述の内容は1944年4月26日付のメッサーシュミット社内文書から抜粋したものだが、B-1は何機が実際に完成したのか、あるいはB-2は総計で何機を生産する計画だったのか、どこにも明示していない。しかし、1945年までにコメートは総計364機が量産されたという推計がある。ほとんど全機が巡航燃焼室のないエンジンを搭載していた。ヴァルター社の工場でHWK 509 Bエンジンを大量生産できる見通しがたたなかったため、副燃焼室なしで部品から組み上げるという措置がとられていた。

　Sonderkraftstoff（"ゾンダークラフトシュトッフ" 特殊燃料）C液とT液の不足のため、Me 163の実戦配備は限られていた。開発計画に重点をおかれたが、コメートが実戦で撃墜した米重爆の機数はそれほど多くない。ちなみにMe 163の一部はSG 116やSG 117などの多様な新兵器を装備していた。またSG 500も試験されたが、これもまた多数が配備されることはなかった。

　Me 163 B邀撃機の設計を完了したリピッシュは、性能を向上させた戦闘用航空機を提案した。これが新系列Me 163 Cで、速度と滞空時間が増大していたが、依然として着陸には胴体中央の橇を用いた。この制約のため、着陸後に駐機場まで回収するのが困難で、敵襲に対して脆弱であった。武装はMK 108機関砲を最大4門まで強化し、2門ずつ翼根に内蔵した。のちに武装はMK 108機関砲2門とMK 103機関砲2門に変更した。双燃焼室のHWK 509 C型ロケットが標準仕様だった。1944年3月末、オーバーアマーガウではMe 163 Cの原型4機が製造中だった。量産型Me 163 Cは、滞空時間約19分で、速度約600km/hで9.75分間の動力飛行が可能であった。

　Me 263など次世代ロケット邀撃機がはるかに優れているという認識はあったものの、Me 163 Cの開発は続いた。1944年9月19日、Me 163 Cは多岐にわたる飛行試験の日程を終了する。しかしユンカースのデッサウ工場の生産能力の限界のため、原型の4機はオーバーアマーガウに戻された。大戦末期にどのような末路をたどったか、信頼できる記録はない。

　Me 163 Dは、事実上Me 163 B系列の延伸型で、胴体を延長して燃料搭載量の増加を図った提案だった。Me 163の開発が終わったため、D型の設計作業は打ち切られた。さらに新型のMe 263は、航続距離と滞空時間が増大し、引き込み式降着装

Heinkel He P 1077 Romeo II
1944年10月15日
アルグスAs 044パルスジェット×1基

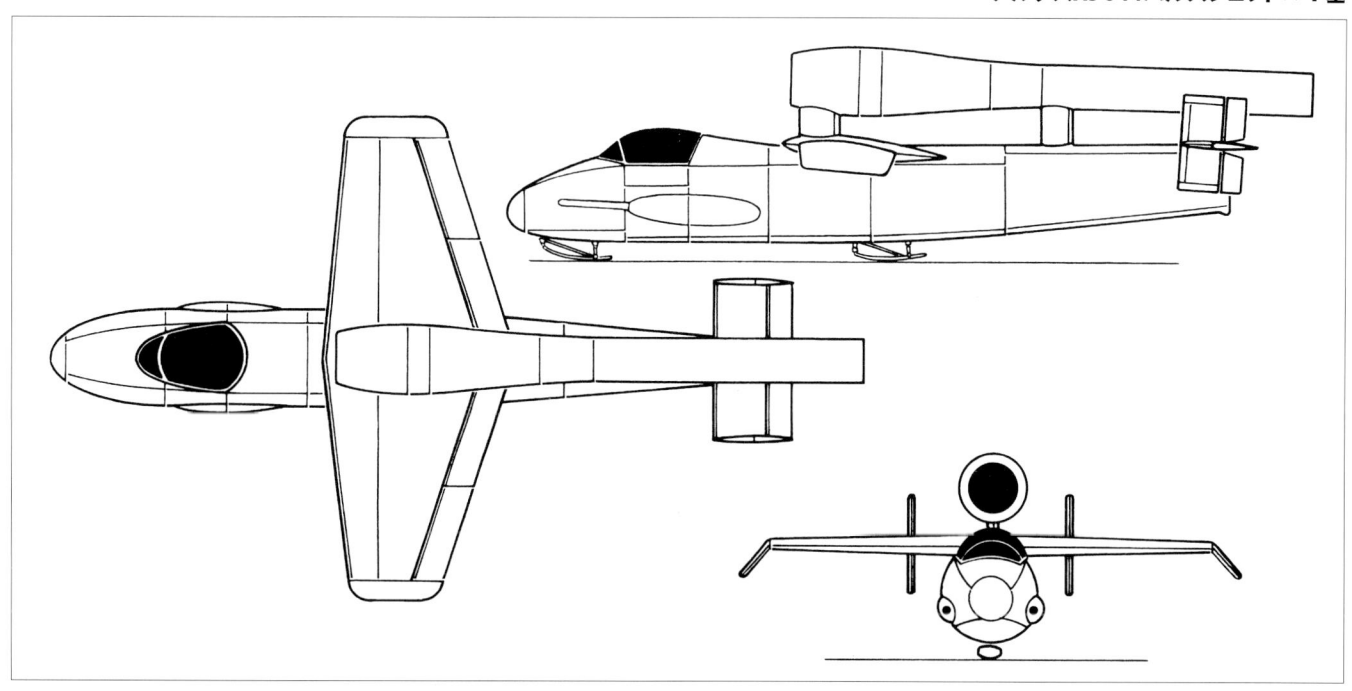

置を備えていた。新型の双燃焼室ロケットを搭載した試作機、Me 163 BV13（VD＋EV）とBV18（VD＋SP）の２機が試験飛行した。BV18は1944年12月から1945年２月までの期間に飛行評価試験を行っている。一方BV13は、ライプチヒ近くのブランディスで1945年４月16日に連合軍に鹵獲された。

　Me 263系列のロケット推進邀撃機原型の開発は、主としてユンカース社の技術陣が担当した。この型式は航空省からJu 248という型式名を交付され、基本設計はMe 163 Cと同一だったが、完全な引き込み式降着装置を備えていた。Ju 248 V1（製造番号381001、DV＋PA）は、より細身で砲弾形の胴体で、空力特性が向上している。装甲板で操縦士を堅固に防護していた。与圧式操縦室を主胴体にボルトで固定し、後部胴体は分離可能になっていた。胴体はセミモノコック構造で、３個の主要部分に分かれていた。ヴァルターHWK 509 Cロケットモーターは、双燃焼室を備え、主燃焼室の直下に小型の巡航用燃焼室があった。飛行中の重心移動を最小にするため、燃料タンク内のC液とT液は特定の順序にしたがって消費した。最初の木製実大模型は、1944年９月25日にデッサウで検収された。同時に制動傘の開発、垂直尾翼と方向舵の設計変更、完全引込式降着装置の装着にともなう各種試験も行っている。

　1945年１月、空軍総司令部がMe 263の量産を命じたとき、試作１号機は製作中だった。２月８日に初飛行し、同月中に他の試験が行われたのち、以後のMe 263 A-1の開発は打ち切られた。限られた生産能力を、Me 262およびHe 162ジェット戦闘機に集中する必要があったのだ。技術航空兵器長官がMe 263計画を破棄してしまったが、若干数の機体をユンカースが製造した。注目すべきことに、英軍が未完成の機体18機分をフーズムで発見している。試作原型３機（Ju 248 V1-V3）が結局どのような運命をたどったのか、不明である。残された手がかりは、デッサウ飛行場の北端で発見された、大破した１機の部品だけだ。飛行開発に携わっていた操縦士の証言によると、1945年４月にはMe 263若干数が完成していたという。

　Me 163とMe 263のいずれも、1945年初頭の総統緊急計画（Führer-Notprogramm）の対象外だった。1945年２月10日、逼迫する戦局のため、このようなロケット機や特殊燃料の量産が不可能になったことを理由に、空軍総司令部は以後の開発の全面中止を決定する。Me 263のほかに、Heimatschützer（"ハイマートシュッツァー" 郷土防衛機）という呼称の複合推進機２型式を1945年に検討していた。

　Me 163計画のほかにも何種か、ヴァルターHWK 509または新型BMWロケットモーターで推進する、より強力かつ安価な単座戦闘機を設計する試みがあった。その一例がBV 40Bで、推進装置には数案を検討していた。HWK 509ロケット１基を胴体後部に搭載する案があった。もともとBV 40 **（原注29）** は無動力の滑空戦闘機として考案したもので、Bf 109やFw 190などの在来型レシプロ戦闘機で曳航し、滑空降下しつつ爆撃機編隊を攻撃するという構想だった。曳航機に依存せずに自力で離陸できるよう、リヒァルト・フォークト博士は無動力のBV 40 Aの改造を提案した。1944年晩夏までに原型約10機を製作している。小型の機体に大型の燃料タンクを搭載できないため、予測された作戦行動半径が不十分で、計画は破棄された。

　さかのぼって1942年５月24日、メッサーシュミット社は、

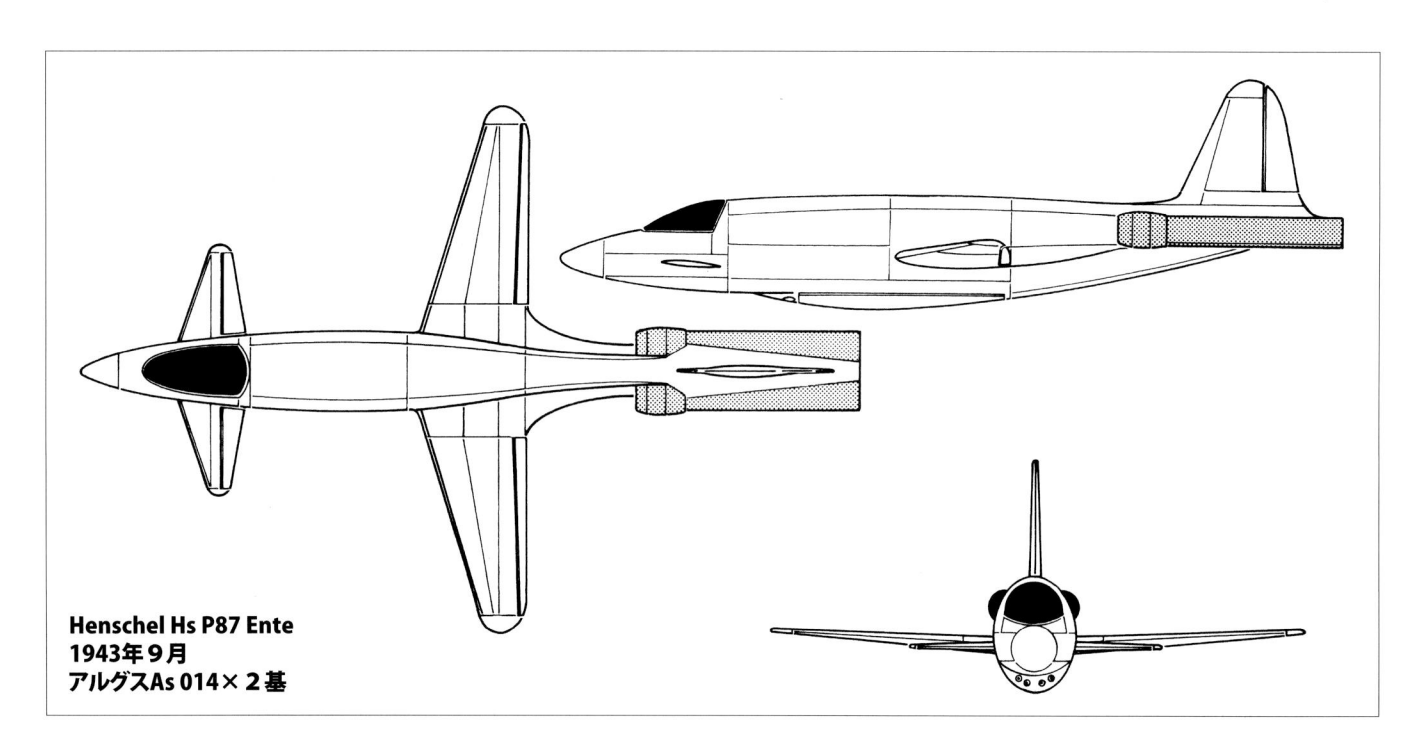

Henschel Hs P87 Ente
1943年９月
アルグスAs 014×２基

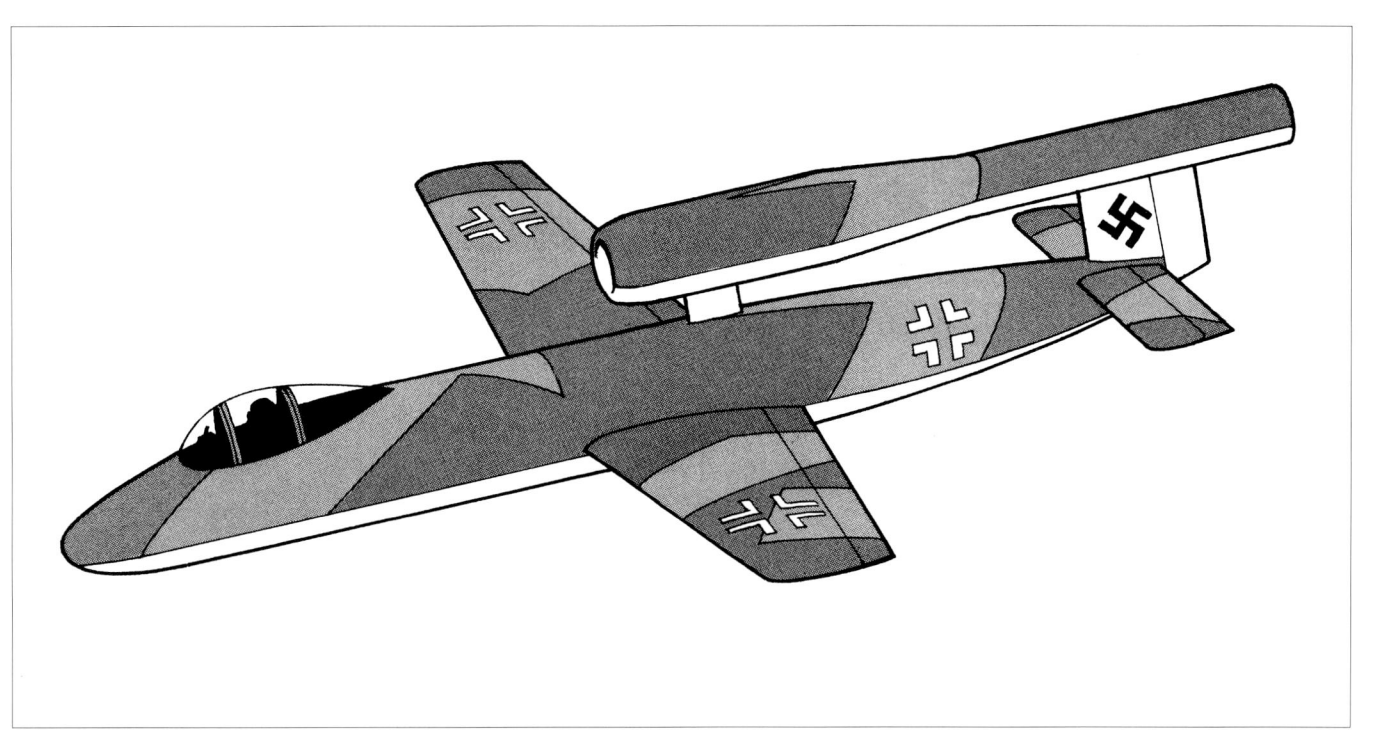

Ju EF 126/IIエリは簡素な単座局点防衛邀撃機として設計され、アルグスAs 044パルスジェット1基で推進する。その実体は、Ju EF 126/I近接支援計画機をわずかに大型にしたものだった。翼下面に懸吊したRATO装置2基を使用して離陸し、3輪式滑走装置を投棄する。着陸時は胴体下面の引込式小型橇2本を使用する。2cm機銃2挺と空対空ロケット弾など、多様な兵装を想定していた。

Ju EF 126/IIエリの木製実大模型。風洞実験を行っているところである。

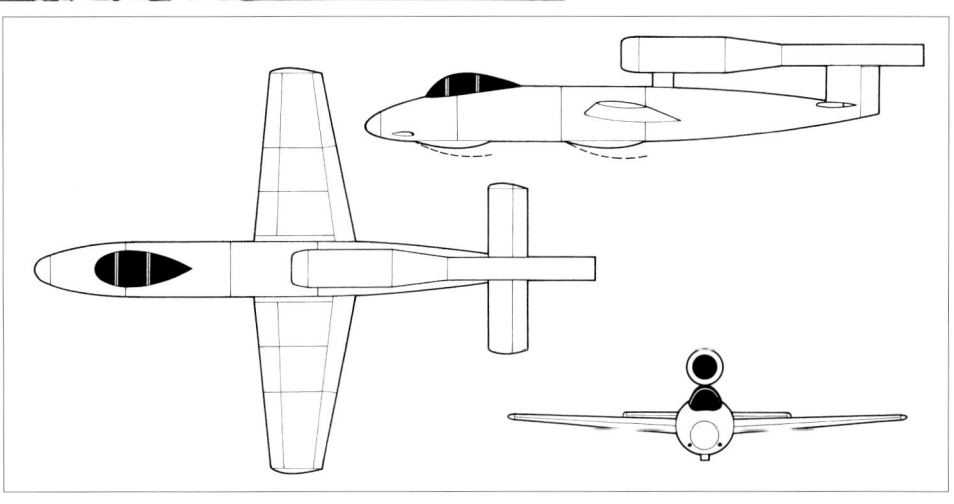

Junkers Ju EF 126/II Elli
1945年3月
アルグスAs 044×1基

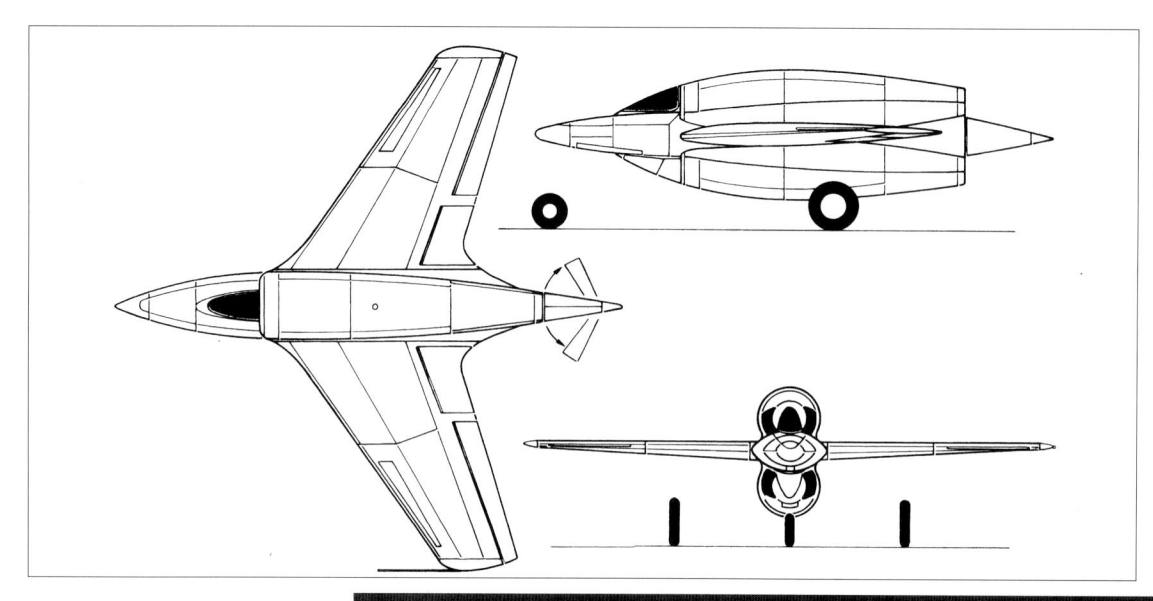

**Me P Schwalbe
（Me P 1115の可能性あり）
1945年
パルスジェット（型式不明）×2基**

1943年設計のラムジェット戦闘機、リピッシュ Li P 12の大戦中の縮尺模型。単座のデルタ翼無尾翼機で、液体燃料ラムジェット1基で推進する。対気速度によるラム圧がないとラムジェットを始動できないので、大型の母機の背部から空中発進させる計画だった。着陸には胴体中央の大型車輪と両翼端の橇を用いる。

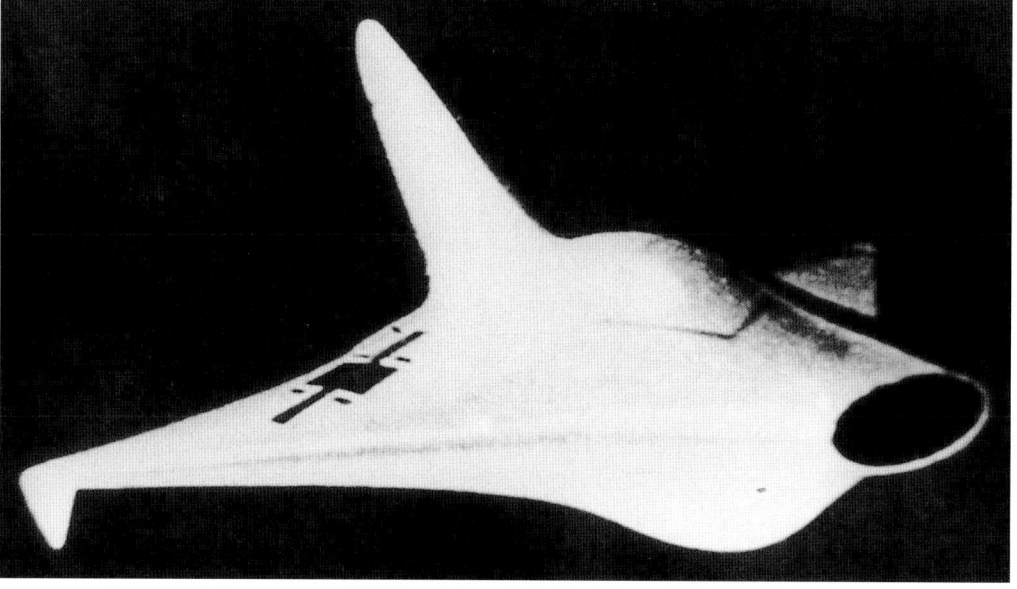

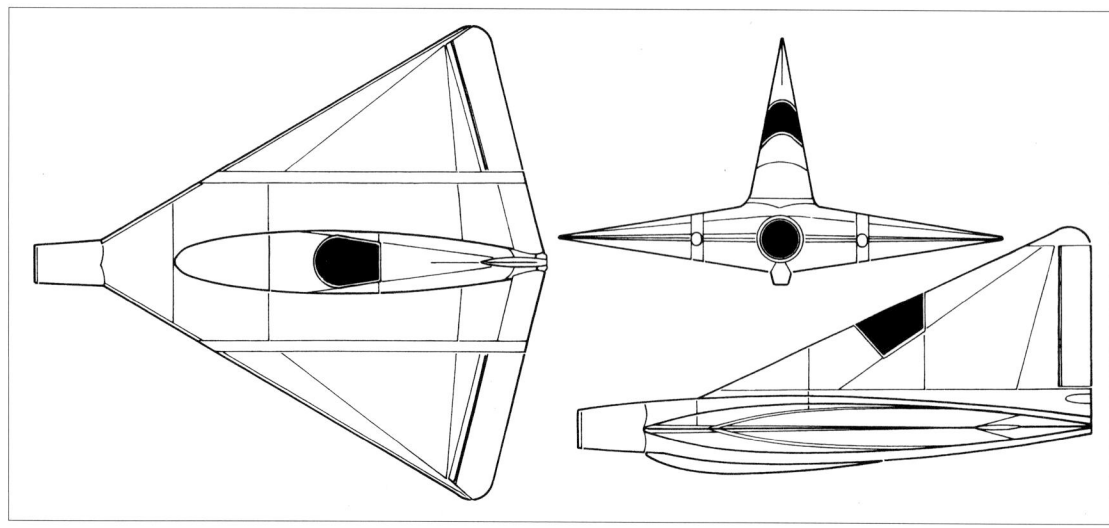

**Lippisch Li P 13a
1944年10月4日
パルスジェット×1基と補助ロケット**

Me P 1092 Aジェット戦闘機（127ページ参照）から派生したロケット推進型、Me P 1092 Bの基礎研究を完了した。その後さらに、As 014ターボジェット2基で推進するMe P 1092 C Schnellbomber（高速爆撃機）、P 1092 D駆逐機および高高度戦闘機、P 1092 E複座夜間戦闘機の新型3種を設計している。ターボジェット推進型は性能が劣り、唯一ロケット推進型だけに実現の可能性があった。開発を担当していたハンス・ホーヌング技師は、Me 163ロケット戦闘機を優先させるため、結局この方向での以後の作業の打ち切りを余儀なくされた。

ユンカースは小型単座戦闘機Ju EFo 11の開発を進めた。前部胴体下面に懸吊したポッド内のヴァルター・ロケットモーター2基で推進する設計だった。設計研究だけで終わり、概念を実証する計画は立てられなかった。

つぎにユンカースが開発したロケット機は、Ju EF 127 Walli（ヴァリ）である。本計画は小型単座局点防衛邀撃機で、より有名なバッヒェムBa 349ナッター（154ページ参照）と同一の要求仕様に対して設計された。ヴァルター HWK 509 Cロケットモーター1基を搭載し、前述したパルスジェット推進のエリとほとんど差異がなかった。当初の構想では、離陸に際してヴァリは両翼下に静止推力各1000kgのRATO装置2基を装着し、3輪式滑走台車に搭載する。浮揚すると台車を切り離して作戦高度まで上昇する。着陸には、胴体に装着した引込式橇2本を使用する。ついで、胴体を延長して燃料搭載量を増加し、わずかに大型になった型が考案された。航空省はヴァリに相当の関心を示したが、台車を使用しない単純な離陸方式を考案するようユンカースに求めた。そこで第3の型が開発された。投棄式の3輪滑走装置を備えたもので、離陸後に各車輪を投下して再使用する構想だった。着陸には、依然として胴体に装着した橇を用いる。作戦高度10000mで速度800km/hが予想されている。RATO装置を用いて高度10000mまで上昇したのち、燃料を消費しきるまでに120kmの作戦行動半径があった。

ナッター、ユリア、ヴァリ、そしてJu 248の推定性能を比較したところ、ヴァリはJu 248に次ぐ2位の成績になるであろうと評定された。この結果に基づき、1495年初頭に技術航空兵器長官はヴァリの開発を打ち切った。この決定は早計だったと、当時、多くの者が思った。

アラドの設計室も、Ar TEW 16/43-13 Raketenjäger（"ラケーテンイェーガー" ロケット戦闘機）で、ロケット邀撃機設計の習作をした。社内の開発研究という位置付けで設計したので、戦闘機の競作には応募しなかった。アラドの設計案は、離陸重量4650kgの低翼の戦闘機で、1943年3月15日に完成している。胴体内の大半は燃料タンク2基が占めた。武装は、2cm機銃2挺を操縦室の両側に、さらに3cmのMK 103機関砲1門を機首下部に搭載する。最大速度850km/h、上昇限度は17700mと試算された。降着装置は球形の車輪3個からなり、実際に1943年に試験したのは、この構成品だけだった。アラドはAr 234計画

リピッシュのDM 1の実体は、1944年設計のLi P 13a無尾翼デルタ戦闘機の実物大で無動力の飛行可能原型機だった。未完成の状態で鹵獲されている。米軍の監督下でドイツ側は作業継続をゆるされてDM 1を完成し、その後、米軍は同機を本国に移送して徹底した試験を行なった。DM 1は現存しており、米国の国立航空宇宙博物館の付属施設で保管中である。

に没頭していたため、このロケット計画機をほとんど顧みることがなかった。

【原注】
27) ここで用いた「戦闘機」という語は適切な表現ではない。ロケット推進「戦闘機」の作戦任務は、完全に邀撃機（Interzeptor）のものであった。航続距離と燃料搭載量の極端な制約のため、真の戦闘機にはなりえなかっただろう。
28) リピッシュ博士は自分の姓の最初の2文字を正式名称の接頭略号に用いて量産型コメートにはっきりと名をとどめたかったようだが、メッサーシュミット博士の同意を得られなかった。設計者よりも、製造会社の社長の意向が力をもっていたのだ。
29) GL/C番号40は、ドイツ滑空研究所のDFS 40に1937年に交付されていた。DFS 40はリピッシュが設計した実験用無尾翼グライダーで、アルグス10 Cで駆動する推進式プロペラで推力を得た。

【訳注】
27) Rauchzylinder（ラオホツィリンダー）はラインメタル＝ボルジヒが1941年11月に航空機搭載型ロケット弾の開発に着手したときに用いた秘匿名である。

■超小型戦闘機と局点防衛機

1944年、空軍総司令部と航空省はVerschleißjäger（"フェアシュライスイェーガー" 消耗戦闘機）を最大限生産するよう命じた。1944年6月19日、アドルフ・ヒトラーみずから、軍需生産の統合を承認した。複数の開発を同時並行で行わず、生産は特定の戦闘機と「特攻機」に絞り込むことになった。開発に時間や経費がかかりすぎる計画は、すべて打ち切られた。その他の、さほど重要でない計画は、重点項目の生産能力および労働力を振り向ける必要がない案件だけが存続を許された。あらゆる方策もむなしく、1942年以降、連合軍の空襲によってドイツの軍需産業と通信・輸送の生命線は甚大な損害を被っていたのだ。

小型で、しかも非常に強力な超小型戦闘機に関して、数案が検討された。単座戦闘機が戦闘空域まで超小型機を曳航していくか、あるいは、長距離爆撃機の主翼または胴体の下面に超小型機を懸吊して運搬するという運用構想だった。設計案の背景には、護衛戦闘機の通常の航続距離以遠の長距離作戦に、戦闘機による防御を随伴させるという用兵思想があった。Mistel（"ミステル" 宿生、ヤドリギ）という秘匿名の複合機も評価された（原注30）。ただしミステル機の任務は随伴掩護とは異なり、強固に防御した地上目標に対する攻撃だった。

小型のメッサーシュミットP 1073B Bordjäger（"ボルトイェーガー" 機上搭載戦闘機／通称、寄生戦闘機）は、戦略爆撃機の胴体格納倉に搭載するよう当初から設計した、初めてのターボジェット戦闘機だった。P 1073 Bは主翼を折りたたんで、母機の胴体倉内に3機までを搭載できた。格納倉は直径1.70mの円形断面で、天井に子機を懸吊する軌条を備えていた。将来の大西洋上の戦闘を予想し、メッサーシュミット技術陣は1939年から40年にかけての冬の間、巨大な8発長距離爆撃機をMe P 1073 Aという型式名で開発する。北米の東海岸からヨーロッパに向かう敵輸送船団を攻撃する企図であった。戦後、米国が開発した6発重爆撃機コンベアB-36および派生型の8発ジェット重爆コンベアB-60と比較すれば、P 1073 Aの規模

リピッシュDM 2計画機の風洞模型。DM 2は1945年前半に設計されたデルタ翼無尾翼戦闘機で、操縦士は機首に伏臥姿勢で搭乗する。同機はリピッシュLi P 14の飛行可能な原型機となる予定だった。図面その他の資料がほとんど残っていないが、簡単に言えばDM 1を大型化したものだったようだ。

を実感できるだろう。離陸重量は、Me P 1073 Aが12万8000kg、B-36が12万6100kgである。P 1073 Aの翼幅はB-60と同一の63.00mで、出力2200馬力のJumo 223ディーゼルエンジン8基で推進した（B-36初期型は3000馬力のエンジン6基で推進）。このメッサーシュミット巨人機の航続距離は16000kmと試算され、B-36の1万マイル（16093km）に匹敵した。基地を離れ遠隔地で作戦中の大型長距離機を掩護するため、小型で高速の制空戦闘機を母機に搭載し、敵機の攻撃を防御するという構想が生まれる。ちなみに、この寄生戦闘機の構想は、1948年に米国のマクダネルXF-85ゴブリンとして復活している。ゴブリンはジェット推進の小型機で、B-36の胴体内に格納できる設計だった。方法は、Me P 1073BをMe P 1073 Aに格納したのと同様である。ゴブリンには降着装置がなく、発進および回収に引込式の懸垂架を用いて運用したが、メッサーシュミットは発進した子機をどのような方法で回収するつもりだったのか、そもそも、回収まで考えが及んでいたのか、不明である。巨人爆撃機の製造承認を得ないまま、なんと1944年の夏までMe P 1073の開発が続いた。

　もう1種のボルトイェーガー Me P 1104は、1944年8月から9月にかけてオーバーアマーガウで設計図が完成した。これもまた超小型の寄生戦闘機で、4発のMe 264長距離爆撃機に搭載する設計だった。P 1073 Bと同様、1944年末に長距離爆撃機計画が破棄された際に、P 1104の開発は打ち切られた。

　掩護任務よりも、連合軍の重爆撃機の撃墜が焦眉の急であった。当初、4発重爆の邀撃に有望とみられた計画のひとつに、ゾムボルト So 344 Rammschussjäger（"ラムシュスイェーガー" 突入攻撃戦闘機）があった。ナウムブルク＝アン＝デア＝ザーレのブライ設計事務所の一員であるハインツ・ゾムボルト技師が設計したものだった。航空省は計画を承認し、1943年初頭に開発が始まった。1944年1月22日付の改訂版全般任務説明書をもって計画は終了した。

　So 344は木製の中翼機で、離陸重量1350kg、2液式ロケットモーター1基で推進した。ロケットとしては、HWK 509 A-2が考えられる。他の超小型邀撃機と同様、So 344も自力で離

Lippisch DM 2
1945年
型式不明のパルスジェット×1基および補助ロケット×2基

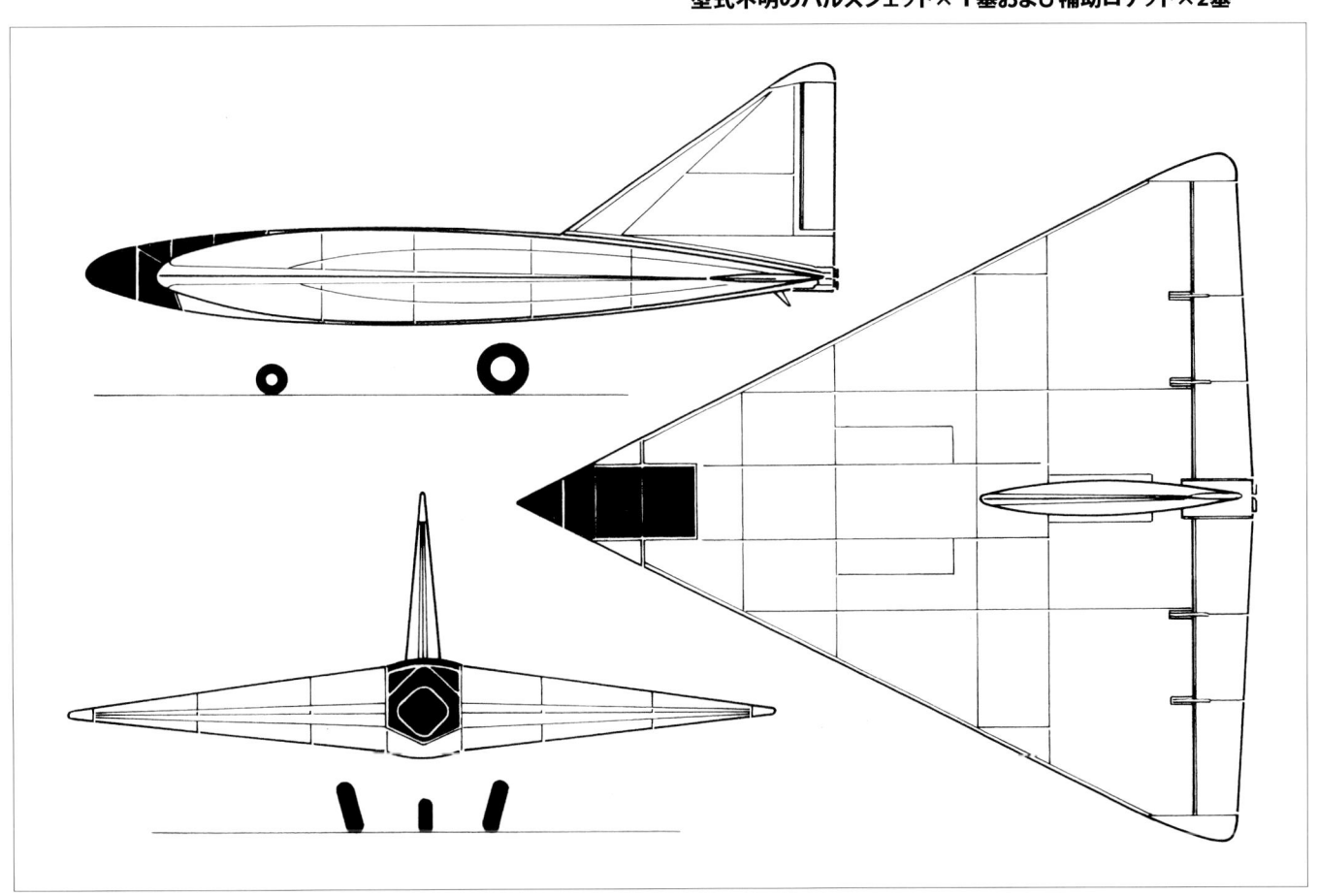

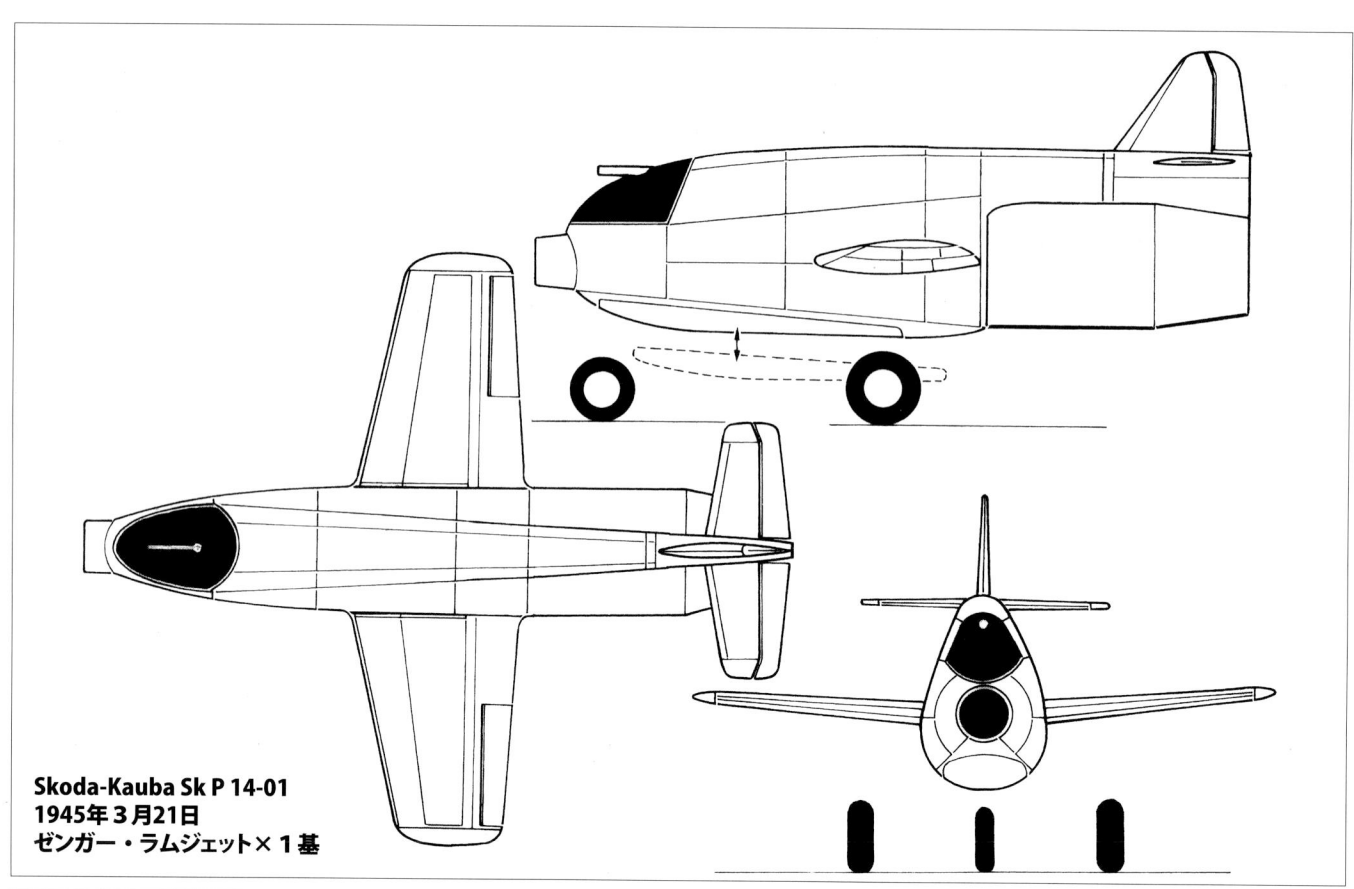

Skoda-Kauba Sk P 14-01
1945年3月21日
ゼンガー・ラムジェット×1基

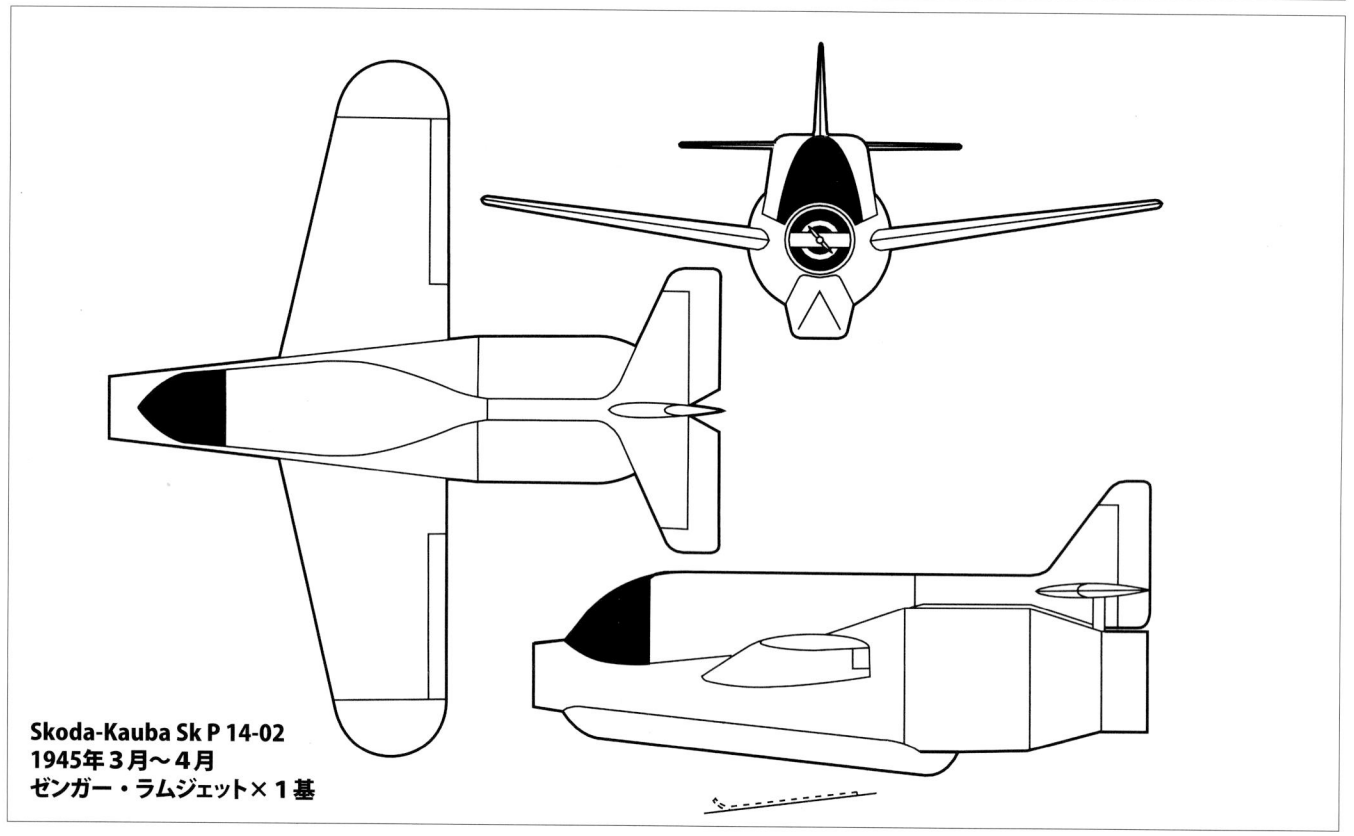

Skoda-Kauba Sk P 14-02
1945年3月～4月
ゼンガー・ラムジェット×1基

陸しない。曳航されて高度6000mに達し、母機から離脱したのちロケットモーターに点火して上昇、接近する敵爆撃機編隊の約1000m上空に占位する。敵編隊に滑空降下で攻撃をしかけ、敵火の有効射程外からSC 500破片爆弾1発を投下する。SC 500は補助推進火薬で加速して敵爆撃機編隊の中心に突入する。TNT火薬400kgの爆発で、爆撃機3機ないし4機を撃墜するのに十分な破壊力があると推定された。装甲胴体に搭載する機銃2挺または機関砲1門で、帰投飛行中に敵機をさらに攻撃することも理論上は可能だった。

So 344は全長が7.00mしかなく、在来型降着装置のかわりに着陸橇1本を装着していた。滞空時間は、わずかに25分間と予測されている。着陸後、簡単に分解して最寄りの空軍基地まで輸送して再使用できた。

1944年夏、Verschleißflugzeug（"フェアシュライスフルークツォイク" 消耗飛行機）の計画案が初めて航空省に提出された。エーリッヒ・バッヒェム技師のナッター、ハインケル社のヴィルヘルム・ベンツが設計したロメオとユリアのほかにも、安価な超小型戦闘機の設計案があった。強力なMK 108機関砲で武装した木製小型機を大量に投入して、連合軍の爆撃機編隊に一大攻勢をかけるという企図だった。基地への帰投は滑空降下によるか、あるいは、操縦士が脱出して落下傘降下するという荒技によった。

この分野で最先端のドイツ計画機は、He P 1077/IおよびP 1077/II Julia（ユリア）だった。最初の案はヴィルヘルム・ベンツ技師がゲルロフ博士と協同でウィーン＝シュヴェヒアトにおいて開発した。全長6.96mの小型高翼単葉機、He P 1077である。その後、1944年6月16日にユリアという秘匿名が付けられた。狭い翼幅で長い翼弦の主翼は、同社のHe 162と同様に、翼端に下反角が付いていた。離陸には補助推進を用い、推力各1200kgの固体燃料ロケット4基を10秒間燃焼させた。着陸には引き込み式橇を用いた。MK 108機関砲2門で武装し、HWK 509 C-1液体燃料ロケットモーター1基で推進した。このモーターは主燃焼室と巡航用の副燃焼室を備え、燃料供給量は個別に調節できた。操縦士は伏臥姿勢で機首内に搭乗した。伏臥姿勢の操縦士による最初の試験は、シュトゥットガルト工科大学の飛行技術研究班（Flugtechnische Fachgruppe=FFG）がFS 17低翼無動力グライダーを用いて行なっている。1943年4月10日以降、試験にはベルリンB 9（Be 341）双発小型研究機も用いるようになった。

1944年9月8日、戦闘機本部と技術航空兵器長官は製作の続行を承認し、熟練工を抱えたWiener Holzwerke（"ヴィーナー・ホルツヴェルケ" ウィーン木工所）に限定生産として20機を発注した。1944年9月末、計画はふたたび名称が変更された。中止されないよう、計画の実体を隠すためだったようだ。こうしてP 1077は、ヒトラーユーゲント滑空機（HJ-Segelflugzeug）と呼ばれることになった。月産300機の量産が計画された。計

オイゲン・A・ゼンガーは、ラムジェットの試験を何度か行っている。この写真は1942年のもので、双発のDo 17 Z-2（BC＋NL）の背部に搭載して試験している。ラムジェットは低規格の燃料も使用でき、製造も簡単だった。1944年には、航空省もこの二大特長を認め、ラムジェットの開発をさらに推進すべきだとの見解に達した。

画機は1944年10月15日に研究が完成し、ベルリンに提出された。

武装型戦闘機のほかに、非武装の滑空機も提案された。これは訓練用のもので、高空まで曳航して着陸手順の訓練に用いる。ついで開発されたのがロケット推進の先行量産型、いわゆるNullserie（"ヌルゼリエ" 0系列）である。主翼下面の張出部に内蔵のMG 151/20機銃2挺で武装する設計だった。続いて開発されたHe P 1077ユリア101は、携帯弾数各40発のMK 108機関砲2門を胴体両側に装着していた。さらにHe P 1077/IIが続く。操縦士は正起した姿勢で着座する。ユリアの構成諸案につき詳細な検討をしたのち、性能試算の実証のため、縮尺1/20の飛行可能な木製模型1機を1944年10月に製作した。開発が捗らなかったため、ヨスト技師が計画の推進役兼開発主任に任命された。同月末には縮尺1/8の模型1機を用い、垂直尾翼を1枚にしたり2枚にしたりしながら、ウィーン工科大学において試験を行った。そして1944年11月には、別の模型を用いて垂直離陸の試験を行った。縮尺1/8の模型は、総計約40機が製作されて試験に供された。なかには小型の固体燃料ロケットで離陸したものもある。ところがウィーン木工所は連合軍の爆撃目標になっていて、完成していた機体部品と書類の大半が失われてしまった。

1944年11月、実大模型1機と試作機4機が発注された。ハインケルと他の航空機製造会社はユリア生産計画に参加を要請されたが、設計を完了できなかった。連合軍の空襲のため、ハインケルは終戦までにユリアの1号機を完成していない。計画を残すため、国家社会主義飛行団（NSFK）と小規模な木工所数社にユリアの生産が委託された。1944年12月19日、最初の主翼が完成したが、1945年2月になっても他に若干の機体構成品が組立てられていただけだった。開発主審議会は、ハインケルの役員フランケ氏に以後のユリアの作業停止を命じたが、計画は続行された。技術航空兵器長官の正式な開発中止命令は、オーストリアのチロルのノイハウスに疎開していたハインケル社に届かなかった。ハインケルは試験用の滑空機2機（He P 1077 M1とM2）およびロケット推進試作機2機（He P 1077 M3とM4）を完成する許可を得ていた。1945年2月後半には、縮尺1/8の滑空機模型を用いた垂直離陸試験を数週間以内に完了できると期待された。当時、信頼性の高い垂直離陸方式を検討していたのだ。数日後、実験場群統制部（Kommando der Erprobungsstellen ＝ KDE）は垂直離陸の研究を打ち切った。

ヴィルヘルム・ベンツが戦後に証言したところによると、1945年3月までに少なくとも5機の試作機が完成しており、うち3機を発射したという。ソ連軍は、ノイハウス＝アン＝デア＝トリースティングの主開発施設を接収した際に、書類、縮尺模型、および木製実大模型をすべて確保して本国に移送した。西側諸国がユリア計画の全貌を入手したのは、ハインケル設計者の一部を拘束し、計画機の諸元を記録にまとめさせたあとだった。

ハインケルHe P 1080.01は、ゼンガー・ラムジェットで推進する双発戦闘機である。1945年の設計で、離陸には補助ロケット4基と投棄式の滑走台車を用いる。胴体に装着した引込式の橇で着陸する。ハインケルは、同機が成層圏飛行に適していると考えていた。

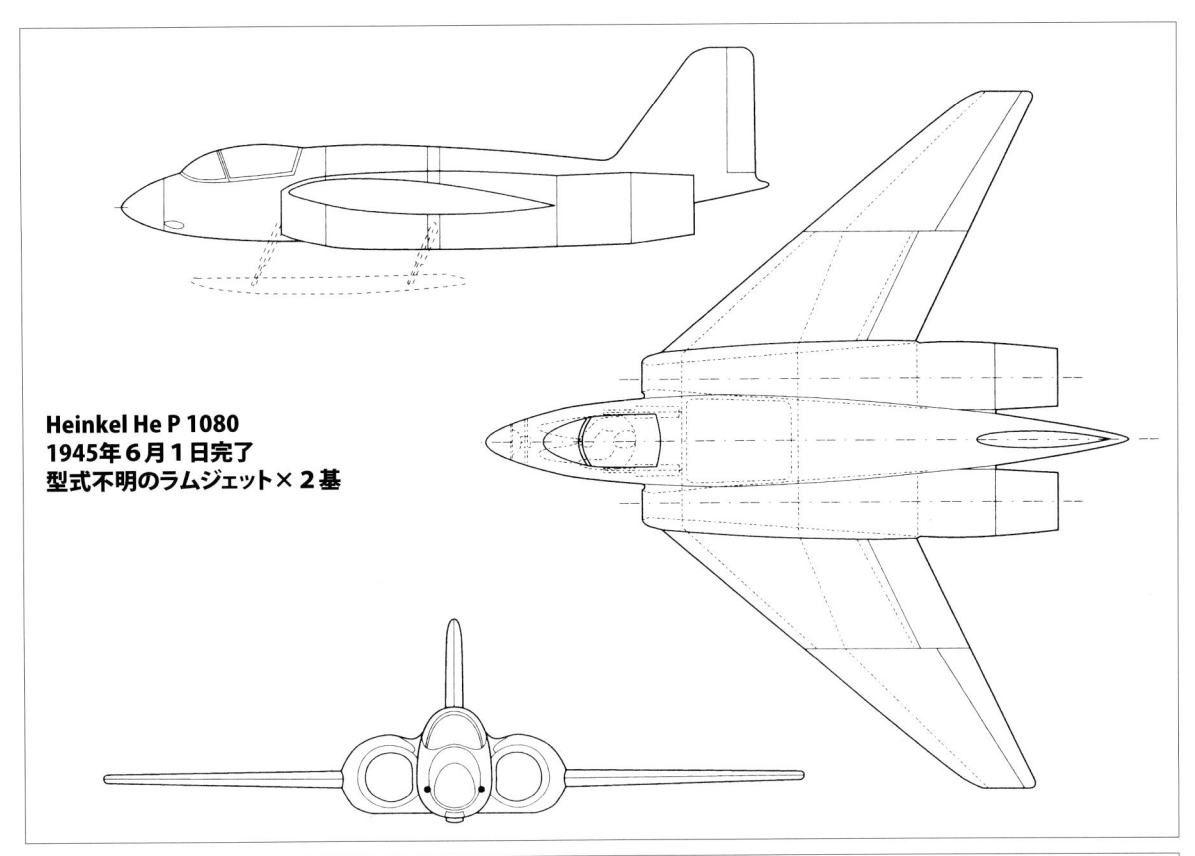

Heinkel He P 1080
1945年6月1日完了
型式不明のラムジェット×2基

He P 1080　着陸橇を展伸した状態

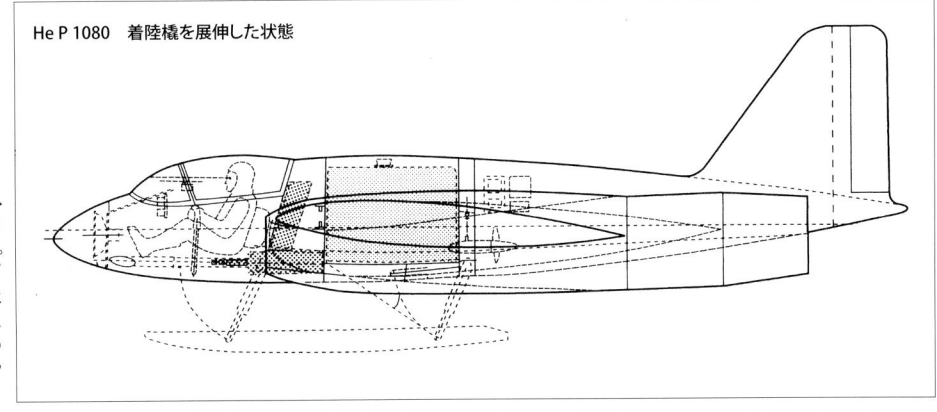

He P 1080.01は、翼幅8900mm、翼面積20.0m²、全長8150mm、胴体高1180mmという外寸だった。1948年の米国機、ノースロップX-4双発ターボジェット研究機と較べてみるとおもしろい。ノースロップは頑なにドイツ計画機の影響を否定しているが、X-4はP1080に酷似している。

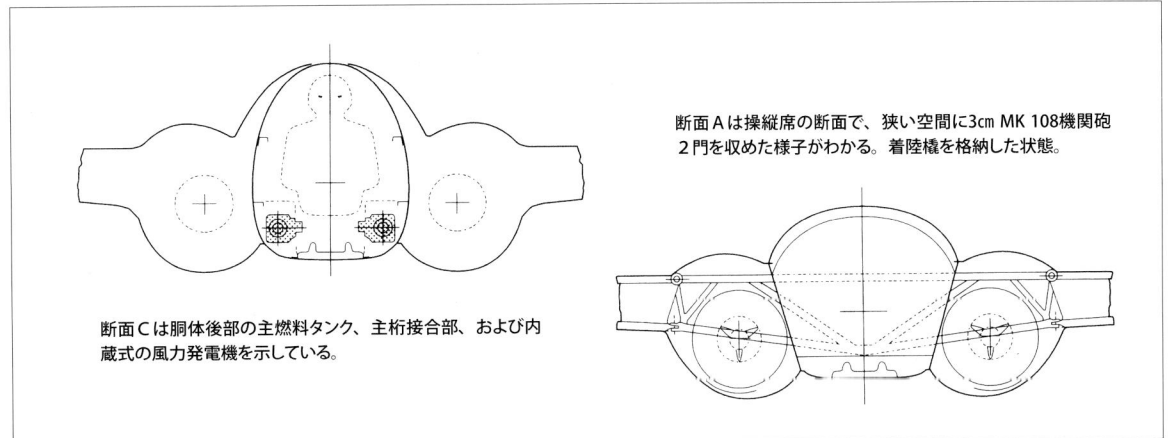

断面Aは操縦席の断面で、狭い空間に3cm MK 108機関砲2門を収めた様子がわかる。着陸橇を格納した状態。

断面Cは胴体後部の主燃料タンク、主桁接合部、および内蔵式の風力発電機を示している。

Ta 283は大胆かつ特異な設計の計画機だった。この大型スケールモデルはGünter Sengfelderが製作したもので、独特の形態を正確に捉えている。水平尾翼に装着した大径のラムジェット2基で推進する設計だった。離陸と緊急時には尾部に搭載したHWK 509ロケットモーター1基を使用する。異様に長い前部胴体のため、3cm MK 103機関砲2門を機首下部に内蔵するのは容易だった。フォッケウルフの試算によると、高度11000mで最大速度1100km/hの性能だった。降着装置の車輪間隔が狭いという設計上の欠陥があり、計画が実現していたら問題を呈していたかもしれない。

Fw Jäger mit 2 Lorin-Triebwerken und 1 TL
年月不明
＋ロラン・ラムジェット×2基
＋ターボジェット×1基＋補助ロケット×1基

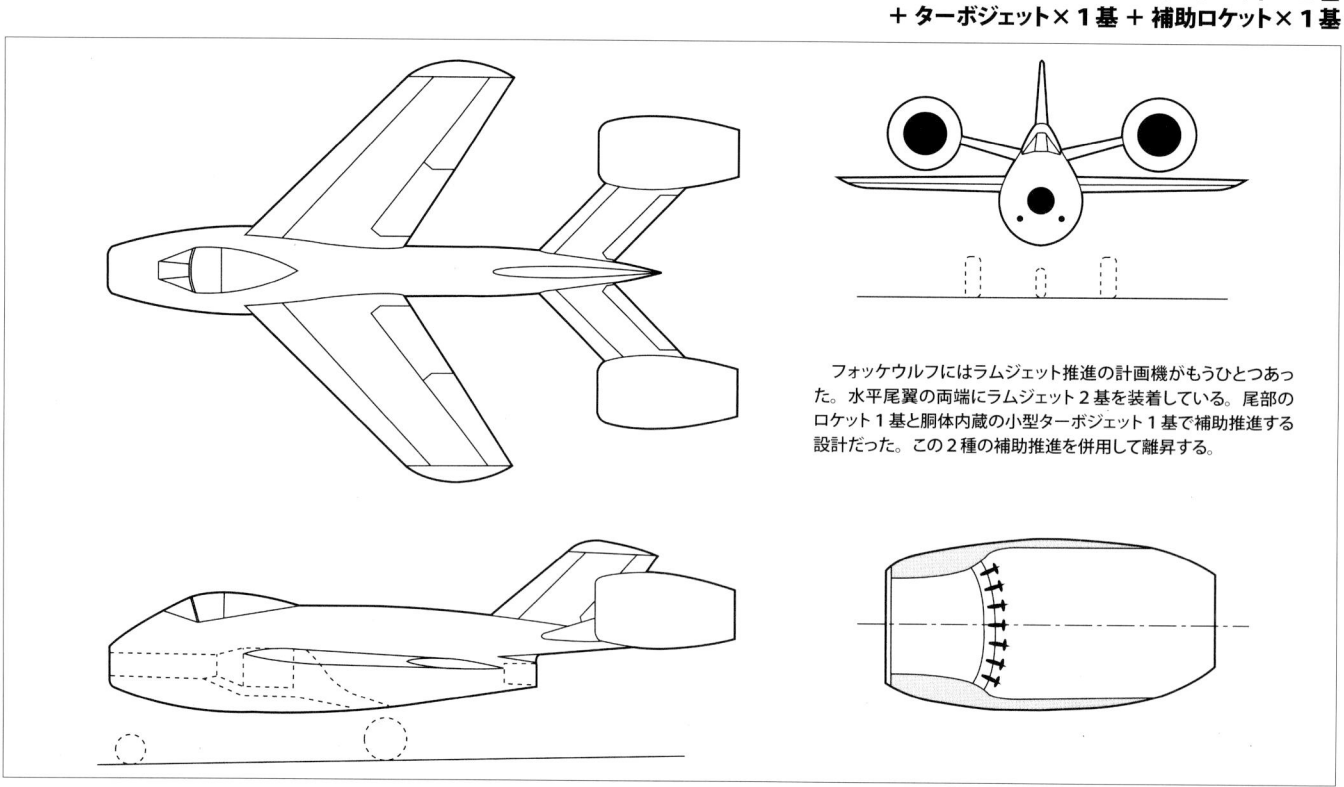

フォッケウルフにはラムジェット推進の計画機がもうひとつあった。水平尾翼の両端にラムジェット2基を装着している。尾部のロケット1基と胴体内蔵の小型ターボジェット1基で補助推進する設計だった。この2種の補助推進を併用して離昇する。

Ta 283のスケールモデル（Günter Sengfelder製作）。

Focke-Wulf Ta 283

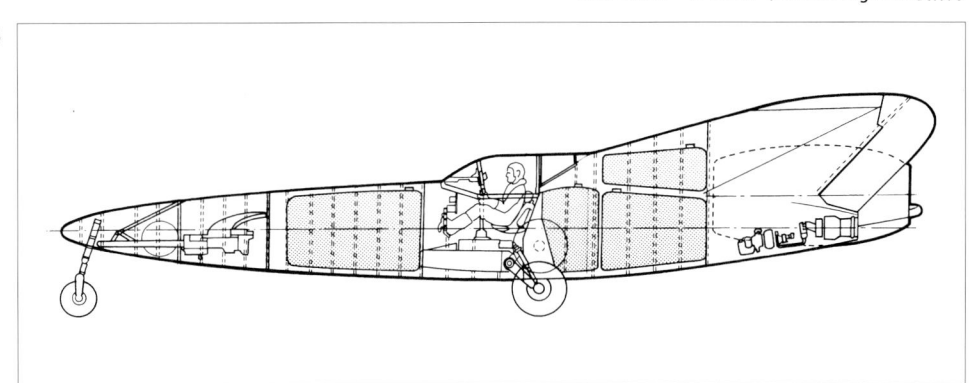

Focke-Wulf Ta 283
1944年8月4日
Fwラムジェット×2基
＋補助ロケット×1基

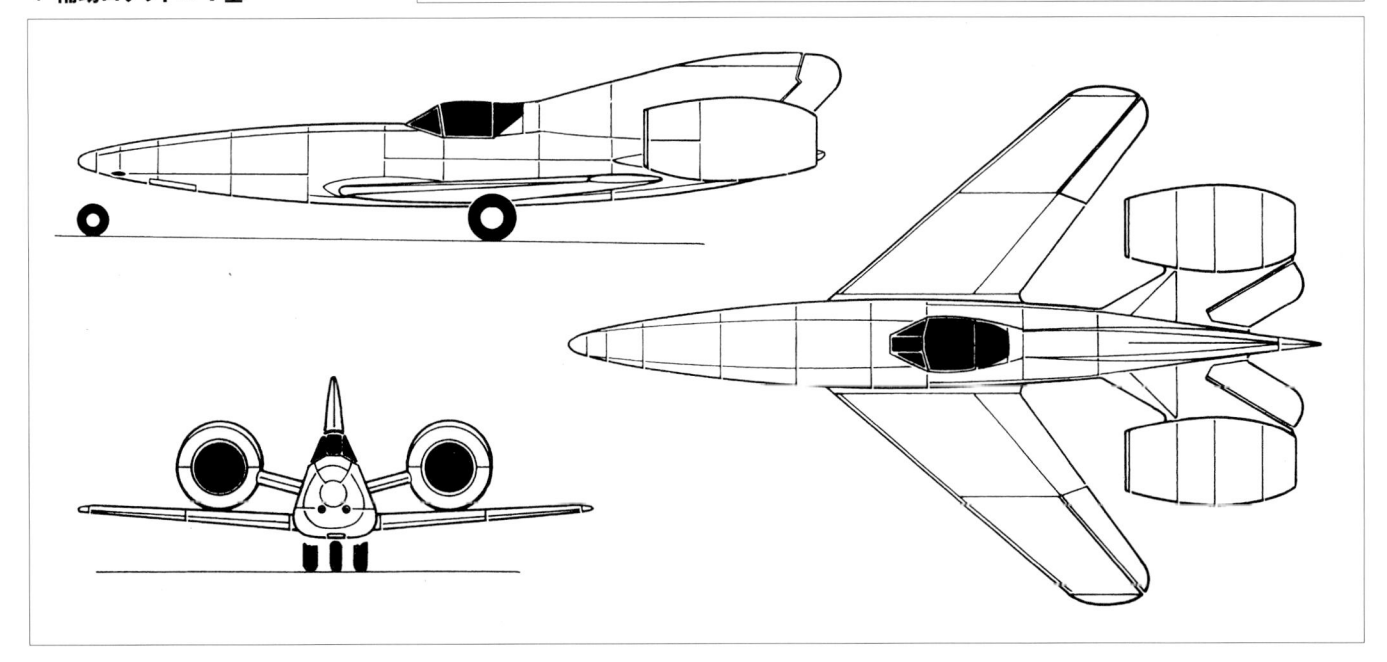

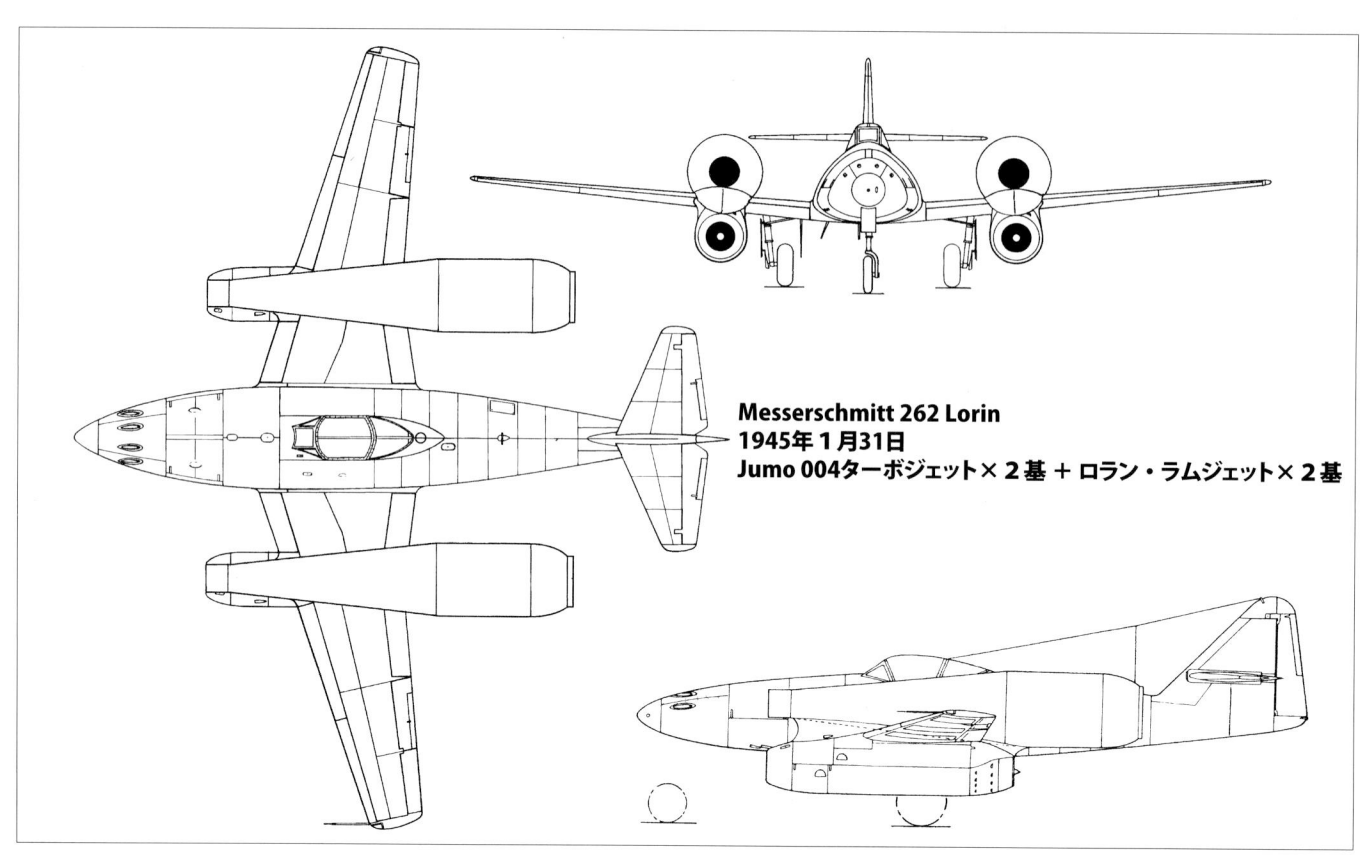

Messerschmitt 262 Lorin
1945年1月31日
Jumo 004ターボジェット×2基 + ロラン・ラムジェット×2基

　1954年3月1日、フランスの実験機Leduc（ルデュック）021-02がロラン・ラムジェット推進で初飛行した。ルデュック021は特殊な研究機で、33000フィート（約10000m）ないし66000フィート（約20000m）の高度域を飛行するよう設計されていた。静止状態ではラムジェットを始動できないため、大型輸送機に搭載して離陸するという方法をとった。同機のラムジェットは13200ポンド（約6000kg）の静止推力を発生し、マッハ0.85（1009km/h）で飛行した。フランスは、この実験機の設計を発展させて強力な戦闘機を開発することを目指していた。

ハインケルの諸計画およびブローム・ウント・フォスBv P 213とともに、アラドAr E 381 Kleinstjäger（極小戦闘機）も1945年初頭に開発が進んでいた。BV P 213計画もまた、As 014パルスジェット１基で推進する超小型戦闘機をめざしていたが、実現しなかった。

1944年夏、Ar 234 C-3ジェット爆撃機の胴体下面に懸架する子機として、Ar E 381が設計された。最低地上高を十分にとれず、伏臥姿勢で操縦する設計を余儀なくされた。ひとたびAr E 381がAr 234に取り付けられると、窮屈な配置のため子機の操縦士は操縦席から出ることができなかった。E 381の主翼は、翼弦、翼厚ともに一定で、翼端を円形に処理していた。

胴体が狭いためMK 108機関砲２門やRZ 73 Rauchzylinder６発を標準装備にできなかったが、かわりに旧型のRZ 65を改良した空対空ロケット弾１発を搭載予定で、さらにMG 131機銃２挺を胴体内に装着できるはずだった。1945年、この武装案は破棄され、MK 108機関砲１門と砲弾45発を操縦席の背後に搭載する案が採用された。

母機のAr 234は８分以内で6000mまで上昇したのち、小機を分離する。Ar E 381の操縦士はHWK 509 B-1ロケットモーターに点火して目標に向かって降下し、速度約900km/hまで加速する。目標に高速で肉薄し、確実な戦果を得るため至近距離から攻撃する。任務完了後、操縦士は胴体に装着した橇で着陸するか、あるいは敵火で機が損傷を受けた際には脱出するか、いずれかの方法をとらねばならなかった。とはいえ、重装甲で小型のAr E 381を撃破するのは困難であっただろう。

Ar E 381設計原案に欠点があったため、胴体を全面再設計する必要があった。操縦室出入口のハッチを胴体上面から側面に移し、HWK 509 B-1にかえて双燃焼室型HWK 509 C-1ロケットモーター１基を木製の尾部に搭載したのが主要な変更点だった。全備離陸重量は1200kgしかなかった。

ドイツ滑空研究所（DFS）には、『エルンスト・ウーデット』という冠称が付いていた。DFSは極秘の開発計画に関与し、Rammer（ラマー）とEber（エーバー　雄イノシシの意）という呼称の設計案２種を開発している。この研究は国家研究統帥部総監の指示によるもので、総監は１回の出撃で敵機に対して攻撃航過を２回できる超小型の消耗飛行機（Verbrauchsflugzeug）を急遽設計するよう要求していた。ラマーはBf 109あるいはMe 262で高度6000mまで曳航され、敵編隊から距離2000mで空中発進する。速度約900km/hまで加速して攻撃に向かう。加速中、最高100Ｇの加速度に達するという予想で、深刻な影響を受けずに操縦士が耐えられる上限が16Ｇだとみられていたため、飛行を継続して安全に基地まで帰投するのが不可能だと判明した。このためラマー計画は破棄され、かわってエーバーが提案された。エーバーはＲ４Ｍロケット28連装の発射装置を機首に備えていた。尾部の主要構成品と主翼はFi 103（Ｖ１飛行爆弾）から流用した。1944年の後半にDFSは木製の胴体を設計した。操縦士を防護するため、操縦室には装甲を施してあった。計器と装備品を最低限に抑えた一方、

1939年夏、このフォッケウルフFw 56 Stösser（"シュテーサー"　ハイタカ）登録番号D-INJYを用いて、ハインケルが開発した小型ロケットモーターの飛行試験を行なった。約30回の試験で、約200kgの推力発生を確認している。

MK 108機関砲1門または2門とR4Mロケット24連装の武装を当初要求していた。のちに標準武装は14連装に減っている。当時、有望視された遠隔制御爆弾と対空ミサイル計画の数案が優先され、エーバー計画は1945年初頭に打ち切られた。

1944年夏、ボーデン湖岸のフリードリヒスハーフェンにあるツェッペリン航空機製作所（Flugzeugbau Zeppelin ＝ FZ）は、飛行パンツァーファウスト（Fliegende Panzerfaust ＝ FP訳注28）の設計に着手した。これは単座重装甲の超小型邀撃機で、在来型のレシプロ戦闘機で戦闘空域まで曳航する。2液式HWK 509 BまたはCロケット1基、もしくは後部胴体両側に3基ずつ装着した固体燃料ロケット6基で推進する。FZ-FP計画機は、敵爆撃機の垂直尾翼に突入し、制御不能にして墜落させるという設計構想だった。衝突の衝撃の結果、操縦士は死亡あるいは負傷するだろうと予想された。このため、重武装の単座戦闘機の方がよいと判断され、開発は中止された。

秘匿名「上バイエルン研究所」、すなわちメッサーシュミット計画室は、小型重装甲戦闘機の設計案2種に目を転じた。1944年初夏、Me P 1103 Panzerjäger（"パンツァーイェーガー" 装甲戦闘機訳注29）とMe P 1104を提案する。MK 108機関砲で武装した軽量戦闘機で、1944年8月から9月にかけて図面を仕上げた。単燃焼室型HWK 509 A-2エンジン1基で推進し、主翼と、垂直尾翼および方向舵の構成品はV1飛行爆弾から流用していた。操縦士は、必要最低限の計器と装備だけの、窮屈な操縦室に着座する。計画は、もはや時機を逸したことが明らかになり、1944年9月には以後の開発が打ち切られた。メッサーシュミット社の余力をすべてMe 262とMe P1101に集中するという判断だった。

【原注】
30）ミステルは当初、Ju 88など双発機を無人に改修した下部と、分離式架台で支持した単発戦闘機の上部で構成した。下部の双発機は飛行爆弾として機能し、戦闘機の操縦士が目標まで誘導する。適切な距離で上下を分離して、下部の飛行爆弾は目標をめざし、有人の戦闘機は基地に帰投する。

【訳注】
28）直訳すれば「飛行装甲拳骨」あるいは「空飛ぶ鉄拳」という意味である。陸軍の対戦車ロケット弾、パンツァーファウストから派生した航空機ではないが、強力な敵に肉薄して捨て身の一発勝負をかけるという発想は共通だ。
29）陸軍では、同じ呼称で装甲歩兵を意味する。

メッサーシュミットMe 163 V4（製造番号0001、KE＋SW）は、V（Versuch "フェアズーフ" 試験）番号が4番だが、コメートの原型1号機である。この変則事象は、GL/C番号163という型式のV1号機からV3号機までが、以前にメッサーシュミットBf 163に割り当てられていたことによる。Bf 163は、かつて開発計画が失敗した軽飛行機で、ロケット邀撃機とは何の関係もない。

Li P 01-114

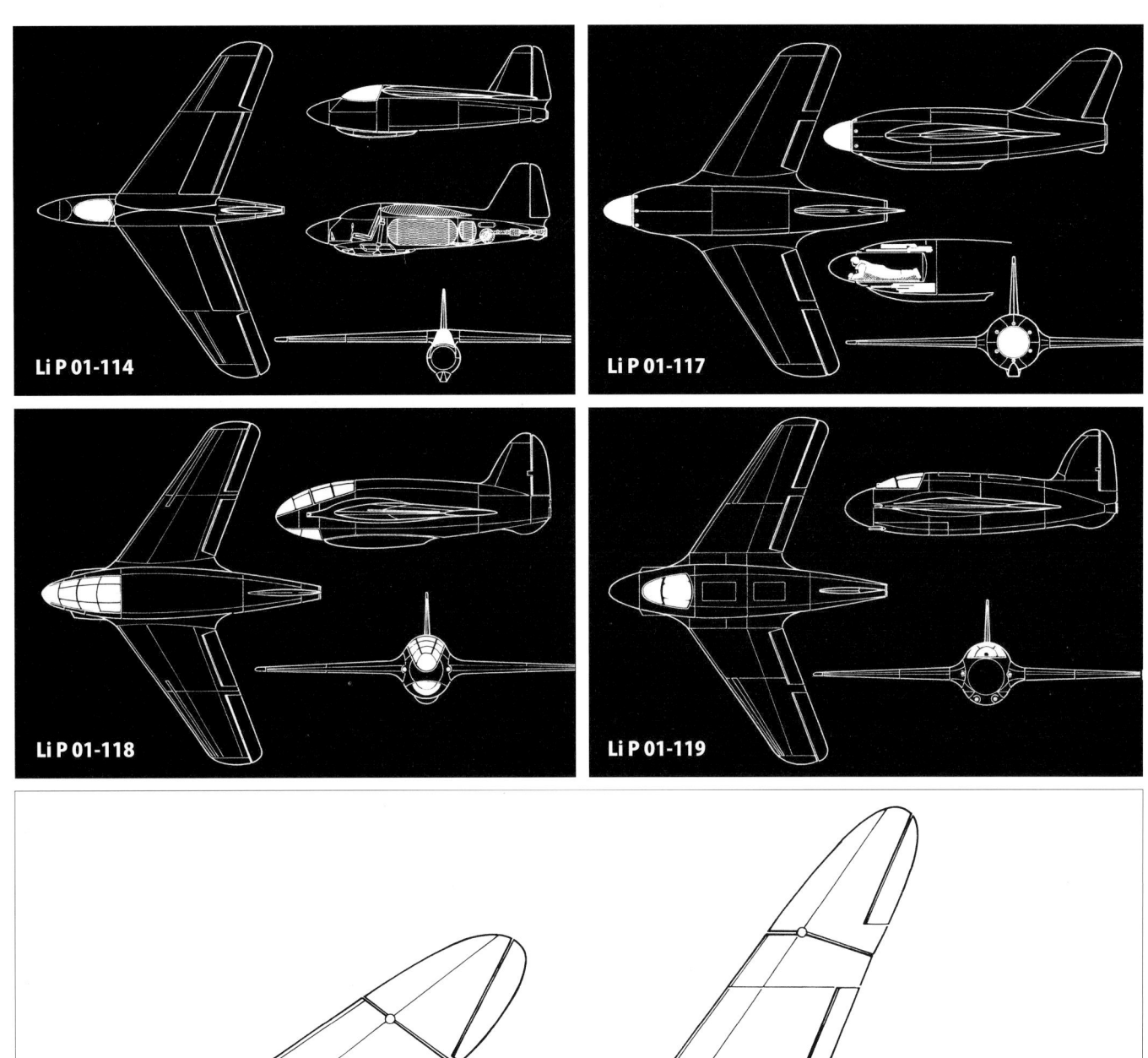

Li P 01-117

Li P 01-118

Li P 01-119

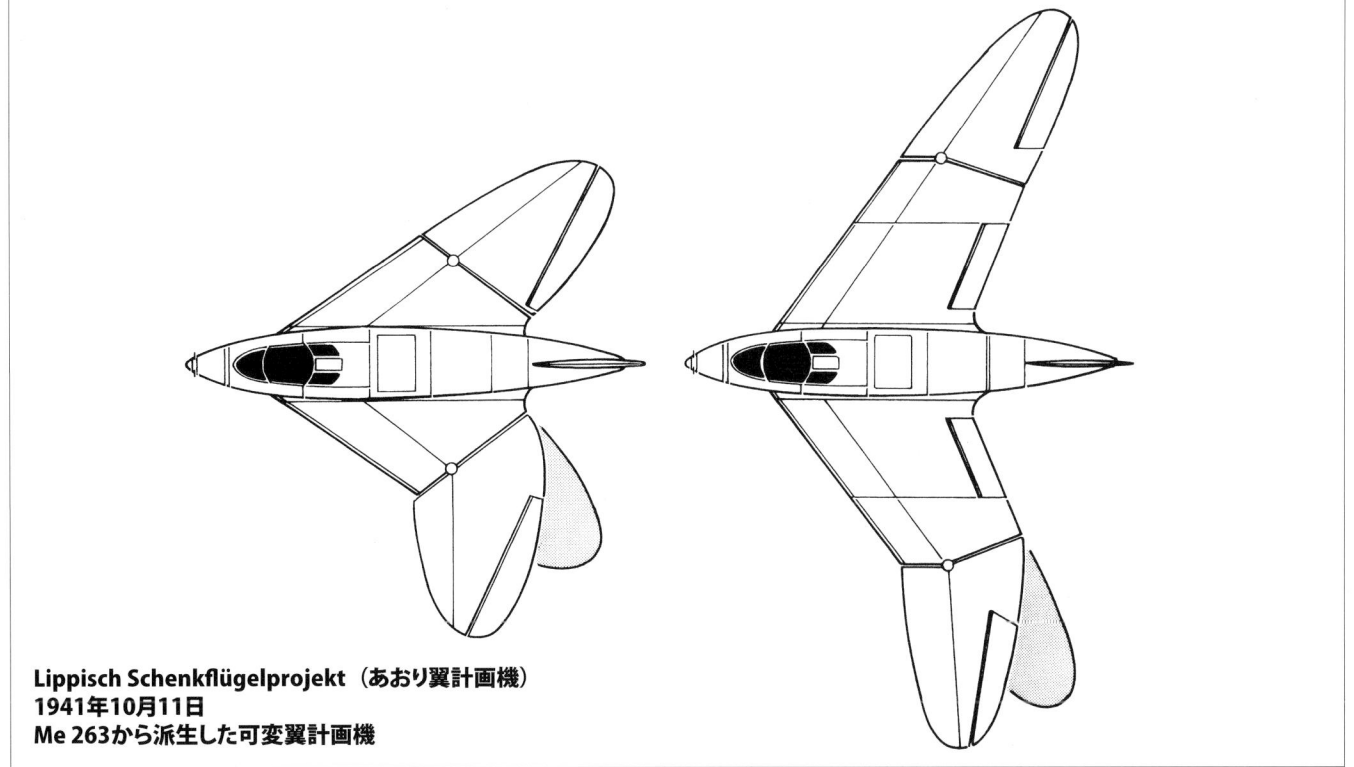

Lippisch Schenkflügelprojekt（あおり翼計画機）
1941年10月11日
Me 263から派生した可変翼計画機

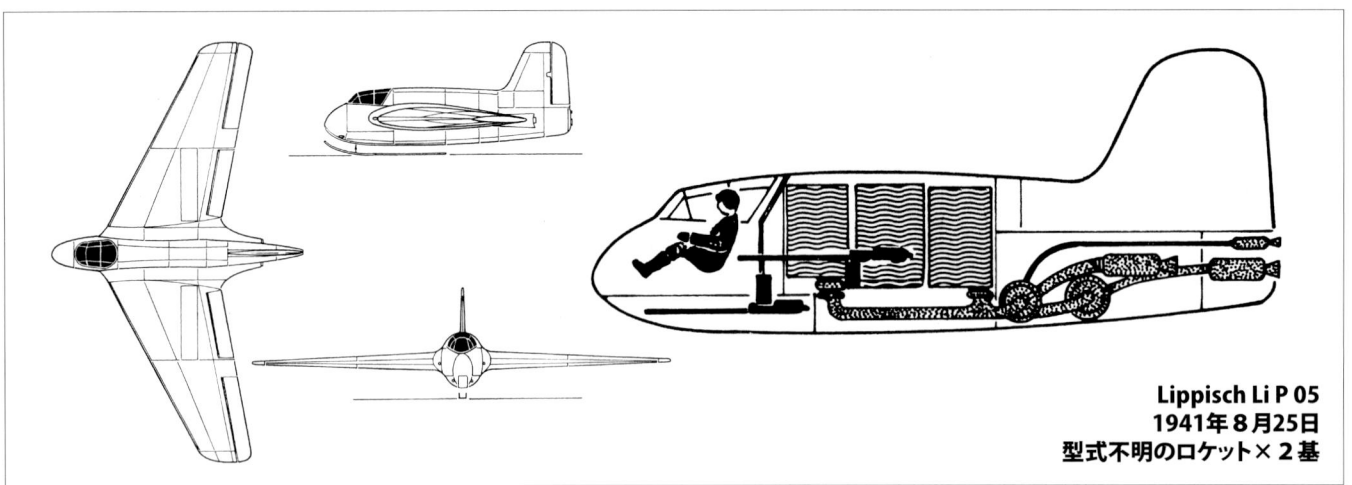

Lippisch Li P 05
1941年8月25日
型式不明のロケット×2基

この初期量産型Me 163 B-0に見られるように、尾部を取り外すと2液式のHWK 509 Aロケットモーターを簡単に整備できた。このロケットはC液（抱水ヒドラジン、水、メタノール混合物）とT液（過酸化水素）を使用する。

BMW 510 A（BMW P 3390 A）ロケットモーターの試作品。HWK 509と並行して開発され、Me 163 BV10（製造番号310019）に搭載して飛行試験された。このロケットはSV液（硝酸）とM液（メタノール）を使用した。燃料ポンプの問題点が解消されず、わずか110基が生産されたにとどまっている。

B型は生産が打ち切られるまでに364機前後が完成した。このMe 163 B-2（製造番号190598）もその1機で、実戦配備についている。

鹵獲されたMe 163 B型6機がメルゼブルクで米陸軍のトラックにのせられ、試験と評価のために米本土へ移送されるのを待っている。右端の胴体はMe 163 B-0（V42）（製造番号310051、PK＋QM）のものである。その隣はMe 163 B-1/R1の胴体のようだ。その他は未確認。

Me 163 C型用の主翼前縁に内蔵された燃料タンク。正真正銘のC型を捉えた写真は稀少だ。

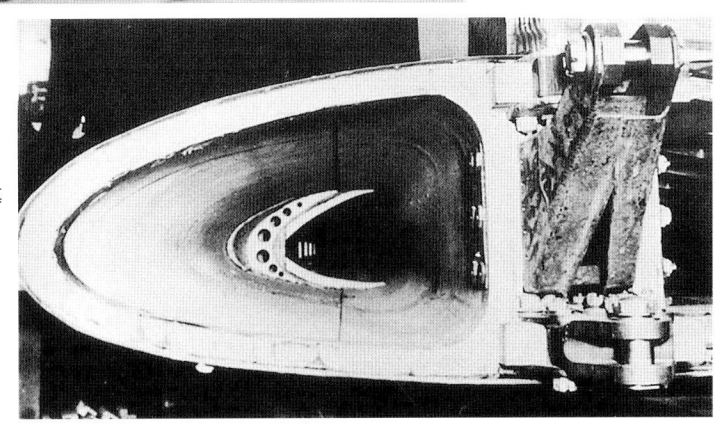

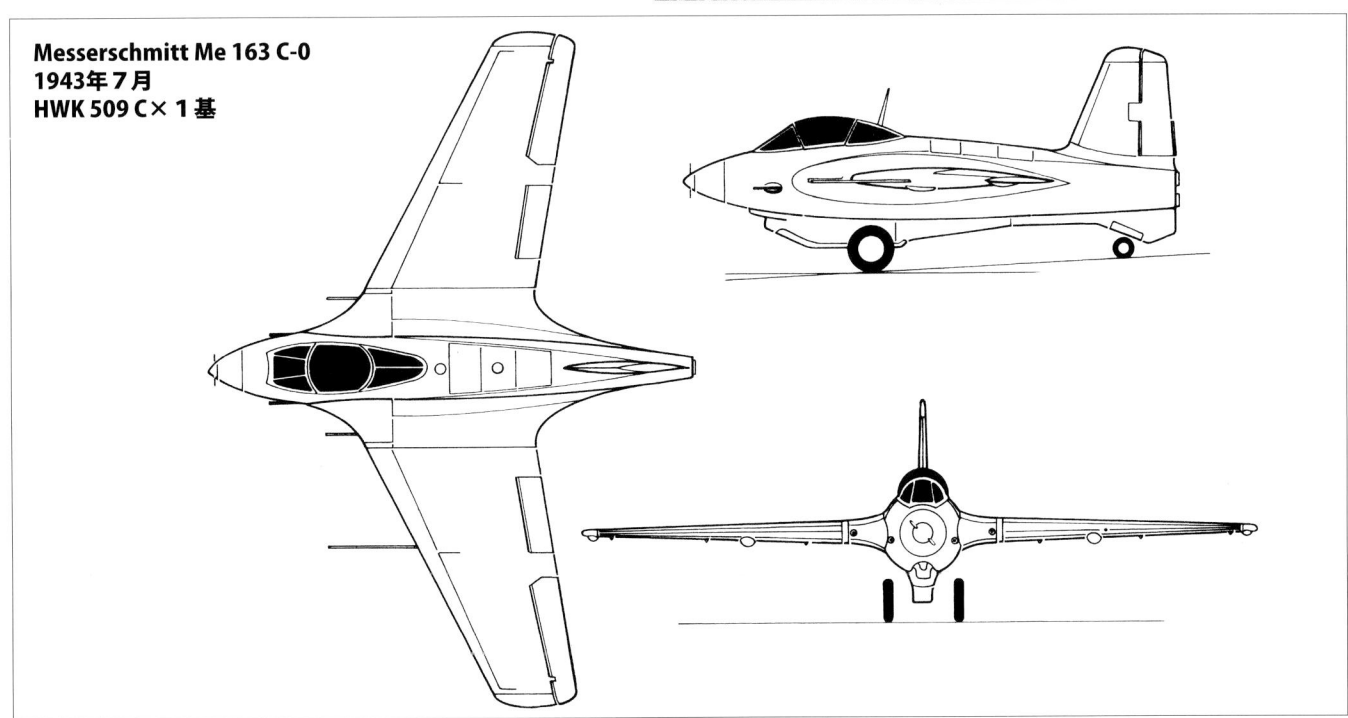

Messerschmitt Me 163 C-0
1943年7月
HWK 509 C×1基

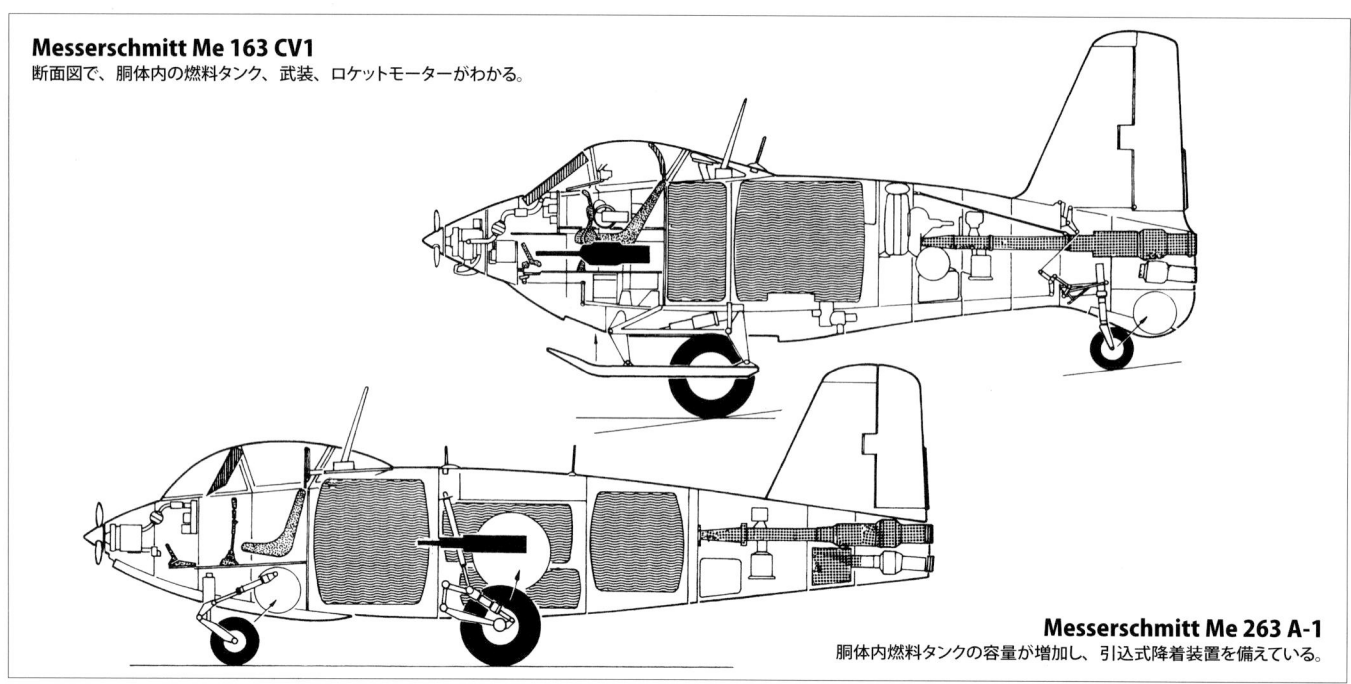

Messerschmitt Me 163 CV1
断面図で、胴体内の燃料タンク、武装、ロケットモーターがわかる。

Messerschmitt Me 263 A-1
胴体内燃料タンクの容量が増加し、引込式降着装置を備えている。

Ju 248 V1。気流計測用の毛糸を左翼につけている。

Ju 248の前部胴体の実物大模型。ユンカースのデッサウ工場で製作したもの。

Me 263のスケールモデル。

■複合推進戦闘機

　ロケット推進機の優れた上昇率と、ターボジェット推進機の航続距離とを組み合わせるという企図で、1940年から45年にかけて、ドイツは複合推進の戦闘用航空機を数種開発した。なかでも最先端だったのがフォッケウルフのFlitzer（"フリッツァー"突進機）で、ターボジェット1基の下方にロケットモーター1基を備えていた。同機はeinmotoriger TL-Jäger mit R-Gerät（Rロケット装置付単発TLジェット戦闘機）という名称で、HeS 011ターボジェット1基で推進するフリッツァーA型から派生し、ヴァルター社製2液式ロケットモーター1基をジェット噴射口の下方に追加装着していた。ジェットとロケット両方を最大推力にすると、上昇率は13.5m/s、約70秒で高度7500mに到達できると試算された。最大速度は高度6000mで830km/hと予想された。

　開発の初期段階において、フリッツァーはMK 108機関砲2門を左右の主翼に、MG 151/20機銃2挺を前部胴体に搭載する設計であった。あるいは、携行弾数60発のMK 108機関砲1門を胴体内に、MG 151/20（携行弾数各175発）2挺を主翼に搭載する代替武装案もあった。さらには、胴体内にMK 103機関砲2門とMG 151/15機銃2挺の武装案もあり、最終設計案はMK 213（携行弾数各120発）4門に落ち着いた。

　フォッケウルフの開発班は、HeS 011推進のフリッツァーA型とTa 183の計画に全力を投入していたため、複合推進型フリッツァーは1944年後半に中止された。数週間後、ロケット推進型Ta 183（Ta 183 R）の開発も打ち切られた。

　ユンカースのJu EF 128 TLR-Jagdflugzeug（TLRジェットロケット戦闘機）は、EF 128昼間戦闘機を設計変更した単座機で、1945年の競作2回に応募している。複合推進装置の手当がつかず、大戦の終局で計画は挫折した。

　BMW 003 Rを搭載したHe 162 Aの開発は、1945年初頭に始まった。ハインケルは、複合推進のBMW 003 Rエンジン1基を搭載した高速の局点防衛戦闘機の設計を目指していた。そのため、航続距離は約400km、滞空時間は30分に限られていた。複合推進装置が要する燃料タンクのため離陸重量が相当増加し、このため降着装置を強化する必要が生じた。複合推進エンジンの供給を十分に確保できる望みも、原型2機を完成できる可能性も皆無に近かった。メッサーシュミットのより強力なMe 262 Heimatschützer I（"ハイマートシュッツァー I"郷土防衛機 I 型）の計画案が採用され、ハインケルの計画は破棄された。

　複合推進のMe P 1106 Rは、前述の諸計画と同様の理由、すなわち航続距離と滞空時間が不十分なため、1945年に中止された。アーヴィン・ライバー率いるゴタ技術陣は、複座で全翼型の邀撃機兼重昼間戦闘機、Go P 60 Rを開発した。これはP 60 A戦闘機の設計を変更したもので、BMW 003ターボジェット2基の中間にHWK 509ロケットモーター1基を装着していた。ジェットエンジンは主翼の上面または下面に装着できた。1945年前半に提案されたが、技術航空兵器長官の命令で中止さ

Me 163 B-0（V13）、製造番号310022、VD＋EV。損傷を受けた状態で、ブランディス飛行場で発見されたもの。

れた。

　Me P 1106 R計画の１年以上前の1943年［訳注30］、Me 262 Interzeptor《インターツェプター》Ⅰ（邀撃機Ⅰ型）の開発作業が始まった。当初はMe 262 J-1と呼んだが、ほどなくMe 262 C-1a Heimatschützer《ハイマートシュッツァー》Ⅰ（郷土防衛機Ⅰ型）に改称した。1943年５月26日付の基礎性能要目によると、離陸重量7150kg、Jumo 004 Cターボジェット２基と後部胴体に装着したヴァルターRⅡ 211/3ロケット１基で推進し、離陸後3.2分で高度12000mに到達できた。最大速度は約950km/hと試算された。同年６月22日、アルトホフ技師がハイマートシュッツァーⅠ型の能力向上型の詳細設計をまとめた。離陸重量増加のため、高度12000mに到達するのに4.5分を要することがわかった。航続距離は、わずか550kmしかなかった。携行弾数各60発のMK 108機関砲６門で武装する設計だった。1944年の７月から12月にかけて、原型機と量産型の性能諸元を試算した。

　原型機のMe 262 V186（製造番号130186）は、初期のA-1a標準量産型の既存の機体を改修して製作した。信頼性の低いロケットモーターと複雑な燃料系統にともなう技術上の問題と不具合のため、飛行試験をたびたび延期した。1945年２月27日、再度改称されてMe 262 V6（原注31）となっていた唯一のハイマートシュッツァーⅠ型原型機は、初めて進空した。不安定なロケットモーターを使用して３回だけ飛行したのち、1945年３月19日に胴体前部が損傷を受ける。わずか３日後、レヒフェルトのメッサーシュミット社施設に駐機中に、連合軍の夜間爆撃でさらに損害を被ってしまう。1945年３月31日、以後の開発は打ち切られた。のちに飛行場を接収した連合軍は、損傷を受けた原型機を解析のため英国に移送した。

　ハイマートシュッツァーⅠ型が後部胴体内にロケットモーターを搭載していたのに対し、BMW技術陣が開発していた複合推進機は、ターボジェット２基のエンジンナセル内上部に補助推進ロケットを内蔵していた。最初の試作構成品が1942年６月に完成し、BMWは1943年の夏に複合推進装置を備えた双発戦闘機の開発を進めた。同年７月、BMW TL-Jäger mit TLR 950とBMW TL-Jäger mit TLR 1300という仮型式名の計画案２種を検討している。

　計画案は1150kmの航続距離を見込んでいた。1943年７月30日、BMWは推力2000kgの補助ロケットモーター２基をMe 262に装着する可能性も検討した。BMWは、高度8000mで最大速度880km/hが可能で、実用上昇限度10000m以上で滞空時間46分と試算した。予測された上昇率は異常なほどの高さで、なんと1.5分で高度10000mに到達できた。BMWはMe 262 Interzeptor Ⅱの主推進装置としてBMW 003 R複合推進エンジンを推奨した。同機の最初の設計説明書は1943年９月４日付で、

Junkers Ju EF 127.01 ヴァリ
1945年１月
HWK 509 C × １基

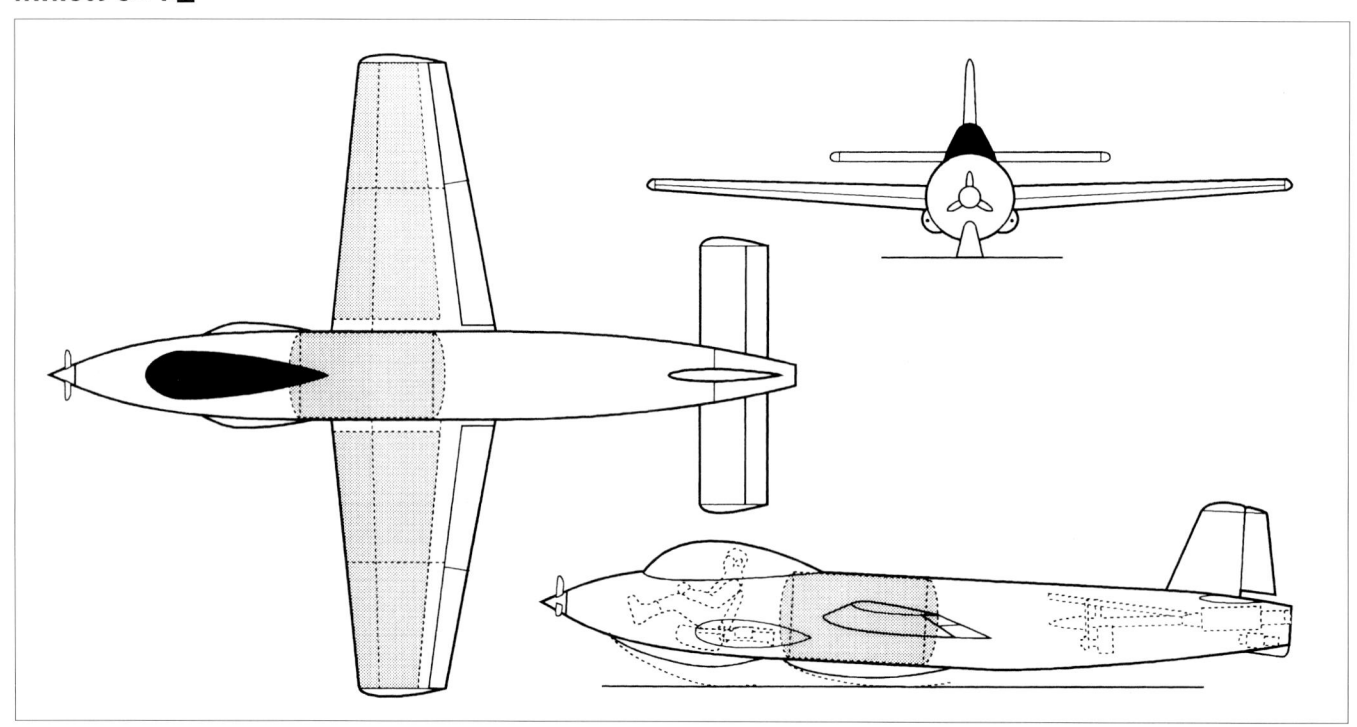

Ju EF 127.03の想像図（Keith Woodcock画）。引込式着陸橇を展伸して、まさに接地しようとするところ。Ju EF 127ヴァリはロケット推進の局点防衛邀撃機で、設計は変型3種の変遷をとげている。最初の設計であるJu EF 127.01（144ページ）は投棄式の3輪台車を使用して離陸し、引込式着陸橇2本で着陸した。

大型化したJu EF 127.03の実物大模型。投棄式の固定式滑走装置が写っている。この.03型および.02型（下図）は、胴体を延長してロケット燃料の搭載量を増加した設計だった。Me 163の運用実績により、ロケット推進邀撃機の作戦能力は燃料搭載量の限界で大きく制約を受けることが判明していた。Ju EF 127.02および.03型は、この問題に対処するために設計された。戦後、ソ連はヴァリに興味をしめし、本土防空任務への採用を検討した。しかし結局、ソ連はMe 263を採用する。その結果うまれたのが、ミグ設計局製のI-270である。

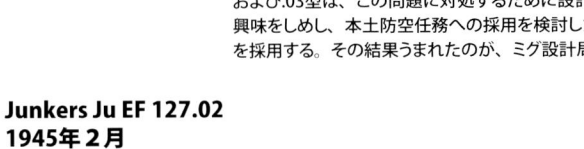

Junkers Ju EF 127.02
1945年2月
HWK 509 C × 1基

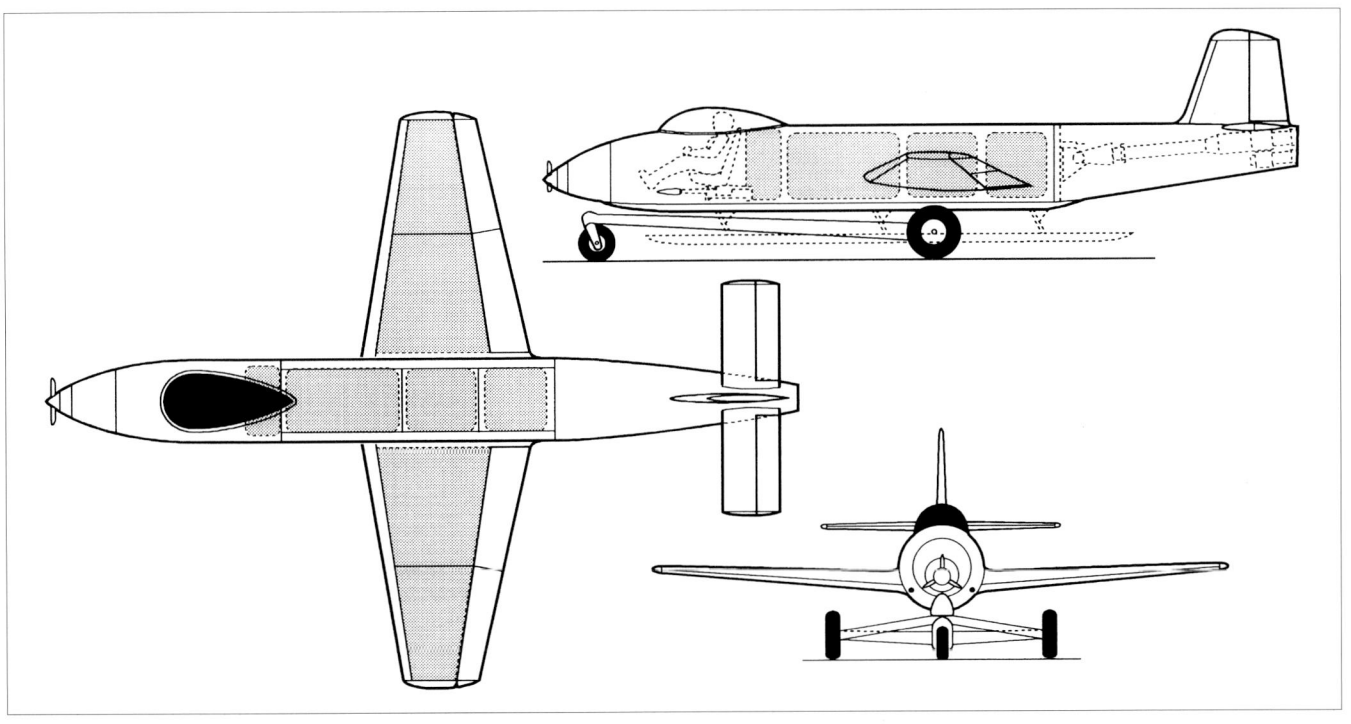

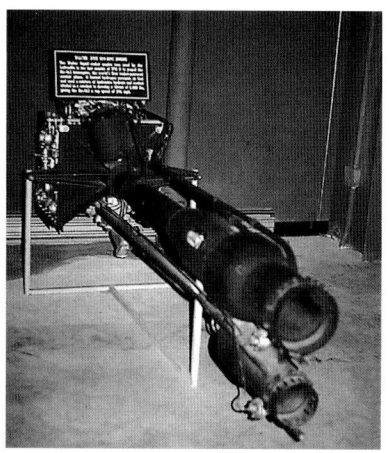

Ju EF 127風洞模型のユンカース社公式写真。胴体と主翼を延長した最終型である。ヴァリを実戦投入できていれば、独空軍はメッサーシュミット・コメートであげた戦果よりもはるかに有効に連合軍爆撃機を邀撃できたはずだった。驚異の上昇力を誇るヴァリが回答であるかに見えた。しかしロケットモーターが燃料を大量に消費し、燃料搭載量が限られていたことと相まって、戦闘態勢にある時間はほとんどなく、すぐに操縦士は燃料を使い果たして滑空着陸せざるを得なかった。

HWK 509 C-1はコメートの滞空能力向上のため、主燃焼室の直下に巡航用の副燃焼室を備えていた。飛行試験で良好な成績を収め、新たに生産されるロケット邀撃機全型式への採用が決まった。しかし量産が始まったとき、すでに戦争は終局に向かっていた。この写真は、知られる限り唯一現存するHWK 509 C-1で、米国オハイオ州のライト＝パターソン空軍基地にある空軍博物館で展示中である。

Arado Ar TEW 16/43
1943年2月2日
HWK 509 A×1基

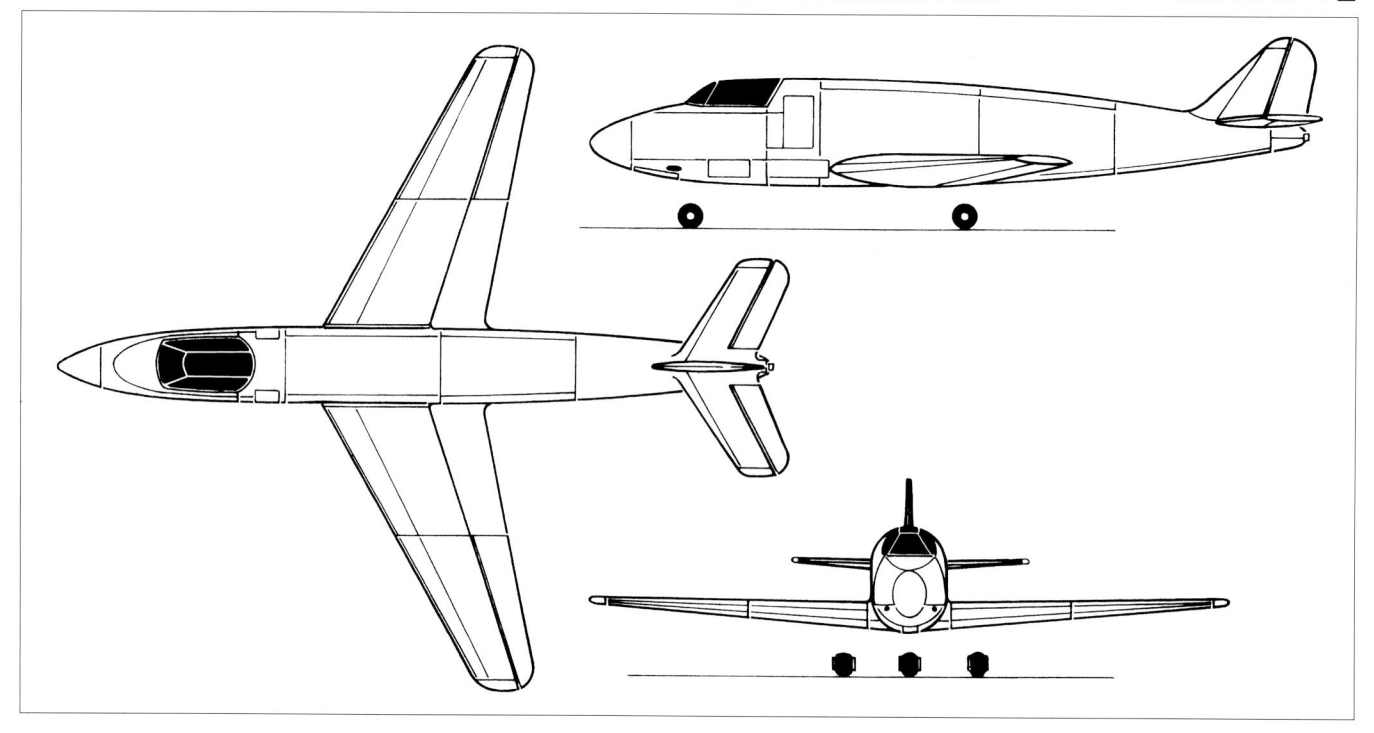

Me 262 D-1という新系列の呼称を用いていた。単座の戦闘機で、離陸重量は7100kgだった。

1944年3月、BMWは最初のTLR（ジェット・ロケット）エンジン装置一式（BMW 003ターボジェットにBMW 718ロケットを付加したもの）のベンチテストを行った。しかし数カ月後の同年11月になっても、ごく少数のTLR装置しか供給されなかった。

1944年6月6日、技術航空兵器長官は、Interzeptor II（邀撃機II型）を設計変更しHeimatschützer II（"ハイマートシュッツァーII" 郷土防衛機II型）と改称した原型機を2機試作するよう命じた。当初の仮型式名Me 262 D-1は廃止され、系列名Me 262 C-2b **(原注32)** として開発が続けられた。1944年12月20日、原型試作1号機Me 262 V074（製造番号170074）がレヒフェルトで引き渡されたが、故障が多発して初飛行は1945年3月29日まで遅延した。3日後、2回目の試験飛行を行っている。この時点で、試作2号機、Me 262 A-1a（製造番号170272）が完成していた。原型1号機は、1945年4月末にエンジンのない状態でレヒフェルトで鹵獲されている。Me 262 C-2bは量産に至らなかった。

計画段階にあった郷土防衛機III型、すなわち以前の邀撃機III型は、ジェットエンジンを使用せずHWK 509 Aロケット2基で推進することになっていたが、開発推進の許可が下りなかった。もう1種、ロケット補助推進を用いる派生型がMe 262 C-3 Heimatschützer IVとして提案された。これは大規模な改修をともなわないMe 262の改造で、胴体下面の大型ブリスターフェアリング（ふくらんだ整形覆い）にヴァルター HWK 509 S-2ロケット1基を内蔵していた。1945年1月前半に提案があり、同年2月1日から標準型Me 262 A-1aの改造が始まる。同月中に改造を完了するよう命じられていた。同時に、オーバーアマーガウに試験用治具を設置し、改修用部品一式の寸法が正確で、確実に作動することを検査することになっていた。改造にあたり、メッサーシュミットは容量600リットルの落下増槽2本も装着した。終戦時、米軍はオーバーアマーガウにおいて、未完成の試作1号機の各種部品を発見している。

【原注】
31）初代のMe 262 V6（製造番号130001、VI＋AA）は、1944年3月9日の墜落で全損に帰している。
32）型式名の末尾にある小文字の「b」は、エンジンがBMW 003に変更されていることを示す。

【訳注】
30）原文ではSeptember 1944となっているが、156ページの図面II/169が1943年7月22日付であるため、Interzeptor Iの開発着手がそれ以前であることは明らかだ。時期を特定できないため、1943年夏と訳した。

マクダネルXF-85ゴブリン（シリアル番号46-523）原型1号機。ドイツのMe P 1073 B（128ページ参照）を参考に戦後、米国が開発した寄生戦闘機である。ともに多発長距離巨人爆撃機（B-36またはMe P 1073 A）の胴体内に搭載するよう専用開発されたもので、母機の即応掩護を目的としていた。

■垂直離陸及び回転翼戦闘機

　ドイツ政府の諸機関と同様に、航空省も戦闘機の新技術の利点を評価するのに時間を要した。労力の大半は、DB 603またはJumo 213推進の在来型レシプロ戦闘機に投入していた。大戦が５年目を迎えた1944年ともなると、優秀な高性能航空エンジンの不足と、日増しに悪化する戦局のため、技術局、空軍総司令部、技術航空兵器長官、そして戦闘機本部は、推進装置と航空機設計の革新技術を模索することを余儀なくされた。

　連合軍爆撃機は、ドイツ空軍の地上組織、特に本土防衛任務（Reichsverteidigung "ライヒスフェアタイディグング"）の航空基地を主要攻撃目標に含めていた。本土防衛任務はドイツ本土防衛の生命線であった。航空基地が破壊されてドイツ空軍の作戦能力がさらに損耗しないよう、ドイツ全土に移動式の発射台を展開し、垂直に起立させた支持架からロケット推進局点防衛戦闘機を発進させる計画が提案された。必要に応じ、発射基地は短時間で移動できた。木製または金属製の軌条または支持架から小型で重武装の単座邀撃機を発射する計画も検討された。発射台は簡単に分解して隠蔽でき、敵の目標になりにくかった。

　初期のロケット推進邀撃機計画のひとつに、ロケットの先駆者として有名なヴェルンハー・フォン・ブラウン博士が考案したものがある。フォン・ブラウン博士は、ペーネミュンデの陸軍試験所（Heeresversuchsanstalt ＝ HVA）において３種の戦闘機を設計した。Stratosphären-Jäger IからIII（成層圏戦闘機I型からIII型）で、1939年７月６日に航空省に計画案を提出している。フォン・ブラウンの先見性は、初期の設計で、世界初の垂直離陸邀撃機であるleistungsfähiges Jagdflugzeug mit Strahlantrieb（ジェット推進高性能戦闘機）あるいはRückstossjäger（"リュックシュトッスイェーガー" 反動推進戦闘機）という計画機に、すでに現れている。同機のロケットモーターは硝酸と軽油を燃料にしていた。この戦闘機は、有人ミサイルそのものであった。トラックに搭載して発射陣地まで輸送し、移動式の発射台から発進する。リュックシュトッスイェーガーの組み立て用と発射準備用の大型ハンガー群からなる固定式発射基地も検討されている。短時間のうちに複数のリュックシュトッスイェーガーを発射し、ヴュルツブルク・レーダー（による地上管制）で目標の敵爆撃機編隊まで誘導するという運用構想だった。最初の設計案は、砲弾形の胴体に全面ガラス張りで広い操縦室を備え、翼根に内蔵した機銃４挺で武装していた。

　航空省がこの構想にほとんど興味を示さなかったため、ドイツ陸軍による初のロケット試験成功を事後評価したのち、フォン・ブラウンは1941年５月21日に第２案を提出した。第２案は、与圧操縦室と、全天候能力があるシュパンナー赤外線射撃照準装置の初期型を備えていた。航空省は、Bf 109、Bf 110、およびJu 88でドイツ上空の航空優勢を維持できるという見解を変

　コンベアXB-36（シリアル番号42-13570）は1946年８月８日に初飛行し、世界最大の爆撃機であった。ドイツのMe P 1073 Aはわずかに小さく、Jumo 223ディーゼルエンジン８基で推進する設計だった。翼幅を比較すると、６発のXB-36の70mに対しメッサーシュミット巨人機は63mであった。

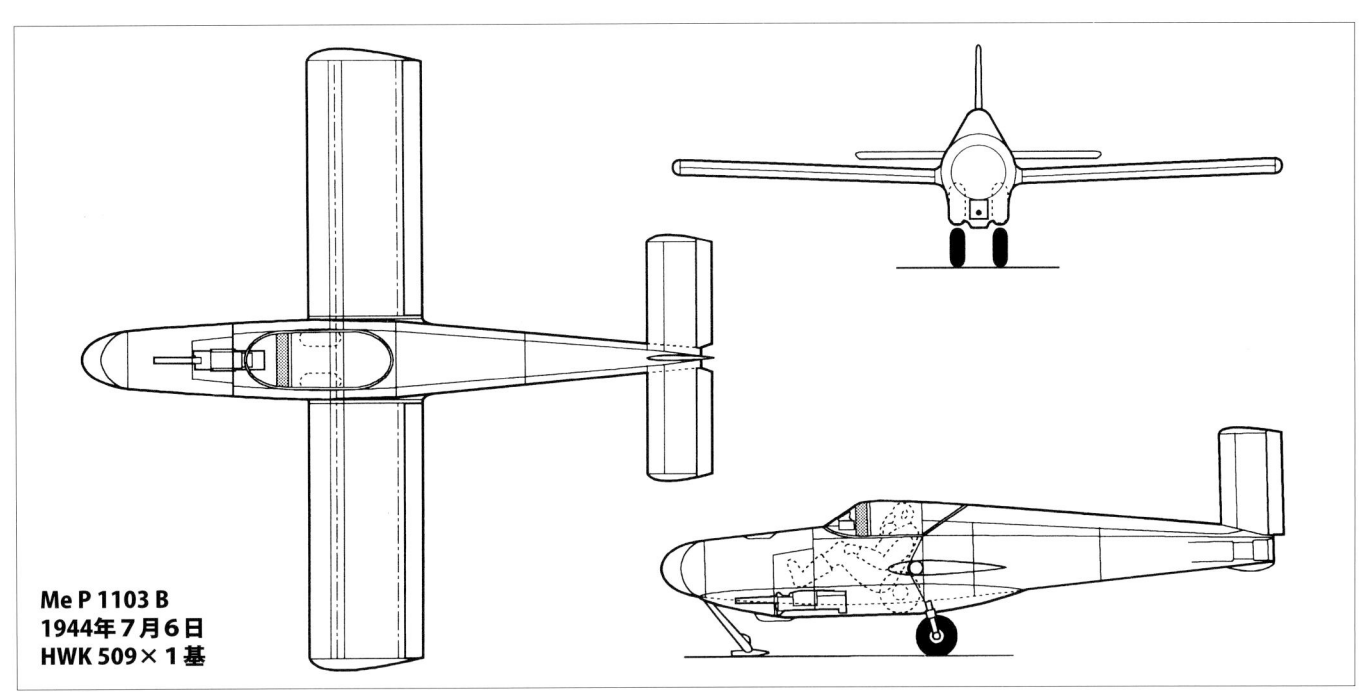

Me P 1103 B
1944年7月6日
HWK 509×1基

Me P 1104
1944年12月26日
HWK 509 A-2×1基

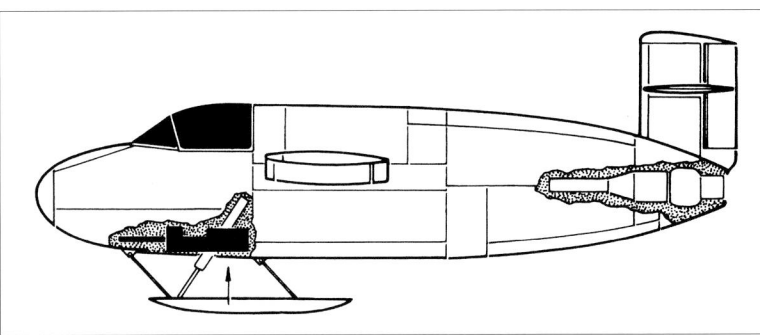

ロケット推進のゾムボルトSo 344の風洞模型。真正の戦時中の模型を捉えた珍しい写真である。機首前部（明るい色の部分）は、SC 500高性能炸薬爆弾1発を収容し、安定翼4枚と個体燃料補助ロケット1基を備え、安全な距離から敵爆撃機群を攻撃するという構想だった。航空省は計画案を1944年に検討したが、結局、却下する。GL/C番号334は、のちにルールシュタールX 4空対空誘導ミサイル（44ページ参照）に再交付された。

Heinkel He P 1077 Julia I
1944年8月16日
HWK 509 A-2 × 1基

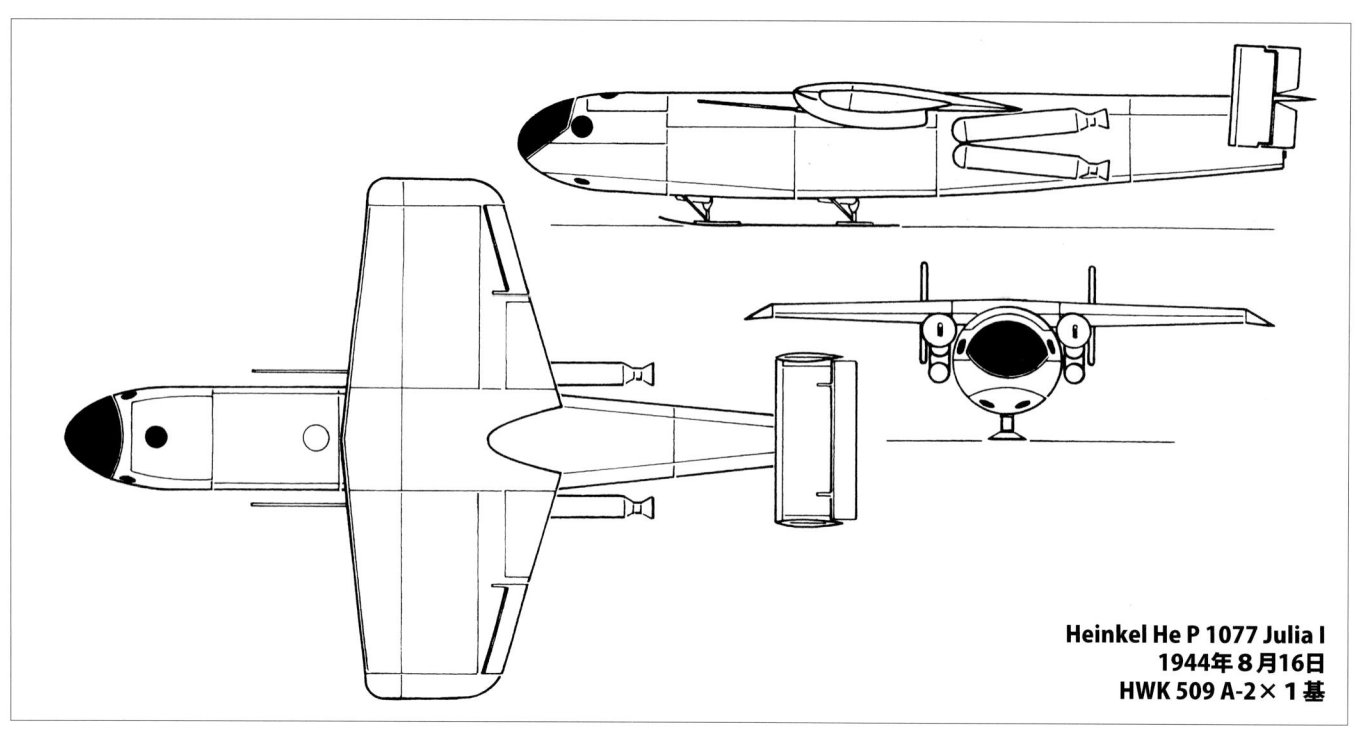

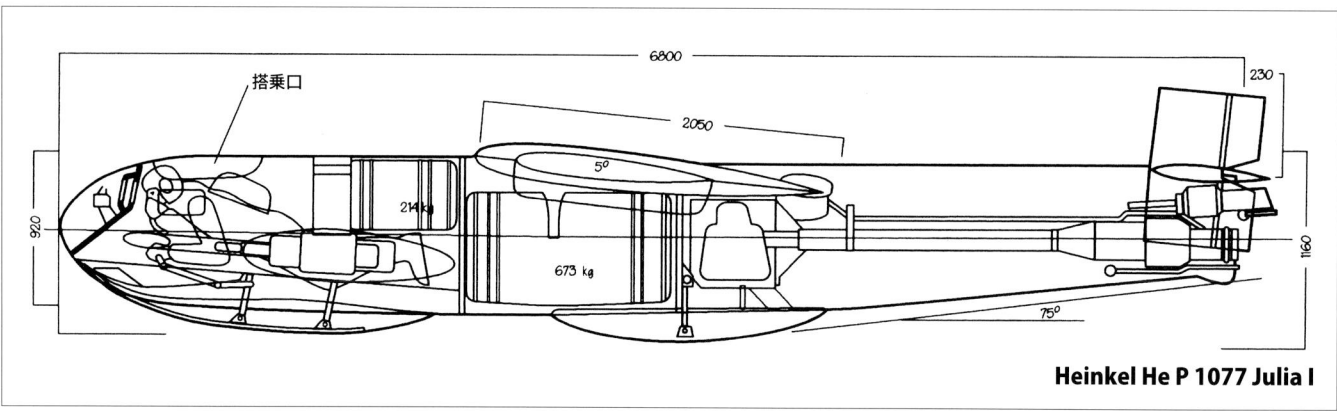

Heinkel He P 1077 Julia I

ハインケルHe P 1077ユリアIの想像図（Gert W. Heumann画）。伏臥姿勢の操縦士の両脇にはMK 108機関砲2門を配した。記録によると、すくなくとも5機の原型が1945年3月までに完成していたという。

He P 1077構成品製作の下請けに従事していた小規模な木工所の写真。オーストリア人作業員らがポーズをとっている。1945年撮影。全員、外套を着て、片付いた作業台の前に立っている。なかには帽子をかぶっている者もいる。1945年には、このような小規模な木工所を航空機部品の製作に動員する度合いが増していった。

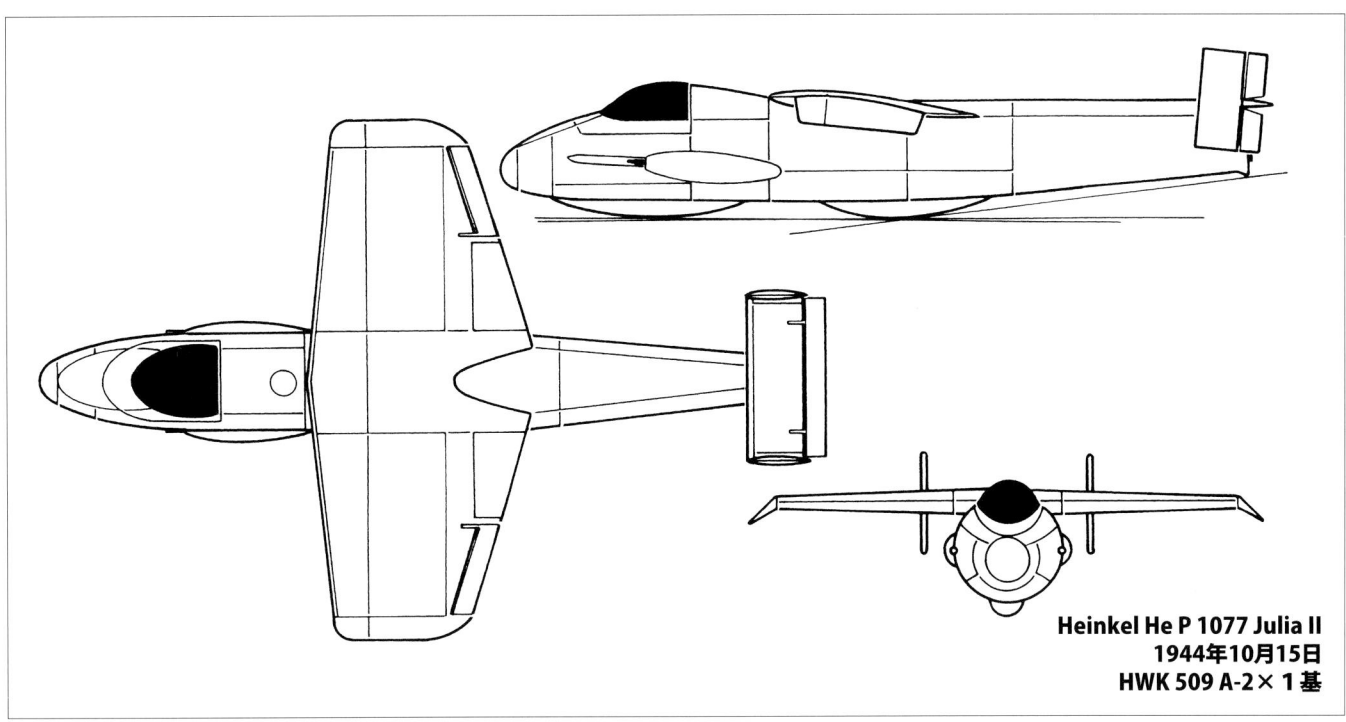

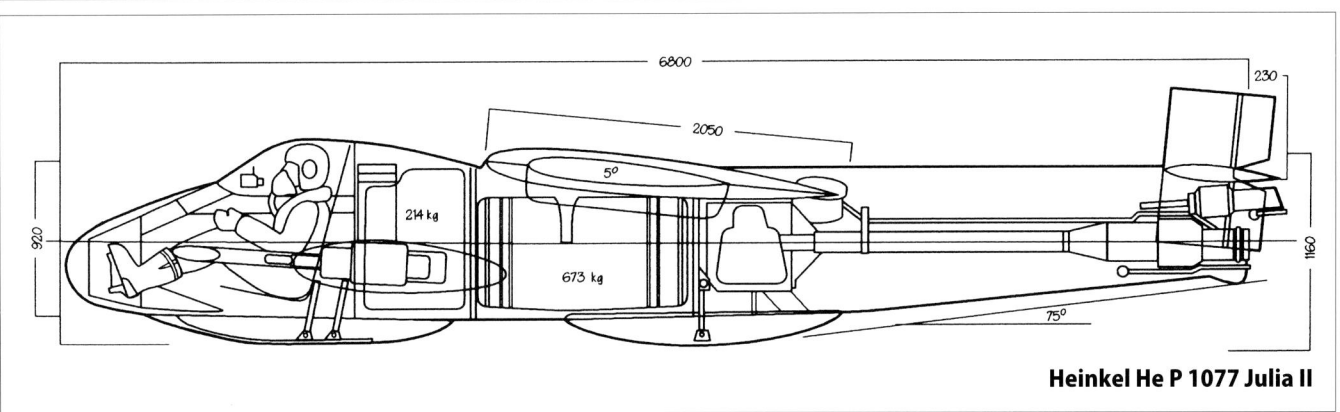

Heinkel He P 1077 Julia II
1944年10月15日
HWK 509 A-2 × 1基

Heinkel He P 1077 Julia II

ドイツ北部、キールにあるヘルムート・ヴァルター社の全景。ヘルムート・ヴァルター（1900年-1980年）が創業し、液体燃料ロケットモーター多種の開発と生産の主力として航空機産業を支えた。

ウィーンに近いハインブルクのシュピッツァーベルクにあるオーストリア航空クラブの格納庫。ここで終戦直前の数週間にHe P 1077の最初の原型機が試験された。本国への移送のため、ソ連軍がP 1077を跡形もなく運び去ってしまったという。

簡素なアラドAr E 381超小型邀撃機は、この模型のように、Ar 234 C-3に懸吊して離昇する。胴体下面と地面との間隔がほとんどないのが一番の懸念だった。HWK 509 B-1ロケット1基で推進し、高速の攻撃航過中に最大速度900km/hに達すると予想された。

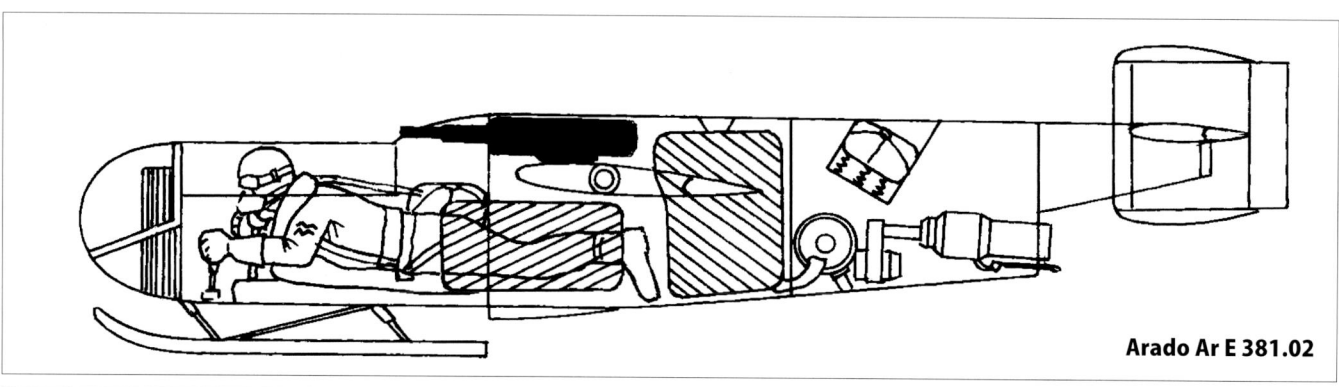

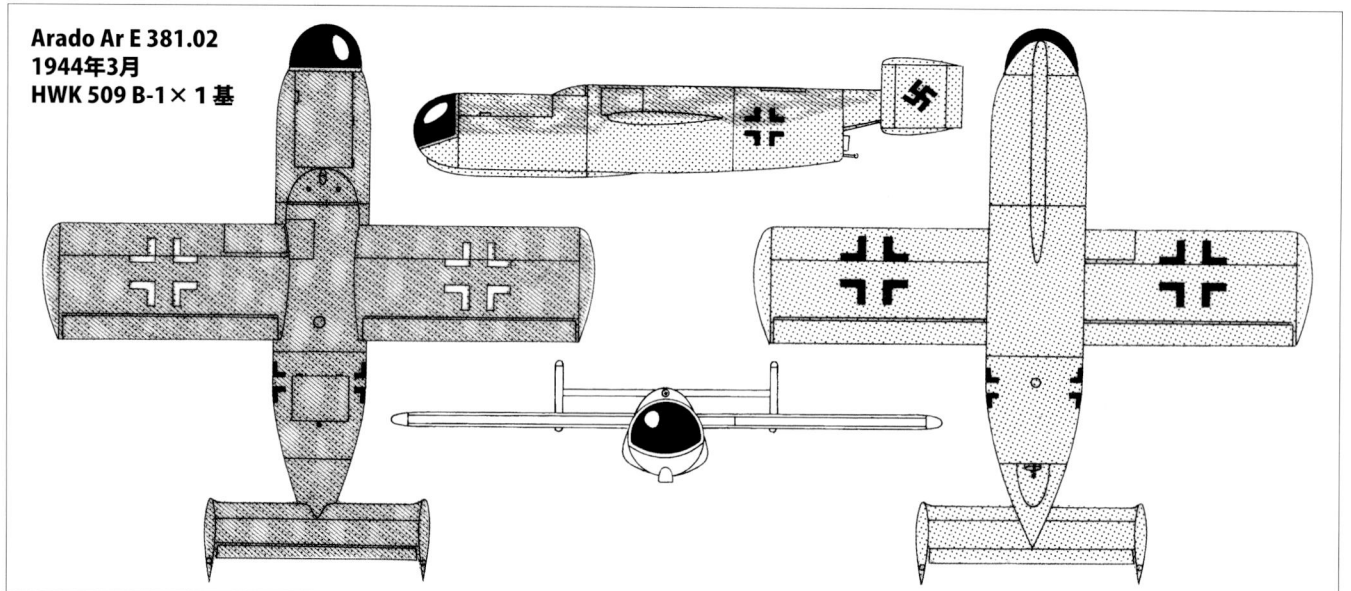

Arado Ar E 381.02

Arado Ar E 381.02
1944年3月
HWK 509 B-1×1基

えず、フォン・ブラウンの垂直離陸邀撃機構想は省内の支持を得られなかった。

　第３の垂直離陸計画機は、フィーゼラー Fi 166 **(原注33)** Höhenjäger ⅠからⅢ（"ヘーエンイェーガー"高高度戦闘機Ⅰ型からⅢ型）で、1941年に主要２系列と、その派生型数種が検討された。ロケット推進型は、Typ R-R-RuR、Typ R-R-StW、およびTyp TL-R-StWと呼ばれた。Typ R-R-RuRは離陸と戦闘にロケットを用いる。Typ R-R-StWは同様だが、離陸にStartwagen（"シュタルトヴァーゲン"　離陸台車）による補助を要する点が異なっていた。Typ TL-R-StWはTyp R-R-StWと同様だが、主翼に装着したターボジェット２基を使用する予定だった。Fi 166高高度戦闘機３種の暫定評価は、1941年12月にペーネミュンデ陸軍試験所において陸軍総司令部がまとめた。

　フィーゼラーは基礎研究を洗練し、長距離のヘーエンイェーガーⅠ型（R-R-FI）及び短距離のヘーエンイェーガーⅡ型（TL-R-RuR）の計画案２種に発展させた。トラック１台に搭載した発射架台からの垂直離陸で機動性を確保したが、当時の戦局にあって、陸軍総司令部はフィーゼラーの先進設計の真価を理解するだけの展望を欠いていた。そのうえ、フィーゼラーが推奨していた自動目標捕捉装置は、まだ実戦投入できる状態ではなかった。

　ヘーエンイェーガーⅡ型は複座のロケット推進機で、滞空時間は45分と試算されている。敵爆撃機編隊に対して、攻撃航過を２回ないし３回かけられる性能があった。乗員は、シュパンナー赤外線射撃照準装置及びリヒテンシュタイン機上邀撃レーダーを操作する操縦士と、地上管制との連絡を保つ観測士兼通信士の２名からなった。ヘーエンイェーガーはヴュルツブルク・レーダーによる地上からの誘導を受け、指揮所ではいわゆるゼーブルク卓**[訳注31]**によって邀撃管制を行う。強力な補助ロケット１基によって戦闘高度12000mまで打ち上げ、ロケットは燃料消費後に分離投棄する。分離後、使用済みロケットは落下傘降下して回収され、再使用される。戦闘高度に達すると、操縦士は機内に搭載したロケットを始動して飛行を継続する。着陸には胴体に装着した引込式の橇を用いた。

　もう一方の提案であるHöhenjäger Ⅰ（高高度戦闘機Ⅰ型）は単座低翼のジェット推進垂直離陸機であった。高度12000mでの滞空時間が５分間しかなかったため、攻撃航過は１回しかできなかった。したがって連合軍爆撃機の１個編隊を邀撃するにも、多数のⅠ型を要しただろう。胴体下面に装着した大型の補助ロケット（Ｖ２号ロケットを小型にしたような外観）によって戦闘高度に到達したのち、（補助ロケットを分離し）主翼に装着した小型ジェットエンジン２基を始動、燃料を使い切るまで飛行し、滑空降下して胴体に装着した引込式の橇で着陸するという設計であった。Typ R-R-FI（高高度戦闘機Ⅰ型）の開発はそれほど複雑でないように思われ、陸軍試験所も、この設計が最も効率がよいという見解であった。有望な遠隔制御対空ミサイル**(原注34)**、すなわち秘匿名Schmetterling（"シュ

Ar E 381超小型邀撃機の模型（Günter Sengfelder製作）。胴体中央の着陸橇と、伏臥姿勢の操縦士の後方背面のMK 108機関砲１門の様子がわかる。3cm砲弾は45発しか携行しない。原型機を製作するまえに終戦を迎えた。

メッサーリング" 蝶)、Enzian ("エンツィアン" リンドウ)、およびWasserfall ("ヴァッサーファル" 滝) が出現したため、Fi 166高高度戦闘機I型の開発は打ち切られた。

陸軍試験所 (HVA) が1944年10月20日に航空省に提出した遠隔制御の垂直離陸戦闘機案もまた不採用になった。これはフォン・ブラウンの成層圏戦闘機II型を再設計した案のようだ。発展型の設計は、A4 (陸軍のAggregat《アグレガート》4すなわち4号集合体、V2号として有名) に似た補助推進ロケットの上にFi 166と同様の小型戦闘機を装着した構成だった。

実際には、1944年に存在した垂直離陸邀撃機は、1種だけだった。これはバッヒェムのProjekt 20 (BP 20) という呼称の単純かつ斬新な計画機で、航空省に承認されて型式名Ba 349を交付され、Natter ("ナッター" ヤマカガシ) という秘匿名が付けられた。終戦までに少数が生産されている。垂直離陸能力をもった第2の設計案、He P 1077 (131ページ参照) は実現せず、せいぜい試作滑空機若干数が終戦までに完成していたかどうか、という程度であった。

バッヒェム製作所有限会社 (Bachem Werke GmbH) は、元フィーゼラー社技術担当重役のエーリッヒ・バッヒェム技師が1942年2月10日に創立した。ナッター計画に着手するまで、同社はレシプロ戦闘機の交換部品や、その他の航空装備品を製造していた。

Zeppelin Fliegende Panzerfaust
1944年6月
HWK 509 B×1基 ＋ 固体燃料ロケット×6基
曳航機はBf 109 G

BP 20は、最低限の兵装消費でいかなる敵爆撃機でも撃破できる、小型軽量の消耗邀撃機として計画された。この目的を達成するため、ロケット補助推進による垂直離陸と、操縦士と機体が別々に落下傘降下で着陸するという大胆な方法をとった。飛行訓練の微細な点に貴重な訓練資源を使用せずとも、未熟な、あるいは無経験の操縦士に飛行と射撃の初歩を指示するだけで十分だという設計思想が根底にあった。エーリッヒ・バッヒェムは、重要工業施設の周囲に適切な数のナッターと発射基地を展開して、連合軍爆撃機が攻撃を断念するほど高い代償を払わせることが可能だと考えていた。そのほか、ナッターは鋼鉄と航空燃料の節約に寄与し、隠蔽した小規模基地から短時間で運搬できるのも特徴だった。ロケットモーターを回収して再使用できるのは、重要な利点だと考えられていた。事実上、ナッターは有人ミサイルであった。必要に応じ艦船から発射する計画まで練られていた。

BP 20は木製で、接着工程を経ずに組み立てる設計だった。部品の大半はドイツ中の小規模な木工所で製作可能なため、航空産業の既存応需に悪影響を与えなかった。エーリッヒ・バッヒェムの試算では、推進機以外の機体1機分の生産工程に、わずか600人時間しか要しなかった。またHWK 509 A-2ロケットモーターも、高度なターボジェットに比較して、より簡単に製造できた。燃料は、T液450リットルとC液250リットルとを

ツェッペリン社が開発した飛行パンツァーファウストもまた、消耗式の邀撃機の計画だった。戦闘高度まで曳航されて母機から離脱し、敵爆撃機に対して1回限りの突入攻撃をかける設計である。固体燃料ロケット6基を用いて突入速度まで加速する。攻撃後、操縦士が生存できたか疑わしい。

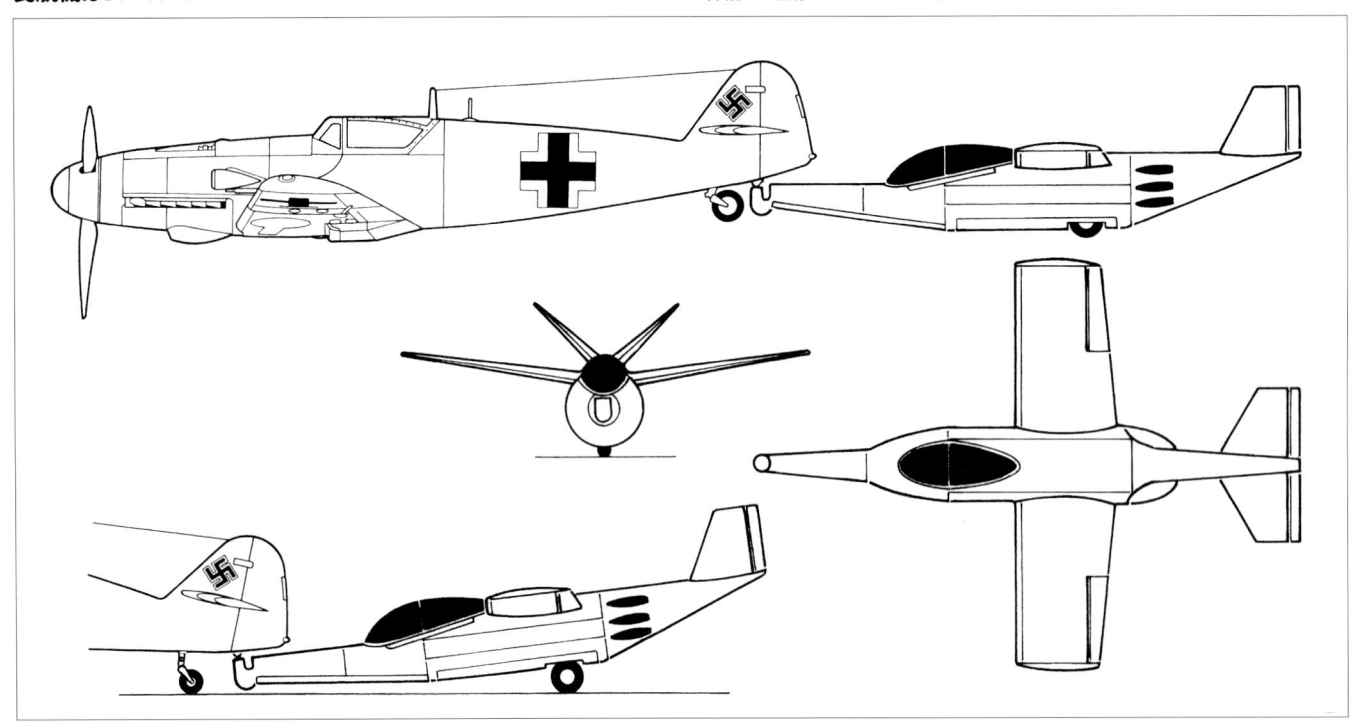

別々のタンクに搭載した。80秒間にわたり最大推力1700kgを発生できる量であった。離陸の補助推進として、固体燃料ロケットSR 34（のちにStartgerät SG 34 "シュタルトゲレート" 離陸装置34に改称）4基が補助推力1000kgを12秒間にわたり発生した。

　ナッターの兵装は、単純にして強大な破壊力を秘めていた。電気点火式の24mm Föhn（"フェーン" 南風）空対空ロケット弾24発またはR 4 M空対空ロケット弾32発を蜂の巣状に連装した発射機を、機首の着脱式カバー内に搭載していた。あるいは代替武装として、ラインメタルSG 119装置も搭載できた。これはMK 108機関砲身7本を円筒1本に集束し、この集束6組をリボルバーのようにナッターの機首に配したものである。

　1944年8月、バッヒェムはナッター計画書を空軍総司令部と親衛隊幕僚本局に同時に提出した。1ヵ月後、BP 20試作機15機分の契約が発注され、さらに数週間後、ナッターは戦闘機緊急計画に織り込まれた。1944年10月、試作1号機Ba 349 M1と2号機Ba 349 M2が製作された。当時、航空省は、懸念していた米国のB-29**（原注35）**などの連合軍重爆にナッターで有効に対処できると考えていた。Ba 349の初回生産分50機は、1944年10月から1945年1月までに納入する契約だった。量産開始にあたって大量200機もの発注があったことから、本計画の重要性を計り知ることができる。

　落下傘の装着に手間取り、局点防衛型の原型機Ba 349 M1の飛行試験は1944年11月までずれこんだ。ほどなくBa 349 M2が完成、ついで原型3号機Ba 349 M3が1944年12月14日にドナウ河畔のノイブルクで曳航により進空した。8日後、DFSが運用するHe 111 H-6（DG+RN）に曳航され、3号機は2度目の試験飛行を行っている。バート・ヴァルトゼー近くで行われていた地上試験を済ませ、1944年12月18日に発射台からの垂直発射の第1回試験の予定が組まれた。故障のためにナッターに火災が発生し、試験は失敗する。4日後、シュテッテン・アム・カルテンマルクトに近いホイベルクで、次なる試みがなされた。ナッターを高度750mまで曳航し、機体と操縦士を模した人形を無事に地表まで落下傘で降下させた。1944年12月29日、重大な障害もなく第2回発射試験に成功した。同時に他の原型機を曳航して、追加試験を行なっている。

　1945年2月、親衛隊第600特務分遣隊『ナッター』（N）（SS-Sonderkommando 600 Natter (N)）が創設され、ゲーアハルト・シャラー親衛隊中尉の指揮下でナッター増産支援を統括した。

　1945年2月25日、原型22号機M22を用いて無人発射に再度成功し、親衛隊幕僚本部はエーリッヒ・バッヒェムに最初の有人発射試験を行うよう指示する。ローター・ジーバー飛行一等兵は、東部戦線において親衛隊の将軍1名を乗せて事故を起こし、

Fw 226フリッツァーから派生した複合推進機計画は1944年9月20日にさかのぼる。これはフォッケウルフ社による透視図で、武装、燃料タンク、補助ロケット付きHeS 011 Rの位置がわかる。2種のエンジンが異なる燃料を使用するため、複雑な燃料系統を設計する必要があった。

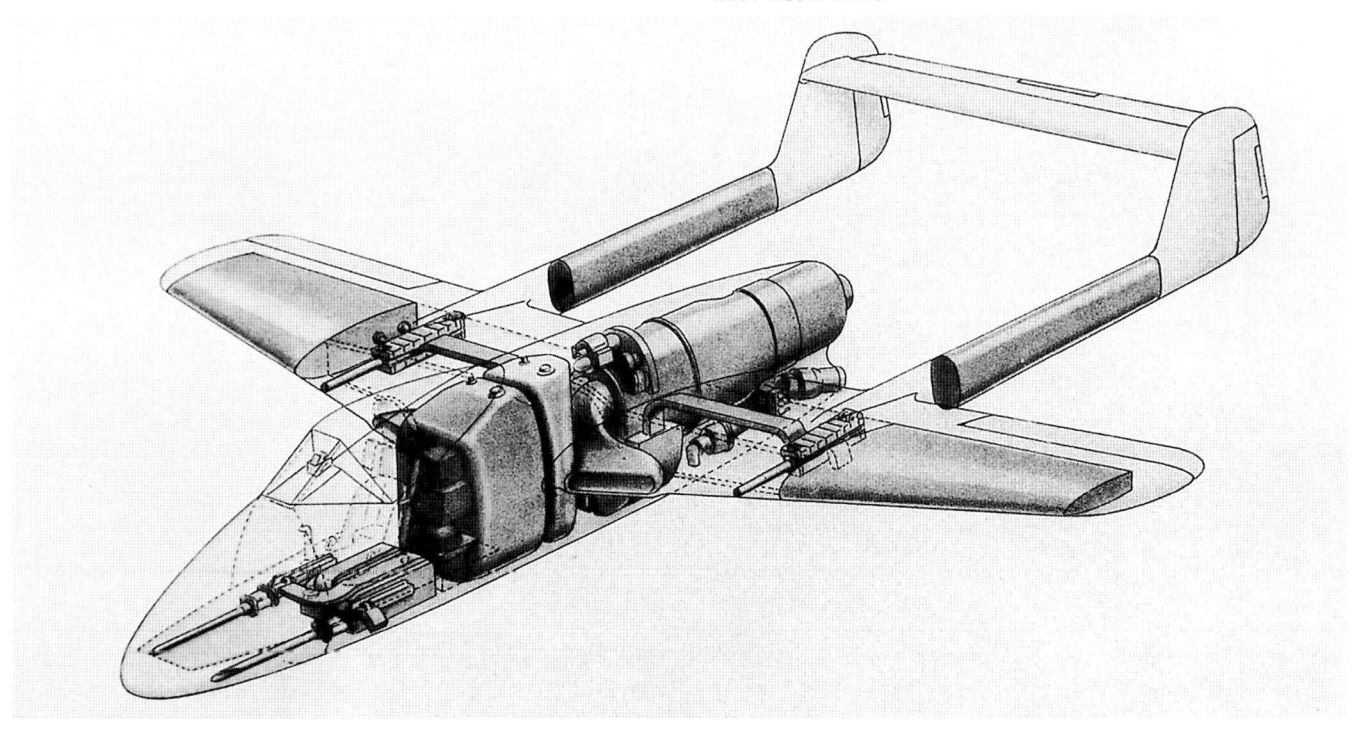

複合推進型フリッツァーの風洞模型。

フリッツァー操縦席の精緻な木製実大模型。操縦士の防弾装甲とキャノピー緊急投棄用の圧搾空気缶がわかる。［訳注：風防側面には「ガラスに注意！」の表示がある。］

Me 262 V186はMe 262 C-1aハイマートシュッツァーⅠ型原型機となった。バイエルン州ランツベルクに近いレヒフェルトで離陸滑走中の写真。

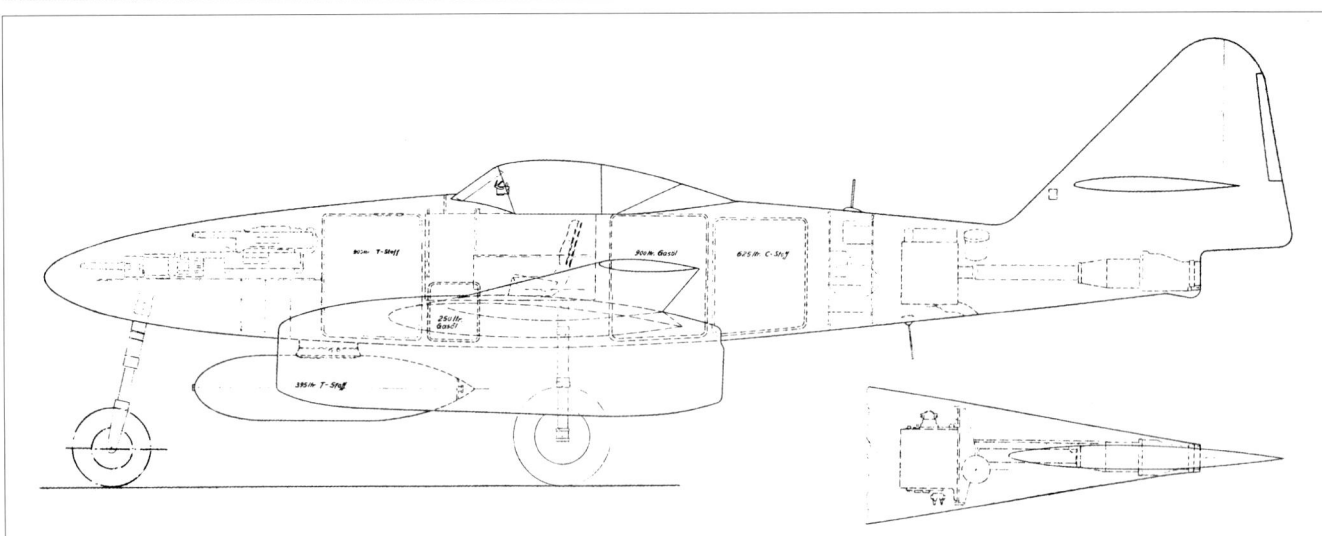

Me 262 Interzeptor I（"インターツェプターⅠ" 邀撃機Ⅰ型）の1943年7月22日付製造図面II/169番。Jumo 004ジェットエンジン2基と、尾部のHWK RII（HWK 509 A-2)ロケットモーターがわかる。機首下方の外部燃料タンクにロケット燃料のT液395リットルを、前部胴体内タンクにT液900リットルを搭載する。最後部のタンクにはロケット燃料のC液625リットルを収めた。さらに胴体内のタンク2基（操縦席の前後）にはJ2ジェット燃料1150リットル［訳注：前に250リットル、後に900リットル Gasölはガソリンではなく軽油（ガスオイル）のこと］を搭載した。武装はMK 108機関砲6門の設計だった。

BMW 003 Rの公式写真。Me 262 C-2bの動力となった。全長3788㎜、全幅690㎜、全高966㎜である。

Me 262 V074はMe 262 C-2bハイマートシュッツァーIIの原型機となった。1945年2月、レヒフェルトで地上評価中の写真。

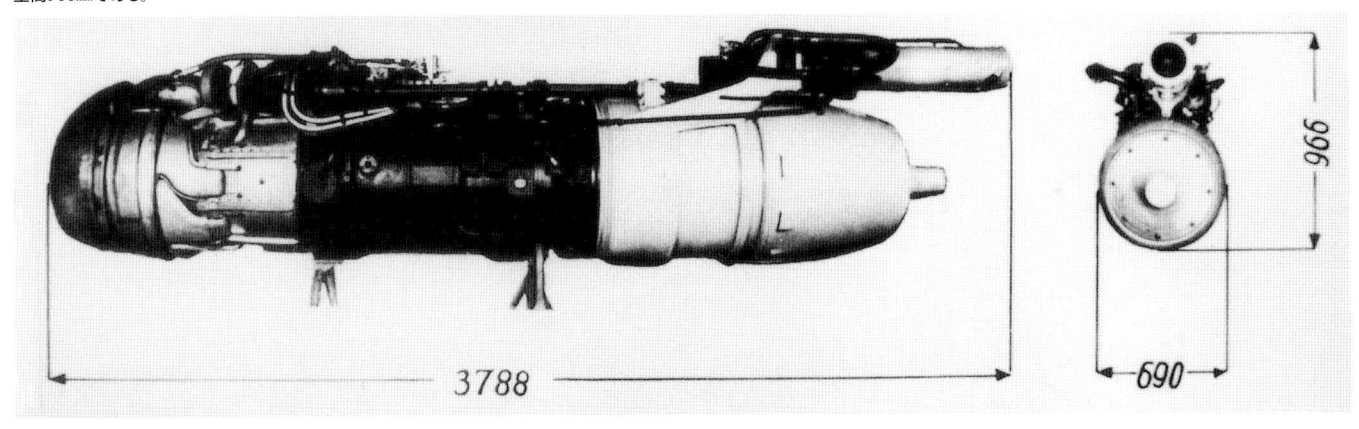

戦後、Me 262 V074はエンジンを取り外され、連合軍の余剰資産となった。同様にエンジンのないMe 262 V10開発原型機（VI＋AE）とともに、のちに廃棄処分された。

『死のパイロット』というあだ名で呼ばれていた。ジーバーは、1943年2月11日、モスクワ航空管区の野戦軍事法廷において少尉から兵の最下位に降格されて死刑宣告を受け、その後、ナッター飛行試験に志願すれば減刑するという機会を与えられた。必死のジーバーはこれに応じ、1945年3月1日、気の進まぬままBa 349 M23の窮屈な操縦席に乗り込んだ。ジーバーはナッターの急加速に驚き、動転してキャノピーを分離投棄したため、ただちに操縦不能に陥ってしまう。55秒後、ナッター原型23号機は反転して墜落し、ジーバーは死亡した。

誘導装置を改修し、装備を改良したのち、さらに数機の無人ナッターが試験された。初の実戦配備にむけての準備が進むなか、担当将校のドルンベルガー少将は、ナッターの開発を打ち切る。それでも最初の作戦任務、秘匿名Krokus（"クロークス"クロッカス）の準備が、米軍地上部隊が到達するまでシュトゥットガルト近郊で進んでいた。1945年4月24日、自由フランス軍機甲部隊はヴァルトゼーに進出し、多量の交換部品を鹵獲した。そのわずか数日前、ナッター用のロケットエンジン15基が鹵獲をさけてヴァルトゼー湖に投棄されていた。しかし秘密保全が不十分で、のちに全基が回収されている。

Ba 349 A-1、Entwurf 1（設計1）の量産計画は、1945年3月1日に承認されたが、実際に完成したのはごく少数だった。能力を向上させたБBa 349 B-1 (Entwurf 2) 邀撃機が続き、ヴァルトゼーで量産する計画だったが、実際にはほとんど完成しなかった。最終型Ba 349 C-1 (Entwurf 3) は、変更を加えた主翼と再設計した尾部以外はB型と同様だったが、戦局のため完成に至らなかった。1945年5月以降、中部ドイツで能力

Me 262 V074（製造番号170074）の静置試験が1945年2月に行なわれた。ロケットモーター2基を試運転している。ロケットは轟音をあげ、高熱で機体後部の塗装表面が焦げている。

**Von Braun (HVA)　
Stratosphärenjäger I　
1939年7月6日　
液体燃料ロケットモーター**

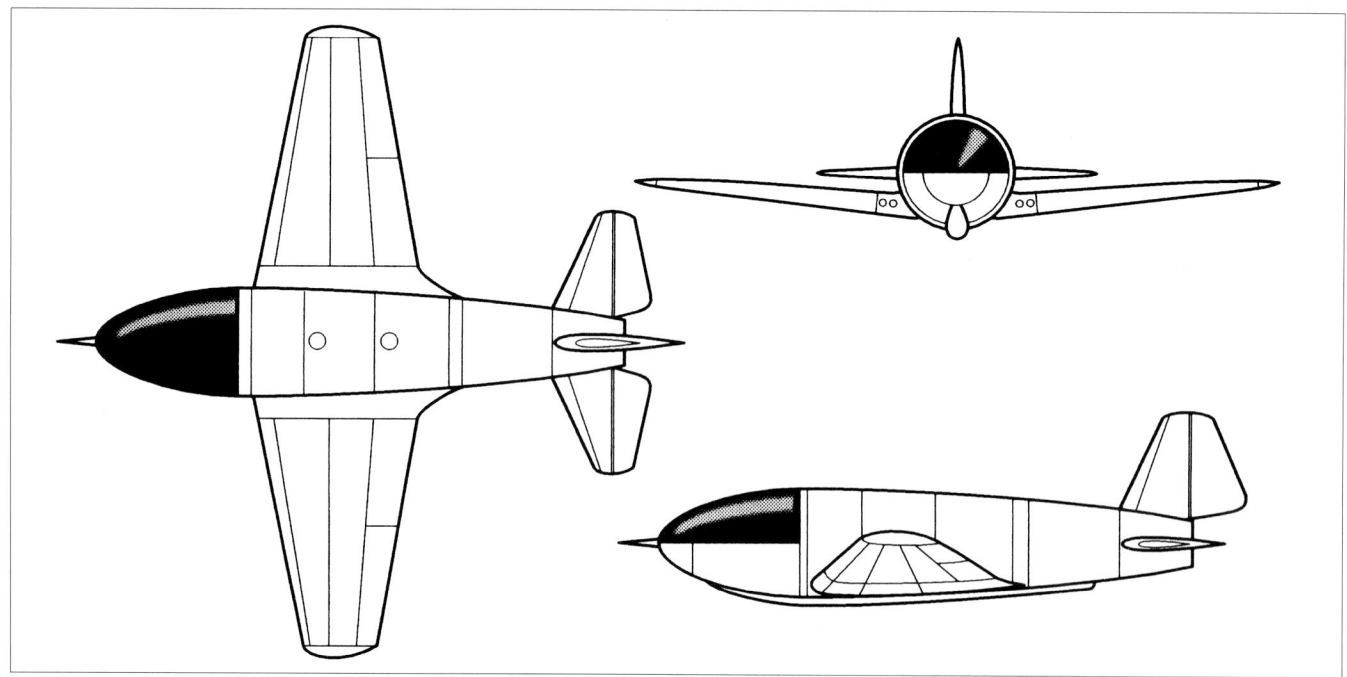

Von Braun (HVA)
Stratosphärenjäger II
1941年5月21日
液体燃料ロケットモーター

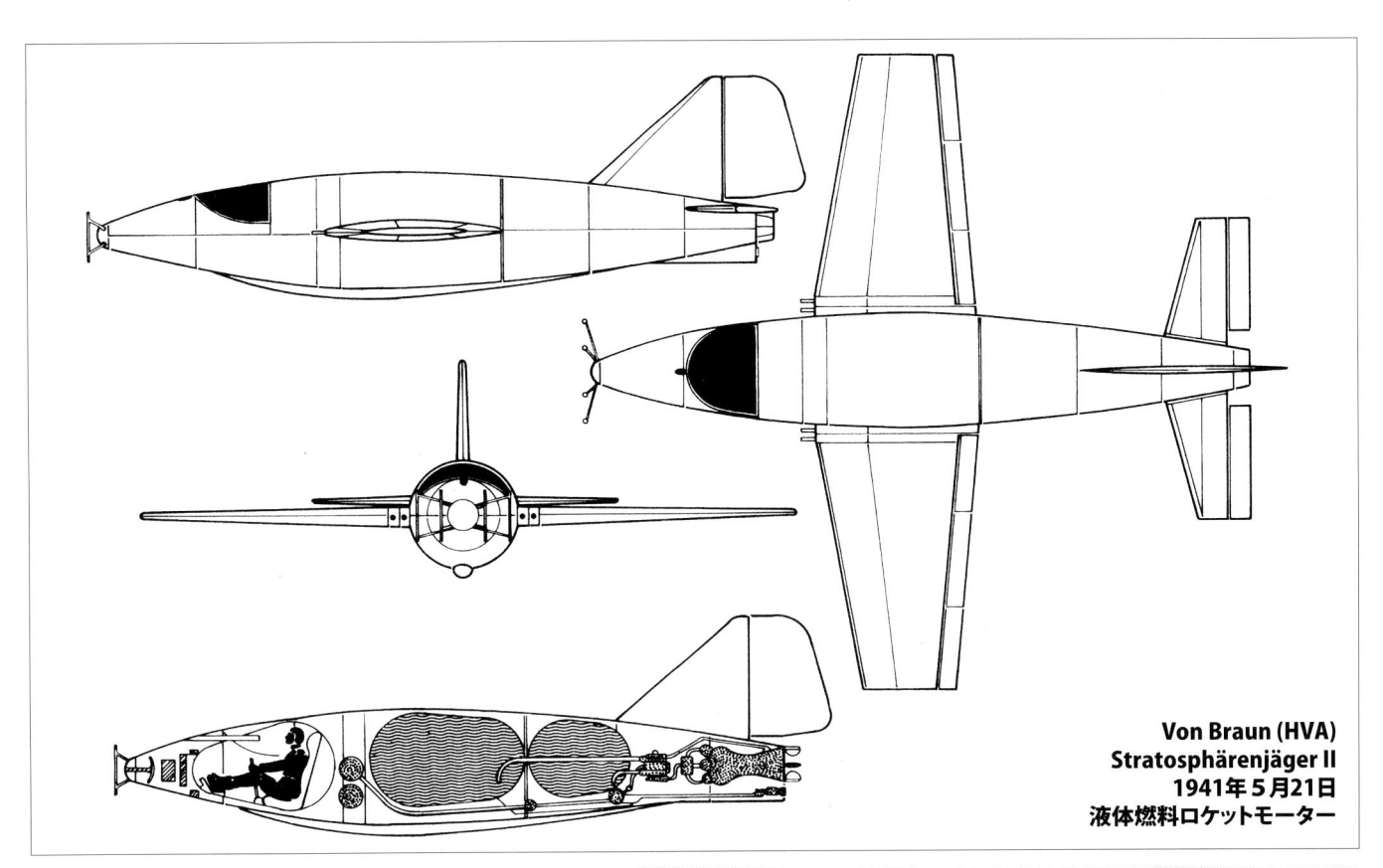

ヴェルンハー・フォン・ブラウン（背広姿）を囲む陸軍の高級将校の一団。ペーネミュンデのロケット施設を公式視察中の写真である。当初、航空省はフォン・ブラウンのロケット推進邀撃機計画の真価を理解しなかったが、1944年には省の公式姿勢が一変していて、この方式による邀撃を評価していた。しかし、このときすでにブラウンは陸軍のA4（V2号）ロケットなどの先進ミサイル計画に忙殺されていたため、有人邀撃機の分野ではさらなる貢献を果たさなかった。

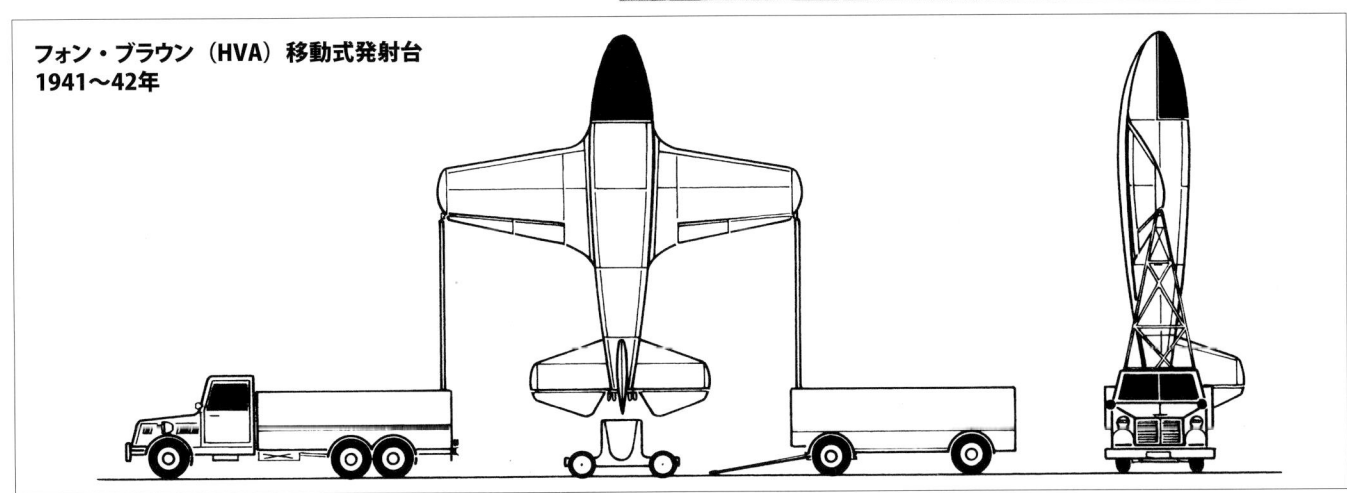

フォン・ブラウン（HVA）移動式発射台
1941〜42年

Fieseler Fi 166 Höhenjäger I
1941年12月4日
液体燃料ロケットモーター×1基

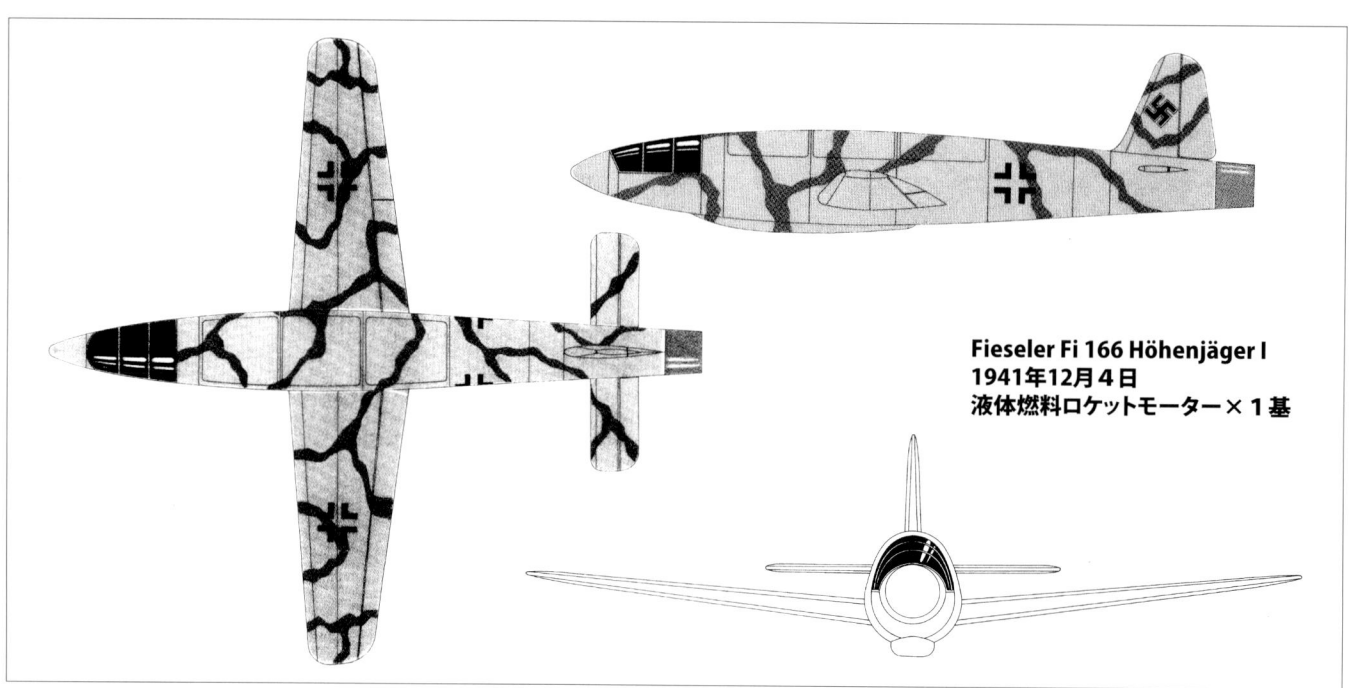

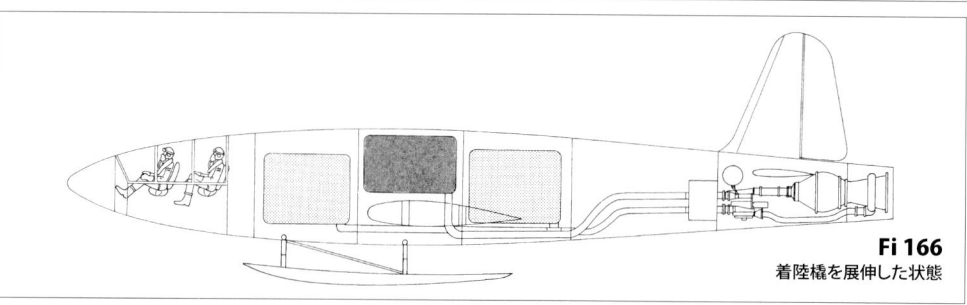

Fi 166
着陸橇を展伸した状態

バッヒェムBa 349 M1ナッター（ヤマカガシ）が離陸台車の上に置いてある。曳航用の双発ハインケルHe 111 H-6（製造番号7130、DG+RN）の尾翼が傍らに見える。胴体に塗った黒帯2本は、機体の主要構成品3区分を示す。キャノピーを装着しない状態で撮影している。任務完了後、機を主要構成品に3分割する運用構想であった。機首部分は自由落下し、操縦席がある中央部も落下傘降下する操縦士の脱出後に自由落下する。ロケットモーターを装着した機体後部だけが落下傘を備えていた。分離後に落下傘を展開し、後部は軟着陸して再使用に備える。

160

向上型ナッターを量産する計画が立てられた。最初の飛行可能な縮尺模型は、ゲーリング技師の指揮下でシュテティーン飛行技術勤労奉仕団（Flugtechnische Arbeitsgemeinschaft Stettin＝FAG Stettin）が製作した。なかには、個体燃料で推進し、離陸時の飛行特性を評価するための模型もあった。1945年2月にペーネミュンデで行われた実用試験は失敗した。航空省は計画の監督のため、試験技師のヴィリ・フィードラーをホイベルクに派遣した。戦後、エーリッヒ・バッヒェムが語ったところによると、実用試験には約20機のナッターを使用していたという。A型が15機、B型が4機で、すべてヴァルトゼーで製造された機体とのことだ。このほかにも、ヴォルフ・ヒルト滑空機製作所がナッターを製造している。終戦時、オーストリアのザンクト・レーオンハルト近くで連合軍がさらに4機のBa 349を鹵獲した。これはB型だったようだ。

第三帝国が生んだ戦闘機の計画のなかで、奇抜さで群を抜いている案といえば、フォッケウルフのTribflügeljäger（"トリープフリューゲルイェーガー"　回転翼戦闘機）だろう。ゲッティンゲン工科大学のエーリッヒ・フォン・ホルスト教授とキューヘマン博士の設計である。ホルスト教授は1940年にブレスラウで開催された室内飛行模型競技会に参加し、Libelle（"リベレ"　トンボ）と名付けた模型飛行機を飛ばした。また自分が発明したSchwingenflugzeug（"シュヴィンゲンフルークツォイク"　羽ばたき飛行機）について発表もしている。さまざまな設計方法を検討したのち、ホルストは研究成果を航空研究年鑑1942年版で発表した。

1943年以降、フォッケウルフ社は在来型ロラン・ラムジェットの推力を確実に高める方法を真剣に模索していた。これは、先進設計の戦闘機の加速にはロラン・ラムジェット推進が最も効率がよいと、ゼンガー博士が研究で証明したことに基づく。フォッケウルフの開発部門責任者O・パープスト博士と、老練な同僚テオドール・ツォーブル工学博士は、流麗な形状で抗力係数を低くしたエンジンを設計した。1944年3月には、ロラン・ラムジェットが高度18000mまで効率よく燃焼することの確認を済ませていた。この推進方式にはもうひとつ利点があり、低規格の燃料と潤滑油でも確実に機能した。試作1号基は1944年8月に完成したが、連合軍の空襲のため試験が数ヵ月遅れた。主要構成品の一部を完成できず、期待していた燃料も期日までに供給されなかった。空軍総司令部は飛行可能なロラン・ラムジェットを1945年8月までに4基完成することを1944年7月に決定していた。またフォッケウルフ技術陣はロラン・ラムジェット推進のStrahlrohr-Bomber（"シュトラールロアーボムバー"　ラムジェット爆撃機）1種、ついで戦闘爆撃機1種、さらには高速戦闘機数種の設計を1944年に完了していた。

フォッケウルフの計画展望では、トリープフリューゲルイェーガーには次のような利点があった。高効率、低燃料消費、軽量、高い上昇限度に加えて、ロラン・ラムジェットは気化できる可燃物であれば、気体、液体を問わず何でも燃料にできた。エンジン故障の際には、HWKロケットモーター3基を使用して難なく着陸できた。

トリープフリューゲルイェーガーの理論の主要部分は、ハイ

ツァッヒャー機長（右）がBa 349 M8の傍らでナッター技術者と談笑している。ホイベルクで撮影。背景に見えるのは第54（戦闘）爆撃航空団のMe 262である。KG(J)54は1945年初頭に同基地から出撃していた。

ンツ・ファン・ハーレム技師の功績である。航空機製作主任を務める有能な技術者で、1944年夏にフォッケウルフの開発部に入り、経験豊富な技術者集団の一員となった。トリープフリューゲルは、主翼のかわりに、翼端にラムジェット推進装置を装着した翼型断面の回転翼3枚を備えた航空機である。回転翼のピッチは操縦士が調節できる。通常は上昇中に限って最大速度730km/hに達し、この速度では、回転翼端のラムジェットの対気速度が機速をはるかに上回った。この方式によって、機速が低い状態でも、ラムジェットが確実に効率よく燃焼するようになっていた。機速が増すにつれて、回転翼の速度を落とし、機体とラムジェットの対気速度の差が漸減する。

離陸姿勢では、胴体後端のポッド内にある主輪を接地して直立し、十字型の尾翼にそれぞれ装着した小型補助輪で支えた。回転翼の始動には、各ラムジェットに内蔵したヴァルターロケット合計3基に点火する。適切な回転速度に達するとラムジェットを始動し、補助ロケットを停止する。この段階では回転翼のピッチは中立（すなわち回転翼の迎え角が0度）である。若干のピッチをかける（正の迎え角を付ける）と揚力が発生する。これは翼の回転（空気力学上の作用）と、ラムジェット噴射の胴体軸方向成分（推力の反作用）との、両方の作用による。上昇して水平飛行に移行したのちは、ピッチを大きくとるのにあわせて回転速度を下げ、回転翼端の対気速度を約1100km/hの恒速に保つ（水平飛行において、どのように重力と等量逆方向の揚力を得るのか不明である）。設計上の最大速度おいて、回転翼は1分間に220回転する。着陸するには、離陸時と同様の姿勢で垂直降下できるよう、操縦士は回転翼のピッチを調節しつつ機体姿勢を変えなければならなかった。飛行の全過程を通じて、操縦席は一定の位置で機体に固定されている。つまり、離着陸時には操縦士は仰臥姿勢をとることになる。ちなみに、この方式と比較して、米国の垂直離着陸機コンベアXFY-1『ポゴ』（1954年）では、ジンバルに装着した操縦席が45度前方に回転し、より楽な姿勢で離着陸時に操縦できるようになっていた。

航空省幹部は1944年9月9日にまとめられた性能諸元の突出ぶりに驚いた。すなわち、全長9.15m、最大離陸重量はわずか5150kg、上昇率は海面高度で125m/s、高度7000mで50m/s、最大速度は海面高度で925km/h、高度14000mで675km/hという試算であった。武装は、携行弾数各100発のMK 103機関砲2門と同250発のMG 151/20機銃2挺の組み合わせか、あるいは最新型で強力なMK 213機関砲4門を、与圧式操縦室の両側に装備する設計案だった。

トリープフリューゲルイェーガー計画にとって不運なことに、完成まで数カ月以上を要する開発中の全計画を中止するよう技術航空兵器長官が命じたため、開発が中断されてしまった。この処断を逃れたのはバッヒェム・ナッターだけだった。興味深いことに、連合軍は本計画案をきわめて有望とみていたよう

親衛隊第600特殊分遣隊『ナッター』（N）所属の兵が組立て作業を監督している。この部隊は1945年にバート・ヴァルトゼーおよび周辺の村落において創設され、やがて定員約600名を擁するにいたった。機首の標記（B3-32）はR4M空対空ロケット弾32連装を意味する。容器の形状が166ページの写真のものと異なっている。

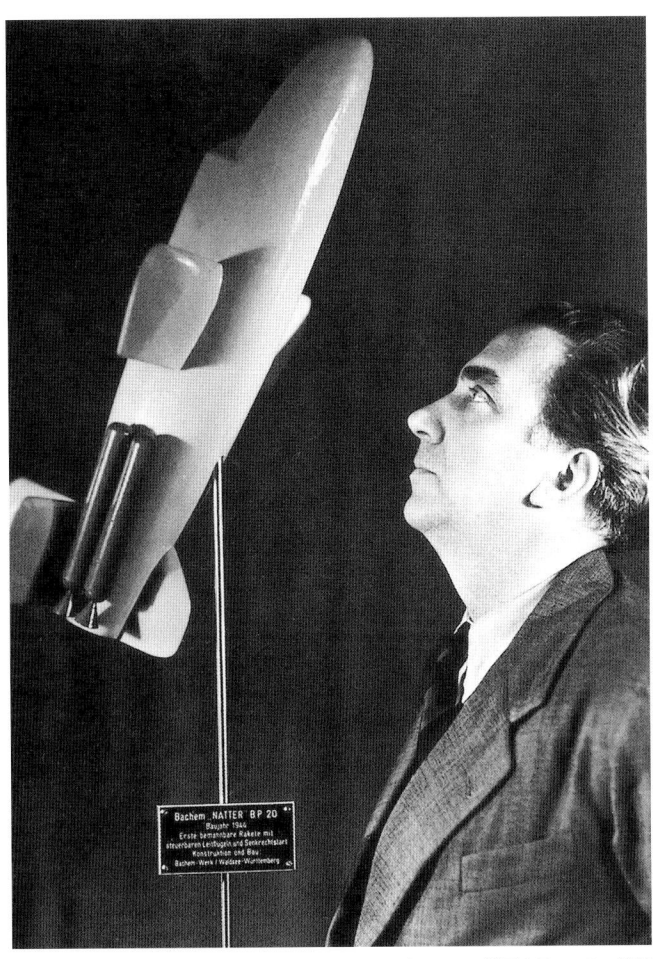

ナッターの生みの親、エーリッヒ・バッヒェム技師がBa 349の模型を見ている。戦後の撮影。

Ba 349の無人原型機。シュテッテン・アム・カルテンマルクトに近いホイベルクに設置した垂直発射台に据え付けられている。

Ba 349 M3がホイベルクに着陸した直後の写真。1944年12月14日撮影。このときの着陸で主脚を破損した。後部胴体のエアブレーキを展開し、落下傘格納部の蓋も開いている。胴体中央にみえる垂直柱は機体の一部ではなく背景のものである。

悲運のBa 349 M23が発射台上で給油を受けている。1945年3月1日、飛行試験開始前の写真だ。

オーストリアのザルツブルクに近いザンクト・レーオンハルトでBa 349 B-1が5機、完成寸前（ただし未塗装）の状態で鹵獲された。これはそのうちの1機。運搬用台車の車輪にはゴムタイヤがない。

ローター・ジーバー操縦のM23発射直後の写真。すべて順調かに見えたが、この数秒後にキャノピーが吹き飛んでジーバーは操縦不能になり、結果、墜落で死亡してしまう。ジーバーは飛行前点検の完遂に気をとられ、ナッターの急加速に備えていなかったのではないかと推測されている。

初期の無人型ナッターが、発射後に上昇している。

ミュンヘンのドイツ博物館で展示中のBa 349。独特の追跡用塗装（左上写真と同様）を施してある。「発見者はホイベルク基地司令まで通報せよ」という水平尾翼の注記まで再現してある。実戦配備のナッターは国籍標識のない迷彩塗装になっていただろう。

DFSのハインツ・リーク博士が164ページ（下）の写真と同一のナッターのキャノピーを開位置に支えている。

ザンクト・レーオンハルトで鹵獲したナッターを前に、談話する米兵。うち1機は、のちに米国に移送された（167ページの写真）。

Ba 349の機首の蜂の巣状のロケット連装発射装置。フェーン空対空ロケット弾24発を集束した設計だ。輸送中はプラスチック製カバーをかけ、離陸前に取り外す。

実戦配備されたBa 349 B-1を捉えた貴重な写真。簡略化した木製発射塔に架装している。終戦の数日前に撮影したもの。

で、米国は押収したパープスト博士とツォーブル博士の報告書を1955年1月まで極秘扱いにしていたほどだった。

　もうひとつ、大戦末期に垂直離着陸機の提案があった。これも未完に終わっていて、フォッケウルフの計画を補完するものでありながら、明確な相違点があった。ハインケルのProjekt Wespe（"プロイェクト・ヴェスペ"　スズメバチ計画）である。1945年の設計で、機首最先端に操縦士が伏臥姿勢で搭乗するのが特徴だった。出力2400馬力のHe/DB 021ターボプロップエンジン1基を胴体に搭載し、胴体のほぼ中央部にハブがある大型の6翅可変ピッチプロペラを駆動する。プロペラ全体を半ば覆うように、翼型断面の環状九面体で外周を囲み、これはファンジェットのバイパス部ファンケースと同様の働きをした。さらには、胴体中央に翼厚が大きく短い逆ガル翼を設けて環状外郭を支えていた。胴体背部の主翼と同列の位置に垂直翼を設け、主翼と同様に環状外郭を支持していた。水平尾翼3枚には動翼を組み込んであり、それぞれに小車輪を設けて3点接地で機体重量を支えた。武装は機関砲2門を機首の操縦室両側に搭載する。終戦までにどこまで研究が進んでいたか不明である。さらには、ユンカースもまた垂直離着陸機の開発計画を進めていたと伝えられるが、その型式名、機体配置、予想性能は明らかになっていない。

【原注】

33）GL/C番号166は、かつてキール航空機製作所有限会社（Flugzeugbau Kiel GmbH）のFk 166 V1に交付されていた。これは小型、軽量の単座複葉試作機で、胴体に基部があるN字型のカバネ支柱一対だけで上翼を支持していた。1936年に原型機が1機（登録番号D-ETON）だけ完成している。

34）順にヘンシェルHs 177シュメッタリンク、メッサーシュミット・エンツィアン、およびEMW（Elektromechanische Werk　電気機械工業）ヴァッサーファルである。

35）ドイツはいまにもヨーロッパ上空にB-29が出現するかと心配していたが、同機は太平洋戦線における対日作戦に限定されていて、杞憂に終わった。

【訳注】

31）ゼーブルク卓（Seeburg Tisch）は標定用および誘導用のヴュルツブルク・レーダーと連動する卓式の敵味方位置表示装置である。防空指揮所が担当する空域図を格子状の座標とともに半透明の天板に描き、レーダー諸元の電気信号によって角度が変わる電光投射管2本によって、天板裏面に下方から目標（赤）と味方邀撃機（青）の位置を輝点で表示する。邀撃管制官は、青の輝点を赤の輝点に近づけるよう味方戦闘機を誘導する。

　このBa 349 B-1はオーストリアで鹵獲後、米国インディアナ州のフリーマン・フィールドに移送され、外国装備号FE-1（のちにT2-1に改番）を付与された。ロケットモーター以外は完全な状態で、現在は国立航空宇宙博物館で保管されている。迷彩は本物に見えるが米国で塗装したもの。同様に、尾翼の鉤十字も真正のものではない。実戦配備のナッターは国籍標識をつけていなかった。

■高速戦闘機

　第二次大戦中、ドイツの航空機設計者は超音速飛行の達成を目指していた。戦争遂行の妨げにならないことという条件を付けて、航空省と宣伝省は達成にむけての活動を支援した。亜音速の高域、そして遷音速を達成するには、所要の推力を発生する適切な発動機の開発が必須であった。このため、機体設計者は当時話題になっていた新世代の反動推進エンジンの出現を熱望していた。アレクサンダー・リピッシュら航空技術者は、この分野の研究に興味をもち、全翼機こそが正解だと考えていた。リピッシュの計画機 Überschall-Deltajäger（超音速デルタ戦闘機）はラムジェット推進機で、全般にLi P 13に似ていたが大型のドーサルフィンがなかった。かわりに小型のフィンが後縁につき、操縦室キャノピーが主翼上面からわずかに突出していた。後退角は、Li P 13よりもさらに急角度だった。前述のとおり、DM 1飛行実験台のほかにリピッシュの全翼機は完成していない。

　ホルテン兄弟は亜音速全翼機、Ho 10 AおよびHo 10 Bを設計した。翼幅1.50mの縮尺模型1機を製作しただけで、実物大の超音速全翼機は完成しなかった。矢のような形状のデルタ翼計画機で、達成できたであろう最大速度は1100km/h程度で、超音速には達しない。

　ホルテンの超音速機は1944年から1945年にかけて、バート・ヘルスフェルトで極秘裏に開発が進められた。実物大の無動力機Ho 13 Aは、後退角60度、翼幅7.20mの主翼をもち、1945年前半に完成して飛行に成功している。これが動力型のHo 13 B製作への足がかりとなり、新型のBMW 003 R補助ロケット付きターボジェット1基の搭載が計画された。ホルテン兄弟は、Ho 13 Bが音速の壁（海面高度で時速1188km）を突破する見込みが十分にあると試算した。しかし後知恵で見れば、所要推力をBMW 003 Rで発生できたとは信じがたい。最終型Ho 13 Cは、前縁で後退角70度の、ほとんど三角翼の機体配置で、能力向上型のHeS 011 Bターボジェット1基で推進し、補助ロケット1基を使用して上昇率を高めることも検討していたようだ。最大速度はマッハ1.4と推定され、降下中に音速の壁を突破する。その後、水平飛行に移っても超音速を保てたかどうかは不明だ。翼幅が短く、遷音速飛行中に生じると予想される操舵力のため、在来型の抵抗の大きい方向舵は実用に適さないと見ていた。そこで小型の在来型方向舵2枚を一対にする方式を考案した。武装はMK 108機関砲3門、またはMG 151/20機銃3挺、あるいはMK 213機関砲3門になっていたかもしれない。Ho 13 Bの全長と翼幅は12m、全高は4.20mと記録されている。

　Sänger Überschall-Staustrahljäger（ゼンガー超音速ラムジェット戦闘機）は、有名なゼンガー教授が1944年に開発した一連の高性能ロラン・ジェット設計案のひとつである。能力を向上させたロラン・ラムジェットで推進する点を除いて、ゼンガーの在来型ラムジェット戦闘機とほとんど変わらない設計だったが、理論計算が残っているだけで、詳細は不明である。

　メッサーシュミット Überschall-Turbinenjäger（超音速ジェット戦闘機）もまた、1945年前半に研究が進んでいた。この計画機は全般にMe 262 HG（Hochgeschwindigkeits Entwicklung 高速開発機）の設計に基づき、Me 262の最大速度を960km/hまで向上させる目的で1944年2月に開発が始まった。1945年4月29日、米軍地上部隊がオーバーアマーガウに到達した時点で開発は打ち切られた。

フォッケウルフ・トリープフリューゲルの模型。離陸前の姿勢がわかる。回転翼3枚の先端にあるラムジェットは小型のヴァルター・ロケットモーターを内蔵していて、始動及びラムジェット不調時の予備に用いる。

米国の垂直離着陸機XFY-1ポゴはジンバルに架装した操縦席を備えていたが、トリープフリューゲルは垂直飛行中に操縦席の姿勢を変える仕組みがなかった。離着陸中、操縦士は仰臥姿勢を余儀なくされた。操縦士の十分な技倆と訓練を必要とする設計だ。

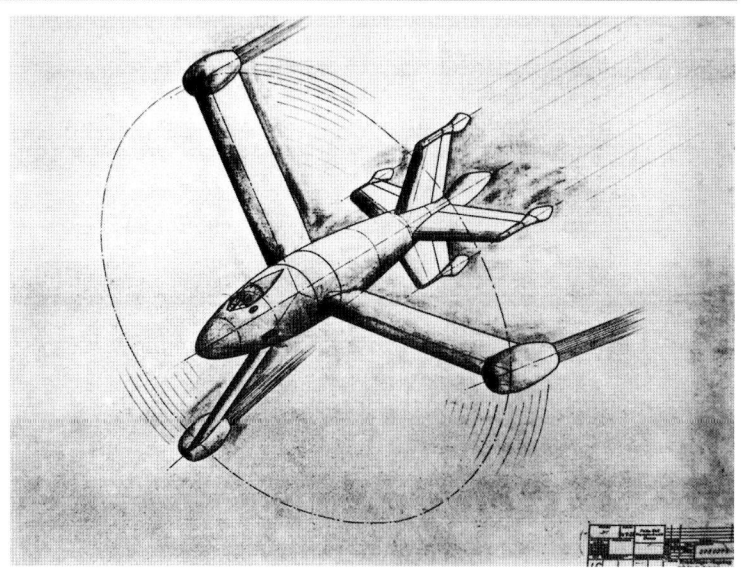

フォッケウルフ社による完成予想図。水平飛行中の回転翼の状態を示している。

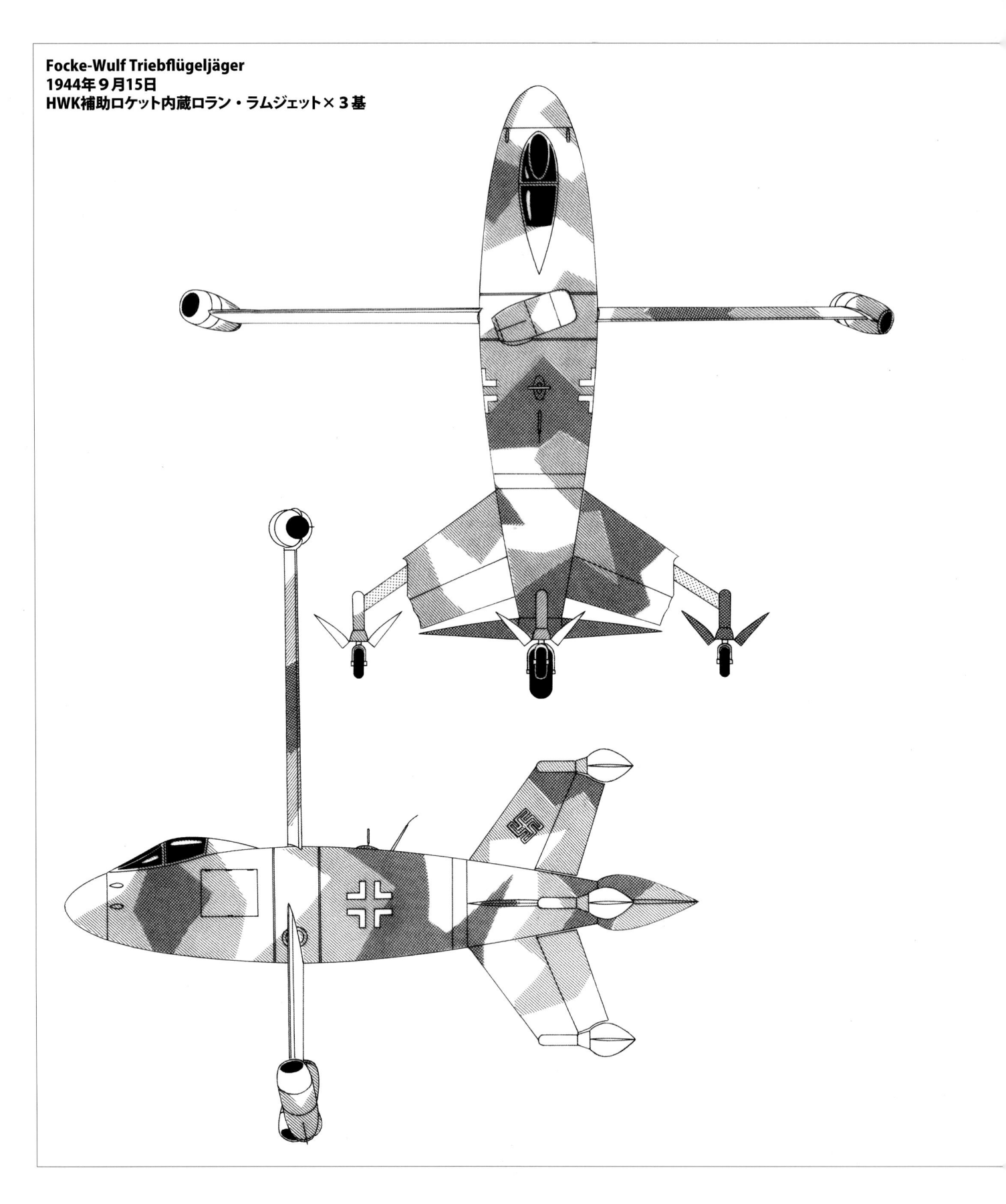

Focke-Wulf Triebflügeljäger
1944年9月15日
HWK補助ロケット内蔵ロラン・ラムジェット×3基

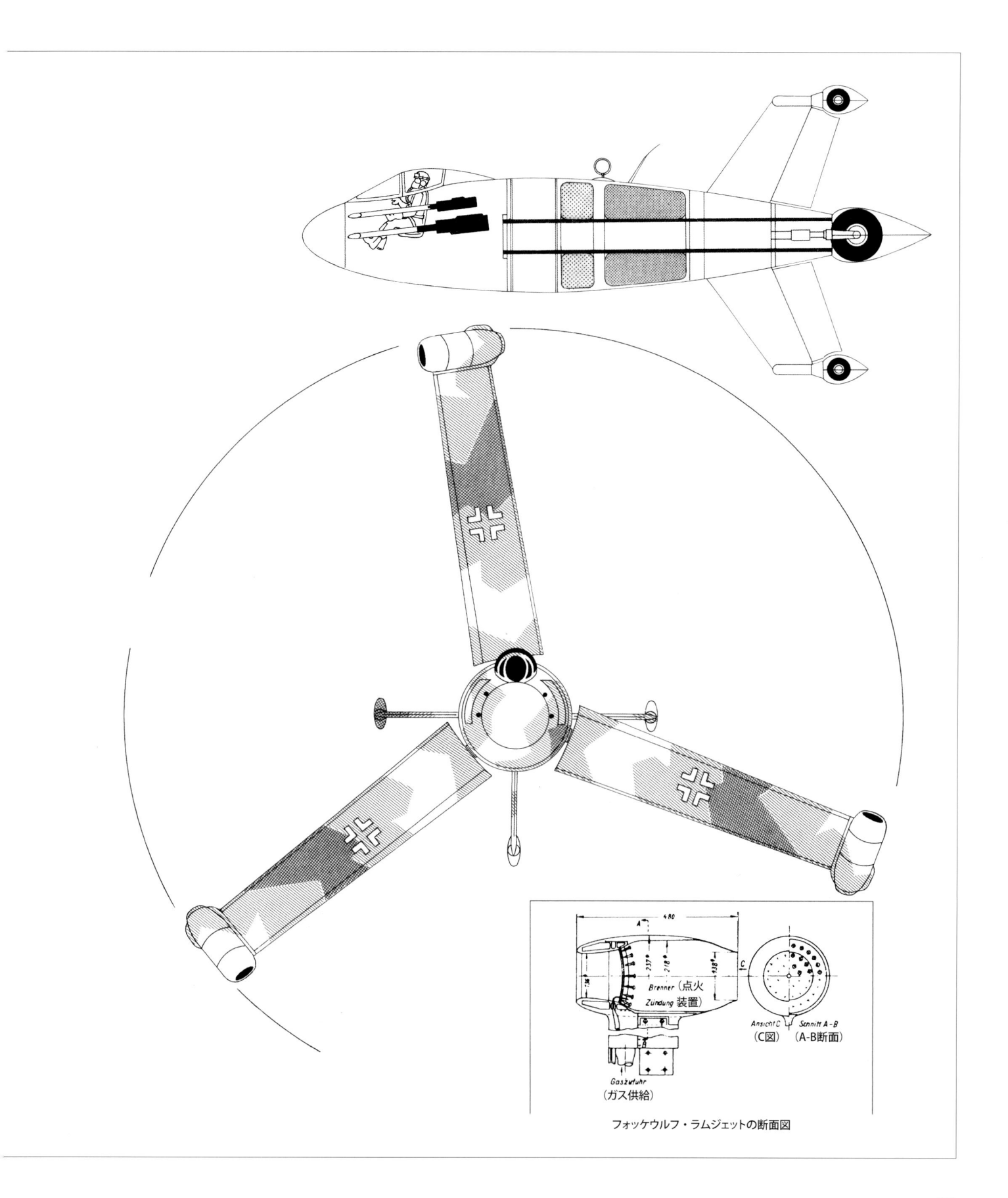

フォッケウルフ・ラムジェットの断面図

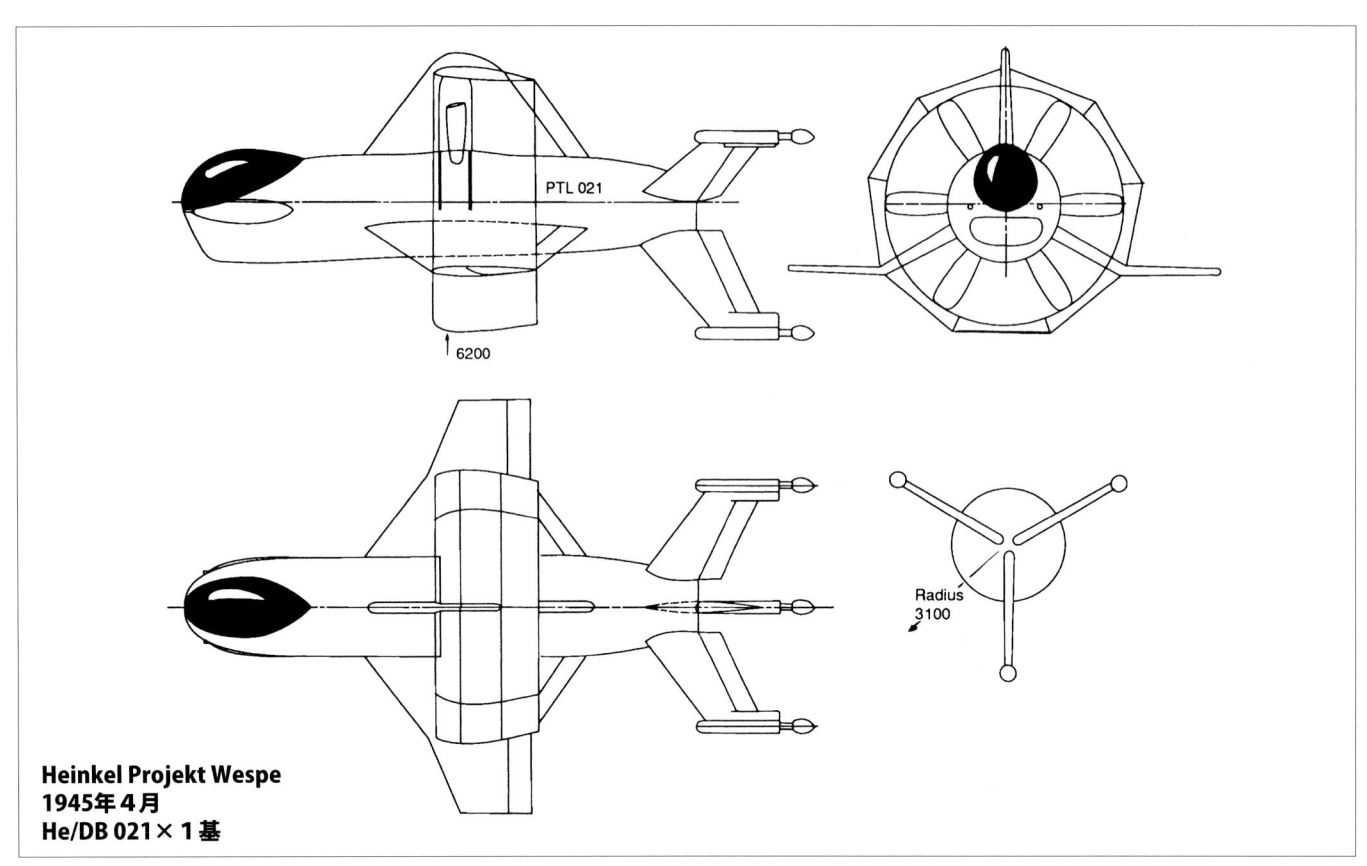

Heinkel Projekt Wespe
1945年4月
He/DB 021×1基

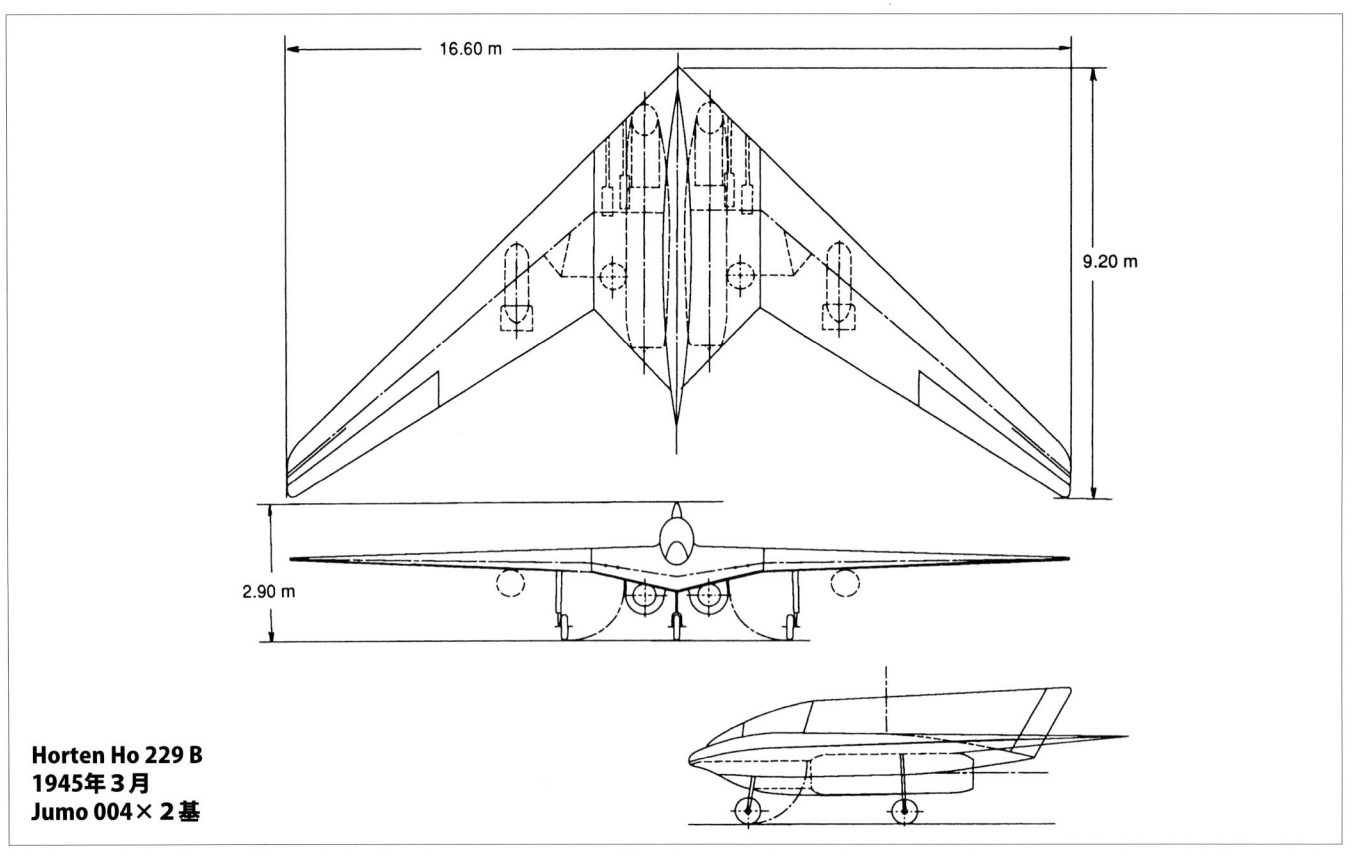

Horten Ho 229 B
1945年3月
Jumo 004×2基

1945年1月、ホルテン社のテストパイロット、ヘルマン・シュトレーブルの操縦で試験飛行中のホルテンHo 13 A。60度の後退翼をもった滑空機で、ホルテンHo 13 Bジェット戦闘機の実験台として用いられた。機体中央後端に下げたゴンドラ内に操縦席がある。機体上面は標準迷彩を施してあるが、標識類は見あたらない。

Ho 13 Aの操縦室ゴンドラ。操縦士は正起姿勢で着座し、天井から吊り下がった操縦桿を操作する。視界がきわめて狭いため、Ho 13 Aの操縦には高度な技倆を要した。

この試験飛行において、シュトレーブルは誤判断で着陸進入時の高度を高くとりすぎ、本来よりも先方で接地した。滑走路端の鉄条網に乗り上げて停止している。

ホルテンHo 10の想像図。1944年の単座計画機である。小型の全翼機で、HeS 011ターボジェット1基で推進し、武装として機関砲を最大3門まで搭載する。ホルテン兄弟は1944年の国民戦闘機競作に本計画機で応募したが、落選している。

Horten Ho 13 C
1945年4月
HeS 011 B×1基

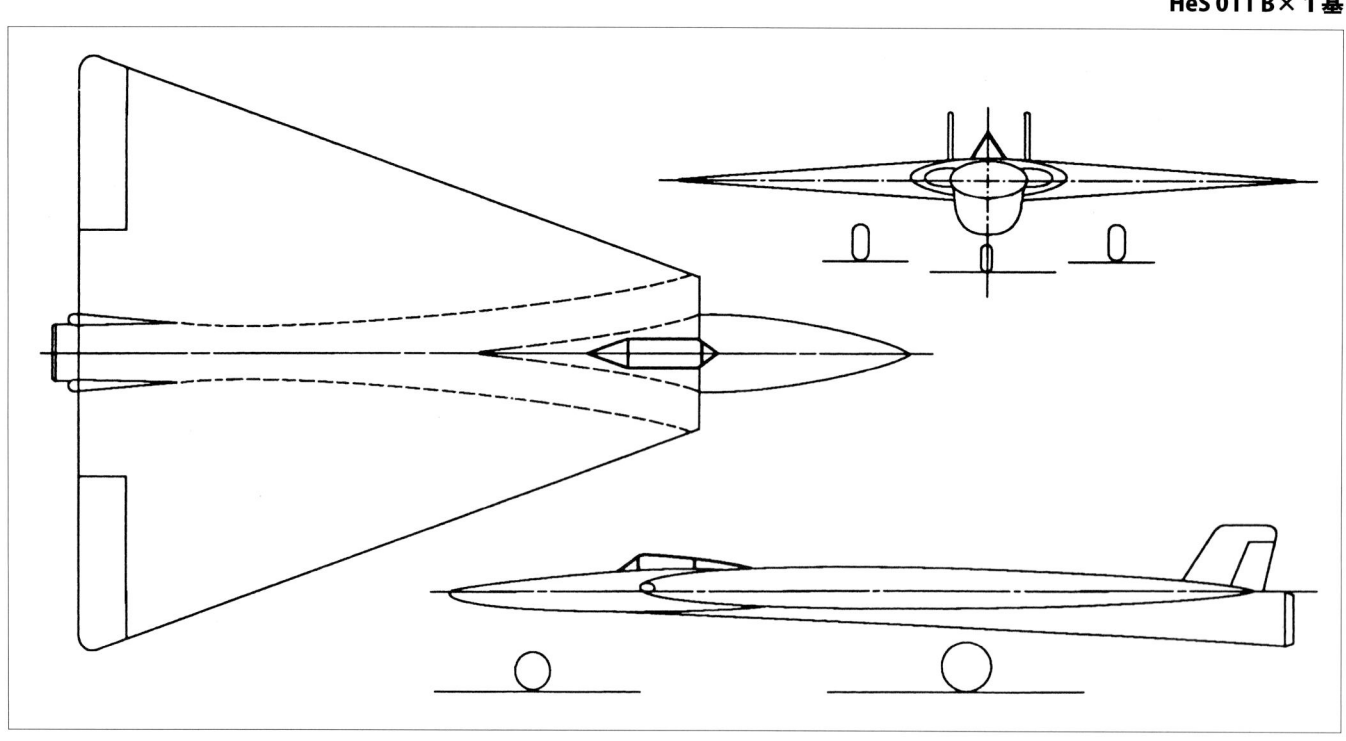

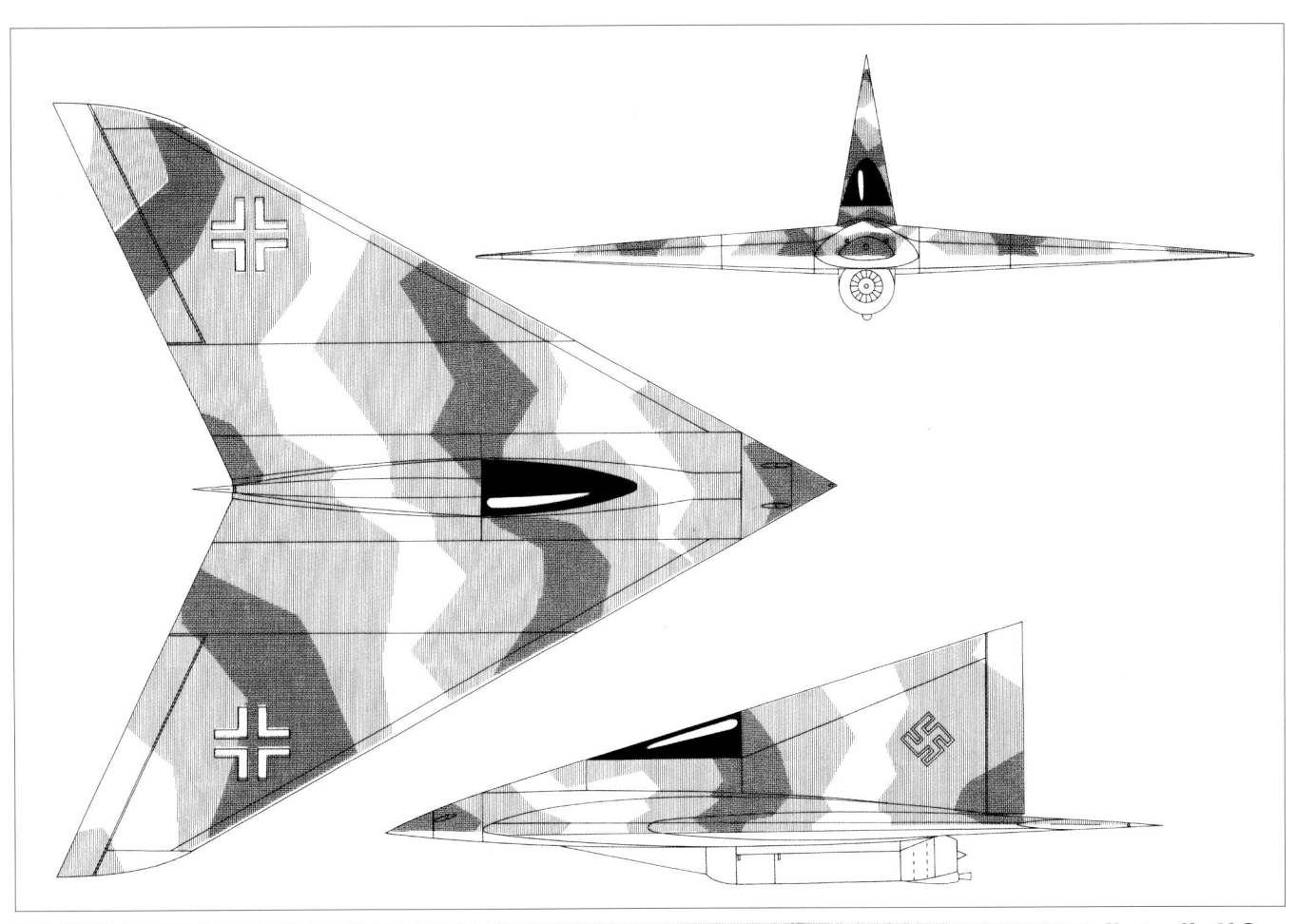

Horten Ho 13 B
1945年4月
BMW 003 R×1基

ホルテンHo 13 Bの想像図。ジェット推進の計画機で、Ho 13 A（173ページ参照）は、開発用の実験台となった。

175

第2章　駆逐機

■はじめに

　ドイツは重武装の双発昼間重戦闘機を駆逐機（Zerstörer "ツェアシュテーラー"）と呼んでいた。爆撃機の対抗兵器として、あるいは長距離戦闘機として使用された駆逐機は、西部戦線のいわゆる電撃戦をもって戦歴を終える。連合軍の強力な重武装レシプロ戦闘機のため、ドイツ空軍は性能が劣る駆逐機の自由な運用を継続できなくなった。有名なBf 110駆逐機は、マーリンエンジン駆動のスピットファイア、P-47、P-51長距離戦闘機に制圧された。Bf 110、および後に続くMe 210とMe 410の開発は、ドイツ軍首脳の期待を裏切る。連合軍のレシプロ戦闘機と互角に渡り合うには、水平飛行時の速度、上昇率、戦術特性が不十分だったのだ。

　第76駆逐航空団が1943年10月4日に被った損害のごとく、甚大な被害の結果、双発駆逐機部隊の大半はドイツ本土および西ヨーロッパから退役する。この機種の性能領域全面にわたる向上が重要な課題になった。

　信頼性の高いターボジェットエンジンが初めて出現し、戦闘時や緊急時の性能向上が可能となったとき、新型ターボジェットを搭載した強力な重戦闘機が必要なことは明白だった。

　その後、ドイツの航空優勢の奪還をめざして、双発の重駆逐機が設計された。もともと大口径砲6門で武装した重戦闘機として提案されたMe 262のほかに、1945年5月8日の無条件降伏以前に実現した設計案はなかった。

■複合推進駆逐機

　単発のブローム・ウント・フォスBV P 194は、非対称の多目的計画機で、地上攻撃、急降下爆撃、偵察、そして駆逐任務を想定し、おなじく非対称のBV 141およびBV 237（15ページ参照）の基本設計に基づいていた。左右非対称、中翼、単座で、主胴体前部ナセル内のBMW 801 Dピストンエンジン1基で推進し、右側の乗員ポッド後部に装着したJumo 004ターボジェット1基を補助推進に用いた。

　主脚は外側に引き込んで主翼内に収める。MG 151機銃2挺とMK 103機関砲2門からなる武装はすべて機首に内蔵した。SC 70爆弾9発またはSC 250爆弾2発を搭載可能であった。最大兵装は、500kg級のSC 500またはSD 500爆弾1発、あるいは1000kg級のSC 1000（SD 1000）爆弾1発を搭載できた。離陸重量は11200kg、運用自重は8500kgと試算されている。

　開発班は駆逐機型のBV P 194.01-01の最大速度を海面高度で600km/h、高度7200mで725km/hと予想した。試算では、高度7200mでの戦術航続距離が1000kmしかなかった。かつてフォークト博士が設計した非対称のBV 141偵察機は設計要求を問題なく満たしていたが、航空省は戦闘用航空機に新奇な構想を採用することに難色を示した。今回の設計案もまた1944年に破棄され、その主たる理由は特異な機体配置にあった。

　フォークト博士の設計室が1944年6月に生み出したもうひとつの重駆逐機計画が、在来型の外見のブローム・ウント・

ブローム・ウント・フォスBV P 203.01多目的機は、1944年6月に開発された複合推進の駆逐機だった。BMW 801星形エンジン2基を主動力とし、エンジンナセル後部下面に装着したHeS 011ロケット2基を補助推進に用いた。

フォス P 203であった。以前の設計案多数と同様に、多様な任務をこなせる計画機として企画されていた。第1案、BV P 203. 01-01は汎用機の設計だった。搭載するターボジェットにより、変型3種が提案されている。すなわちBMW 801 TJとHeS 011それぞれ2基ずつで推進する汎用型BV P 203. 01-01、BMW 801 TJとJumo 004それぞれ2基搭載のBV P 203. 02-01、さらにはBMW 801 TJとBMW 003それぞれ2基搭載のBV P 203. 03-01である。

　BMW 801 TJはBMW最強の星形エンジンで、過給器と最新型の燃料噴射装置を備えていた。ターボジェット2基は後部エンジンナセル下面に配置され、整備が容易であった。エンジン装着方法は代替案2種が検討されている。後部ナセル下面にターボジェットを懸吊する案、およびターボジェットを上方に移してピストンエンジンの軸線と直列に後部ナセル内に収める案であった。いずれの案でも空気取入口をナセル下方に置き、吸気はまっすぐ、あるいは斜め上方に向きを変えて、後部のジェットエンジンに供給した。左右ナセルと胴体間の主翼中央部の翼弦と翼厚を大きくとって、3輪式降着装置の主輪を格納した。

　ブローム・ウント・フォスの正式なP 203設計書によると、複座の多用途機で、1000kg級のSC 1000爆弾1発を含む最大離陸重量は18400kg、航続距離約2500km、高度12000mにおける最大速度920kmという諸元であった。

　ブローム・ウント・フォス技術陣は、ピストンエンジンとターボジェットの併用に以下の利点を見ていた。

●駆逐機の要求性能、特に加速性を満たす。
●滞空時間が向上し、中距離の爆撃が可能になる。
●ピストンエンジン動力だけの巡航で航続距離と滞空時間を延長でき、夜間戦闘機あるいは駆逐機として使用できる。

　前方発射の固定武装は、MG 131機銃（携行弾数各400発）2挺、MG 151（各200発）2挺、さらにMK 103機関砲（各100発）2門という構成だった。加えて、MG 131（各400発）2挺を遠隔操作の尾部銃座1カ所に配していた。

　2種類のエンジンが異なる燃料を要したため、残念なことに、きわめて複雑な燃料系統になってしまった。慎重な検討の結果、航空省はブローム・ウント・フォスとの開発契約を見送り、BV P 194と同様にBP P 203も却下した。

　ブローム・ウント・フォスの2案に加えて、他の航空機メーカー数社が複合推進の設計案を提案していた。ほとんどの戦闘用航空機の性能向上に必須と考えられたターボジェット1基または2基を備えた設計だった。初期の提案として、アラドAr 240 mit Turbinentriebwerk（ターボエンジン装備Ar 240）があった。胴体下部の正中線上に補助ジェットエンジン1基を装備した双発重戦闘機である。アラド技術陣は、Ar 440 mit Turbinentriebwerkも提案した。これは、不首尾におわったAr 240の発展型だった。デッサウのユンカースも、名機Ju 88およびJu 188の複合推進型を提案した。左右の主エンジンナセルと胴体との間の内翼下面にJumo 004 Bターボジェット2基を装備した設計だった。この配置では翼下に爆弾搭載がほとんど不可能になる。さらには、2種のエンジンを使用するために分別した燃料タンクが必要になり、燃料系統が複雑になるという問題も看過できなかった。

　ハインケルは、同社の大型夜間戦闘機He 219の胴体下面にターボジェット1基を装着する設計を提案した。1943年9月中旬、装着試験用にHe 219 A-010を1機用意し、9月30日に飛行試験を開始した。同年11月11日までに14回の飛行を終え、うち1回で海面高度において速度545km/hに達している。2日後、試験機He 219 A-010 TLはウィーンに近いアスペルンで事故を起こし損傷を受けた。飛行中にBMWターボジェットが突然消炎したのが原因だった。エンジンを再始動した際に大きな火焰が吹き出し、これを乗員は火災発生と誤認してしまった。数分後、主翼のピストンエンジンがどういうわけか両方とも停止し、操縦士は緊急着陸を決断する。事故による損傷は簡単に修理できず、2機目の試験機を改修することが1944年2月2日に決まった。この試験機、He 219 V30（製造番号190101）は、数カ月以内にレヒリン実験場に移送してさらに飛行試験を続けるはずだったが、兵装搭載区画がMK 103機関砲2門にあわせて再設計されたほかは、4月になっても進展が見られなかった。同時に、Jumo 222推進のHe 219の開発が進んでいた。ただし、このピストンエンジンは、強力になる可能性を秘めながら、完全に解消できなかった問題が多数あった。このため、He 219 TLの以後の開発は、1944年夏に航空省の命令により打ち切られた。

■ジェット推進及びターボプロップ推進駆逐機

　アラドは、Ar TL 1500、2000、3000 Zerstörerという型式名で設計案を提出した。元になった爆撃機型と同様の設計だっ

たが、ターボジェットの配置と装着法が異なっていた。適切な出力のターボジェットがなかったため、開発は制約を受けた。1943年後半に提案されたターボプロップ重戦闘機、Ar PTL Zerstörer（ターボプロップ駆逐機）は、離陸重量33700kgだった。ドイツでターボプロップエンジンの設計を完成するのが不可能だとみなされたため、この計画機の開発は破棄された。

強力な全天候駆逐機の開発にむけて、アラドは遅ればせながら重要な一歩を踏み出した。この提案は、Arado Zerstörer mit 2 Jumo 012（ユモ012双発駆逐機）と名付けられ、1943年に提出された。この計画機もまた、新型Jumo 012ターボプロップの開発遅延のため、完成の機会を逸した。1943年8月8日作成の提案によれば、武装は2cm機銃4挺と3cm MK 103機関砲4門からなっていた。設計の検討段階でアラド技術陣は、MK 103機関砲（携行弾数各100発）3門およびMK 213機関砲（炸薬弾各300発）4門という強力な武装を選んだ。さらに尾部にも、MK 213機関砲2門を追加した。重武装を検討するにあたり、アラドは計画機に4種の任務を想定した。

●長距離駆逐機、特に大西洋上を単機行動する敵爆撃機に対する作戦用。
●護衛駆逐機……敵領空で味方ジェット爆撃機に随伴し掩護するもの。
●いわゆるFlakträger（"フラックトレーガー" 対空砲運搬機）……Pulkzerstörer（"プルクツェアシュテーラー" 編隊駆逐機）と同様に、ロケット弾発射装置によって敵爆撃機編隊を攻撃するもの。回転式発射装置一式を装着したJu 88 A-5爆撃機1機による予備試験は1944年に中止された。発射筒4本からなる発射装置が1943年に試験されている。
●戦闘爆撃機（Jagdbomber "ヤークトボンバー" いわゆるヤーボ）……敵陣及び密集した兵員に対するロケット推進爆弾（Schubbomben "シュープボンベン" 射出爆弾）またはクラスター爆弾（Streuwaffen "シュトロイヴァッフェン" 拡散兵器）による攻撃を想定していた。2cm機銃および3cm機関砲7門のうち5門は地上目標も攻撃できるようになっていた。

さらに設計を発展させたAr TL 1500駆逐機型には、当時開発の初期段階にあったJumo 012ターボジェットか、あるいは低出力のBMW 003 Aターボジェット6基を採用することを検討した。ターボジェットは後退翼の下面に装着する設計だった。研究成果は、1944年後半に、アラドの夜間戦闘機 Nachtjäger IとIIの開発に大きく貢献した。

1944年、標準量産型Ar 234 BおよびCジェット爆撃機の重武装改修キット数種が、将来の多用途型 **（原注36）** の準備として開発された。最初に設計したのは、流線型に整形した覆いにMK 103機関砲2門と弾倉2個を内蔵したもので、量産型Ar 234全機の下面に装着でき、強固に防護された地上および空中目標を有効に攻撃する狙いだった。ついで、MK 103機関砲

BV P 203.01-01
1944年6月
BMW 801 TJ×2基 ＋ HeS 011 A×2基

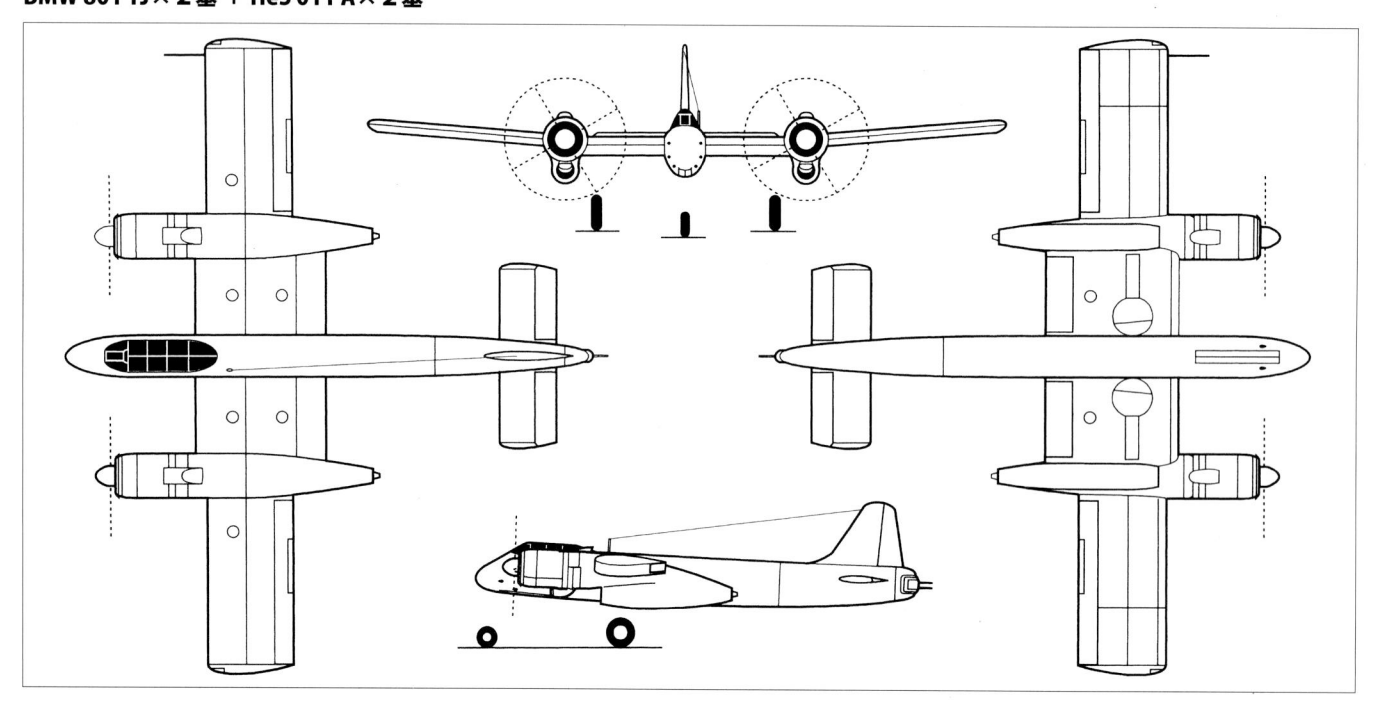

He 219は、胴体下面にBMW 003ターボジェット1基を装着する案のため、1機だけが改修を受けて実現性検証に供された。残念ながら、知られる限り、この実験機の写真は現存していない。ここに示す修正写真で想像するばかりである。これは、He 219鹵獲機の戦後の写真をもとに、ドイツ人画家Gert W. Heumannがジェットエンジンをエアブラシで描き加えたものだ。ハインケルは1943年9月後半に、He 219 A-101に初期型BMW 003を装着して試験を開始した。しかし飛行試験14回ののち、同機は着陸中に事故を起こして大破し、登録抹消された。2機目のHe 219を同様に改修することが決まったが、作業は遅滞し、完成に至らなかった。

He 219およびAr 240にジェットエンジン1基を搭載する案のいろいろ。

アラド社も、双発のAr 240（写真のAr 240 V3、KK＋CD）およびAr 440の胴体下面にターボジェット1基を装着する可能性を検討していた。しかし基礎計算が完了した段階で、同社は計画を断念した。

HWK 509 C複燃焼室式ロケットモーターの飛行試験用に1944年夏に改造された標準型Ju 88 A-4をとらえた貴重な写真。胴体中心線下方に懸吊している特製容器にロケットを内蔵している。この複合動力の装着試験は、Ju 248（124ページ参照）開発中のユンカース技術陣の一助として行なわれたもの。

Me 410 TL計画機
1943年10月5日
Jumo 004×1基または2基

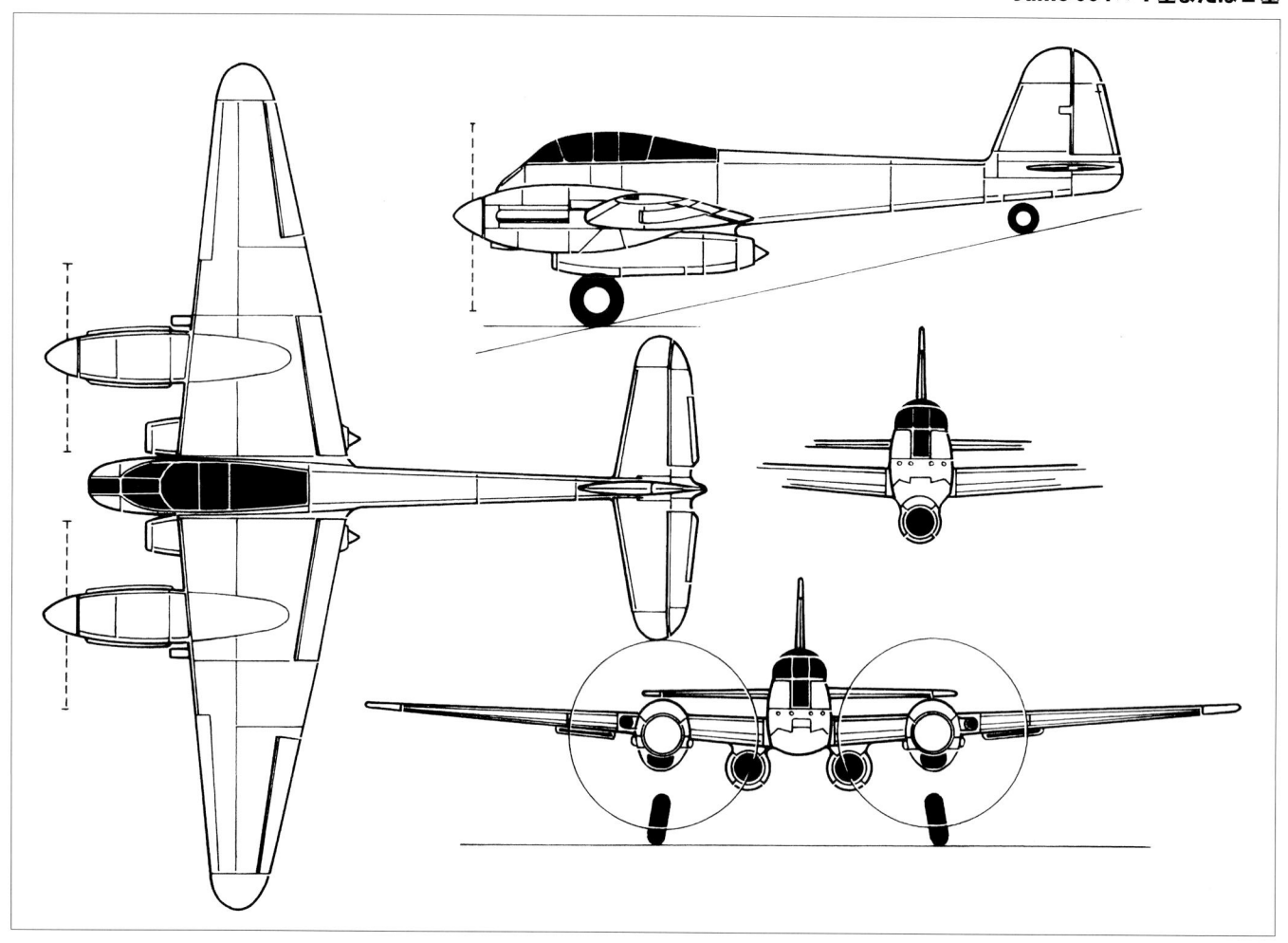

米国のコンベアXF-81（シリアル番号44-910000）は複合推進で飛行に成功している。機首にパッカードV-1650-7マーリン1基を、尾部にアリソンJ33-GE-5ガスタービン1基を搭載する。のちに機首のマーリンはゼネラルエレクトリックXT-31ターボプロップ（本写真）に換装されている。XP-81はXT-31で推進する米国初のターボプロップ機で、1945年12月21日に初飛行した。

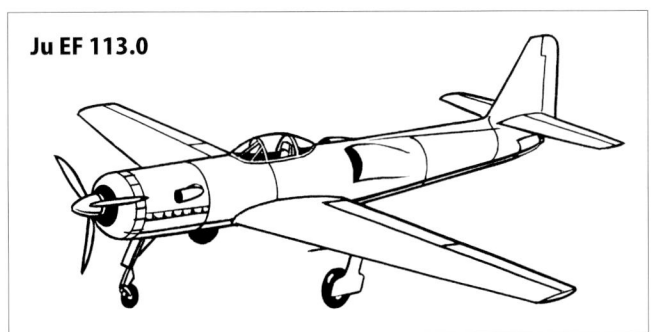

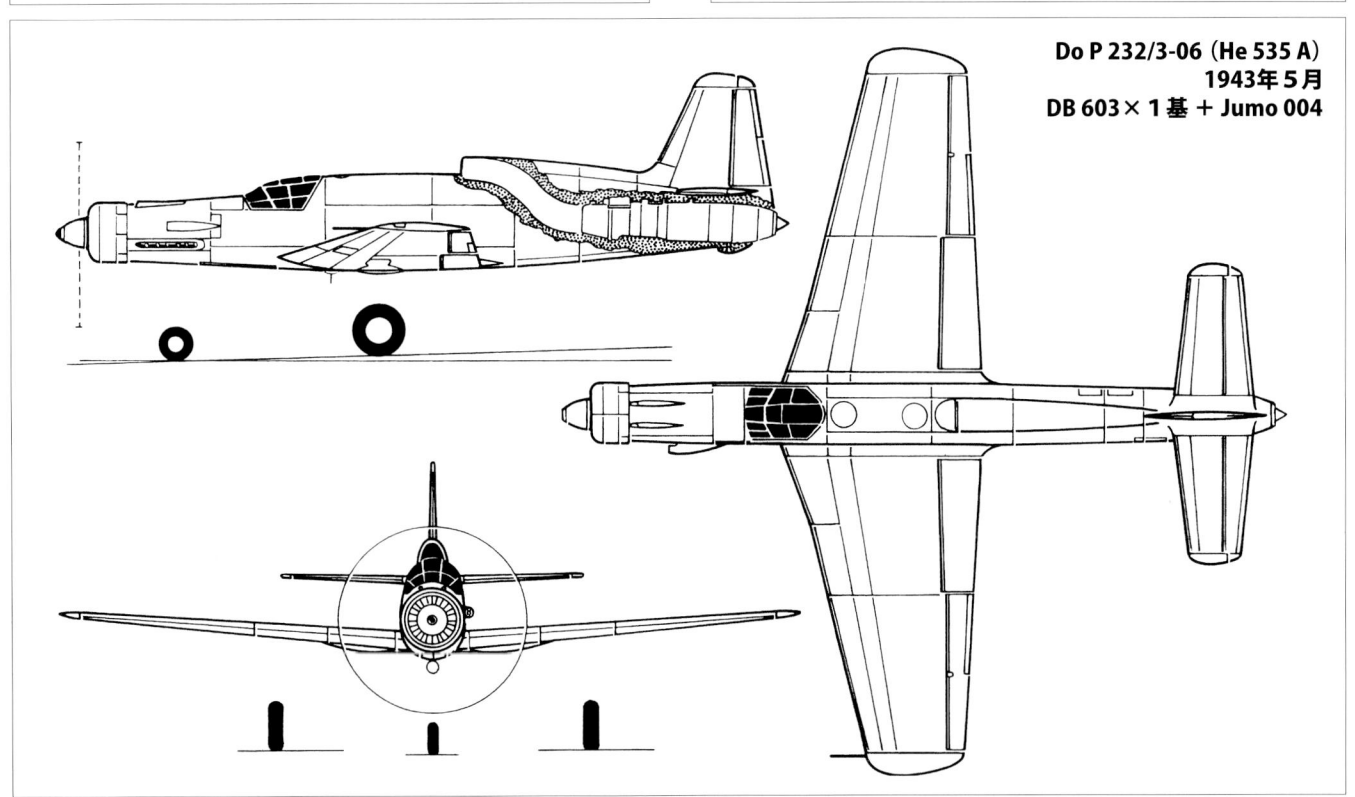

Ju EF 113.0

Ju EF 135.0

Do P 232/3-06（He 535 A）
1943年5月
DB 603×1基 ＋ Jumo 004

放棄されたアラド234 C-3の前でポーズをとる2名の米兵。この型式はターボジェット4基をHe/DB 021ターボプロップ2基に換装する予定であった。しかしエンジンの開発は遅れ、困難を伴った。この先進型発動機の実体は、HeS 011を改造して直径2500mmの6翅VDMプロペラを駆動するようにしたもので、2400HPの軸出力と790kgの残余推力を発生した。

Ar 234 PTL計画機の想像図。

2門と、より大型の弾倉2個に加えてMG 151/20機銃2挺を前部胴体に搭載する戦闘機型が提案された。

1944年10月、装甲型のAr 234 Werferzerstörer（"ヴェルファーツェアシュテーラー" 発射台駆逐機）が提案された。MG 151/20機銃2挺に加え、流線型に整形した投棄式容器にWGr.21空対空ロケット弾4発の回転発射装置一式を内蔵したWerferfierling（"ヴェルファーフィーリング" 4連装発射装置）3基で武装する設計だった。さらに胴体とエンジンナセル下面に装着する発射装置も計画されている。いわゆるAbschußgerät（"アプシュースゲレート" 発射装置）AG 40で、R 100 BS空対空ロケット弾6発または9発を連装にしたものだった。もうひとつの変型も計画されていて、これはWerfergranate 42（"ヴェルファーグラナーテ42" 噴進榴弾42）各1発収容の発射筒を2連装にした発射装置3基で武装する設計だった。さらにWK 14 BS空対空ロケット弾（WK = Wurfkörper "ヴルフケーパー" 弾頭、BS = Brandsplitter "ブラントシュプリッター" 焼夷榴霰弾）1発を収容する発射筒9本の装着も計画されていた。また編隊駆逐機用として、R 4 M空対空ロケット弾各30発を収容するコンテナ3本による武装も提案されている。

量産型Ar 234 BおよびC全機に装着できる上記の武装変更キットのほかにも、アラドはAr 234重戦闘機および駆逐機型4種を開発し、ただちに技術局と戦闘機本部に提出した。

まずAr 234 Jäger mit 2 HeS 011 Aの設計が1943年1月12日に完成する。標準型Ar 234 B-2の量産用胴体および主翼を使用していた。1944年3月15日には、MK 103機関砲1門で武装したAr 234 D駆逐機の評価が完了している。これはAr 234 Cの主翼とAr 234 B-2の尾部とを組み合わせ、HeS 011 A-1ジェットエンジン2基で推進する設計だった。装甲を施した単座の与圧式操縦室を備えることになっていた。性能試算によると、高度1000mで最大速度1000km/h、海面高度で850km/hを見込んでいた。離陸補助用にRATO装置2基を両方の主翼下に懸吊することもできた。のちにアラドは、安定性向上のため増積した垂直尾翼と新設計の水平尾翼を提案した。

Ar 234 Dに続いて単座のAr 234 E駆逐機が提案された。同じくHeS 011 B-1ターボジェット2基で推進し、MK 103機関砲2門で武装する設計であった。離陸重量は10280kgに増加していた。これは燃料搭載量を増加、降着装置を強化、また防御力を向上した結果である。J2ジェット燃料の増槽として、容量600リットルの木製落下増槽2本にかえて、容量1000リットルのタンク1基を中央胴体下面にしっかりと装着してあった。

最後がAr 234 F駆逐機で、Ar 234 C-3の発展型だがJumo 012ターボジェット2基で推進する設計だった。武装は、MK 103機関砲2門とMG 151/20機銃2挺を胴体に装着する。エンジンナセル下面に容量600リットルの落下増槽2本を懸吊する。肝腎のHeS 011A/BとJumo 012が調達できず、Ar 234の駆逐機型は1機も製作されなかった。

敵機の性能向上に対抗してAr 234 B-2はさらに設計変更さ

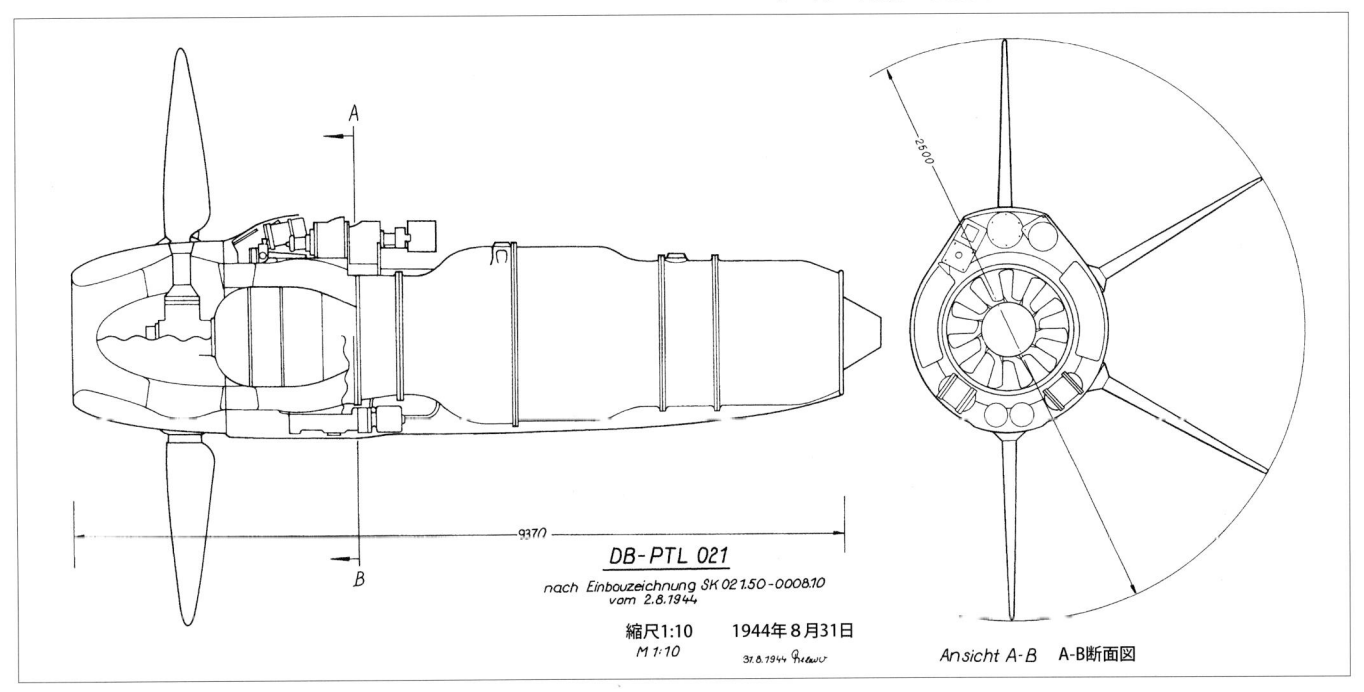

DB 021ターボプロップ
1944年8月2日付、取付図SK 021.50-0008.10準拠

れ、のちにAr 234 Höhenjäger（"ヘーエンイェーガー"高高度戦闘機）およびHöhenzerstörer（"ヘーエンツェアシュテーラー"高高度駆逐機）と命名される設計案2種となった。両者の差は装着する武装により、前者は2cm MG 151機銃4挺、後者はMG 151/20機銃2挺とMK 103機関砲2門を、それぞれ搭載していた。ともに機体はAr 234 Cと同様だったが、装甲を施した与圧式操縦室を備えていた。高高度で侵入する敵爆撃機及び戦闘機を首尾よく攻撃して撃墜するには、最低でも口径2cmの機銃数挺が必要だというのが、当時の一般認識だった。このためアラドは、いわゆるMagirusbombe（マギルスボンベ）〈監修注7〉を1個ずつ両翼のエンジンナセル下面に搭載することを検討した。マギルスボンベは携行弾数合計400発のMG 151/20機銃2挺をコンテナに収めたものである。さらには容量300リットルの落下増槽2本もナセル下面に懸吊するよう提案された。敵火から操縦士と機を防護するため、前部の装甲を強化してあった。両型式ともに最大離陸重量は10500kgで、K 12型自動操縦装置を備えていた。電子装備はFuG 15、FuG 25a、FuG 136、およびFug 217で構成する。1944年3月に完了した性能計算によると、最大航続距離約1800km、高度10000mを840km/hで巡航すると航続距離は約1300kmまで低下する。その当時、航空省は英軍ジェット戦闘機の平均速度が835km/hを超えることはないと推定しており、このため開発は1944年夏に破棄された。

　ドルニエは、ピストンエンジン推進のDo 335 Pfeil（"プファイル"矢）が複数任務を遂行できるよう駆逐機型も開発しており、また同機に複合推進を適合させることを目指していた（原注37）。同社のDo P 232/3は、Jumo 004ジェットエンジン1基を内蔵する新設計の尾部を標準型Do 335に接合する設計で、ハインケルがHe 535 Aとして開発および生産することになっていた。確約にもかかわらず、ドルニエもハインケルも終戦までに計画を完成する余力をもたなかった。

　開発が頓挫したユンカースの設計案が2件あるので、ここで述べておこう。Ju EF 113.0とJu EF 135.0は相似していながら、明らかな差があった。ともに複合推進の駆逐機で、機首にJumo 213ピストンエンジン1基を搭載し、胴体後部に搭載するターボジェット1基の空気取入口2カ所を操縦室直後に配した構成だった。

　1945年3月、戦局がますます悪化するなか、メッサーシュミットMe ZerstörerⅠおよびⅡ（駆逐機Ⅰ型およびⅡ型）の開発がオーバーアマーガウで始まった。この計画機をZerstörer mit T-Leitwerk（T型尾翼駆逐機）と記述している文書もある。オーバーアマーガウの近隣には連合軍が設けた難民収容所があ

複座のアラドAr 234 D-1は、風洞模型数機と、この操縦席木製実物大模型だけが1945年前半までに完成していた。駆逐機型のAr 234 Eも同様だったが、前方発射式の大口径砲で武装する計画だった。

り、管理が不十分で収容者がメッサーシュミット社施設を破壊・略奪したため、本計画機に関する資料のほとんどが失われてしまった。こういうわけで、米軍情報将校が実際に回収できた重要書類はごく少数にとどまっているのである。

【原注】
36) Monogram Monarch-1, "Arado 234 Blitz", Smith & Creek, Monogram Aviation Publicaitons, Boylston, MA 1992参照
37) Monogram Monarch-2, "Dornier 335 Arrow", Smith, Creek & Hitchcock, Monogram Aviation Publications, Boylston, MA 1997参照
【監修注】
7)「マギルスボンベ」の本来の呼称は「ZWB 151/20」で、これはMG 151/20を2挺とその弾倉を組み込んだガンパック。一説では「マギルス（Magirus）トラック会社」で作られ、外形が円筒形であったため「ボンベ（bombe＝爆弾）」と呼ばれたとされるが、Ar 234などの当時の公式文書にも「Magirusbombe」の名称が記されている。2挺のMG 151/20と各200発入りの弾倉、取り付けフレーム、円筒形のカバー等の総重量は230〜300kgで、ドイツ機の標準的な爆弾架（250kg以上用）に取り付けることができた。

ルールシュタールRu 334（のちにX 4と呼称される）空対空誘導ミサイルは1944年後半に開発され、プロペラ機およびジェット機の両方で使用できた。専用に開発されたBMW 548ロケット1基で推進する。胴体内に収めた螺旋状に巻いた管2本（左端）に燃料を搭載した。管は、内側がR液（Tonka 250）用、外側がSV液（Salbei）用の二重螺旋になっている［訳注参照］。ミサイルは、全長2000㎜で、燃料を含む総重量が60kg、最大速度1140km/hであった。Ru 344は、機体の生産数が1000体を超えたが、連合軍の爆撃のためロケットモーターがほとんど生産されず、1945年までにミサイルを実戦投入するという計画は実現しなかった。［訳注：R-Stoff（R液）のTonka 250は、メタキシリジン57％とトリエチルアミン43％の組成による推進剤である。またSV-Stoff（SV液）は硝酸90％と硫酸10％の混合物だったようだ。硝酸系の酸化剤はSalbei（"ザルバイ" サルビアの意）という符牒で呼んだ。］

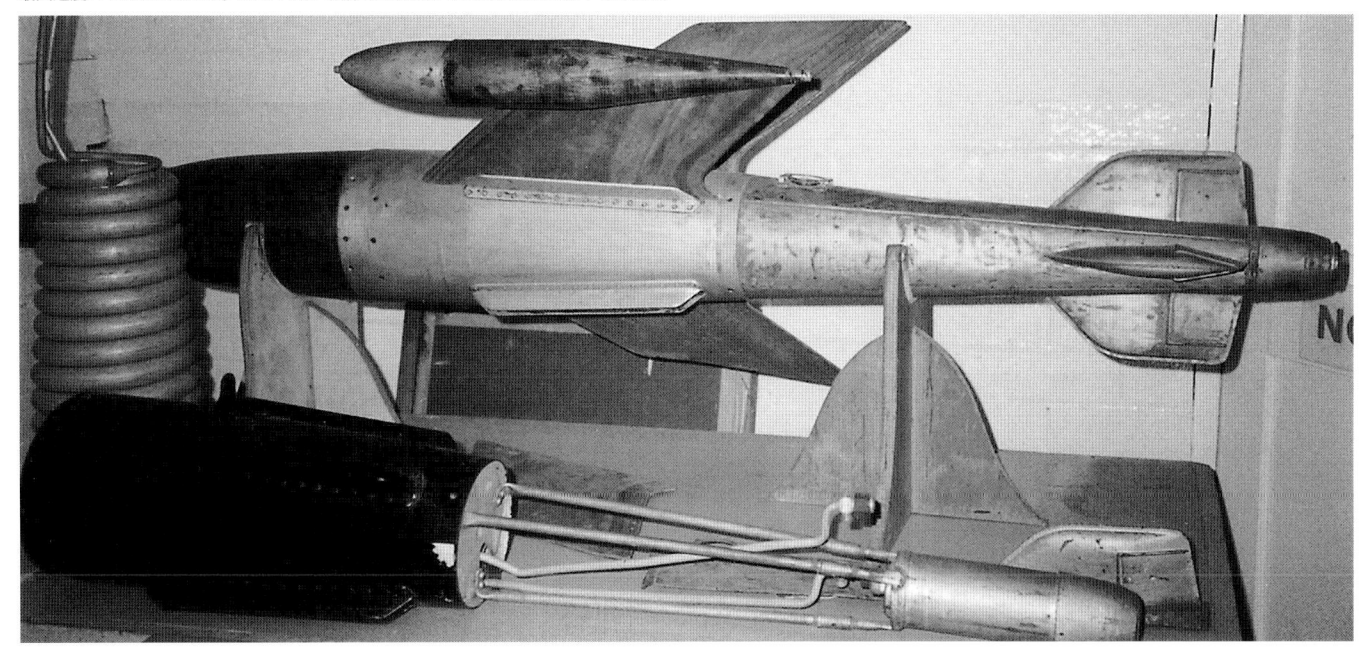

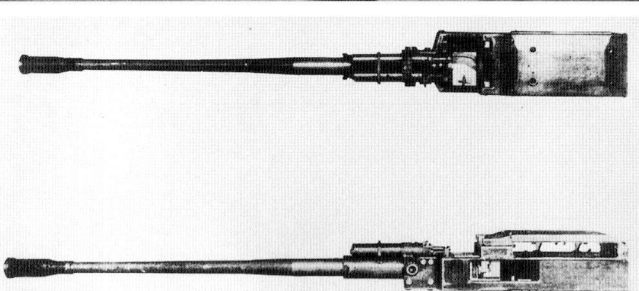

Me 262 A-1a/U4はMK 214 A機関砲１門を搭載していた。この改造型は、終戦までに2機が完成して飛行（40ページおよび58ページ参照）している。

マウザー MK 214 Aは、対戦車砲を口径5cmの重航空機関砲に改造したものだ。全長4.0m、砲身長2.82m、発射速度160発／分という諸元であった。

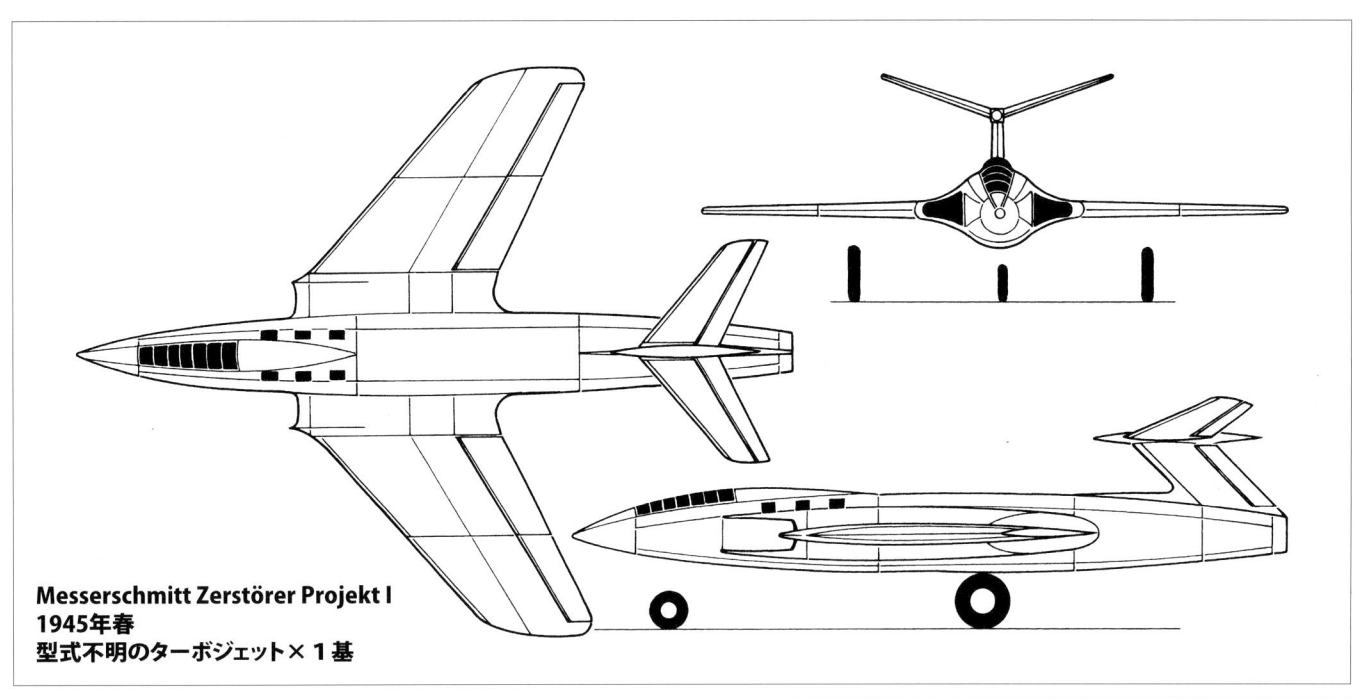

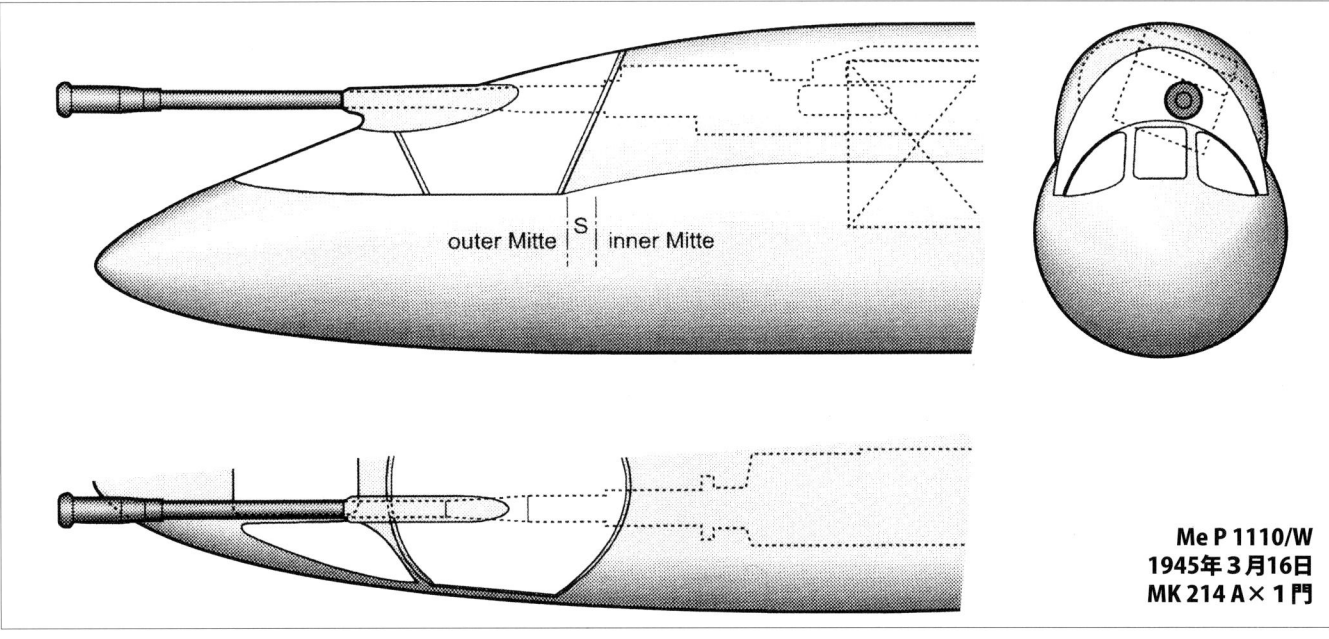

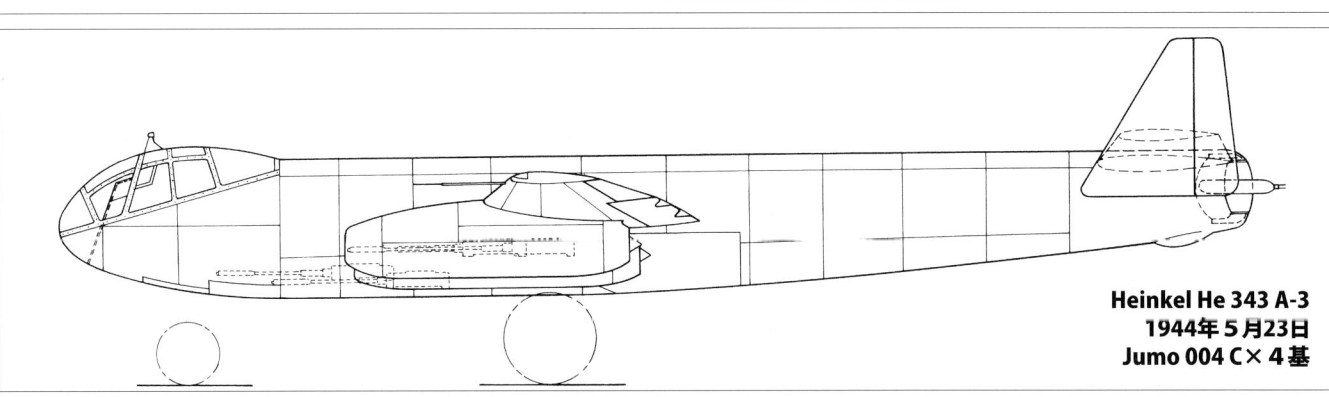

Messerschmitt Zerstörer Projekt I
1945年春
型式不明のターボジェット×1基

outer Mitte | S | inner Mitte

Me P 1110/W
1945年3月16日
MK 214 A×1門

Heinkel He 343 A-3
1944年5月23日
Jumo 004 C×4基

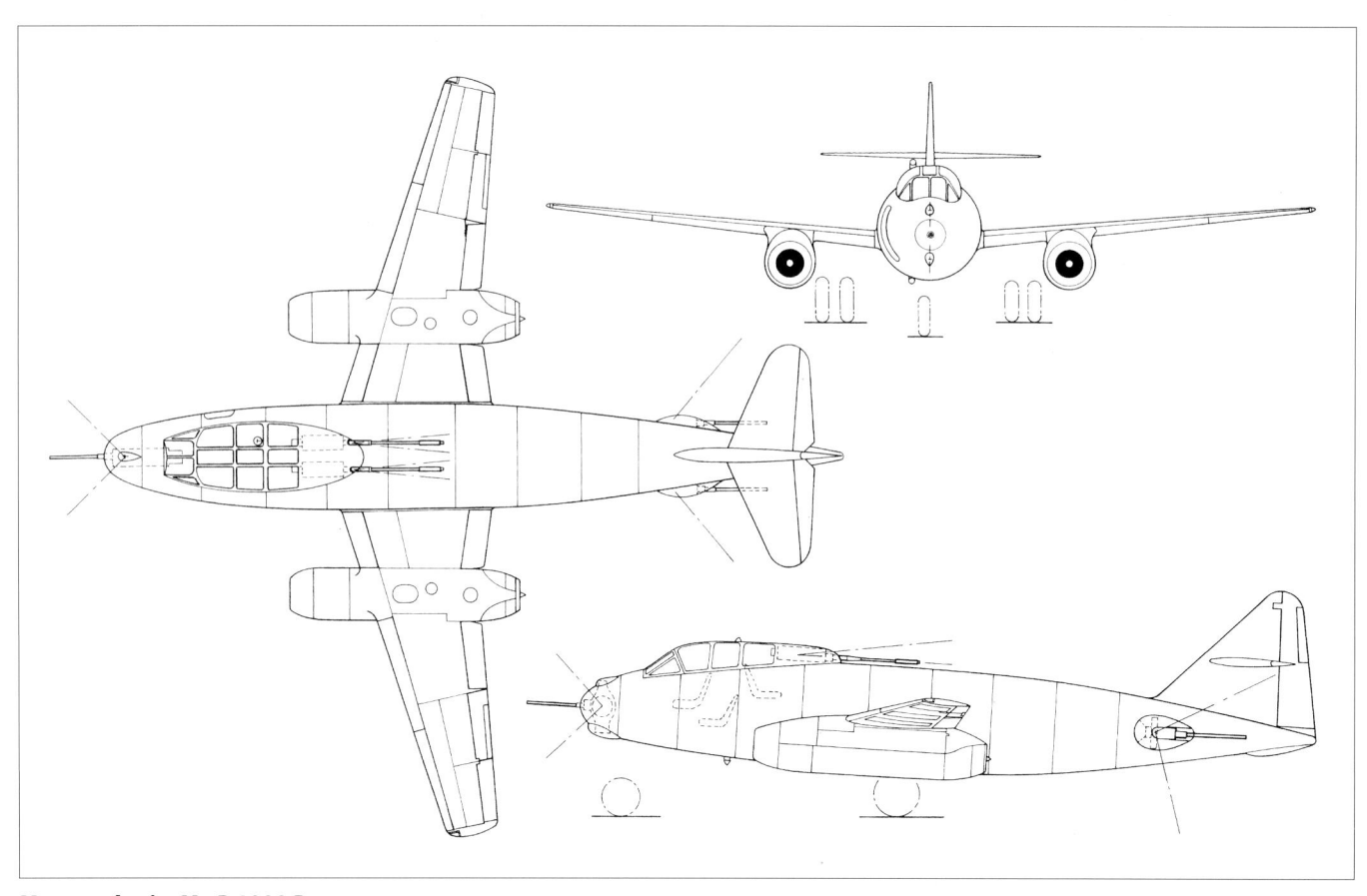

Messerschmitt Me P 1099 B
1944年3月22日
Jumo 004 C × 2基

Messerschmitt Zerstörer Projekt

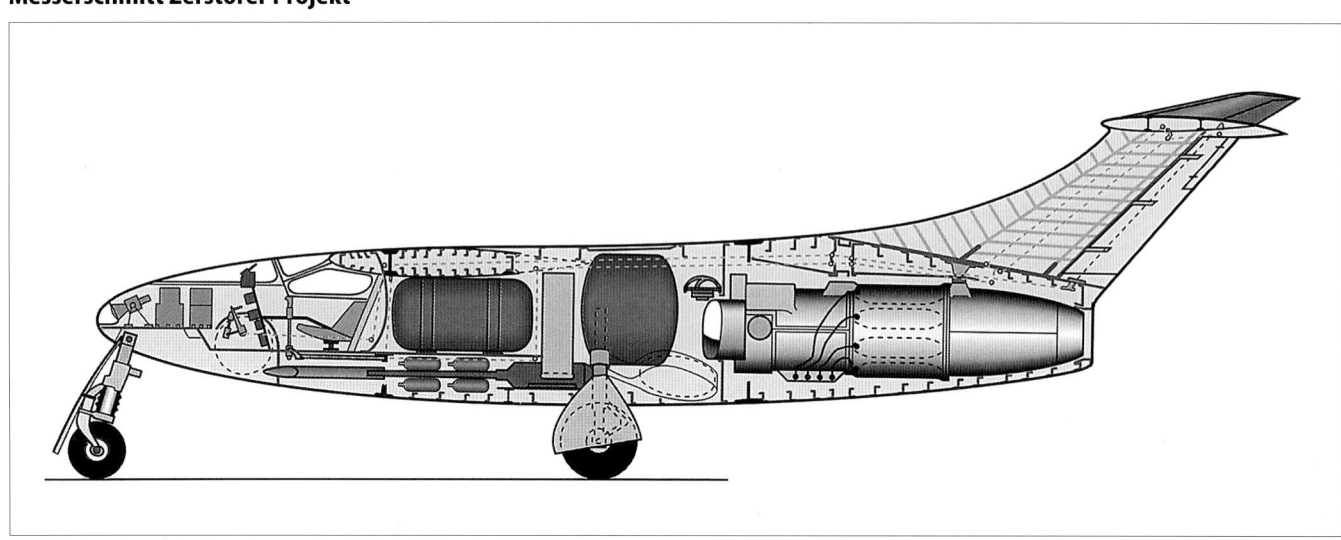

オーバーアマーガウにあったメッサーシュミットの計画室は鬱蒼とした木立に覆われ、外部から十分に隔絶、隠蔽されていた。施設は戦争から完璧に防護され、米兵が到来する瞬間まで研究開発が続いていたほどだった。ここに示す特異な上翼配置の駆逐機のような先進ジェット計画機をつぎつぎと設計、開発していたのだ。戦後、近隣の難民収容所の収容者が施設を襲い、排除されるまでの間に略奪、破壊を尽くした。この際にどれだけの書類と記録が失われたか、もはや知るすべもない。

Messerschmitt Zerstörer Projekt
1945年春
型式不明のターボジェット×1基

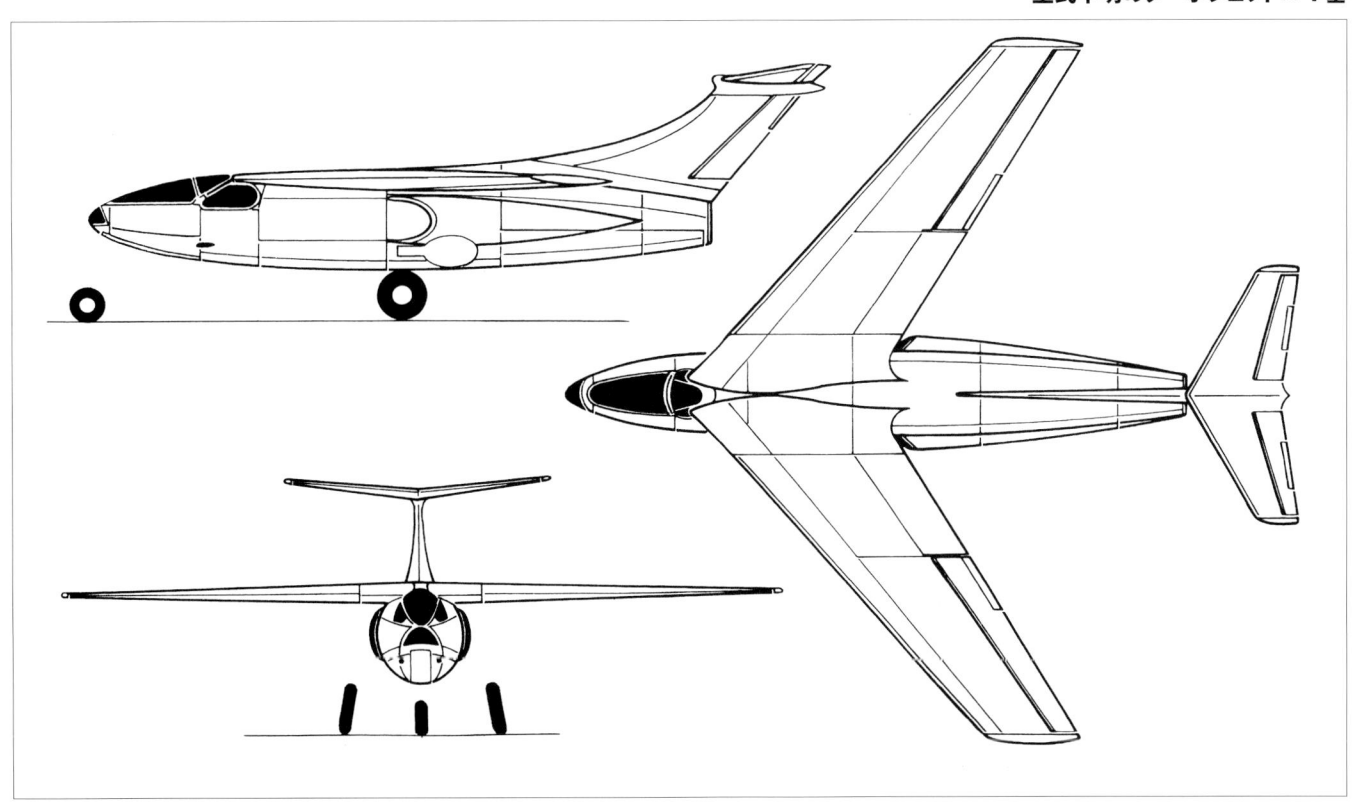

航空機仕様一覧　主な計画機、試作機の性能諸元

製造会社	計画名	用途	乗員	エンジン	翼幅(m)	翼面積(㎡)	全長(m)	全高(m)
アラド	8-234E	駆逐機	1	HeS 011 A × 2基	14.41	27.0	12.84	4.15
	E 381	極小戦闘機	1	HWK 501 B-1 × 1基	5.00	5.5	5.70	
	E 581-4	無尾翼昼間戦闘機	1	HeS 011 A-1 × 1基	8.95	22.5	5.65	2.60
バッヒェム	8-349 A-1	ロケット邀撃機	1	HWK 509 A-2 × 1基	3.60	3.6	5.72	2.20
ブローム・ウント・フォス	P 194.01	駆逐機	1	BMW 801 D × 1基 Jumo 004 C × 1基	15.30	3.64	11.75	3.92
	P 197.01	昼間戦闘機	1	Jumo 004 × 2基	11.10	20.5	9.00	3.64
	P 198.01	高高度戦闘機	1	BMW 018 × 1基	15.00	33.5	12.80	
	P 202.01	可変翼昼間戦闘機	1	BMW 003 A-1 × 2基	11.98	19.9		
	P 203.02	駆逐機	2	BMW 801 TJ × 2基 Jumo 004 C × 2基	20.00	65.0	16.60	
	P 209.01	鋏状尾翼昼間戦闘機	1	HeS 011 A-1 × 1基	10.65	13.0	8.78	3.38
	P 210.01	鋏状尾翼昼間戦闘機	1	BMW 003 A-1 × 1基	11.52	14.9	7.34	
	P 211.02	国民戦闘機	1	BMW 003 A-1 × 1基	7.60	12.8	8.06	3.30
	P 212.02	鋏状尾翼昼間戦闘機	1	HeS 011 A-1 × 1基	9.50	14.0	7.40	2.75
	P 213.01	極小戦闘機	1	As 014 × 1基	6.00	5.0	6.20	2.28
フォッケウルフ	8-226	昼間戦闘機	1	HeS 011 A-1 × 1基	8.00	14.0	10.55	2.35
	TL P.2	昼間戦闘機	1	Jumo 004 × 1基	9.70	15.0	9.85	4.30
	8-250	昼間戦闘機	1	BMW 011 × 2基				
	8-252	昼間戦闘機	1	HeS 011 A-1 × 1基	9.50	20.0	9.10	3.65
	PTL 0310	ターボプロップ昼間戦闘機	1	DB/HeS 021 × 1基	8.20	17.5	10.80	3.10
	Ta 183	昼間戦闘機	1	HeS 011 A-1 × 1基	10.00	22.5	9.35	3.48
	Ta 283	昼間戦闘機	1	Fw ラムジェット × 2基 HWK 501 A-1 × 1基	8.00	19.0	11.85	2.90
ゴータ	P 60 B	デルタ戦闘機	2	HeS 011 A-1 × 2基	13.50	54.7		
ハインケル	P 1073.8	昼間戦闘機	1	HeS 011 A-1(T) × 1基 Jumo 004 C(U) × 1基	18.00	26.0	10.60	
	P 1073.13	昼間戦闘機	1	HeS 011 A-1 × 1基	7.60	13.0	8.60	
	P 1077-I	局点防衛邀撃機	1	HKW 509 C-1 × 1基	4.80	7.15	6.98	2.00
	P 1077-II	局点防衛邀撃機	1	HKW 509 C-1 × 1基	4.80	7.15	6.80	
	P 1078 A	昼間戦闘機	1	HeS 011 A-1 × 1基	8.80	16.9		
	P 1078 B	無尾翼戦闘機	1	HeS 011 A-1 × 1基	9.00	20.3	6.00	2.20
	P 1078 C	無尾翼戦闘機	1	HeS 011 A-1 × 1基	9.00	17.8	6.00	
	P 1080.01	昼間戦闘機	1	He ラムジェット × 2基	8.90	20.2	8.15	
	8-343 A-3	駆逐機	2	Jumo 004 C × 4基	18.00	42.2	16.50	5.37
	8-535 A-1	駆逐機	1	DB 603 LA × 1基 HeS 011 A-1 × 1基	13.50		13.10	5.60

空虚重量(kg)	全備重量(kg)	最大速度	航続距離(km)	武装
6,590	10,660			MK 103 機関砲 × 2（胴体下面に着脱式ポッドで搭載） MG 151/20 機銃 × 2（機首下部に固定装備）
	1,500	高度8,000mで時速900km/h		MK 108 機関砲 × 1（胴体上面に搭載。携行弾数45発）
2,045	2,857			MK 108 機関砲 × 2（左右主翼付け根）
800	2,050	上昇限界高度16,000mまで1,000km/h	55	55mm R 4 M空対空ロケット × 32発 または 73mm フェーン空対空ロケット × 24発（いずれも機首）
7,575	9,616	高度6,888mで688km/h	1,054	MG 151/20 機銃 × 2（機首に装備） MK 103 機関砲 × 2（機首に装備）
	5,828	高度8,230mで1,062km/h		MG 151/20 機銃 × 2（機首上部に装備） MK 103機関砲 × 2（機首下部に装備）
	7,258	高度13,500mで850km/h	1,448	MG 151/20 機銃 × 2（機首に装備） MK 412 機関砲 × 1（機体中心線上、操縦席下方に装備）
		高度3,505mで877km/h		MK 103 機関砲 × 1（機首下部中央に装備） MG 151/20 機銃 × 2（機首下部に装備）
12,380	18,290	高度11,887mで917km/h		MG 131 機銃 × 2（携行弾数各400発）、MG 151 機銃 × 2（携行弾数各200発） MK 103 機関砲 × 2（携行弾数各100発）を機首、MG 131 Zを機尾に1挺（400発）
	2,500	高度10,000mで990km/h	930	MK 108 機関砲 × 2（機首に装備。携行弾数各70発）
				MG 151/20 機銃 × 2 または MK 108 機関砲 × 2（機首下部に装備）
2,480	3,400	高度6,000mで767km/h	550	MK 108 機関砲 × 2（機首に装備。携行弾数各60発）
	4,014	高度8,991mで1,029km/h	1,126	MK 108 機関砲 × 2（携行弾数各100発を機首に） MK 108 機関砲 × 1（機首中央部に装備。携行弾数100発）
1,280		高度6,000mで650km/h	170	MK 108 機関砲 × 1（機首中央区画に装備）
2,730	3,650	高度9,400mで975km/h	500	MK 103 機関砲 × 2（機首下部。携行弾数80発） MK 108 機関砲 × 2（主翼に装備。携行弾数各60発）
2,410	3,350	高度6,000mで825km/h	425	MG 151/20 機銃 × 2（主翼付け根。携行弾数各175発） MK 108 機関砲 × 2（機首下部。携行弾数各70発）
		高度11,000mで865km/h		MK 108 機関砲 × 2（機首上部。携行弾数各120発） MK 213 機関砲 × 2（機首下部。携行弾数各180発）
2,730	4,150	高度7,000mで965km/h	900	MK 108 機関砲 × 2（機首に装備。携行弾数各100発）
3,396	4,900	高度9,000mで900km/h	1,020	MK 103 機関砲 × 1（プロペラ軸内装備。携行弾数60発） MK 213 機関砲 × 2（機首下部。携行弾数各240発）
2,824	4,291	高度6,974mで1,017km/h	969	MK 108機関砲 × 2（機首下部。携行弾数各100発） MK 108機関砲 × 2（機首上部。携行弾数各120発）
4,000	5,400	高度11,000mで955km/h	700	MK 103 機関砲 × 2（機首に装備。携行弾数各60発）
	11,000	高度8,000mで980km/h	1,400	MK 108 機関砲 × 4（翼中央部に装備）
		高度8,000mで890km/h		MG 151/20 機銃 × 2（胴体下部に装備） MK 103 機関砲 × 1（胴体下部に装備）
		高度6,000mで900km/h		MG 213 機銃 × 2（機首下部に装備）
	1,791		66	MK 108 機関砲 × 2（胴体下部に装備）
	1,800		66	MK 108 機関砲 × 2（胴体下部に装備）
	4,037	高度10,972mで888km/h	1,497	MK 108 機関砲 × 2（胴体内に装備）
	3,887	高度10,972mで909km/h	1,545	MK 108 機関砲 × 2（胴体右舷のナセルに装備）
	3,920			MK 108 機関砲 × 2（主翼付け根。携行弾数各100発）
				MK 108 機関砲 × 2（胴体下面に装備）
16,874	18,461	高度6,096mで833km/h	1,620	MK 103 機関砲 × 4（前方発射固定） MK 103 機関砲 × 1（尾部砲塔に装備）
				MK 103 機関砲 × 1（エンジンに固定。携行弾数70発） MG 151/20 機銃 × 2（カウルに固定。携行弾数各200発）

航空機仕様一覧　　主な計画機、試作機の性能諸元

製造会社	計画名	用途	乗員	エンジン	翼幅(m)	翼面積(㎡)	全長(m)	全高(m)
ヘンシェル	P 135	昼間戦闘機	1	HeS 011 A-1 × 1基	9.20	20.5	7.75	
	P 187	昼間戦闘機	1	アルグスAs 044 × 2基				
ホルテン	Ho 229 A-1	昼間戦闘機	1	Jumo 004 B-2 × 2基	16.80	57.0	7.465	2.81
	Ho 10	昼間戦闘機	1	HeS 011 A-1 × 1基	14.00		7.20	
	Ho 13 B	昼間戦闘機	1	BMW 003 R × 1基	12.00		12.00	4.20
ユンカース	EF 126/II	邀撃機	1	アルグスAs 044 × 1基	6.65			
	EF 127.01	邀撃機	1	HWK 509 C × 1基	6.65		7.60	
	EF 128.01	昼間戦闘機	1	HeS 011 A-1 × 1基	8.90		6.485	2.65
リピッシュ	P 13 a	研究機	1	ラムジェット × 1基	6.00	20.0	6.70	3.25
	P 13 b	研究機	1	ラムジェット × 1基	6.90		7.20	1.47
メッサーシュミット	Me 163 A-0	邀撃機	1	HWK R11 203A/B × 1基	8.85	17.5	5.60	
	Me 163 B-1	邀撃機	1	HWK 509 B-1 × 1基	9.30	17.3	5.92	2.74
	Me 163 C-1	邀撃機	1	HWK 509 C-1 × 1基	9.80	20.3	7.40	3.04
	Me 262 HG I	昼間戦闘機	1	Jumo 004 B-2 × 2基	12.65	24.7	10.60	3.83
	Me 262 HG II	昼間戦闘機	1	Jumo 004 C-1 × 2基	12.16	24.8	10.60	3.83
	Me 262 HG III	昼間戦闘機	1	HeS 011 A-1 × 2基	12.30	28.5	12.40	3.83
	Me 263 A-1	邀撃機	1	HWK 509 C-4 × 1基	9.50	17.8	7.90	3.17
	Me 328 C-1	昼間戦闘機	1	Jumo 004 B × 1基	9.00	14.9	7.68	2.40
	Me 155 TL	昼間戦闘機	1	Jumo 004 B × 2基	12.55		9.50	2.90
	P 1070	昼間戦闘機	1	ターボジェット × 2基	8.20	13.0	8.00	2.90
	P 1073 B	超小型戦闘機	1	BMW 3304 × 1基	4.40		5.90	1.80
	P 1092.2	昼間戦闘機	1	Jumo 004 C × 1基	10.00	12.7	8.10	3.65
	P 1095.1	昼間戦闘機	1	Jumo 004 B × 1基	9.77	15.3		
	P 1099 B	駆逐機	2	Jumo 004 C × 2基	12.61	22.0	12.00	4.43
	P 1101 V1	研究用戦闘機	1	HeS 011 A-1 × 1基	8.06	13.6	8.98	3.72
	P 1106.160	昼間戦闘機	1	HeS 011 A-1 × 1基	6.65	13.1	9.15	3.37
	P 1110.170	昼間戦闘機	1	HeS 011 A-1 × 1基	6.65	13.1	9.66	2.70
	P 1110 エンテ	昼間戦闘機	1	HeS 011 A-1 × 1基	5.00		9.60	3.08
	P 1111	昼間戦闘機	1	HeS 011 A-1 × 1基	9.16	28.0	8.92	3.06
	P 1112 V1	昼間戦闘機	1	HeS 011 A-0 × 1基	8.74	22.0	8.25	3.16
シュコダ=カウバ	P 14.01	昼間戦闘機	1	ゼンガーラムジェット × 1基	7.00	12.4	9.85	4.20
ゾムボルト	So 344	邀撃機	1	HWK 509 A-2 × 1基	5.70	6.0	7.00	2.18

空虚重量(kg)	全備重量(kg)	最大速度	航続距離(km)	武装
	5,500			MK 108 機関砲 × 2（主翼付け根に搭載） MG 151/20 機銃 × 2（機首に装備）
				MK 108 機関砲 × 4（胴体下面に搭載）
5,067	8,999	高度12,000mで977km/h		MK 103 機関砲 × 2（主翼中央区画。携行弾数各140発）または、 MK 108 機関砲 × 4（主翼中央区画。携行弾数各90発）
				MK 108 機関砲 × 2（主翼中央区画に搭載）
				MK 108 機関砲 × 3 または、MG 151/20 機銃 × 3 あるいはMK 213 機関砲 × 3（いずれも機首区画に装備）
				MG 151/20 機銃 × 2（機首下部）
				MG 151/20 機銃 × 2（胴体下部）
	4,900		1,800	MK 108 機関砲 × 2（主翼付け根。携行弾数各100発） MK 108 機関砲 × 2（機首下部。携行弾数各100発）
1,450	2,400	1,000km/h		
1,905	4,309	高度9,144mで959km/h		MK 108 機関砲 × 2（主翼付け根。携行弾数各60発）
2,200	5,300	高度9,144mで959km/h		MK 108 機関砲 × 2（胴体に装備。携行弾数各50発）
				MK 108 機関砲 × 2（機首上部に連装。携行弾数各100発） MK 108 機関砲 × 2（機首下部に連装。携行弾数各80発）
4,495	5,873			MK 108 機関砲 × 2（機首上部に連装。携行弾数各100発） MK 108 機関砲 × 2（機首下部に連装。携行弾数各80発）
4,457	6,697	1,000km/h		MK 108 機関砲 × 2（機首上部に連装。携行弾数各100発） MK 108 機関砲 × 2（機首下部に連装。携行弾数各80発）
2,104	5,150	高度9,144mで998km/h		MK 108 機関砲 × 2（主翼付け根。携行弾数各75発）
				MK 103 機関砲 × 2（胴体下部に装備）
3,070	4,750	980km/h		MK 103 機関砲 × 2（機首に装備。携行弾数各100発） MG 151/20 機銃 × 2（機首。携行弾数各120発）
2,800				MG 151 機銃 × 2（機首に装備）
				MK 103 機関砲 × 2
2,626	3,850	高度6,000mで910km/h	665	MK 103 機関砲 × 2（機首に装備） MG 151/20 機銃 × 2（胴体内に装備）
	3,620	高度6,000mで860km/h		MK 103 機関砲 × 2
5,364	10,784	高度9,100mで805km/h	1,340	MK 103 機関砲 × 2（胴体背面）、MK 214 機関砲 × 1（機首） MG 151/20 機銃 × 2（胴体後部にFPL 151として装備）
2,184	3,205	高度7,000mで860km/h		MK 108 機関砲 × 2（携行弾数各100発）を予定したが未装備
2,300	4,000	高度7,000mで993km/h		MK 108 機関砲 × 2（機首に装備）
2,800	4,000	高度7,000mで1,006km/h		MK 108 機関砲 × 3（機首に装備）
				MK 108 機関砲 × 4（機首に装備）
	4,282	高度7,000mで995km/h		MK 108 機関砲 × 2（機首に装備） MK 108 機関砲 × 2（主翼付け根に装備）
	4,673			MK 108 機関砲 × 4（胴体内に装備）
6,270	6,820	高度ゼロで1,000km/h		MK 103 機関砲 × 1（操縦手席の上方に装備）
770	1,350			

関連地名所在図

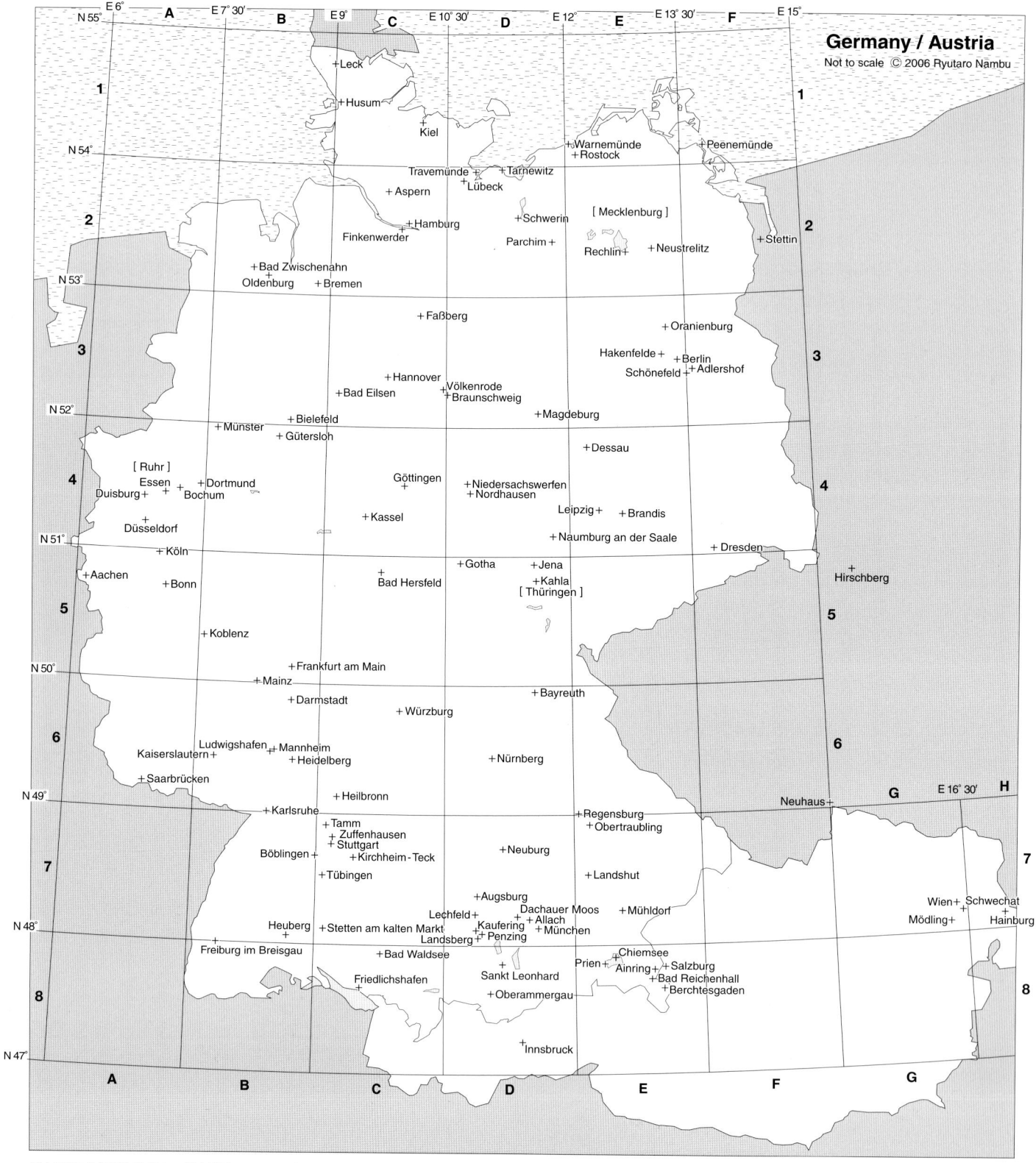

Germany / Austria
Not to scale © 2006 Ryutaro Nambu

地名	ドイツ語名	ページ	地図グリッド	会社／機関	備考
アードラスホーフ	Adlershof	22, 25, 66, 70	3F	DVL	
アインリング	Ainring	117	8E		
アウクスブルク	Augsburg	16, 57, 83, 118	7D	Me	
アスペルン	Aspern	177	2C		
アラッハ	Allach	57	7D	BMW	
ヴァルネミュンデ	Warnemünde	13	1E	He	
オーバーアマーガウ	Oberammergau	11, 24, 122, 147	8D	Me	
オーバートラウプリング	Obertraubling	60	7E		
オラーニエンブルク	Oranienburg	78	3E		
カウフェリング	Kaufering	11	7D		
カーラ	Kahla	3, 60	5D	RHEIMAHG	
カッセル	Kassel	50, 118	4C	Hs	
キームゼー	Chiemsee	95	8E		
キール	Kiel	151, 167	1C	Walter	
キルヒハイム=テック	Kirchheim - Teck	109	7C		
グライヴィッツ	Gleiwitz	6			Gliwice（ポーランド）
ゲッティンゲン	Göttingen	25, 64, 74, 161	4C	AVA	
ゴータ	Gotha	66	5D	Go	
ザンクト・レーオンハルト	St. Leonhard	161, 164	8D		
シェーネフェルト	Schönefeld	63	3E	Hs	
シュヴェヒアト	Schwechat	78, 131	7G		
シュテッテン・アム・カルテン・マルクト	Stetten am kalten Markt	155	7C		
シュテティーン	Stettin	161	2F		
シュピッツァーベルク	Spitzberg	12, 95, 151			
ダッハウアー・モース	Dachauer Moos	45	7D		
タム	Tamm	67	7C	Möbel May	
タルネヴィッツ	Tarnewitz	5, 79	2D		
ダルムシュタット	Darmstadt	17, 45	6B	DFS	
チャコビツェ	Cakowitz	109		Skoda Kauba	Praha - Čakovice（チェコ）
チューリンゲン	Thüringen	9	5D		
ツッフェンハウゼン	Zuffenhausen	77	7C		
デッサウ	Dessau	16, 71, 123	4E	Ju	
テレージーエンフェルト	Theresienfeld	78			
トラーヴェミュンデ	Travemünde	6	2D		
ナウムブルク=アン=デア=ザーレ	Naumburg an der Saale	128	4D		
ニーダーザクスヴェルフェン	Niedersachswerfen	11	4D		
ノイシュトレーリッツ	Neustrelitz	7	2E		
ノイハウス=アン=デア=トリースティング	Neuhaus an der Triesting	132	6F		Jindřichův Hradec（チェコ）
ノイブルク	Neuburg	155	7D		
ノルトハウゼン	Nordhausen	78, 113	4D	Mittelwerk	
バイロイト	Bayreuth	78	6D		
ハインブルク	Hainburg	95, 151	7H		
ハーケンフェルデ	Hakenfelde	42, 56	3E	LGW	
バート・アイルゼン	Bad Eilsen	11, 21, 51, 73	3C	FW	
バート・ヴァルトゼー	Bad Waldsee	155, 162	8C		
バート・ツヴィシェナーン	Bad Zwischenahn	120	2B		
バート・ヘルスフェルト	Bad Hersfeld	168	5C		
バート・ライヘンハル	Bad Reichenhall	117	8E		
パーヒム	Parchim	78	2D		
ビーレフェルト	Bielefeld	44	3B	Ruhrstahl	
ヒルシュベルク	Hirschberg	42			Jelenia Góra（ポーランド）
ヒンターブリュール	Hinterbrühl	112, 113			
ファスベルク	Faßberg	78	3C		
フィンケンヴェルダー	Finkenwerder	69	2C	BV	
フェルケンローデ	Völkenrode	25	3C	LFA	
フーズム	Husum	124	1C		
フライブルク	Freiburg im Breisgau	12	8B		
ブラウンシュヴァイク	Braunschweig	25	3D		
ブランディス	Brandis	93, 124	4E		
フリードリヒスハーフェン	Friedlichshaven	138	8C	FZ	
プリーン	Prien	95, 96	8E		
ベブリンゲン	Böblingen	67, 120	7B	Klemm	
ペーネミュンデ	Peenemünde	45, 120, 148	1F	HVA	
ベルヒテスガーデン	Berchtesgaden	9	8E		
ペンツィング	Penzing	69	7D		
ホイベルク	Heuberg	155, 162	7B		
マリーエンエーエ	Marienehe	78, 110			
ミュールドルフ	Mühldorf	11	7E		
メクレンブルク	Mecklenburg	7	2E		
メートリンク	Mödling	78, 112	7G		
ライプチヒ	Leipzig	67	4E		
ランツフート	Landshut	57	7E	Ar	
ランツベルク	Landsberg	69, 156	7D		
リューベック	Lübeck	6	2D		
レック	Leck	73	1B		
レヒフェルト	Lechfeld	47, 120	7D		
レヒリン	Rechlin	6, 7	2E		
レーゲンスブルク	Regensburg	120	6E		

索 引

航空機名索引

アメリカ合衆国
エイムズ=ドライデン AD-1	69
ボーイング B-17	83
ベル X-5	5, 47, 50
ボーイング B-29	10, 155, 167
コンソリデーテッド B-24	83
コンソリデーテッド B-32	10
コンベア B-36	128, 129, 147, 148
コンベア B-60	128
コンベア XB-36	148
コンベア XF-81	181
コンベア XFY-1	162, 169
ダグラス DC-3	96
マクダネル XF-85	19, 129, 147
ノースロップ X-4	133
リパブリック P-47	176
ノースアメリカン P-51	176
ヴォート F7U カットラス	107

アルゼンチン
プルキII	8, 34, 99

アラド
Ar 232	20
Ar 234	78, 137, 152, 178, 182, 183, 185
Ar 234 B	174, 183
Ar 234 B-2	183
Ar 234 C	183, 184
Ar 234 C-3	137, 152, 184
Ar 234 D	183
Ar 234 D-1	184
Ar 234 E	183, 184
Ar 234 F	183
Ar 234 PTL	182
Ar 234 高高度戦闘機	184
Ar 234 高高度駆逐機	184
Ar 240	175, 177
Ar 240 V3	179
Ar 440	177, 179
Ar E 381	137, 152, 153
Ar E 381.02	152
Ar E 580	8, 72, 111
Ar E 581	57
Ar E 581-1	59
Ar E 581-2	59
Ar E 581-3	59
Ar E 581-4	59, 75
Ar E 581-5	59, 75
Ar PTL 駆逐機	178
Ar TEW 15/43-12	23
Ar TEW 16/43	146
Ar TEW 16/43-13	127
Ar TEW 16/43-23	50, 66
Ar TL 1500 駆逐機	177, 178
Ar TL 2000 駆逐機	177
Ar TL 3000 駆逐機	177
郷土防衛機 I - IV	124, 143, 144, 147

キール航空機製作所	167

ゴータ
Go 147	64
Go P 52	65
Go P 53	65
Go P 58	65
Go P 60	60, 65
Go P 60 A	65, 82
Go P 60 B	65, 66, 82
Go P 60 C	65
Go P 60 R	143

ジーベル
Si 204 A	96

シュコダ・カウバ
Sk P 14-01	109, 130
Sk P 14-02	109, 130

シュテークル
ジェット推進付ロケット機	83
突入ロケット	83
ラムジェット補助推進ロケット戦闘機	83

成層圏戦闘機 I型〜 III型	148, 154

ゼンガー
パルスジェット戦闘機	108
超音速ラムジェット戦闘機	168

ゼンガー=ロラン管搭載戦闘機	109

ゾムボルト
So 344	129, 149

DFS
エーバー消耗飛行機	137
ラマー消耗飛行機	104, 137

突進機	16, 143

ドルニエ
Do 17 Z-2	96, 131
Do 217 E-2	107
Do 335	54, 184
Do 335 A	11
Do 335 B	11
Do P 232/3	184
Do P 232/3-06	181
Do エンテ計画	68

ハイマートシュッツァー	124

ハインケル
He 45	66
He 111 H-6	155, 160
He 162	72, 76, 124, 130, 112
He 162 A	143
He 162 A-1	77, 112
He 162 A-2	112, 118
He 162 M12	77
He 162高速型	76
He 162発展型	78
He 178 V1	9
He 180	38
He 219	177, 179
He 219 A-010	177
He 219 A-101	177, 179
He 219 V30	177
He 280	5, 38,
He 280 B-1	38
He 280 V1	38
He 280 V2	38, 56
He 280 V3	38
He 280 V7	38
He 280 V8	38
He 280 V10-V12	38
He 343 A-3	187
He 535 A	181, 184
He P 1068 A	69
He P 1073	72, 74, 76
He P 1073.12	116
He P 1073.13	116
He P 1073.8	116
He P 1077	84
He P 1077/ロメオ I	84
He P 1077/ロメオ II	84, 123
He P 1077/ユリア I	150
He P 1077/ユリア II	151
He P 1077 M1-M2	132
He P 1077 M3-M4	132
He P 1078-04 B	108, 109
He P 1078 A	22, 39
He P 1078 B	23, 68, 70
He P 1078 C	23, 40
He P 1080	133
He P 1080.01	132, 133
He ヴェスペ計画	167
ユリア101	132

バッヒェム
Ba 349	154, 160, 162, 166
Ba 349 A-1	158
Ba 349 B-1	158, 164
Ba 349 C-1	158
Ba 349 M1	8, 155, 160
Ba 349 M2	155

Ba 349 M3	155, 162
Ba 349 M23	158, 164
BP 20	154
ナッター	160, 162, 166
反動推進戦闘機	148
ビュッカー	
Bü 180	56
フィーゼラー	
Fi 103	83, 91
Fi 166	153, 154, 160
フォッケウルフ	
Fw 190	29, 124
Fw 190 A	17
Fw 190 A-3	17
Fw 190 D	72
Fw 190 D-9	11
Fw 190 D-12	40
Fw 190 F-8	45
Fw 190 TL	17, 97
Fw 200	38
Fw 226	21
Fw 226 B	56
Fw 226 設計 6	21, 37
Fw 226 フリッツァー	36, 155
Fw 250	51, 67
Fw 252	19, 21, 98
Fw 252 設計 3	21, 35
Fw 281 設計 7	70
Fw 281 設計 8 PTL	70
Fw 56	137
Fw 58 ヴァイエ	95
Fw P 188	109
Fw 回転翼戦闘機→Fw トリープフリューゲルイェーガー	
Fw 国民突進機	73
Fw 国民飛行機	72, 111
Fw 提案1	18, 24
Fw 提案2	18, 25
Fw トリープフリューゲルイェーガー	161, 162, 168, 169
Fw フォルクス・フリッツァー	73
Fw フリッツァーA	143
Fw ラムジェット推進器	109
Ta 152 C	11
Ta 152 H	72
Ta 154 B	11
Ta 183	8, 16, 20, 51, 54, 62, 71
Ta 183 A-1	31
Ta 183 R	143
Ta 183 Ra-1	20
Ta 183 Ra-2	20, 31, 32
Ta 183 Ra 3	20, 33
Ta 183 Ra-4	20
Ta 183 V1	20, 31
Ta 183 V2	20
Ta 183 V3	20
Ta 254	35
Ta 283	109, 110, 134, 135
フォン・ブラウン	
成層圏戦闘機	148, 158, 159
ブローム・ウント・フォス	
Ae 607	8
Bv 40	124
Bv 40 A	124
Bv 40 B	124
Bv 141	176
Bv 141 V11	15
Bv 222 V8	14
Bv 237	13
Bv P 194	176
Bv P 194.01-01	176
Bv P 197.01-01	67
Bv P 198	23
Bv P 198.01	24, 41
Bv P 198.01.1	24
Bv P 198.01.2	24
Bv P 198.02	24
Bv P 200	35
Bv P 202	55
Bv P 202.01	68
Bv P 203	177
Bv P 203.01	176
Bv P 203.01-01	177, 178
Bv P 203.02-01	177
Bv P 203.03-01	177
Bv P 208	68
Bv P 208.01	68
Bv P 208.02	68
Bv P 208.03	68
Bv P 209	68
Bv P 209.01	96
Bv P 210	23, 68
Bv P 210.01	96
Bv P 211	73
Bv P 211.01	41, 73
Bv P 211.02	74, 103, 114, 115
Bv P 212	68, 69
Bv P 212.01	69
Bv P 212.02	69
Bv P 212.03	69
Bv P 212 V1	69
Bv P 213	137
Bv P 213.01	122
Bv P 213.01-01	84
Bv P 215	68
ヘーエンイェーガー I-III → Fi 166	
ベルリン	
B 9 (Be 341)	131
ヘンシェル	
Hs P 73	55
Hs P 87 エンテ	55, 91
Hs P 90	55
Hs P 135	50, 63, 80
Hs P 136	63
ベンツ計画	84
ホルテン	
Ho 2	83
Ho 9	83
Ho 10	63, 174
Ho 10 A	168
Ho 10 B	168
Ho 13 A	168, 173, 175
Ho 13 B	168, 175
Ho 13 C	174
Ho 226	35
Ho 229	65, 91, 92
Ho 229 A-1	65, 67, 94
Ho 229 B	00
Ho 229 V1	66, 92, 93
Ho 229 V2	66, 84
Ho 229 V3	66, 85, 86-87, 88-89, 90, 94
Ho 229 V4	67
Ho 229 V5	67
Ho 229 V6	65, 71
Ho 254	35
Ho II	83
H IX	64, 66
H X	63
H X-A	63
H X-B	63
ミステル	128, 138
メッサーシュミット	
Bf 109	124, 137, 148
Bf 109 G	00
Bf 109 G-0	25
Bf 109 K	72
Bf 109 K-4	11, 40
Bf 110	148, 176
Bf 110 C	119
Bf 162	80
Bf 163	138
Me 155	16
Me 155 TL	17, 18
Me 163	118
Me 163 A	119
Me 163 A-0	119
Me 163 AV6/AV13	119

Me 163 B	118, 120, 141	Me 328 A	17	Me P 1109	55
Me 163 B-0	121, 140	Me 328 C	23	Me P 1109-01	70
Me 163 B-1	121	Me 410	176	Me P 1109-02	55, 71
Me 163 B-1/R-1	123	Me 410 TL	180	Me P 1110	16, 29, 53
Me 163 B-2	123, 140	Me P 1065	17, 38, 98	Me P 1110/155	53
Me 163 B-0/R1	121	Me P 1065 V1	98	Me P 1110/170	53
Me 163 B-0/R2	121	Me P 1070	19, 38	Me P 1110 W	187
Me 163 BV13	124, 143	Me P 1073	17	Me P 1110エンテ	54, 101
Me 163 BV18	124	Me P 1073 A	128	Me P 1111	31, 60, 76, 100
Me 163 BV21	110	Me P 1073 B	19, 128	Me P 1111/16B	76
Me 163 BV23	110	Me P 1079	17	Me P 1112	31, 60, 101
Me 163 C	118, 123, 141	Me P 1079/1	121	Me P 1112 S/1	77
Me 163 CV1	142	Me P 1079/13b	121	Me P 1112 S/2	77
Me 163 D	118, 123	Me P 1079/15	121	Me P 1112 V1	78, 79
Me 163 V4	118, 138	Me P 1079/16	122	Me P 1112 W	62
Me 163 V5	119	Me P 1079/17	20	Me P 1115	126
Me 163 コメート	118	Me P 1079/51	122	Me P 408	24
Me 209	49	Me P 1092	17	Me P 65	38
Me 210	176	Me P 1092 1-TL	17	Me P 79/15-17	83
Me 262	8, 16, 60, 176	Me P 1092/2.0	21	Me P 79/2	83
Me 262 A-1	00	Me P 1092/4.0	21	Me P ヴェスペ II	34, 55
Me 262 A-1a	11, 25, 45, 61, 104	Me P 1092 A	127	Me P シュヴァルベ	66, 95, 126
Me 262 A-1a/R1	11	Me P 1092 B	127	Me エンテ	54
Me 262 A-1a/R7	00	Me P 1092 C	127	Me 駆逐機 I	184
Me 262 A-1a/U1	40, 58	Me P 1092 D	127	Me 駆逐機 II	184
Me 262 A-1a/U3	59	Me P 1092 E	127		
Me 262 A-1a/U4	40, 58, 186	Me P 1095	17	**ユンカース**	
Me 262 A-1a/U5	27, 58	Me P 1095/1	22	EF 60	92
Me 262 A-1b	49	Me P 1095/2	22	EF 61	8
Me 262 A-2a	11	Me P 1099	24, 49	EF 113	184, 181
Me 262 A-3	29	Me P 1099 A	49	EF 123	90, 117
Me 262 A-3a	49, 63	Me P 1099 B	49, 104, 188	EF 124	117
Me 262 A-4a	59	Me P 1100	24	EF 126	71
Me 262 C-1a	144	Me P 1101	24, 25, 27	EF 126/I	92
Me 262 C-2b	147	Me P 1101/103	43	EF 126/II	92
Me 262 C-3	27, 147	Me P 1101/104	43	EF 127	127, 146
Me 262 D-1	147	Me P 1101/108	43	EF 127.01	144
Me 262 HG	168	Me P 1101/113	43	EF 127.02	145
Me 262 HG1	47	Me P 1101/138	43	EF 127.03	145
Me 262 HG II	48, 61	Me P 1101/97	24, 43	EF 128	62, 70, 106, 107
Me 262 HG III	49, 62	Me P 1101 L	109	EF 131	71
Me 262 J-1	144	Me P 1101 V1	27	EF 132	71
Me 262 V074	147, 157, 158	Me P 1101/XVIII-112	25	EF 135	181, 184
Me 262 V167	102	Me P 1101/XVIII-113	25	EFo-018	55
Me 262 V186	144, 156	Me P 1101/XVIII-TL	24	EFo-09	4
Me 262 V4	58	Me P 1102	55	EFo-11	127
Me 262 V5	102	Me P 1102-05	70	EFo-17	50
Me 262 V6	144	Me P 1103	138	EFo-19	50
Me 262 V9	47	Me P 1103 B	149	EFo-22	50
Me 262 郷土防衛機	143	Me P 1104	129, 149	Ju 88	46, 177
Me 262 邀撃機 I	144, 156	Me P 1106	27, 52	Ju 88 A-4	70, 148, 180
Me 263	123, 142	Me P 1106/144	51	Ju 88 A-5	178
Me 263 A-1	124, 142	Me P 1106/154	51	Ju 88 S-1	45
Me 264	129	Me P 1106 R	143	Ju 188	177
Me 309	16	Me P 1106 TL	28	Ju 248	127, 142
Me 328	18, 20	Me P 1107	35	Ju 248 V1	124, 142

Ju 248 V1-V3	124	HWK R II 211	120	Jumo 004 B-1	57, 63
Ju 287 V1	8	HWK R II 211/3	144	Jumo 004 B-2	25
Ju 388 J-1	11			Jumo 004 C	16, 25, 34
Ju 635	54	ガス・タービン	4	Jumo 004 D	16
Ju 国民戦闘機	117			Jumo 004 E	76
		空気熱力学導管	4	Jumo 012	4, 178, 183
リピッシュ				Jumo 213	148, 184
DM 1	95, 127, 168	ゼンガー		Jumo 222	24, 177
DM 2	96, 128, 129	ロラン・パルスジェット	120	Jumo 222 E	68
DM 3	96	ロラン・ラムジェット	161, 168	Jumo 223	129, 147
Li 163 S	119			Jumo T1	16, 50
Li P 01-110	57	ダイムラー・ベンツ			
Li P 01-111	57	DB 603	148	ラムジェット	4
Li P 01-112	64	DB 603 L	68		
Li P 01-113	57				
Li P 01-114	118, 139	ダクテッド・ファン・ジェット	4		
Li P 01-115	57				
Li P 01-116	57	バイエルン発動機製作所 (BMW)			
Li P 01-117	118, 139	BMW 002	19		
Li P 01-118	118, 139	BMW 003	16, 22, 24, 38		
Li P 01-119	118, 139	BMW 003 A	64		
Li P 05	118, 140	BMW 003 A-1	18, 24		
Li P 09	64, 80	BMW 003 R	143, 157		
Li P 12	75, 95, 126	BMW 018	24, 60		
Li P 13	95	BMW 018 A-1	24		
Li P 13a	95, 126	BMW 510 A	140		
Li P 13b	96, 103	BMW 548	185		
Li P 14	96	BMW 718	147		
Li P 15	63, 81	BMW 801 D	17		
Li P 20	63, 81	BMW 801 TJ	18		
Li あおり翼計画機	139	BMW P3302	18, 64		
Li 超音速機計画機	96, 168	BMW P3390 A	120		
		BMW P3391	79		
ロメオ	84	BMW TLR	00		
エンジン名索引		ハインケル=ヒルト			
		He/DB 021	167		
アルグス		HeS 001	38		
As 014	84, 127	HeS 001 A-0	49		
As 044	92	HeS 001 A-1	49		
As 413	68	HeS 006	57		
		HeS 011	23		
インパルス・ダクト・エンジン	4	HeS 011 A	19, 51, 64, 77		
		HeS 011 A-0	20, 77		
ヴァルター		HeS 011 A-1	20, 25, 34		
HWK 509	124	HeS 011 B	78, 168		
HWK 509 A	121	HeS 011 B-1	34		
HWK 509 A-1	110	HeS 011 R	19, 20, 56		
HWK 509 A-2	96, 129	HeS 30	57		
HWK 509 B	123	HeS 8a	38, 50		
HWK 509 B-1	121, 123				
HWK 509 C	63, 127	パルスジェット	4		
HWK 509 C-1	131, 146				
HWK 509 S-2	147	ユンカース・ユモ			
HWK R II 203 A/B	119	Jumo 004	18		
		Jumo 004 B	20, 61, 65		

訳者紹介
南部 龍太郎（なんぶ りゅうたろう）
『スケールアヴィエーション』の翻訳記事と英文キャプションのほか、『鋼鉄の艨艟』、『鋼鉄の鳳凰』、『モデラーズ・ワークショップ』（いずれも弊社刊）の英文を手がけている。現在、次回作に向けての翻訳作業中。毎年、RAFヘンドンとIWMダクスフォードへの巡礼を欠かさない。対戦哨戒機のファンで、いつかフェアリー・ガネットとブレゲ・アリゼの専門書を出すのが夢らしい。

監修者紹介
国江 隆夫（くにえ たかお）
ドイツ空軍航空機・装備研究家。主に第二次世界大戦のドイツ機を中心に、機体の詳細な解析のみならず、各種兵装やパイロットの装備品など広範囲にわたって研究、イラストとともに解説するスタイルで、さまざまな雑誌等で成果を発表している。

ドイツ空軍のジェット計画機
～昼間戦闘機と駆逐機

著者／マンフレート・グリール
訳者／南部 龍太郎
監修者／国江 隆夫

発行日／ 2006年8月31日　初版第1刷

発行人　　小川光二

発行所　　株式会社大日本絵画
　　　　　〒101-0054　東京都千代田区神田錦町1丁目7番地
　　　　　Tel : 03-3294-7861（代表）Fax : 03-3294-7865
　　　　　http://www.kaiga.co.jp

企画・編集　株式会社アートボックス
　　　　　〒101-0054　東京都千代田区神田錦町1丁目7番地
　　　　　錦町一丁目ビル4階
　　　　　Tel : 03-6820-7000（代表）Fax : 03-5281-8467
　　　　　http://www.modelkasten.com

装丁　　　横川 隆（九六式艦上デザイン）
DTP　　　小野寺 徹
印刷・製本　大日本印刷株式会社
ISBN4-499-22922-7 C0076

©2006　大日本絵画
本書に掲載された記事、図版、写真等の無断転載を禁じます。

JET PLANES of the Third Reich, THE SECRET PROJECTS volume one
by Manfred Griehl
©1988 Monogram Aviation Publishing